Der Transformator im Betrieb

Von

Dr. techn. Milan Vidmar
ordentl. Professor an der jugoslavischen Universität
Ljubljana

Mit 126 Abbildungen im Text

Berlin
Verlag von Julius Springer
1927

ISBN-13: 978-3-642-48501-5 e-ISBN-13: 978-3-642-48568-8
DOI: 10.1007/978-3-642-48568-8

Softcover reprint of the hardcover 1st edition 1927

Vorwort.

Das vorliegende Buch war als zweite Auflage meiner im Verlag von F. Vieweg & Sohn 1915 erschienenen „Modernen Transformatorenfragen" gedacht. Es ist ganz etwas anderes geworden. Zwölf Jahre sind eben für den Ingenieur ein langer Zeitraum.

In den „Modernen Transformatorenfragen" hatte ich einige wichtige Probleme aus dem Transformatorenbau behandelt und dabei an einen eigenen Leserkreis gar nicht gedacht. Inzwischen erschien mein großes Buch „Die Transformatoren", und ich hatte Gelegenheit zu sagen, was ich über die Baulehre des Transformators sagen konnte.

„Die Transformatoren" erlebten die zweite Auflage. Bei der Neubearbeitung kam ich darauf, daß die Baulehre allein ein technisches Gebiet nicht ausschöpfen kann. Wohl bemerkte ich, daß unsere Literatur hauptsächlich für den Konstrukteur geschrieben zu werden pflegt. Aber ich überzeugte mich auch, daß es eine große Gruppe von wichtigen Problemen gibt, die der Konstrukteur allein nicht erledigen kann.

Eine Maschine wird nicht nur gebaut, sie muß auch ausgenützt, betrieben werden. Etwas anderes ist der Entwurf, etwas anderes der Betrieb. Der Betrieb äußert Wünsche und stellt Forderungen, der Entwurf berücksichtigt das Erfüllbare und muß schädliche Forderungen verwerfen. Meinungsverschiedenheiten zwischen Konstrukteur und Betriebsingenieur sind unvermeidlich. Sie müssen sachlich, nicht kaufmännisch geklärt und aus der Welt geschafft werden.

Ein Transformator wird nicht einfach nur gekauft, ins Leben hineingestellt und vergessen. Der Betrieb bringt allerlei. Der Betrieb ist überraschend mit seinen Zufällen, anspruchsvoll mit seinen Notwendigkeiten. Der Transformator lebt und hat deshalb zu kämpfen.

Es ist nur natürlich, daß der Betriebsingenieur über den Transformator mehr wissen muß als das, was ihm das Leistungsschild sagt. Er muß seine Maschine ausnützen. Der Konstrukteur entwirft für den schlimmsten Fall, weil er nicht wissen kann, was kommen wird. Der Betriebsingenieur lenkt seine Maschine, er weiß, wo er ist, er muß deshalb wissen, was er unternehmen kann.

Die Gruppe der Probleme, die der Betrieb stellt und die eine Verständigung des Betriebsingenieurs mit dem Konstrukteur notwendig machen, bildet die Betriebslehre des Transformatorenbaues. Baulehre und Betriebslehre beherrschen vereint erst den ganzen Transformatorenbau. In diesem Sinne ist das vorliegende Buch eine Ergänzung des

Werkes „Die Transformatoren“ geworden und nicht einfach die zweite Auflage der „Modernen Transformatorenfragen“.

Es ist mehr als sicher, daß die Betriebslehre auch für die anderen Zweige der Elektrotechnik wird ausgebaut werden müssen. Die Einrichtung ist unhaltbar, daß zwischen dem Konstrukteur und dem Betriebsingenieur einfach nur der Kaufmann vermittelt. Er kennt weder den Bau noch den Betrieb. Die Schuld an Mißgriffen fällt so einmal auf den Konstrukteur, das andere Mal auf den Betriebsingenieur. Sie sind in Wirklichkeit beide schuld, weil sie sich nicht unmittelbar aussprechen.

In den weitaus meisten Fällen geschieht dem Konstrukteur schweres Unrecht. Jeder Betriebsunfall wird ihm angelastet. Jedes Unverständnis, jeder Mißgriff des Betriebsingenieurs wird als Fehler der Konstruktion ausgelegt. Der Konstrukteur ist nicht zur Stelle, um sich zu wehren.

Der Transformatorenbau hat seine auswärtige Politik. Er hat insbesondere mit dem Apparatebau viel zu tun. Ein gefährlicher Druck kommt von dieser Seite. Der Apparatebau wälzt viel auf den Transformatorenbau, heute entschieden zu viel. Es ist Sache der Betriebslehre, nachzuweisen, was eigentlich dem Transformator zugemutet werden kann.

Als Sachverständiger hatte Verfasser Gelegenheit, zahlreiche schwere, oft geradezu unglaubliche Fälle mangelhafter Einrichtungen zu sehen. Der Konstrukteur muß in den Betrieb hinaus, damit er sich seine Transformatoren auch von der anderen Seite ansieht. Diese andere Seite beschreibt dann die Betriebslehre. Es ist eben nur zu wahr, daß wir lediglich Projektionen von Dingen sehen und nicht die Dinge selbst. Die Bauprojektion muß durch die Betriebsprojektion ergänzt werden.

Einige Jahre Betriebspraxis nach fast zwanzigjähriger Konstruktionstätigkeit ermutigten den Verfasser, eine Betriebslehre des Transformators zu versuchen. Sie ist in vorliegender Form sicher noch lange nicht erschöpfend, aber ein Anfang ist sie jedenfalls.

Zuerst behandelt das Buch die Frage des Preises und des Wirkungsgrades des Krafttransformators. Dieses erste Kapitel, zum Großteil aus den „Modernen Transformatorenfragen“ übernommen, klärt die wichtigsten wirtschaftlichen Fragen des Transformatorenbetriebes auf. Trotz oder vielmehr gerade wegen seiner Einfachheit und Durchsichtigkeit wird es dem Betriebsingenieur bei der Beurteilung vorliegender Transformatorenangebote nützlich sein können.

Dem Lichttransformator ist das zweite Kapitel eingeräumt. Es hat eine Menge von Betriebsfragen zu erledigen. Die Überlastbarkeit im reinen Lichtbetrieb, die Verlustaufteilung, die Wirtschaftlichkeit mußten behandelt werden. Das Kapitel arbeitet die großen Unterschiede zwischen Licht- und Krafttransformator deutlich heraus.

Die Schaltungsprobleme füllen das dritte Kapitel. Natürlich sind es hauptsächlich die Lichtschaltungen, die Dreieckschaltung und die Zick-Zack-Schaltung, die behandelt werden mußten. Die für den Betrieb wichtige Notschaltung, die V-Schaltung, wurde ebenfalls erschöpfend erledigt.

Im vierten Kapitel mußten die Überstromprobleme behandelt werden. Die Zeitauslösung der Selbstschalter muß den Eigenschaften des Transformators angepaßt werden, weshalb die Verbrennungsgefahr untersucht werden mußte. Der Kurzschluß mit seinen elektrischen und mechanischen Gefahren konnte nicht übergangen werden. Auch der Einschaltstrom wurde besprochen.

Im fünften Kapitel wurden die Fragen des Überspannungsschutzes ausführlich bearbeitet. Ganz besonders war es das Problem der Schutzdrosselspule, dem ein breiter Raum zugewiesen werden mußte.

Im sechsten Kapitel waren die Probleme der Kühlung, insoweit sie dem Betriebsingenieur bekannt sein müssen, zu erledigen. Insbesondere mußte das Problem der Transformatorkammer gelöst werden, weil es für die Lebensfähigkeit des Transformators von ganz besonderer Bedeutung ist.

Das letzte Kapitel ist kleineren Betriebsproblemen gewidmet, unter denen das Problem des Parallelbetriebes wohl das wichtigste ist. Der Ölkonservator wurde behandelt, und schließlich wurden auch die Messungen am Transformator im Betrieb besprochen.

Die Verlagsbuchhandlung Julius Springer beschleunigte in außerordentlich anerkennenswerter Weise die Drucklegung und kam auf diese Weise meinen Wünschen in liebenswürdigster Weise entgegen. Über die vorzügliche Ausstattung ein Wort zu sagen, wäre mehr als überflüssig. Ich schulde der Verlagsbuchhandlung meinen aufrichtigsten Dank.

Mein Assistent, Herr Ing. V. Koželj, zeichnete sämtliche Abbildungen des Buches. Mit Freude stelle ich fest, daß ich in ihm einen eifrigen Arbeitsgenossen gefunden habe.

Nach zwanzigjähriger Tätigkeit komme ich mit diesem Buche zu einem Abschluß, und doch ist es wieder erst ein Anfang. Ich fühle die Fehler, die ich ausbessern werde müssen, obwohl ich sie nicht sehe. Durch Jahre hindurch arbeite ich daran und muß doch immer wieder sehen, daß ich weder die Fehler noch die Wahrheiten ausschöpfen kann.

Ich hatte den Mut, einen neuen Zweig der Maschinentheorie zu pflanzen, ich mußte den Mut haben, die neue Betriebslehre den Fachgenossen vorzulegen. Ich rechne mit der Berücksichtigung aller Schwierigkeiten einer Neugründung und hoffe auf die Möglichkeit, in einer zweiten Auflage Verbessertes auf den Tisch legen zu können.

Ljubljana, den 17. Januar 1927.

M. Vidmar.

Inhaltsverzeichnis.

Seite

Einleitung.

I. Der Preis und der Wirkungsgrad des Transformators.

II. Die Wirtschaftlichkeit des Lichttransformators.

III. Der Leerlaufstrom.

IV. Schaltungen.

V. Überströme.

VI. Überspannungen.

VII. Die Kühlung.

VIII. Verschiedene Betriebsprobleme.

Einleitung.

1. Betriebsprobleme. Übersicht über die hauptsächlichsten Probleme der Betriebslehre.

Der Transformatorenbau ist heute ein sehr umfangreiches Arbeitsgebiet, dessen Probleme und Feinheiten den Spezialkonstrukteur voll in Anspruch nehmen. Es ist unmöglich und auch gar nicht nötig, daß der Betriebsingenieur, obwohl er fortwährend mit Transformatoren zu tun hat, vollen Einblick in den Transformatorenbau hat. Aber es gibt Probleme, Betriebsprobleme des Transformatorenbaues, mit denen sich der Betriebsingenieur unbedingt beschäftigen muß. Der Transformator ist für ihn nicht einfach etwas gegebenes, mit dessen Eigenheiten und Eigenschaften er sich abfinden muß, er kann und er soll Wünsche äußern, Forderungen aufstellen, die berücksichtigt werden müssen.

Es ist in Wirklichkeit gar nicht so einfach, für einen gegebenen Betriebsfall den richtigen Transformator zu wählen. Es ist auch nicht ganz einfach, aus mehreren vorgelegten Transformatorenangeboten das beste herauszusuchen. Viel schwieriger als man glaubt, ist die richtige Behandlung des Transformators im Betrieb.

Wirtschaftliche Erwägungen haben in den letzten Jahren eine starke Einflußnahme des Betriebsingenieurs auf die Entwicklung des Transformatorenbaues herbeigeführt. Immer häufiger sitzen der Betriebsingenieur und der Transformatorenkonstrukteur am Verhandlungstisch. Aber nicht immer ist beiderseits volles Verständnis für die Schwierigkeiten und Notwendigkeiten der Gegenseite vorhanden. Nur zu oft unterliegt unbegründeterweise der Konstrukteur zum Schaden der Elektrizitätswirtschaft.

Setzt man voraus, daß der Betriebsingenieur den Transformator wirklich kennt, daß er die physikalischen Erscheinungen, die im Betrieb auftreten, mit Sicherheit überblickt, so muß man erwarten, daß er außerdem die Entwicklungsrichtung des Transformatorenbaues verfolgt, daß er vor allem die wirtschaftlich-konstruktiven Probleme des Transformators versteht.

Man kann nicht leichtfertig alles mit der Forderung abtun, daß mit den geringsten Kosten die beste Konstruktion zu suchen ist. Der billigste Transformator, auch wenn er ganz einwandfrei gebaut ist, verursacht dem Betrieb nicht die kleinsten Kosten. Die Konstruktion mit dem höchsten Wirkungsgrad ist nicht die beste. Die Dinge liegen nicht so einfach.

Natürlich drängt der Betriebsingenieur, der den Transformator kaufen muß, zu immer billigeren Konstruktionen. Er muß aber wissen, was er tut. Er muß darüber einen Überblick haben, wie man überhaupt Konstruktionen verbilligen kann. Jede Errungenschaft verlangt Opfer, und die Opfer muß man auch kennen.

Der Betriebsingenieur drängt auch zu kleinen Verlusten, ganz besonders zu kleinen Leerlaufsverlusten. Er weiß zwar ungefähr, daß auch dabei Opfer notwendig sind. Kennt er diese Opfer genau? Schätzt er sie richtig ein? Weiß er immer, was er vom Konstrukteur verlangt?

Man sieht, es gibt der Probleme die Menge. Vom Betrieb werden sie aufgeworfen, auf dem Konstruktionstisch sollen sie gelöst werden. Sie fallen ins Grenzgebiet des Transformatorenbaues und dürfen den Betriebsingenieur nicht gleichgültig finden. Sie verlangen von ihm volle Aufmerksamkeit und gründliches Studium.

Es ist eigentlich erstaunlich, daß heute, nach Jahrzehnten gründlicher, unvergleichlich erfolgreicher Arbeit im Transformatorenbau gerade die Betriebsprobleme noch sehr ungenügend erledigt sind. Der Konstrukteur ist schon lange bei den Feinheiten, er kämpft um geringfügige Prozente, der Betriebsingenieur verschwendet immer noch erhebliche Werte. Was nützt es, beim Bau Kleinigkeiten zu ersparen, wenn bei der Aufstellung des Transformators Material und Energie vergeudet wird. Welchen Sinn hat es, bei der Anschaffung des Transformators die Angebote peinlich auf Mark und Pfennig zu prüfen, wenn man die Type unsorgfältig wählt.

Hier muß die Betriebslehre des Transformators eingreifen. Ihre Aufgaben sind klar vorgezeichnet, ihre Gliederung leicht feststellbar. Sie muß sich offenbar zunächst mit dem Problem der Herstellungskosten und des Wirkungsgrades des Transformators befassen, sie muß in erster Linie zeigen, wie der Preis und die elektrische Güte des Transformators voneinander abhängen.

Sie muß sodann genauer zusehen, was die Transformation kostet. Die Anschaffungskosten sind nicht die einzige Last, die Energieverluste im Transformator müssen auch getragen werden. Dabei kommt man sofort darauf, daß die Verluste beim Leerlauf und die Verluste im Kupfer zuweilen wirtschaftlich verschieden bewertet werden müssen.

Das Problem der Leerlaufsverluste ist vielleicht das wichtigste, das schwierigste in der Betriebslehre des Transformatorenbaues. Es muß seinen gewissenhaft bemessenen Raum im Rahmen unserer Betriebslehre finden. Konstrukteur und Betriebsingenieur interessiert es beide in gleichem Maße.

Aus der angegebenen Problemfolge wächst unversehens das Problem des Lichttransformators heraus. Mit ihm tauchen wichtige Fragen der Wärmeableitung auf, außerdem müssen bei der Behandlung des Lichttransformators rein elektrische, selbstverständlich zum Teil längst gelöste Einzelheiten mitgenommen werden, weil sie für den Betriebsingenieur wichtig sind.

Spannungs- und Überspannungsprobleme bilden ein weiteres Kapitel der Betriebslehre des Transformatorenbaues. Von den rein elektrischen wohl das wichtigste. Zum Teil fallen sie schon ganz aus dem Rahmen der Baulehre des Transformatorenbaues heraus. Um so mehr bieten sie deshalb Anlaß, in die Betriebslehre aufgenommen zu werden.

Das große Problem der Wärmeableitung ist nicht ausschließlich ein Teil der Baulehre des Transformatorenbaues, es gehört auch in die Betriebslehre. Ganz besonders große Transformatoren sind schuld daran, daß sich der Betriebsingenieur mit der Frage der Wärmeabfuhr beschäftigen muß. Er hat zwischen natürlicher und künstlicher Kühlung zu wählen. Er muß über Vor- und Nachteile der verschiedenen Bauarten genau aufgeklärt werden. Aber auch kleinere Transformatoren haben ihre Wärmeabfuhrprobleme im Betrieb. Die richtige Bemessung der Transformatorkammer ist ein ausgesprochenes Betriebsproblem.

Wenn schließlich als letztes Betriebsproblem die Frage der möglichen elektrischen Messungen im Betrieb aufgeworfen wird und dem Betriebsingenieur dabei eine dauernde Aufsicht über den arbeitenden Transformator ermöglicht wird, kann die Betriebslehre des Transformatorenbaues hiermit einigermaßen abgeschlossen werden. Daß sie sehr ausbaufähig bleibt, ist klar.

I. Der Preis und der Wirkungsgrad des Transformators.

2. Der Preis des Transformators.

Wir suchen unaufhörlich nach Mitteln und Wegen, die Transformation der elektrischen Energie zu verbilligen. Dieses wichtige Problem des Betriebsingenieurs überträgt sich zum Teil ins Arbeitsgebiet des Transformatorenkonstrukteurs. Die Verzinsung und die Tilgung des im Transformator festgelegten Kapitals bildet einen nicht unwesentlichen Teil der gesamten Transformationsunkosten. Der Konstrukteur muß deshalb trachten, seine Konstruktionen zu verbilligen.

Bildet auf diese Weise das Problem des Transformatorpreises jenes wichtige Band, das den Betriebsingenieur mit dem Konstrukteur verbindet, so bringt es dem Transformatorenbau mehr als das. Das Preisproblem ist die vorwärtstreibende, nie rastende Kraft, es ist ein unerschöpfliches Problem, das nach jeder, noch so gelungenen Lösung immer wieder lebendig wird.

Der Preisvergleich, ohne den nicht gearbeitet werden kann, muß selbstverständlich auf einer festen Grundlage geschehen. Gleich hier beginnt eine ernste Auseinandersetzung zwischen Betriebsingenieur und Konstrukteur. Den Betriebsingenieur interessieren die Anschaffungskosten bezogen auf ein Kilowatt Transformatorleistung, und wenn es nach ihm ginge, müßte man auf dieser Vergleichsgrundlage urteilen. Aber dieses Maß berücksichtigt die Größe der Maschine, die Akkumulierung der Leistung, überhaupt nicht, betrachtet vielmehr die Umformung einer größeren oder kleineren Leistung in einem Transformator als konstruktive Maßregel, die eventuell eine Verkleinerung der Anschaffungskosten bringen kann.

Der Konstrukteur muß darauf bestehen, daß nur gleich große Transformatoren miteinander verglichen werden. Er kann und er muß beweisen, daß der auf die Leistung bezogene Preis, daß die Anschaffungskosten für je ein Kilowatt Transformatorleistung von der Leistung selbst abhängig sind.

Die Betriebslehre muß noch einen Schritt weitergehen. Sie muß feststellen, wie sich der Preis des Transformators für jedes Kilowatt seiner Leistung ändert, wenn die Leistung wächst. Nur dann sind nämlich zunächst Vergleiche verschieden großer Transformatoren einwandfrei möglich. Außerdem ist dann erst ein wichtiges praktisches Problem lösbar, das bei jeder neuen Transformationsanlage auftaucht, nämlich das Problem, ob man die benötigte Leistung in einem einzigen Transformator unterbringen oder auf mehrere kleinere verteilen soll.

Für die Aufstellung eines einzigen Transformators für die benötigte Leistung spricht zunächst die Raumfrage. Nur zu oft ist sie entscheidend. Nur zu oft ist kaum für einen Transformator genügend Raum vorhanden und ein Neubau einer Transformatorkammer ausgeschlossen.

Gegen einen einzigen Transformator sprechen eine Menge Betriebserwägungen. Die Rücksicht auf ungestörten Betrieb verlangt, wenn nicht volle, so doch halbe Transformatorreserve. Die Rücksicht auf wechselnde Belastung drängt zur Unterteilung der Höchstleistung, damit wirklich immer nur die unvermeidlichen Leerlaufsverluste laufen. Ganz besonders ist es meist notwendig, in gemischten Betrieben die Lichtlast auf einen eigenen Lichttransformator zu werfen.

Die Frage der Betriebsreserve hat einen tiefgreifenden Einfluß auf den Transformatorenbau gehabt. Sie hat dazu geführt, daß der amerikanische Transformatorenbau die einphasige Type bevorzugt. Es ist nicht überflüssig, einen Augenblick bei dieser Tatsache zu verweilen.

Es gibt Transformatorstationen, die unbedingt verläßlich arbeiten müssen. Fernleitungen, die Städte versorgen, müssen in Stationen enden, die volle Transformatorreserven aufweisen. Nun hat die Frage der vollen Reserve zunächst mit der Frage der Unterteilung der Leistung nichts zu tun. Wenn man zu einem großen Transformator, der die volle Leistung der Fernleitung umformt, einen zweiten, gleich großen Reservetransformator aufstellt, hat man das Problem der Leistungsunterteilung nicht angeschnitten. Aber der Schein trügt.

Der amerikanische Transformatorenbau rechnet damit, daß von den drei einphasigen Transformatoren, die einen dreiphasigen bilden, einer verunglücken kann. Er stellt demnach zu den drei einphasigen Transformatoren einen vierten als Reserve dazu. In Europa muß als Reserve ein zweiter dreiphasiger Transformator für die volle Leistung aufgestellt werden. Was ist billiger? Die Frage, ob man die volle Leistung auf drei Einphasenleistungen aufteilen soll, um leichter eine Reserve zu bekommen, ist zweifellos eine Frage der Leistungsunterteilung.

In sehr vielen Fällen begnügt man sich mit halber Reserve und erreicht sie leicht, wenn man statt eines einzigen Transformators für die volle Leistung, zwei Transformatoren für je die halbe Leistung aufstellt. Die Überlegung, daß bei einem Unfall das eine Mal der ganze Betrieb still liegt, das andere Mal doch nur der halbe, wird sehr oft zur Leistungsunterteilung bewegen.

Ganz sicher wird man sich zur Leistungsunterteilung entschließen, wenn ein Versorgungsgebiet erst nach und nach angeschlossen wird, wenn es Jahre dauert, bis die voraussichtliche Höchstleistung der Transformatorstation erreicht ist. Die vorgesehenen Transformatorzellen der Station werden dann nach und nach mit Transformatoren belegt, bis man schließlich das Bild einer unterteilten Anlage vor sich hat.

Lichttransformatoren muß man neben Krafttransformatoren aus den verschiedensten Gründen haben. Der Lichtstrom ist teurer, verlangt also, auf der Hochspannungsseite gekauft, einen eigenen Transformator. Ferner wird man direkte Belastungsstöße gerne vom Lichtnetz fernhalten. Endlich geht es nicht an, einen großen Fabrikstransformator nach Betriebsschluß für einige Lampen weiterlaufen zu lassen.

Das Problem, ob man die benötigte Leistung unterteilen soll, ob man einen oder mehrere Transformatoren aufstellen soll, ist mit all dem nicht erledigt. Es muß gerechnet werden. Es muß festgestellt werden, was die Leistungsunterteilung kostet.

3. Die Abhängigkeit des Preises von der Leistung. Wachstumsgesetze.

Im allgemeinen Sinne ist der Großtransformator eine Lösung des Preisproblems. Der Witz des Großtransformators, die Erklärung der Versuche, die Leistungsakkumulierung immer weiter zu treiben, kann rechnerisch sehr einfach dargestellt werden.

Gehen wir von einem gegebenen Transformator aus und vergrößern unter Beibehaltung der elektrischen und der magnetischen Beanspruchungen, also unter Beibehaltung der Stromdichte im Kupfer und der Liniendichte im Eisen, alle Abmessungen im selben Verhältnis, so können wir nach und nach immer höhere Leistungen erzielen. Das Produkt der beiden Ströme, des elektrischen und des magnetischen, dem die Transformatorspannung proportional ist, gibt bekanntlich das Maß für die umgeformte Leistung. Diese beiden Ströme sind nun ihrerseits gleich dem Produkt aus dem Stromquerschnitt und aus der Stromdichte, in der Alltagssprache des Elektrotechnikers Liniendichte genannt, wenn vom magnetischen Fluß die Rede ist. In der Reihe der Konstruktionen, die wir auf die oben geschilderte Art bekommen, in der die Strom- und die Liniendichten sich nicht ändern, werden daher die Ströme mit dem Quadrat der linearen Abmessungen des Transformators wachsen, die Leistungen dagegen mit der vierten Potenz.

Nicht so rasch geht es mit den Gewichten. Sie sind nämlich nur der dritten Potenz der linearen Abmessungen proportional und offenbar wird das auf die Leistung bezogene Gewicht des Transformators immer kleiner und kleiner, je höher wir in der Leistungsskala hinaufsteigen. Es fällt mit der vierten Wurzel aus der Leistung.

Es ist nun bekannt, daß der Anteil der Arbeitslöhne an den gesamten Herstellungskosten des Transformators verhältnismäßig gering ist. Dies kommt einerseits daher, daß keine relativen Bewegungen der Teile der Maschine vorkommen, die sonst im Maschinenbau das Kilogramm der fertigen Ware verteuern, andererseits hat es seinen Grund in den hohen Preisen des arbeitenden Materials, des Kupfers und des legierten Eisenblechs. Man kann also auf keinen Fall einen großen Fehler machen, wenn man den Preis des Transformators seinem Gewicht proportional setzt.

Diese vereinfachende Annahme führt uns in Verbindung mit der vorangehenden Betrachtung zu der wichtigen Feststellung, daß der Preis des Transformators mit der dritten Potenz der linearen Abmessungen wächst, daß somit der auf die Leistung bezogene Preis, kurz, der Kilowattpreis, immer kleiner wird, je größer man den Transformator baut. Er fällt mit der vierten Wurzel aus der Leistung.

Das Konzentrieren der Leistung als Lösung des Preisproblems ist aus den anderen Zweigen des Kraftmaschinenbaues bekannt. Der Großmaschinenbau, der Bau großer Einheiten, ist dasjenige Gebiet der Technik, das an die schöpferische Kraft des Konstrukteurs die größten Anforderungen stellt. Es ist unrichtig, zu glauben, die Feststellung der Tatsache, daß der große Transformator, auf die Leistung bezogen, billiger ist als der kleine, erledige das Problem ganz und gar. Im Gegenteil. Sie gibt uns lediglich die Richtung an, ist also lediglich die Lösung eines Betriebsproblems. Der Großtransformator bringt in Wirklichkeit immer neue technische Fragen, die sich gleichzeitig mit seiner Leistung auswachsen und gewaltige Gegner werden. Wir konstruieren vielfach bereits über unsere Verhältnisse und erlangen nur mühsam die Herrschaft über unsere eigenen Schöpfungen.

Insbesondere ist es die Frage der Wärmeabfuhr, die hier erwähnt werden muß, weil sie die oben angegebenen Wachstumsgesetze stört. Die Oberfläche des Transformators, die die Arbeitswärme abgibt, wächst augenscheinlich mit der zweiten Potenz der linearen Abmessungen, die Verluste im Eisen und im Kupfer mit der dritten Potenz, wie die Gewichte. Der Druck der Arbeitswärme wird deshalb mit wachsender Leistung immer größer, er zwingt uns, die Bauart zu ändern, er treibt uns von der Luftkühlung zur Ölkühlung, von der Ölkühlung zur Wasserkühlung. Man kann sich auf die entwickelten Wachstumsgesetze verlassen, solange man das kühlende Medium nicht wechselt. Durch Verstärkung der Kühlung ist eben meist eine Erhöhung der elektromagnetischen Beanspruchungen möglich.

Das Preisgesetz des Transformators läßt sich nach all dem in eine sehr einfache, immer leicht benutzbare Form bringen. Es lautet:

Der Kilowattpreis ist in einer Typenreihe, die durchwegs die gleiche Kühlungsart zeigt, der vierten Wurzel aus der Leistung umgekehrt proportional.

Wir können somit an Hand eines Rechnungsbeispieles sehr leicht die Wirksamkeit der Vereinigung großer Leistungen studieren. Kostet z. B. ein 100 kW-Transformator mit natürlicher Ölkühlung 20 M/kW, so beliefe sich der Kilowattpreis bei einer 10000 kW-Type mit gleicher Kühlung nur noch etwa auf:

$$\frac{20}{\sqrt[4]{\frac{10000}{100}}} = 6{,}3 \text{ M/kW}.$$

Das ist gewiß eine enorme Verbilligung der Transformation.

Das Rechnungsbeispiel wirft ein grelles Licht auf das Preisproblem und zeigt gleichzeitig die großen Vorteile der entwickelten Rechnungsweise. Es ist somit der Mühe wert, nachzusehen, ob sie ganz verläßlich ist, ob das Wärmeabfuhrproblem allein die Typenreihen begrenzt.

Der Großtransformator kann allerdings, auch von den Abkühlungsschwierigkeiten abgesehen, nicht durch einfache Vergrößerung entstehen. In einer Typenreihe verschiebt sich, wie wir noch im Laufe unserer Untersuchungen mehrfach werden feststellen können, das Gleichgewicht zwischen den Haupteigenschaften des Transformators fortwährend, so daß z. B. ein 100 kW-Transformator in dreifacher Größe unbedingt eine Fehlkonstruktion wäre. Aber die notwendigen inneren Umformungen berühren nicht das Wesen des abgeleiteten Gesetzes, sie bleiben innere Maßregeln. Es ist z. B. nach außen gleichgültig, ob der Kupferring, der den Eisenkern umschließt, wenig oder stark unterteilt ist, wenn er nur mit dem Wickelraum auskommt. Auf das Gewicht des Kupfers hat es keinen Einfluß, also auch nicht auf den Preis, obwohl man die Spannung der Wicklung auf diese Art ändern kann. Wir können daher die einfachen Wachstumsgesetze, vor allem das Preisgesetz, als Grundpfeiler der Betriebslehre des Transformators betrachten. Sie sind ein außerordentlich wichtiges Rechnungswerkzeug für die folgenden Untersuchungen.

4. Rechnungsbeispiele.

Einige Rechnungsbeispiele sollen zunächst das Gewonnene auswerten. Zunächst ist es gewiß von praktischer Bedeutung, zu zeigen, wie sich der Betriebsingenieur helfen kann, wenn ihm der Preis eines Transformators für eine gewisse Leistung bekannt ist und er den Preis des Transformators gleicher Bauart für eine andere Leistung berechnen will.

Ein Öltransformator für 100 kW Leistung, 10000 Volt Oberspannung und 50 Perioden koste z. B. 2000 Mark. Was kostet dann der Transformator für 400 kW, 10000 Volt, 50 Perioden?

Die Leistung wächst mit der vierten Potenz der linearen Abmessungen, die Gewichte mit der dritten Potenz, der Preis somit auch mit der dritten Potenz. Der Preis muß offenbar mit der $\frac{3}{4}$ten Potenz der Leistung ansteigen, folglich wird der 400 kW-Transformator:

$$2000 \cdot \left(\frac{400}{100}\right)^{\frac{3}{4}} = 5640 \text{ Mark}$$

kosten und wird

$$\left(\frac{400}{100}\right)^{\frac{3}{4}} = 2{,}82 \text{ mal}$$

schwerer sein als der 100 kW-Transformator.

Aus einem dreiphasigen Transformator kann durch Weglassung einer Säule und des dazugehörigen Jochteiles ein einphasiger Transformator gebildet werden, der zwei Drittel der Drehstromleistung aufweist und um ein Drittel billiger ist als der dreiphasige Transformator, aus dem er entstanden ist. Es wird somit ein einphasiger Transformator:

$$\frac{2}{3} \cdot \left(\frac{3}{2}\right)^{\frac{3}{4}} = \left(\frac{2}{3}\right)^{\frac{1}{4}} \text{ mal}$$

soviel kosten als der gleich große Drehstromtransformator. Man weiß in der Tat, daß bei gleicher Leistung einphasige Typen billiger sind als dreiphasige.

Mit dem erhaltenen Resultat kann man nun die amerikanische Transformatorreserve mit der europäischen vergleichen. Auf der einen Seite stehen 4 einphasige Transformatoren zu je einem Drittel der Vollleistung, auf der anderen Seite 2 dreiphasige Transformatoren für je die volle Leistung. Das Verhältnis der Anschaffungspreise steht somit wie:

$$\frac{4 \cdot \left(\frac{2}{3}\right)^{\frac{1}{4}}}{2 \cdot 3^{\frac{3}{4}}} = 0{,}8\,.$$

Die amerikanische Reserve ist entschieden billiger, aber die europäische ist doch ausgiebiger. Es liegt doch noch der ganze Unterschied der beiderseitigen Weltanschauungen in diesem Preisunterschied.

Was kostet die halbe Reserve? Zwei Transformatoren für je die halbe Leistung sind:

$$2 \cdot \left(\frac{1}{2}\right)^{\frac{3}{4}} : 1 = 2^{\frac{1}{4}} = 1{,}19 \text{ mal},$$

d. h. um rund 20% teurer als ein Transformator für die volle Leistung. Die Mehrkosten zeigen sich natürlich auch in der Ausrüstung der Transformatorstation und in den Baukosten der Transformatorkammer.

5. Die Abhängigkeit des Preises von den Energieverlusten im Eisen und Kupfer.

Der Großtransformator ist trotz seiner Vorzüge nur eine bedingte Lösung, brauchbar lediglich in Fällen, die große Energieansammlungen gestatten. Er löst indessen das bedeutendere besondere Problem der Verbilligung eines Transformators gegebener Leistung durchaus nicht, denn er selbst gibt ihm ein Objekt ab. Wir müssen daher nach anderen Wegen ausschauen, die zu allgemeinen, immer brauchbaren Resultaten führen.

Ersichtlicherweise gibt es auch hier keine absolute Antwort auf die Preisfrage. Jede neue, noch so billige Konstruktion fordert uns heraus, eine noch billigere zu finden. Aber auch hier gibt es Richtlinien, die wir als eigentliche Lösung betrachten müssen, und diese Richtlinien wollen wir festlegen.

Ein Transformator gegebener Leistung wird, wie wir bereits gesehen haben, vor allem billiger, wenn er weniger arbeitendes Material, Kupfer oder Eisenblech, beansprucht. Da man außerdem die Arbeitslöhne ohnehin nicht wesentlich heruntersetzen kann und die Tragkonstruktion des Transformators nur unbedeutend zur Geltung kommt, ist und bleibt die Herabsetzung der Kosten des arbeitenden Materials die Hauptsache. In der Tat ist die Hauptbestrebung des modernen Transformatorenbaues dahin gerichtet, mit möglichst wenig Kupfer und Eisen auszukommen.

Das Gewicht des aufgewendeten arbeitenden Materials hängt nun von mehreren Faktoren ab. Zunächst ist es leicht einzusehen, daß die Anordnung des Eisen- und des Kupferkörpers von großer Bedeutung ist. Der Rauminhalt der beiden einander umschlingenden Metallringe, der den Gewichten proportional ist, wird durch das Produkt des Querschnittes F_e bzw. F_k und der Länge l_e bzw. l_k des Ringes bestimmt (Abb. 1). In der uns interessierenden Summe:

$$F_k l_k + F_e l_e$$

sind nun allerdings die Stromquerschnitte F_k bzw. F_e festgelegt, wenn die Stromdichten gegeben sind und wenn das richtige Verhältnis des

Kupferaufwandes zum Eisenaufwand vorhanden ist. Die Längen l_e und l_k hängen dagegen nur von den geometrischen Formen der Anordnung ab. Es ist klar, daß sie um so kleiner ausfallen werden, je kleiner der Umfang jedes Ringquerschnittes wird, je gedrängter also die Materialanordnung wird.

Das erste und einfachste Sparprinzip ist daher das rein geometrische. Es ist überall anwendbar, wo die Rücksichten, die zu luftiger, unterteilter Materialanordnung führen, wegfallen. Aber meist geht die Tendenz der modernen Konstruktion auf das Auseinanderrücken der Ringteile, auf möglichste Zerlegung des Eisen- und des Kupferkörpers, auf das reichliche Anordnen von Kühlkanälen, also gerade zum Gegenteil der Bestrebungen des geometrischen Sparens. Die Versuche zur Verringerung der Gewichte des arbeitenden Materials müssen deshalb anderswo ihre Hebel einsetzen, und da es sonst keine andere Möglichkeit gibt, wird man für gewöhnlich trachten, die Stromquerschnitte F_e und F_k zu verkleinern.

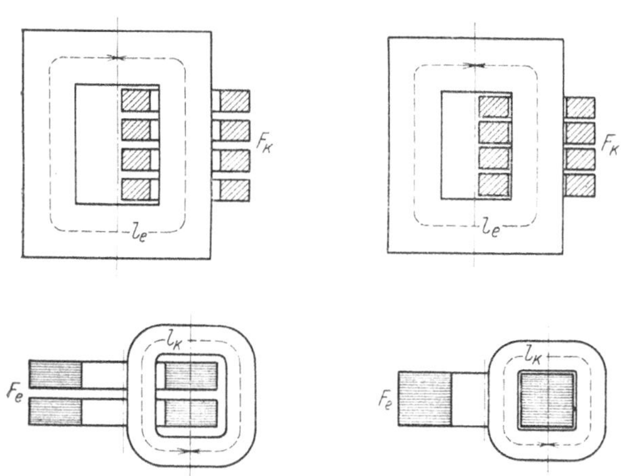

Abb. 1.

Diese notwendig werdende Maßregel führt uns dazu, die Abhängigkeit der Gewichte des arbeitenden Kupfers und Eisens von den elektromagnetischen Beanspruchungen:

i, der Stromdichte [A/mm²]
und $\mathfrak{B}$, der Liniendichte [Kraftlinien/cm²]

zu erkennen. Jede Verkleinerung des Kupferquerschnittes F_k erfordert offenbar eine Vergrößerung der Stromdichte i, und ebenso erzwingt die Abnahme des Eisenquerschnittes F_e eine Zunahme der Liniendichte $\mathfrak{B}$, wenn man die Leistung, das Produkt der beiden Ströme $F_k \cdot i$ und $F_e \cdot \mathfrak{B}$ in derselben Größe bestehen lassen will. Beim rein geometrischen Sparen ist diese Erhöhung nicht notwendig, weil die Stromquerschnitte sich nicht ändern.

Die beiden festgestellten Möglichkeiten, den Verbrauch des teueren Materials einzuschränken, die zweifellos dem Betriebsingenieur bekannt sein müssen, sind, von allen anderen Rücksichten abgesehen, nicht gleichwertig. Es leuchtet ohne weiteres ein, daß die günstigste geometrische Anordnung eine absolute Grenze setzt, über die hinaus ein weiteres geometrisches Sparen unmöglich ist. Die Verbilligung des Transformators durch Erhöhung der Beanspruchungen hat theoretisch und auch praktisch keine Grenzen. Die Findigkeit des Konstrukteurs schiebt die Stromdichten immer höher und höher und drückt den Preis immer tiefer herunter. Der Kern des Problems liegt in der Materialausnützung.

Die Höhe der elektromagnetischen Beanspruchungen des Eisens und des Kupfers, die, wie wir gesehen haben, den Preis des Transformators wesentlich beeinflußt, hat auf der anderen Seite eine bestimmende Bedeutung für die Energieverluste im arbeitenden Material und damit für den Wirkungsgrad des Transformation. Das Preis- und das Wirkungsgradproblem werden dadurch in einen innigen Zusammenhang gebracht, so daß eine gemeinsame Behandlung beider Probleme unerläßlich wird.

Bekanntlich sind die Verluste im Kupfer V_k proportional dem Gewichte G_k (kg) des Kupfers und dem Quadrat der Stromdichte i. Mit Berücksichtigung der erlaubten Erwärmung und der gewöhnlich zu erwartenden zusätzlichen Verluste kann man für die praktische Berechnung die Formel:

$$V_k = 2{,}5 \cdot G_k \cdot i^2 \text{ Watt} \tag{1}$$

verwenden.

Weniger genau ist das entsprechende Gesetz für die Verluste im Eisen, wenn man der Einfachheit halber die Analogie zur Geltung kommen läßt und die Verluste im Blech V_e dem Gewicht G_e (kg) des Eisens und dem Quadrat der Liniendichte $\mathfrak{B}$ proportional setzt. Aber angesichts der Tatsache, daß der moderne Transformatorenbau mit hohen Kraftliniendichten arbeitet, die den Wirbelstromverlusten die Hauptrolle zuweisen und daß außerdem das Berechnungsgesetz nur für einen kleinen Bereich der Liniendichten zuzutreffen braucht, kann die Formel

$$V_e = 1{,}8 \cdot G_e \cdot \left(\frac{\mathfrak{B}}{10^4}\right)^2 \text{ Watt} \tag{2}$$

für das hochlegierte Blech bei 50 Perioden als durchaus genau genug angesehen werden. Der Ansatz berücksichtigt auch die zusätzlichen Wirbelstromverluste, die sich infolge der Bearbeitung der Bleche einstellen.

Ganz kurz kann man somit die Energieverluste im Transformator als je dem Gewicht und dem Quadrat der Beanspruchung proportional annehmen.

Wenn somit der Konstrukteur, um die Konstruktion zu verbilligen, zu der einzigen Maßregel greift, die immer Erfolg verspricht und die Stromdichte bzw. die Liniendichte erhöht, wird er auch die Verluste ändern. Nun ist der Eisenquerschnitt bei gegebenem magnetischen

Fluß der Liniendichte umgekehrt proportional und ebenso der Querschnitt des Kupferringes der Stromdichte, wenn aus Rücksicht auf die vorgeschriebene Leistung die Gesamtdurchflutung der Wicklung gegeben ist. Gelingt es also nicht, was fast immer der Fall sein wird, gleichzeitig mit den Querschnitten auch die Längen der beiden Metallringe entsprechend zu verkleinern, so werden die Energieverluste wachsen.

Die Verschlechterung der modernen Transformatoren, vom Standpunkt der elektrischen Wirtschaftlichkeit gesprochen, ist in der Tat unverkennbar. Wir arbeiten mit allen Kräften und mit allem Scharfsinn daran. Wir bauen die Transformatoren so schlecht wie wir können und werden derzeit fast nur durch das Erwärmungsproblem aufgehalten.

Den notwendigen Kontakt zwischen der elektrischen Verschlechterung und dem Sinken des Preises des Transformators besorgt das Wirkungsgradproblem. Nicht jede Verbilligung zahlt sich für den Betrieb aus, denn der Vorteil geringerer Anschaffungskosten kann bisweilen in größeren Energieverlusten, die doch auch Geld kosten, vernichtet werden. Das Wirkungsgradproblem ist daher nicht nur eine Kontrolle der Konstruktionstätigkeit. Es ist ein echtes Betriebsproblem, dessen Lösung erst dem Betriebsingenieur die Stellungnahme gegenüber neu auftauchenden Konstruktionen ermöglicht und die richtige Beurteilung der Transformatorenangebote gestattet.

6. Der unnatürliche Wirkungsgrad.

Die beiden Rechnungsformeln für die Verluste im Eisen und im Kupfer müssen hier mit Hilfe der bereits gewonnenen Wachstumsgesetze dem Betriebsingenieur die Übersicht über eine Typenreihe von Transformatoren erweitern helfen. In der Tat sind auch für die Verluste sehr einfache Wachstumsgesetze aufstellbar.

Wenn in einer Typenreihe die Gewichte, wie wir gesehen haben, mit der $\frac{3}{4}$ten Potenz der Leistung wachsen, die elektromagnetischen Beanspruchungen dagegen unverändert bleiben, werden auch die Verluste mit der $\frac{3}{4}$ten Potenz der Leistung steigen. Die auf die Leistung bezogenen Verluste werden demnach mit der vierten Wurzel aus der Leistung fallen.

Greifen wir wieder auf das grelle Beispiel des 3. Abschnittes zurück und nehmen an, daß der 100 kW-Transformator 3,1% Verluste aufweist, so werden wir bei der 10000 kW-Type nur noch:

$$3{,}1 \cdot \sqrt[4]{\frac{100}{10000}} = 1\%$$

Verluste erwarten.

Der Großtransformator ist somit in doppelter Hinsicht ein Fortschritt, er ist beim Kauf billiger, er ist auch im Betrieb billiger, beiderseits im gleichen Ausmaße. Die Tatsache wirft ein wertvolles Licht auf die Frage der Elektrizitätsgroßwirtschaft.

Die Rechnungsbeispiele des 4. Abschnittes lassen sich durch Berücksichtigung der Verluste erweitern. Unschwer entdeckt man, daß jedem Preisunterschied ein relativ gleich großer Unterschied der Verluste gegenübersteht. Alle berechneten Preisunterschiede sind demnach noch viel allgemeiner gültig, da sie auch die Betriebsunkosten, soweit sie durch Energieverluste entstehen, mitberücksichtigen.

Ein für den Betriebsingenieur nicht unwichtiges Nebenproblem stellt uns die Frage nach der Abhängigkeit des Preises eines Transformators gegebener Bauart vom Wirkungsgrade, also der Fall des sogenannten unnatürlichen Wirkungsgrades. Nicht selten kommt es nämlich vor, daß der Betriebsingenieur den Wirkungsgrad vorschreibt. Natürlich einen höheren, als ihn der Verkäufer in seinem Angebot anführt. Einen niedrigeren kann selbstverständlich der Erzeuger gar nicht erreichen, ohne eine neue Kühlvorrichtung zu erfinden.

Es soll hier zunächst nur die Frage der gewünschten Herabsetzung der Gesamtverluste behandelt werden. Sie ist wichtig für Krafttransformatoren. Die Frage der Herabsetzung der Leerlaufsverluste allein kann erst später erledigt werden.

Der Konstrukteur, der seine festgelegte Typenreihe nicht ändern will, andererseits aber dem Käufer zuliebe die Verluste verkleinern muß, hat nur einen Ausweg. Er muß offenbar eine Konstruktion hergeben, die sonst für eine höhere Leistung bestimmt ist und wird die elektromagnetischen Beanspruchungen herabsetzen.

An Hand der Wachstumsgesetze läßt sich leicht zeigen, was der bessere, für die vorliegende Bauart unnatürliche Wirkungsgrad kostet. In einer Transformatorenreihe wachsen, wie wir gesehen haben, die Gewichte und die Verluste mit der $\frac{3}{4}$ten Potenz der Leistung. Die auf die Leistung bezogenen prozentuellen Verluste fallen mit der vierten Wurzel aus der Leistung, und der unnatürliche Wirkungsgrad tritt somit erst bei einer Leistung auf, die sich zur vorgeschriebenen umgekehrt verhält, wie die vierten Potenzen der normalen und der gewünschten Verluste.

Will man nun den hohen Wirkungsgrad, bei gleicher Verlustaufteilung, durchaus bei der kleinen, vorgeschriebenen Leistung haben, so muß man jene größere Konstruktion hernehmen, die ihn normal — natürlich bei der oben festgestellten Leistung — hat. Denn ermäßigt man im selben Verhältnis die elektromagnetischen Beanspruchungen so weit, daß der große Transformator nur noch die vorgeschriebene kleine Leistung gibt, so hat man seinen Wirkungsgrad nicht geändert, die Verluste sind proportional mit der Leistung kleiner geworden.

Aber der große Preis ist natürlich geblieben, und da, wie wir oben gesehen haben, die Preise zweier Transformatoren einer Typenreihe sich verhälten wie die $\frac{3}{4}$ten Potenzen der Leistungen, die Leistungen aber im vorliegenden Falle im umgekehrten Verhältnis der vierten Potenzen der Verluste stehen, wird der Transformator mit unnatürlich hohem Wirkungsgrad in demselben Verhältnis teurer sein, wie die dritte Potenz der normalen Verluste größer ist als die dritte Potenz der gewünschten Verluste.

Nehmen wir ein Zahlenbeispiel zu Hilfe. Ein normaler 100 kW-Transformator habe 97 vH Wirkungsgrad und koste 2000 Mark. Will man durchaus statt 3 vH nur 2 vH Verluste zulassen, so müßte man sich entschließen, wofern man nicht zu einer anderen Bauart übergehen kann und die Verlustaufteilung beibehalten will,

$$2000 \cdot \left(\frac{3}{2}\right)^3 = 6750 \text{Mark}$$

anzulegen.

Der unnatürliche Wirkungsgrad ist daher eine teuere Sache. Es wird gewiß niemandem einfallen, das schlechte Geschäft unseres Zahlenbeispieles zu machen. Der große Preisunterschied erfordert weit größere Auslagen für Verzinsung und Tilgung, als das ersparte Kilowatt wert ist. Aber das krasse Bild regt noch zu einer weiteren Überlegung an. Warum ist die Verschlechterung des Wirkungsgrades nicht mit ebenso großen Preisvorteilen verbunden, wie es die Nachteile einer Verbesserung sind? Kann man nicht, wenn man einen unnatürlichen Wirkungsgrad haben will, einfach auch den umgekehrten, offenbar mit einem kleineren Preisunterschied verbundenen Weg des gewöhnlichen Fortschrittes gehen und einfach auf eine ältere Bauart zurückgreifen?

Die Antwort auf diese beiden Fragen ist nicht schwer. Jeder Fortschritt, der eine Erhöhung der Verluste ermöglicht, hat zur Voraussetzung eine neue Lösung des Erwärmungsproblems, eine Erfindung. Die an jedem Kilogramm des neuen Transformators haftende Arbeit ist also größer geworden, die technische sowohl wie die geistige. In der gesamten Technik ist eine unzertrennliche Begleiterscheinung des Fortschrittes die Verteuerung der Gewichtseinheit, die die Materialersparnis zum Teil wieder aufhebt. Deshalb kann eine Erhöhung der Verluste, also eine gesteigerte Ausnutzung des Materials, nicht dieselben Preisunterschiede aufweisen, wie die mühelos durchgeführte Materialverschwendung.

Das Zurückgreifen auf eine ältere, erledigte Bauart, die den gewünschten, besseren Wirkungsgrad billiger gibt als die gewaltsam zugerichtete normale Type, ist, trotzdem es nur der umgekehrte Weg des Fortschrittes wäre, ebenfalls unmöglich. Es muß unmöglich sein, weil ein jeder Fortschritt ein nicht umkehrbarer Vorgang ist und weil jede Konstruktion, über die hinweg man mit Vorteil auf ältere Bauarten zurückgreifen könnte, verurteilt wäre.

7. Die Transformationskosten. Beurteilung von Transformatorenangeboten.

Die Untersuchungen der vorangehenden Abschnitte zeigen klar, daß unter dem Druck des Betriebsingenieurs, der einen billigen Transformator haben will, unter dem Druck, der sich sinnfällig als Konkurrenzkampf der Transformatorenerzeuger auswirkt, der Wirkungsgrad der Transformation dauernd sinkt. Die einmalige Ausgabe bei der Anschaffung des Transformators wird kleiner und kleiner, die dauernden Ausgaben für den Eigenverbrauch an Energie wachsen.

Dieser Entwicklungsvorgang ist natürlich, er ist unvermeidlich, wie wir gesehen haben, er mußte zu einem Zeitpunkt einsetzen, als konstruktiv und technologisch der Transformatorenbau voll und ganz ausgereift war. Aber er verlangt nun dauernde Aufsicht, er darf nicht mehr nehmen als er gibt, er birgt Gefahren, die untersucht werden müssen. Die Betriebslehre muß sich eingehend mit ihm beschäftigen, der Betriebsingenieur darf nicht mehr einfach einen billigen, guten Transformator suchen, sondern eine gute billige Transformation.

Das wirtschaftliche Bild ist sehr einfach und sehr klar. Eine Transformatorstation kostet eine gewisse Summe, von der hier lediglich der Anschaffungspreis des Transformators P (M) in Betracht kommt. Der geordnete Betrieb muß mit einer angemessenen Verzinsung und Tilgung des angelegten Kapitals rechnen. Jährlich verursacht so der gekaufte Transformator

$$\frac{\mu \cdot P}{100} \text{ Mark}$$

unveränderliche Betriebskosten, wenn man sich entschlossen hat, die Verzinsungs- und Tilgungsquote mit μ vH zu bemessen.

Das sind noch nicht alle Unkosten, die der Transformator verursacht. Im Betrieb braucht er für sich dauernd Energie, die erzeugt werden muß und die unter Umständen verkauft werden könnte, die in vielen Fällen genau so bezahlt werden muß, wie die tatsächlich nutzbringend verbrauchte Energie.

Bei Krafttransformatoren, mit denen wir uns zunächst beschäftigen wollen, ist das Bild besonders klar. Der Fabriksbetrieb z. B., der von einem Krafttransformator versorgt wird, zahlt dauernd die volle Verlustenergie des gleichmäßig belasteten Transformators mit. Hat nun der Transformator V Kilowatt Verluste und kostet das Jahreskilowatt b Mark, so entstehen dieser Transformation jährlich

$$b \cdot V \text{ Mark}$$

Betriebsunkosten aus Verschulden des Transformators. Die Gesamtunkosten des Transformators belaufen sich dann jährlich auf:

$$U = \frac{\mu \cdot P}{100} + b \cdot V \text{ Mark}.$$

Beispiel: Ein kleiner Fabriksbetrieb braucht dauernd durch 8 Stunden täglich 100 kW und kaufe sie auf der Hochspannungsseite zu 10 Pf/kWSt. Der angeschaffte Transformator habe 3 vH Verluste und koste 2000 Mark.

Entschließt man sich für eine 12,5 proz. Verzinsungs- und Tilgungsquote und arbeitet man 300 Tage im Jahre, so wird zunächst:

$$\mu = 12{,}5 \text{ vH},$$
$$b = 8 \cdot 300 \cdot 0{,}1 = 240 \text{ Mark/Jahreskilowatt}.$$

Der Transformator verursacht demnach:

$$U = \frac{12{,}5 \cdot 2000}{100} + 240 \cdot 3 = 250 + 720 = 970 \text{ Mark}$$

Gesamtunkosten jährlich.

Die Zahlen des Beispieles, die durchaus nicht unmöglich sind, sind so gewählt, daß sie deutlich zeigen, welche hohe Bedeutung den Verlusten neben dem Anschaffungspreis zukommt. Sie machen eindringlich darauf aufmerksam, daß es mehr als leichtfertig ist, einen Transformator einfach nur nach dem Anschaffungspreis zu beurteilen.

Die durchgeführte Rechnung zeigt noch mehr. Sie gibt dem Betriebsingenieur die volle Möglichkeit, vorläufig allerdings nur für den Krafttransformator, den Transformator richtig zu kaufen. Welchen Sinn hat es, peinlich zu untersuchen, welcher von den angebotenen Transformatoren schwerer ist? Was nützt es, wenn in der einen Konstruktion etwas mehr Kupfer steckt? Nach 15 Jahren wird man etwas mehr Altkupfer haben, dafür aber vielleicht durch 15 Jahre dauernd für größere Verluste Geld auslegen.

Beispiel: Der Betriebsleiter, der die Aufgabe hat, für den Fabriksbetrieb des letzten Beispiels den Transformator zu kaufen, habe vor sich zwei Angebote. Das eine enthalte einen 100 kW-Transformator mit 3 vH Verlusten zum Preise von 2000 Mark, das andere einen gleich großen Transformator mit 3,2 vH Verlusten zum Preise von 1800 Mark. Wird er sich ohne weiteres für den „billigeren" entschließen?

Es ist:

$$P_1 = 2000 \text{ Mark}, \qquad V_1 = 3 \text{ kW},$$
$$P_2 = 1800 \text{ Mark}, \qquad V_2 = 3{,}2 \text{ kW},$$

folglich

$$U_1 = \frac{12{,}5 \cdot 2000}{100} + 240 \cdot 3 = 250 + 720 = 970 \text{ Mark},$$

$$U_2 = \frac{12{,}5 \cdot 1800}{100} + 240 \cdot 3{,}2 = 225 + 768 = 993 \text{ Mark},$$

der „billigere" Transformator ist entschieden teurer.

In den vorangehenden Beispielen ist die Wichtigkeit der Verluste des Transformators stark unterstrichen. Zur Klarstellung des behandelten Betriebsproblems war es von Wert. In Wirklichkeit liegen die Verhältnisse ein wenig anders. Auch der Krafttransformator ist sehr oft nicht voll belastet, aus dem einfachen Grunde, weil er meist etwas größer bestellt wird, als er sein sollte. Aber er ist dann dauernd schwächer belastet, und die tatsächlichen dauernden Verluste sind leicht feststellbar. An der Berechnung der Gesamtbetriebskosten ändert dieser Umstand nichts.

Es gibt natürlich auch Betriebe, die sich ihre Energie selbst erzeugen. Sie haben es dann in der Hand, den Wert der im Transformator vernichteten Energie beliebig zu bemessen. Sie werden oft dem Transformator als Verbraucher nur die Stromselbstkosten anrechnen. In solchen Fällen wird der Ruf nach dem billigen Transformator besonders stark.

Gerade die Möglichkeit und noch mehr die Häufigkeit solcher Fälle müßte den Betriebsingenieur nachdenklich stimmen. Viel mehr als der Unterschied zwischen Wärmekraft- und Wasserkraftanlagen spricht der Unterschied zwischen vollwertigen und wertlosen Verlusten im Transformator für zwei Bauarten, für die billige im wahren Sinne des Wortes und für die wirtschaftliche.

Für zwei Bauarten werden auch noch jene Käufer sein, die billig kaufen müssen, die einen Transformator nur dann kaufen, wenn sie die notwendige Summe zusammenbringen. Für sie ist der billige Transformator eine Lebensfrage, weil sie keinen Kredit haben, weil für sie die Verzinsungsquote maßlos steigt. Sie müssen die höheren Ausgaben für die Verlustenergie auf sich nehmen, wenn sie sich wirtschaftlich emporarbeiten wollen.

Für alle diese verschiedenen Möglichkeiten bleibt die oben angegebene Lösung voll gültig. Jeder Käufer weiß selbst am besten, mit welcher Verzinsungs- und Tilgungsquote er zu rechnen hat, jeder Käufer kann sich den Wert der Verlustenergie selbst ermitteln. Die Hauptsache, vom Standpunkt der Betriebslehre aus betrachtet, bleibt, daß richtig gerechnet wird, daß nicht durch oberflächliche Beurteilung der Transformatorenangebote wirtschaftliche Werte vernichtet werden.

8. Der Fortschritt im Transformatorenbau. Fortschrittsgerade.

Der einmal aufgeklärte Betriebsingenieur wird nun dauernd mit nützlichem Interesse die Entwicklung des Transformatorenbaues verfolgen. Die Rechnung des vorangehenden Abschnittes läßt sich in der Tat von den Einzelfällen der Anschaffung von Transformatoren loslösen und zu einer allgemeinen wirtschaftlichen Lösung des Transformatorenbaues ausgestalten. Sie wird für den Konstrukteur von gleich hohem Wert wie für den Betriebsingenieur.

Der Konstrukteur hat eine Bauart festgelegt, die z. B. bei der Leistung L (kW) einen Preis P (M) verlangt und V (kW) Verluste bei dauernder Vollast verursacht. Der Fall des Krafttransformators soll auch diesmal zunächst allein berücksichtigt werden.

Der Daseinskampf drängt zum Fortschritt, drängt zur Aufstellung einer neuen Bauart mit kleinerem Preis und, weil es nicht anders geht, zu geänderten Verlusten. Rastlos werden solche neuen Bauarten gesucht. Die Arbeit geht zunächst nur den Konstrukteur an, betrieben wird sie vom Verkaufsingenieur.

Der Betriebsingenieur kann sich selbstverständlich in die konstruktive Arbeit nicht einmischen. Er prüft nur das Ergebnis. Er sieht sich die Verbilligung an und vergleicht sie mit der elektrischen Verschlechterung. Dieser Vergleich ist auch beim kleinsten Vorrücken möglich und für die Betriebslehre sogar notwendig. Die Theorie muß sogar mit Differentialen arbeiten.

Eine Verbilligung der Konstruktion um dP Mark verkleinert die Verzinsungs- und Tilgungskosten um

$$\frac{\mu}{100} \cdot dP = a \cdot dP \text{ M}.$$

Die gleichzeitige, leider notwendige Erhöhung der Verluste um dV Kilowatt verursacht eine Erhöhung der Strombezugskosten um

$$b \cdot dV \text{ M}.$$

Die neue Bauart bringt nur dann einen wirklichen Fortschritt, wenn

$$a \cdot dP > b \cdot dV$$

ist.

Mit diesem Ergebnis läßt sich zunächst wenig anfangen. Es ist ganz unmöglich, die Abhängigkeit des Preises P von den Verlusten V in eine mathematische Form zu bringen, mit anderen Worten, die Funktion:

$$P = f(V)$$

zu ermitteln. Gute Einfälle, Erfindungen, konstruktive Geschicklichkeit sind mathematisch nicht faßbar.

Eines ist indessen feststellbar und läßt sich praktisch auswerten: der Grenzfall des Fortschrittes, jene Verbilligung, die durch die gleichzeitige elektrische Verschlechterung gerade aufgewogen wird, der Fall:

$$-a \cdot dP = b \cdot dV. \tag{3}$$

Er zeigt die Richtung des gerade noch zulässigen Weges in die Zukunft mit voller Klarheit und Genauigkeit, damit aber auch, weniger klar und genau zwar, den voraussichtlichen Entwicklungsweg.

Er zeigt das nicht allein für einen bestimmte Transformator. Der Ansatz kann für eine ganze Typenreihe gelten, wenn er in die Form:

$$-a \cdot \frac{dP}{L^{\frac{3}{4}}} = b \cdot \frac{dV}{L^{\frac{3}{4}}}$$

gebracht wird. Innerhalb einer Typenreihe wächst, wie wir bereits wissen, der Preis genau so mit der $\frac{3}{4}$ten Potenz der Leistung, wie die Verluste.

Führt man demnach den Typenpreis:

$$p' = \frac{P}{L^{\frac{3}{4}}}$$

und die Typenverlustzahl:

$$v' = \frac{V}{L^{\frac{3}{4}}}$$

ein, so kommt man sofort zum Ansatz:

$$-a \cdot dp' = b \cdot dv' .$$

Praktischer bleibt es, mit dem bezogenen Preis:

$$p = \frac{P}{L} \text{ M/kW}$$

und mit den bezogenen Verlusten

$$v = 100 \frac{V}{L} \text{ vH}$$

zu rechnen, womit man die Gleichung

$$-\mu \cdot dp = b \cdot dv \qquad (4)$$

erhält.

Die unscheinbare Gleichung (4) kommt sofort zur Geltung, wenn die bildliche Darstellung der Abhängigkeit der unbedingt notwendigen Verbilligung des bezogenen Preises, dp, von der Erhöhung der Verluste in Hundertsteln, dv, zu Hilfe genommen wird. Man erhält als Bild der Gleichung:

$$\frac{dp}{dv} = -\frac{b}{\mu}$$

eine Gerade, wenn man in einem rechtwinkeligen Koordinatensystem p und v als Koordinaten betrachtet. Die „Fortschrittsgerade" (Abb. 2) gibt zu jedem Werte des prozentuellen Energieverlustes jenen bezogenen Preis an, der sich gerade noch auszahlt. Wenn wir daher eine bewährte Konstruktion heranziehen und den ihr entsprechenden Punkt eintragen,

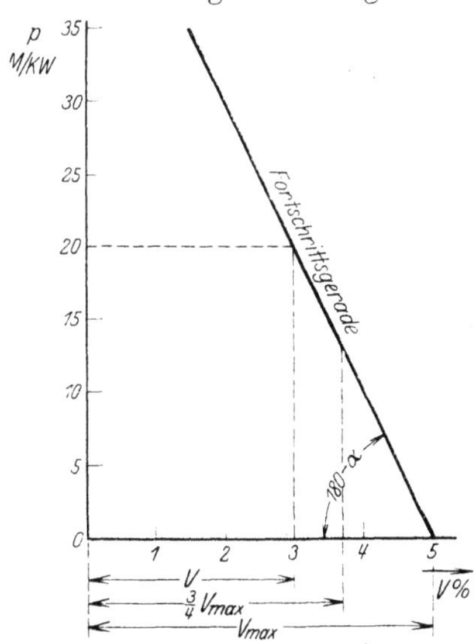

Abb. 2.

so können wir mit Hilfe des Neigungswinkels α, den die Gerade mit der positiven Richtung der v-Achse einschließt und dessen Tangente durch:

$$\operatorname{tg} \alpha = -\frac{b}{\mu}$$

gegeben ist, den ganzen Fortschritt, der noch möglich ist, übersehen.

Die Fortschrittsgerade ist der Grenzfall der voraussichtlichen Fortschrittskurve, die offensichtlich unter ihr liegen muß (Abb. 2). In dem spitzen Winkel, den die v-Achse und die Fortschrittsgerade bilden, liegt offenbar die ganze Zukunft des Transformators. Es ist kaum ein Zweifel möglich, daß wir uns in einer Sackgasse vorwärts bewegen und daß wir bei jedem Schritt, den wir vorwärts tun, uns selbst einschnüren. Gleichwohl ist das Ende, die Spitze des genannten Winkels, wie leicht ersichtlich, unerreichbar. Sie entspricht ja einem Transformator, der nichts mehr kostet, der also kein Material mehr aufweist, kurz, ein Nichts ist. Aber obwohl ein Ideal, gibt uns dieser unerreichbare Punkt doch einen reellen Wert, nämlich die größten Verluste, die unser Transformator je aufweisen wird. Sie sind leicht für jeden Transformator, von dem das Wertepaar:

$$p = p_0,$$
$$v = v_0$$

vorliegt, zu berechnen. Sie folgen offenbar der Beziehung:

$$v_{\max} = \frac{p_0 + \frac{b}{\mu} \cdot v_0}{\frac{b}{\mu}} = \frac{\mu\, p_0 + b \cdot v_0}{b}. \tag{5}$$

Alles ist somit von den beiden Größen μ, der Verzinsungs- und Tilgungsquote, und b, dem Preis eines Verlustkilowattjahres, abhängig.

Beide Werte werden in der Praxis sehr stark schwanken. Die Verzinsungs- und Tilgungsquote ist von den mannigfaltigsten Faktoren abhängig. Die Jahre nach dem Weltkrieg haben es außerordentlich deutlich gezeigt. Sie hängt auch, wie bereits erwähnt, von den Vermögensverhältnissen des Transformatorkäufers ab.

Der Wert des Kilowattjahres wird noch viel mehr schwanken. Zwar stellen Wasserkraftzentralen ihre Strompreise meist nach den Preisen der Wärmekraftanlagen ein, aber das eine Mal werden doch die Stromselbstkosten, das andere Mal der volle Stromverkaufspreis maßgebend sein.

Die Zukunft des Transformators ist demnach weniger eingeengt als man bei oberflächlicher Betrachtung glauben sollte. Die Fortschrittsgerade neigt sich einmal stark, dann wieder schwach zur v-Achse. Es wird sich eben jeder Betriebsingenieur seine eigene Fortschrittsgerade einzeichnen.

Der Abb. 2 liegt als Ausgangspunkt ein Transformator für 100 kW Leistung zugrunde, der 2000 Mark kostet und 3% Verluste hat. Es wurde außerdem eine Verzinsungs- und Tilgungsquote von 12,5 vH angenommen und für die Verluste das Kilowattjahr mit 125 Mark bewertet.

Die höchsten Verluste, die auf diese Weise der Transformator jemals erreichen durfte, würden sich aus Gleichung (5) zu

$$v_{\max} = \frac{12{,}5 \cdot 20 + 125 \cdot 3}{12{,}5} = 5 \text{ vH}$$

ergeben, weil:

$$p_0 = \frac{2000}{100} = 20 \text{ M/kW}$$

und

$$v_0 = 100 \cdot \frac{3}{100} = 3 \text{ vH}$$

ist. Ein kleinerer Wirkungsgrad als 95 vH wäre demnach undenkbar.

9. Schwierigkeiten des Fortschrittes.

Die Lösung der Wirkungsgradfrage des Krafttransformators, die im vorangehenden Abschnitt gegeben wurde, ermöglicht auch noch die Übersicht über die Schwierigkeiten des Fortschrittes, die wir gegenwärtig zu überwinden haben und die uns in der Zukunft erwarten. Die theoretische Möglichkeit des Vordringens bekommt durch die Kenntnis der Hindernisse die notwendige Ergänzung, um das Zukunftsbild nicht ein Trugbild werden zu lassen.

Die Schwierigkeit des Fortschrittes im Transformatorenbau wird wohl am besten gekennzeichnet durch das Verhältnis der notwendigen Verbilligung, die eine neue Konstruktion bringen muß, zur Vergrößerung der Verluste, die sie einführt. Die verhältnismäßige Verbilligung entspricht nach unseren Bezeichnungen dem Quotient

$$\frac{dp}{p},$$

die verhältnismäßige Erhöhung der Verluste dem Bruche

$$\frac{dv}{v}.$$

Das Verhältnis beider:

$$k = \frac{v \cdot dp}{p \cdot dv}$$

wäre also das Schwierigkeitsmaß.

Es fällt nicht schwer, eine einfache Bestimmungsmöglichkeit für k zu geben. Nach Gleichung (4) ist offenbar:

$$k = \frac{b}{\mu} \cdot \frac{v}{p} \tag{6}$$

so, daß zu jedem Wertepaar v und p sofort der Schwierigkeitskoeffizient k berechnet werden kann. Greifen wir wiederum auf das letzte Zahlenbeispiel zurück, das durch die Abb. 2 dargestellt wird, so erhalten wir:

$$k = \frac{125}{12{,}5} \cdot \frac{3}{20} = 1{,}5\,,$$

d. h. jede Vergrößerung der Verluste um n vH muß eine Preisermäßigung des Transformators um $1{,}5\,n$ vH bringen. Die Schwierigkeit ist somit bereits recht bedeutend. Sie hängt aber in der Zukunft vom jeweiligen Stand der Entwicklung, der gerade durch die zwei Größen p und v bestimmt wird.

Man kann das Maß k von den jeweiligen prozentuellen Verlusten allein abhängig machen und so auch ein Zukunftsbild entwerfen, wenn man die größten möglichen Verluste $v_{\max}$ einführt. Mit Hilfe der Abb. 2 erkennen wir leicht, daß:

$$p = (v_{\max} - v)\cdot\frac{b}{\mu}$$

ist, so daß wir den neuen Ausdruck:

$$k = \frac{v}{v_{\max} - v} \tag{6a}$$

erhalten. Nun können wir aber auch wieder ein geometrisches Bild der Abhängigkeit des Schwierigkeitskoeffizienten k von v entwerfen, denn Gleichung (6a) entspricht einer Hyperbel, deren rechtwinkelige Koordinaten k und v sind. Die Lage dieser „Schwierigkeitshyperbel" ist leicht zu bestimmen. Nach Gleichung (6a) wird offenbar für

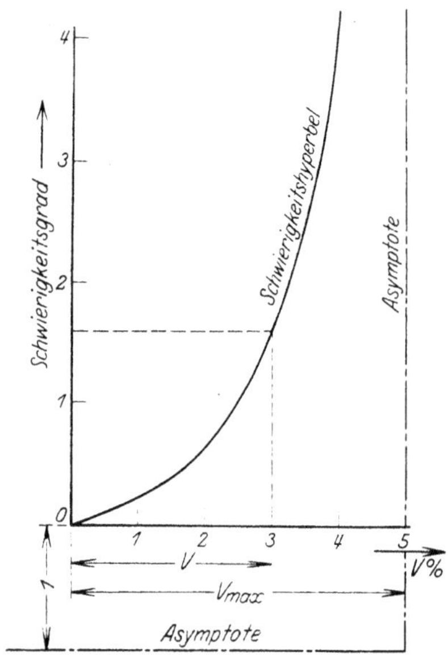

Abb. 3.

$$v = v_{\max} \tag{7}$$

der Koeffizient k unendlich groß. Gleichung (7) bestimmt daher die eine Asymptote. Es ist weiter sofort ersichtlich, daß die Hyperbel durch den Koordinatenursprung geht:

$$v = 0\,, \quad k = 0\,.$$

Schreiben wir endlich Gleichung (6a) in der Form:

$$v = v_{\max}\,\frac{k}{k+1}$$

auf, so erhalten wir auch die zweite Asymptote:

$$k = -1\,.$$

Abb. 3 zeigt uns den schweren Weg mit fortgesetzt wachsenden Schwierigkeiten, den der Transformatorenbau zu gehen hat. Er ist heute schon nicht mehr leicht. Wir wissen es. Es ist nur noch Kleinarbeit, die zu erledigen ist, das Zusammenlegen eines Prozentes auf das andere. Freilich, ab und zu gelingt ein größerer Wurf, und der Erfinder muß den Konstrukteur vorwärts werfen. Aber so geht es überall in der Technik.

Die Fortschrittsgerade und die Schwierigkeitshyperbel geben uns eine klare Lösung des Wirkungsgradproblems des Krafttransformators, sie ermöglichen dessen wirtschaftliche Kontrolle, sie verhüten konstruktive Entgleisungen und weisen der Entwicklung des Krafttransformatorenbaues die Richtung. Der Lichttransformator schafft, wie wir im nächsten Kapitel sehen werden, Verwicklungen. Noch aber sind auch für den Krafttransformator einige Nebenfragen zu besprechen, an denen man nicht einfach vorbeigehen kann, weil sie zum Teil das innerste Wesen des Transformators berühren und weil der Betriebsingenieur früher oder später sie stellen muß.

10. Übertriebene Ausnützung der Baustoffe.

Das Problem des unnatürlichen Wirkungsgrades, das im 6. Abschnitt behandelt wurde, kann im Laufe der Entwicklung des Transformatorenbaues doch einmal ernst werden. Wir sind über die voraussichtliche Entwicklung nach den Untersuchungen der letzten Abschnitte ziemlich gut unterrichtet. Wir sehen, daß die Wirtschaftlichkeit der Transformation relativ immer stärkere Verbilligungen verlangen wird, wenn die Konstruktionen weiter elektrisch verschlechtert werden. Es ist wahrscheinlich, daß der Konstrukteur die wachsenden Schwierigkeiten nicht mehr wird bewältigen können, daß er schließlich entgleisen wird.

Es gibt begreiflicherweise keine Behörde, die dauernd die Fortschrittskurve beaufsichtigt. Entgleisungen sind durchaus möglich. Die Betriebslehre muß demnach auch noch die Möglichkeit bieten, eine vorliegende Typenreihe, ohne Rücksicht auf die vorausgegangenen, auf ihre wirtschaftliche Gesundheit zu prüfen, sie muß imstande sein, auch den einzelnen Punkt der Fortschrittskurve zu beurteilen.

Das Problem hat auch eine andere, praktische Seite. Jeder Betrieb hat seine eigene Ansicht über die Wirtschaftlichkeit der Transformation. Für manchen Betrieb wird deshalb eine Typenreihe mit künstlicher, verstärkter Kühlung, die große Verluste gestattet, wirtschaftlich krank sein. Großtransformatoren lassen sich zum Beispiel mit natürlicher Ölkühlung bauen, normal werden sie mit Wasserkühlung ausgestattet. Bei kleineren Leistungen kommen neben Öltransformatoren auch Trockentransformatoren in Betracht.

Wenn nun in einer Typenreihe der unnatürliche Wirkungsgrad doch aus wirtschaftlichen Gründen in Betracht kommt, dann ist es klar, daß die Ausnützung des arbeitenden Materials zu weit getrieben wurde, daß die künstliche Kühlung unangebracht ist.

Die Antwort auf die Frage, ob nicht doch für eine Typenreihe bessere Wirkungsgrade geboten wären, läßt sich wieder zunächst nur für Krafttransformatoren leicht geben. Sie muß eine Beziehung zwischen dem Preis des Transformators und seinen Energieverlusten bringen, die ja immer eine Typenreihe am besten kennzeichnet; sie erlaubt also einen guten Einblick in den Aufbau des Transformators.

Wir wissen bereits, daß es genügt, ein Element der Typenreihe zu untersuchen, um ein für die ganze Reihe gültiges Urteil zu gewinnen. Wir greifen deshalb einen Transformator heraus, der einen Kilowattpreis p (M/kW) aufweist und v vH Verluste hat. Eine Verkleinerung der Verluste auf

$$\frac{v}{x}\,\text{vH}$$

hätte, wie wir aus dem 6. Abschnitt wissen, eine Erhöhung des Preises auf $p \cdot x^3$ M/kW zur Folge. Im Grenzfall, wenn die Typenreihe gerade anfangen würde, wirtschaftlich krank zu werden, müßte der jährliche Gewinn an elektrischer Arbeit die erhöhten Verzinsungs- und Tilgungskosten aufwiegen, was den Ansatz:

$$\mu \cdot p \cdot (x^3 - 1) = b \cdot \left(v - \frac{v}{x}\right)$$

ergibt. Schreibt man ihn in der Form:

$$\frac{b}{\mu} \cdot \frac{v}{p} = x^3 + x^2 + x\,,$$

so entdeckt man sofort, daß die Krankheit der Typenreihe anfängt, sobald x den Wert der Einheit übersteigt, sobald also

$$\frac{b}{\mu} \cdot \frac{v}{p} \geqq 3 \tag{8}$$

wird.

Die Tatsache ist zunächst theoretisch sehr wertvoll. Die Lösung des Wirkungsgradproblems für Krafttransformatoren mit Hilfe der Fortschrittsgeraden ergab als das unerreichbare Ende der Entwicklung das Wertepaar:

$$v = v_{\max}\,, \quad p = 0\,.$$

Dieser Fall liegt aber schon jenseits der durch Gleichung (8) bezeichneten Grenze. Wir erhalten also eine noch weitergehende Beschränkung der Zukunftsaussichten. In praktisch brauchbarer Form liegt sie aber erst vor, wenn nach Abb. 2

$$p = \frac{b}{\mu}\,(v_{\max} - v)$$

gesetzt wird, worauf Gleichung (8) in

$$v = \frac{3}{4} v_{\max} \tag{9}$$

übergeht.

Das ist also das wirkliche Ende, denn es ist praktisch erreichbar, es entspricht einem Kilowattpreis:

$$p = \frac{b}{4\mu} v_{\max} . \tag{10}$$

Wir sind ihm näher als wir glauben, obwohl gewaltige Hindernisse es verdecken. Wir brauchen z. B. nur das Zahlenbeispiel des 8. Abschnittes noch einmal heranzuziehen, um es einzusehen. Nach den beiden Gleichungen (9) und (5) werden die Verluste des 100 kW-Transformators nicht über

$$\frac{3}{4} \cdot 5 = 3{,}75 \text{ vH}$$

anwachsen. Und doch halten wir heute wirklich schon bei 3 vH und können wirklich schon leicht einen Kilowattpreis von 20 M/kW erhalten.

Gleichung (8) ist aber auch praktisch von hoher Bedeutung. Die Wasserkühlung vor allem ermöglicht eine früher undenkbare Belastung des Materials, sie drückt den Preis stark herunter und treibt die Verluste hinauf. Der wassergekühlte Transformator kann unwirtschaftlich werden.

Wenn z. B. ein Großtransformator für 20000 kW Leistung mit Wasserkühlung 60000 Mark kostet und 1,5 vH Verluste aufweist, so wird:

$$p = \frac{60000}{20000} = 3 \text{ M/kW}$$

und:

$$v = 1{,}5 \text{ vH}.$$

Er arbeitet nach Gl. (8) nur noch in einem Betrieb wirtschaftlich, der mit:

$$\frac{b}{\mu} = 3 \cdot \frac{3}{1{,}5} = 6$$

rechnet.

Läßt man die Verzinsungs- und Tilgungsquote auf:

$$\mu = 12{,}5 \text{ vH},$$

so wird das Kilowattjahr des Betriebes nur noch

$$12{,}5 \cdot 6 = 75 \text{ M}$$

kosten dürfen, was bei 8stündiger Vollbelastung einem Strompreis von

$$\frac{75}{2400} = 0{,}031 \text{ M/kW}$$

entspricht.

Nur Anlagen, die ihren Transformatoren die Selbstkosten der Stromerzeugung anrechnen, werden unter diesen Umständen noch durchkommen.

Begreiflich wird es nach all dem, daß wassergekühlte Großtransformatoren meist nicht bis zur Erwärmungsgrenze ausgenützt werden. In den Angeboten findet man deshalb neben der normalen Dauerleistung auch noch eine andere, oft weit höhere zulässige Dauerleistung des Transformators angegeben, die durch volle Ausnützung des Kühlapparates erreichbar ist.

11. Bauarten.

Als sofort sichtbares Kennzeichen einer Typenreihe haben wir die Kühlungsart von vornherein angenommen. Die ganze Leistungsskala von den allerkleinsten bis zu den allergrößten Leistungen wird von mehreren Typenreihen ausgefüllt. Ganz kleine Leistungen kommen mit einfacher Luftkühlung aus. Der Trockentransformator kann bis über 100 kW vordringen. Die Ölkühlung beseitigt dann mit einem Schlag die sich mit wachsender Leistung vergrößernden Erwärmungsschwierigkeiten. Bei großen Leistungen wird auch der kühlende Ölstrom zu träge und die Wasserkühlung greift ein.

Mit 3 Typenreihen läßt sich somit die volle Leistungsskala erschöpfen. Eigentlich ist das Bestreben des modernen Transformatorenbaues noch weitreichender. Der Öltransformator drängt energisch hinauf und herunter. Er versucht mehr und mehr den Trockentransformator zu verdrängen, er stößt aber auch weit in das Gebiet des Großtransformators vor.

Die wachsenden Betriebsspannungen rechtfertigen vielfach das Unterliegen des Trockentransformators. Das Öl ist eben nicht nur ein gut kühlendes, sondern auch ein gut isolierendes Medium. Die Betriebssicherheit wird mit Recht mehr und mehr der entscheidende Faktor. Die Betriebssicherheit ist es auch, die oft bei hohen Leistungen zur Bevorzugung der natürlichen Ölkühlung vor der Wasserkühlung drängt. Sie führt aber zuweilen zu argen Übertreibungen.

Die drei Typenreihen, die luftgekühlte, die ölgekühlte und die wassergekühlte übergreifen sich auf weiten Strecken der Leistungsskala. Auf diesen Strecken muß die Betriebslehre mit ihrem Preis- und Wirkungsgradproblem eingreifen.

Beim Übergang von der einfachen Luftkühlung zur Ölkühlung fällt eine erhebliche Last auf den Preis des Transformators. Das Öl ist teuer und der Ölkasten verteuert ebenfalls empfindlich die Konstruktion. Öl und Kasten müssen mit Kupfer und Eisenblech bezahlt werden. In der Tat kann die Kupferbelastung, die im Trockentransformatorenbau nicht leicht über 2 A/mm^2 hinausgetrieben werden kann, ohne Schwierigkeit auf 3 A/mm^2

hinaufschnellen, wenn die Wicklung ins Öl gelegt wird. Auch die Liniendichte kann im Ölbad erhöht werden, obwohl für sie weniger die Eisenkühlung als die Rücksicht auf den Leerlaufstrom maßgebend bleibt.

Aber, wenn auch der Öltransformator auf diese Weise nicht teurer zu werden braucht als der Trockentransformator, hat er doch zweifellos höhere Verluste. Die Nachrechnung der Wirtschaftlichkeit der Transformation wird demnach sehr oft zugunsten des Trockentransformators entscheiden.

Bei Krafttransformatoren wird der Umstand wenig zu bedeuten haben, daß der Öltransformator infolge der stärkeren Kupferausnützung und infolge der gedrängten Bauart neben erheblich höheren Verlusten im Kupfer doch meist kleinere Verluste im Eisen haben wird als der gleich große Trockentransformator. Bei dauernder Vollast sind eben nur die Gesamtverluste für die Wirtschaftlichkeit der Transformation maßgebend.

Beim Übergang von der natürlichen Ölkühlung zur Wasserkühlung liegen die Verhältnisse ähnlich. Die Wasserkühlung bringt neue Ausgaben für die Kühlschlange, für die Pumpe und für deren Ausrüstung. Allerdings ist bei großen Leistungen noch ein Umstand zu berücksichtigen, auf den meist vielzuwenig, sehr oft gar nicht achtgegeben wird. Der große Transformator mit natürlicher Ölkühlung verursacht erhebliche Baukosten, er beansprucht eine reichlich bemessene Kammer. Die großen Wärmemengen, die er entwickelt, müssen weiterbefördert werden. Die Luft, die immer durch die Transformatorkammer streichen muß, steht unter gewaltigem Wärmedruck. Man denkt gar nicht daran, wie stark der notwendige Luftstrom wird, wenn bei natürlicher Ölkühlung die Leistung mehrere Tausend Kilowatt erreicht. Dieser Luftstrom braucht bei natürlicher Luftbewegung gewaltige Querschnitte, gewaltige Zu- und Abflußkanäle.

Die Baukosten für die Transformatorkammer erschweren demnach dem einfachen Öltransformator den Weg zu hohen Leistungen. Auch sein Ölkasten ist weit teurer als der glatte Kasten des Transformators mit Wasserkühlung.

Es ist zweifellos, daß heute der Öltransformator beiderseits zu weit vorgedrungen ist. Bei kleineren Leistungen wird er die wirtschaftliche Kontrolle ebensowenig aushalten wie bei sehr hohen Leistungen. In beiden Fällen hat er dann nur noch die Rücksicht auf größere Betriebssicherheit, die für ihn spricht.

Übertreibungen sind unausbleiblich. Wenn allerdings bei kleinen Leistungen die Spannung sehr hoch ist oder wenn ein kleiner Transformator einfach auf einen Leitungsmast befestigt wird, bleibt kein anderer Weg. Wenn andererseits eine große Transformatorstation weit entlegen angelegt werden muß, und der Betrieb der Wasserkühlung nicht beaufsichtigt werden kann, bleibt ebenfalls kein anderer Weg. Das sind aber dann Fälle, die aus dem Rahmen herausfallen und die der erfahrene Betriebsingenieur selbst zu lösen hat. Er hat dabei eine leichte Wahl.

12. Das Preis- und Wirkungsgradproblem des Krafttransformators.

Wenn man das Problem des Preises und des Wirkungsgrades eines Krafttransformators im Zusammenhange überblickt, entdeckt man zunächst große Unzukömmlichkeiten im Verkehr des Betriebsingenieurs mit dem Konstrukteur. Sie verstehen sich noch heute nicht, und ganz besonders ist es der Konstrukteur, der darunter leidet.

Bei Vergebung von Transformatoren, auch für reinen Kraftbetrieb, kommt es immer noch vor, daß der Anbietende peinlich über Konstruktionseinzelheiten ausgefragt wird, die den Betriebsingenieur gar nichts angehen. Er muß z. B. angeben, wieviel Kupfer der Transformator enthält. Man kauft sozusagen nach dem Gewicht. Der Transformator mit wenig Kupfer ist verdächtig, er wird nicht bestellt.

Wozu das? Die Höhe der Stromdichte im Kupfer, auf die man doch aus dem Kupfergewicht schließt, kennzeichnet doch die Güte der Konstruktion in keiner Weise. Es ist nicht so wie bei den Eisenkonstruktionen, wo die Materialbeanspruchung gefährlich werden kann. Die Kupferbelastung hat nur auf die Kühlung einen Einfluß, und der Kühlapparat steht immer unter der Aufsicht der Vorschriften.

Ein Transformator, der mit 3 A/mm^2 im Kupfer arbeitet, kann weit besser gekühlt sein als ein anderer, der es nur auf 2 A/mm^2 bringt. Großtransformatoren mit Wasserkühlung, die mit hohen Stromdichten arbeiten, bleiben ganz kalt. Was hat also das Kupfergewicht zu sagen?

Entscheidend ist und bleibt nur die Wirtschaftlichkeit der Transformation, die jederzeit beurteilt werden kann, ohne Kenntnis des Kupfergewichtes, wie es die oben gegebene Lösung des Preis- und Wirkungsproblems zeigt. Alles andere ist überflüssig, alles andere verrät Unkenntnis der Sache.

Die Zeiten sind noch gar nicht ganz vorüber, als Konstrukteure gezwungen waren, künstlich die Transformatoren schwer zu machen. Natürlich wurde nur die Tragkonstruktion, nur das tote Material vermehrt. Auch im Motorenbau muß noch vielfach der Konstrukteur auf diese Weise betrügen. Was hat der Betrieb vom schwereren Transformator? Erhöhte Transportkosten und einmal in ferner Zukunft etwas mehr Altmaterialwert.

Man schließt auf Überlastbarkeit bei schwereren Konstruktionen. Auch ein Fehlschluß. Die Erwärmungsgrenze wird bei jeder Bauart gleich eingehalten. Dauernd überlastbar ist weder der schwere noch der leichte Transformator. Nur dauernde Überlastbarkeit ist aber für den Krafttransformator von Wert. Dazu kommt noch die Tatsache, daß vorübergehende Überlastungen nicht vom Kupfer bewältigt werden, sondern vom Öl. Je größer der Transformator, um so weniger Bedeutung hat für vorübergehende Überlasten das Kupfergewicht. Großtransformatoren erreichen in wenigen Sekunden die endgültige Kupferübertemperatur über der Öltemperatur.

Meist werden Krafttransformatoren größer bestellt als notwendig. Sie vertragen deshalb ohne Schaden kleine Überlasten des Betriebes. Die Lösung des Preis- und Wirkungsgradproblems wird dadurch nicht entwertet. Natürlich kommen in allen Fällen nicht voll belasteter Transformatoren bei der Untersuchung der Wirtschaftlichkeit nur die tatsächlichen Verluste in Betracht. Da nun die Verluste im Eisen von der Belastung unabhängig sind, die Verluste im Kupfer aber mit dem Quadrat der Belastung fallen, ist die Rechnung ganz leicht.

Berücksichtigt man nun den Umstand, daß der Krafttransformator tatsächlich meist zu groß bestellt wird, so entdeckt man, daß es doch nicht einerlei ist, wie die Verluste des Krafttransformators auf das Kupfer und auf das Eisen aufgeteilt werden. Offenbar ist es günstiger, wenn das Kupfer die größere Verlustlast übernimmt. Ein Beispiel beleuchtet die Verhältnisse am besten.

Beispiel: Für einen Betrieb soll ein 100 kW-Transformator angeschafft werden. Die Wahl sei zwischen zwei gleich teueren Typen zu treffen, die beide je 3% Gesamtverluste aufweisen, aber mit dem Unterschied, daß der eine Transformator je 1,5 kW Verluste im Eisen und im Kupfer zeigt, der andere dagegen 1 kW im Eisen und 2 kW im Kupfer. Man hätte mit einer vorläufigen Dauerlast von 70 kW zu rechnen.

Bei 70 kW Belastung bleiben nach wie vor die Verluste im Eisen bei beiden Transformatoren auf 1 kW bzw. auf 1,5 kW, das ist:

$$\frac{100\cdot 1}{70} = 1{,}43 \text{ vH}$$

bzw.:

$$\frac{100\cdot 1{,}5}{70} = 2{,}14 \text{ vH}\,.$$

Die Verluste im Kupfer fallen dagegen beim ersten Transformator von 2,0 kW auf $2{,}0 \cdot 0{,}7^2$ kW, das ist:

$$100\cdot\frac{2{,}0\cdot 0{,}7^2}{70} = 1{,}4 \text{ vH}\,,$$

beim zweiten Transformator von 1,5 kW auf $1{,}5 \cdot 0{,}7^2$ kW, das heißt auf:

$$100\cdot\frac{1{,}5\cdot 0{,}7^2}{70} = 1{,}05 \text{ vH}\,.$$

Der erste Transformator hat dann:

$$1{,}43 + 1{,}4 = 2{,}83 \text{ vH}$$

Gesamtverluste, der zweite:

$$2{,}14 + 1{,}05 = 3{,}19 \text{ vH}$$

Die ungleichmäßige Aufteilung der Gesamtverluste bei normaler Vollast ist demnach entschieden vorzuziehen, wenn das Kupfer die größere Verlustlast bekommt.

Diese Tatsache hängt mit der alten Regel des Elektromaschinenbaues zusammen, die einer Maschine dann den höchsten Wirkungsgrad verspricht, wenn die Verluste bei Leerlauf und die Verluste im Kupfer gleich groß werden. Diese Regel läßt sich sehr einfach ableiten und ist für den Betriebsingenieur so wichtig, daß sie verdient, hier entwickelt zu werden.

Die Verluste bei Leerlauf V_e (kW) sind beim Transformator nur von der Spannung und von der Periodenzahl abhängig, sie sind demnach praktisch unveränderlich. Die Verluste im Kupfer steigen und fallen mit dem Quadrat der Leistung L (kW). Die Gesamtverluste können demnach mit einer Konstanten k zu:

$$V = V_e + k \cdot L^2$$

angesetzt werden.

Der Wirkungsgrad ist das Verhältnis der abgegebenen Leistung zur aufgenommenen, er ist somit durch den Ansatz:

$$\eta = \frac{L}{L + V_e + kL^2}$$

gegeben. Er erreicht seinen größten Wert, wenn:

$$V_e = kL^2$$

wird, d. h. bei der Leistung:

$$L = \sqrt{\frac{V_e}{k}},$$

bei gleich hohen Verlusten im Eisen und im Kupfer.

Die Natur ist voller Tücken. Der Transformator, der im Beispiel oben als ungünstiger erkannt wurde, hat doch gleich hohe Verluste im Eisen und im Kupfer. Warum ist der andere, der sich der Wirkungsgradregel nicht fügt, vorzuziehen? Gilt die Regel doch nicht?

Die Regel ist natürlich immer richtig. Sieht man sich das trügerische Zahlenbeispiel genau an, so entdeckt man leicht den Grund des Versagens des schulmäßig konstruierten Krafttransformators. Er hat bei normaler Vollast seinen höchsten Wirkungsgrad, bei geringerer Belastung muß daher sein Wirkungsgrad kleiner werden. Der andere Transformator hat bei der Nennleistung ungleichmäßig aufgeteilte Verluste, folglich nicht seinen höchsten Wirkungsgrad. In der Tat sind bei 70 kW, wie das Beispiel zeigt, seine Verluste im Kupfer gerade den Verlusten im Eisen gleich geworden.

Es ist sehr bemerkenswert, daß die Entwicklung des Transformatorenbaues von selbst den Weg gewählt hat, gewählt haben mußte, den die Betriebslehre weist. Die Verbesserung der Kühlung gestattet, wie bekannt, Erhöhungen der Strom- und der Liniendichte. Der Erhöhung der Stromdichte steht sonst nichts im Wege, der Steigerung der Liniendichte widersetzt sich die Rücksicht auf den Leerlaufstrom. Ganz natürlich ist es demnach, daß das Kupfer um so mehr das Eisen an Verlusten übertrifft, je besser die Kühlung ist. Der wassergekühlte Großtransformator zeigt bereits gewaltige Unterschiede zwischen den Teilverlusten.

Der Betriebsingenieur wird bei gleichen Gesamtverlusten beim Krafttransformator höhere Verluste im Kupfer vorziehen, aber er wird nicht bereit sein, für die ungleichmäßige Verlustaufteilung Geld auszulegen. Er rechnet nämlich damit, daß in absehbarer Zeit sein Betrieb doch den Transformator voll ausnützen wird. Mit wachsender Belastung verschwindet aber der Vorteil der ungleichmäßigen Verlustaufteilung.

II. Die Wirtschaftlichkeit des Lichttransformators.

13. Betriebsprobleme des Lichttransformators.

Der Betriebsingenieur kennt, bzw. berücksichtigt noch heute viel zuwenig den gewaltigen Unterschied zwischen einem Krafttransformator und einem Lichttransformator. Nur zu oft wählt er sie nach den gleichen Überlegungen. Er denkt zuwenig daran, daß der Lichtbetrieb wirtschaftlich und elektrisch ganz andere Verhältnisse schafft als der Kraftbetrieb.

Der Lichttransformator ist ein wichtiges Problem der Betriebslehre. Der Umstand, daß die Lichtlast zeitlich und örtlich schwankt, daß sie weder den Transformator als Ganzes gleichmäßig belastet, noch bei dreiphasigen Typen die einzelnen Phasen immer gleich beteilt, muß beachtet werden, wenn nicht schwere wirtschaftliche und elektrische Schäden entstehen sollen.

Das Betriebsproblem des Lichttransformators zerfällt offenbar auf mehrere Teilprobleme teils wirtschaftlicher, teils elektrischer Natur. Auch der Lichttransformator hat sein Preis- und Wirkungsgradproblem. Auch für ihn sind die Erwägungen des 1. Kapitels maßgebend. Aber die zeitliche Veränderlichkeit der Leistung verwickelt die Frage der Wirtschaftlichkeit der Lichttransformation. Es entsteht ein eigenes Preis- und Wirkungsgradproblem des Lichttransformators.

Die Möglichkeit ungleichmäßiger Aufteilung der Lichtlast auf die einzelnen Phasen des Transformators führt zu elektrischen Problemen, die der Betriebsingenieur ebenfalls kennen und übersehen muß. Es gibt ferner gemischte wirtschaftlich-elektrische Teilprobleme, die von der Betriebslehre erfaßt werden müssen.

Nichts unterstreicht die Eigenartigkeit des Lichttransformators so deutlich wie die Erkenntnis, daß das Leistungsschild des Lichttransformators dem Betriebsingenieur viel weniger sagt als das Leistungsschild des Krafttransformators. Dessen Hauptgröße, die Nennleistung, ist beim Krafttransformator ein sehr maßgebender, sehr praktischer Begriff. Der Krafttransformator strebt einer Belastung zu, die der Nennleistung entspricht. Der Lichttransformator kommt im Betrieb höchst selten auf die Nennleistung. Der Krafttransformator übernimmt dauernd Lasten, die etwas unterhalb der Nennleistung bleiben, wenn sie sie nicht gerade erreichen, der Lichttransformator arbeitet zeitweilig tief unterhalb der Nennleistung, zeitweilig überschreitet er die Nennleistung ganz erheblich.

Die Nennleistung des Lichttransformators ist ein Anhaltspunkt, nicht mehr. Der Nennstrom hat dieselbe Rolle. Nur die Spannung steht fest.

Noch ärger als mit der Leistung steht es mit dem Wirkungsgrad des Lichttransformators. Das Verhältnis der vom Transformator abgegebenen Energie zur aufgenommenen schwankt im Lichtbetrieb gewaltig. Die Leerlaufsverluste allerdings bleiben dauernd und zwar jahraus jahrein, auf gleicher Höhe, zu jeder Jahreszeit, zu jeder Tagesstunde. Immer muß der Lichttransformator unter Spannung stehen, bereit, auch nur eine Glühlampe zu speisen. Die Verluste im Kupfer schwanken in sehr weiten Grenzen, mit dem Quadrat der Belastung.

Die Unzulänglichkeit des ursprünglichen Wirkungsgradbegriffes hat die Theorie schon lange erkannt. Sie hat ihn durch den Begriff des Jahreswirkungsgrades ersetzt, von der Erwägung ausgehend, daß erst das Verhältnis der während eines Jahres vom Lichttransformator abgegebenen Energie zu der im gleichen Zeitraum aufgenommenen Energie ein feststehendes Maß bleibt. Sie hat mit Recht weder den Tages- noch den Monatswirkungsgrad aufgegriffen, weil die einzelnen Tage und die einzelnen Monate nicht gleichwertig sind.

Für die Betriebslehre ist auch der Jahreswirkungsgrad ein unzulänglicher Begriff. Das Studium der Wirtschaftlichkeit der Lichttransformation führt leicht zu dieser Erkenntnis. So entsteht ein interessantes, technisch-wirtschaftliches Teilproblem.

Es ist aus der Praxis wohlbekannt, daß der Betriebsingenieur den Lichttransformator gern zu klein wählt, während er den Krafttransformator zu groß bestellt. Er rechnet ganz richtig damit, daß beim Lichtbetrieb die Höchstlast nur wenige Stunden dauert und ziemlich unvermittelt einsetzt, so daß sie einen vorher schwach belasteten, verhältnismäßig kalten Transformator trifft. Er rechnet, mit anderen Worten, mit der unter diesen Umständen zweifellos vorhandenen Überlastbarkeit.

So einfach ist indessen die Sache nicht. Der Betriebsingenieur und der Konstrukteur müssen sich verständigen. Sonst entstehen schwere Gefahren. Es ist doch nicht ganz ausgeschlossen, daß auch der Konstrukteur auf die Überlastbarkeit rechnet. Es ist ferner mehr als sicher, daß der Betriebsingenieur die Überlastbarkeit nur schätzt, deshalb falsch schätzen kann, wenn er nicht vom Konstrukteur genau aufgeklärt wird.

Die Betriebslehre muß somit festlegen, in welchem Verhältnis die Nennleistung zur zulässigen Höchstleistung im Betrieb steht. Sie muß sich mit der Überlastbarkeit des Lichttransformators beschäftigen. Damit greift sie ein anderes, sehr wichtiges Teilproblem auf.

Der hier gegebene Überblick über das Betriebsproblem des Lichttransformators genügt für die Erkenntnis, daß ein weites Arbeitsfeld, noch wenig durchgeackert, vor uns liegt. Es muß endlich bearbeitet werden.

14. Das Preis- und Wirkungsgradproblem des Lichttransformators.

Die Wirtschaftlichkeit des Lichttransformators wird ebenso wie die Wirtschaftlichkeit des Krafttransformators einerseits von der Höhe des im Transformator festgelegten Kapitals, andererseits von der Höhe der jährlich im Transformator verbrauchten Verlustenergie abhängen. Auch die Anschaffungskosten des Lichttransformators müssen in der Verzinsung und Tilgung des Transformatorwertes dauernde Unkosten verursachen. Auch die Jahresverlustenergie des Lichttransformators kostet Geld.

Es scheint demnach, daß das Preis- und Wirkungsgradproblem des Krafttransformators einfach in der Gestalt des Preis- und Jahreswirkungsgradproblems des 1. Kapitels wiederkehrt, daß alle Überlegungen des 1. Kapitels nur einfach sinngemäß übertragen werden müssen.

So einfach liegen leider die Verhältnisse nicht. Der Jahreswirkungsgrad ist ein unzulänglicher Begriff, wie bereits erwähnt. Das Problem muß tiefer untersucht werden.

Solange nur die rein elektrische Wirtschaftlichkeit der Transformation in Betracht kommt, ist allerdings gegen den Jahreswirkungsgrad nichts einzuwenden. Verluste im Eisen und Verluste im Kupfer sind immer Energieverluste. Sobald es sich aber um die Kosten der Transformation handelt, sind die Einzelverluste nicht mehr gleichwertig. Die wirkliche Wirtschaftlichkeit des Lichttransformators ist von der elektrischen grundverschieden.

Eine Kilowattstunde, die der Lichttransformator nachts nach Mitternacht verbraucht, im Eisen natürlich, hat einen geringen Wert. Sie könnte ohnehin nur in den seltensten Fällen verkauft werden. Sie kann vernünftigerweise nur zu Selbstkosten in Rechnung gestellt werden, denn der Lichttransformator gehört in der Regel dem Stromerzeuger. Aber selbst dann, wenn ein Großabnehmer so leichtsinnig ist, den Lichtstrom hochspannungsseitig zu kaufen, kann er nachts nicht den gleichen Preis bezahlen wie bei Tag.

Man wird geneigt sein einzuwenden, daß gerade deshalb die Verlustenergie immer gleich viel kostet, weil der Lichttransformator dem Stromerzeuger gehört. Es ist nicht ausgeschlossen, daß es Betriebsingenieure geben wird, die diesen Standpunkt einnehmen. Sie werden sogar recht behalten, solange ihr Werk nicht halbwegs belastet ist, solange die Belastungsspitze nicht angefangen hat, Sorgen zu bereiten. Dann aber ist jede Verlustkilowattstunde zur Zeit der Spitzenbelastung soviel wert, wie jede zum Höchsttarif verkaufte Kilowattstunde. Jede andere Bewertung wäre falsch.

Nehmen wir eine Wasserkraftzentrale. Frisch gebaut, hat sie gewöhnlich zunächst wenig Stromabnehmer, das Wasser fließt zum Teil unausgenützt über das Wehr. Die Verlustenergie der Transformatoren kostet nichts. Die Krafttransformatoren sind im Besitz der angeschlossenen Betriebe, ihre Verlustenergie wird genau so bezahlt wie die Nutzenergie. Die Lichttransformatoren sind entweder Eigentum des Werkes selbst oder gehören größeren oder kleineren Abnehmern, Gemeinden, Genossenschaften oder Privaten. Bei den eigenen Lichttransformatoren denkt die Wasserkraftzentrale zunächst gar nicht an die Verluste. In fremden Händen verursacht der Lichttransformator von allem Anfang an Sorgen. Seine Verlustenergie ist nicht mehr wertlos.

Sehr bald kommt das Werk darauf, daß die Verlustenergie des Lichttransformators doch Geld kostet. Es kommen wasserarme Zeiten, die kalorische Energie ist teurer. Die Teilverluste mögen noch gleich bewertet werden, sie werden immerhin bewertet — der Jahreswirkungsgrad wird wichtig.

Inzwischen steigt der Verbrauch. Die Belastungsspitze bildet sich aus, im Werk selbst, naturgemäß aber auch bei den einzelnen Großabnehmern, in den angeschlossenen Städten und Ortschaften. Die kalorische Reserve muß täglich mittun. Der Wert der Einzelverluste fängt an, mit der Tageszeit zu schwanken, der Jahreswirkungsgrad sagt nichts mehr, an seine Stelle tritt der W i r t s c h a f t l i c h k e i t s g r a d.

Er läßt sich leicht festlegen. Zur Zeit der Belastungsspitze sind die Verluste viel mehr wert als sonst. Bezeichnet man mit:

V_e die Leerlaufsverluste in kW,
V_k die Verluste im Kupfer bei Vollast in kW,
s_1 die Jahresstundenzahl der Belastungsspitze,

s_2 die Jahresstundenzahl der auf die Nennleistung reduzierten Belastung des Transformators,

L die Nennleistung,

so ist der Wirtschaftlichkeitsgrad:

$$\varepsilon = \frac{s_2 \cdot L}{s_2 \cdot L + k\,(8760 - s_1)\,V_e + (V_e + V_k)\,s_1},$$

wenn

$$k = \frac{\text{Stromeigenkosten}}{\text{Stromverkaufskosten}}$$

bedeutet.

Der Ansatz ist nicht sehr genau, denn außerhalb der Zeit der Beleuchtungsspitze ist immerhin auch eine gewisse Verlustenergie im Kupfer vorhanden.

Übrigens ist auch der Ansatz für den Jahreswirkungsgrad in der Form:

$$\eta_j = \frac{s_2 \cdot L}{s_2 L + 8760\,V_e + s_2\,V_k}$$

ungenau, weil die Verluste im Kupfer mit dem Quadrat der Belastung schwanken.

Für die Betriebslehre haben die beiden Ausdrücke nur insofern einen Wert, als sie den Unterschied der richtigen und der unrichtigen Bewertung der Transformatorverluste andeuten. Sie zeigen weiter sinnfällig, wie weit der Begriff des Wirkungsgrades:

$$\eta = \frac{L}{L + V_e + V_k}$$

von der Wirklichkeit liegt.

Im Idealfalle, wenn schließlich das Werk vollständig ausgenützt ist, wenn es gelingen sollte, die Spitze abzugleichen und die Generatoren bis auf das letzte Watt zu belasten, tritt allerdings auch der Wirkungsgrad in seine vollen Rechte ein. Er ist der Endwert, dem der Wirtschaftlichkeitsgrad zustrebt.

Bei Wärmekraftanlagen ist die Entwicklung kürzer. Da gibt es niemals ganz wertlose Verluste. Der Jahreswirkungsgrad ist wenigstens das Anfangsmaß der Wirtschaftlichkeit. Natürlich wird auch beim Wärmekraftbetrieb der Wirtschaftlichkeitsgrad sehr bald zum Wort kommen, um sich allmählich dem Wirkungsgrad zu nähern.

Ein vorläufiger Überblick über die Schwierigkeiten des Wirtschaftlichkeitsproblems des Lichttransformators wäre damit gewonnen. Nun kann an die Lösung des Problems selbst gedacht werden, die sich natürlich an die Ergebnisse des 1. Kapitels anlehnen muß. Von selbst aber entsteht das Nebenproblem der Aufteilung der Verluste auf Eisen und Kupfer.

15. Überlastbarkeit des Lichttransformators. Der Trockentransformator.

Noch wäre es aber voreilig, die Frage der Wirtschaftlichkeit des Lichttransformators abzuschließen, denn die Schätzung der Spitzenlaststunden, durch die hindurch man die Vollastverluste höher zu bewerten hätte, ist noch nicht alles. Es ist noch vorher notwendig, die Vollastverluste zu bestimmen. Volleistung ist nicht Nennleistung, und wenn auch die Verluste im Eisen auf dem Leistungsschild oder im Angebot angegeben sind, sind die Verluste im Kupfer bei der Volleistung erst durch das Verhältnis der Volleistung zur Nennleistung festgelegt.

Der Lichttransformator ist, wie jeder andere Transformator, zeitweilig überlastbar, noch mehr, er wird meist zur Zeit der Belastungsspitze überlastet. Der Betriebsingenieur weiß natürlich, wieviel er seinem Lichttransformator zumutet. Die Betriebslehre aber muß angeben, wie groß die Überlast sein darf, und die Wirtschaftlichkeit ist von der Überlastbarkeit sehr abhängig.

Es ist für den Betriebsingenieur unbedingt notwendig, über die Erwärmungsverhältnisse des Transformators so weit einen Überblick zu gewinnen, daß er die vorübergehende Überlastbarkeit beurteilen kann. Dies gelingt am besten, wenn einfach vorausgesetzt wird, daß der Lichttransformator täglich, oder besser gesagt, am ungünstigsten Tage des Jahres t_0 Sekunden unter gleichbleibender Lichtlast steht, sonst aber vollkommen leer läuft.

Unter der gemachten Voraussetzung steht der Eisenkern dauernd unter einer bestimmten Übertemperatur. Die Wicklung bleibt während des Leerlaufes kalt. Sie fängt an, sich am Anfang der Belastungsperiode zu erwärmen und sie erreicht am Ende der Belastungsperiode, also nach t_0 Sekunden, die höchste Temperatur. Dem Transformator darf eine Lichtlast zugemutet werden, die zu einer zulässigen Höchsttemperatur führt.

Wenn man rechnen will, fängt man am besten mit dem einfachsten Fall an — mit dem Trockentransformator. Die Wicklung des Trockentransformators ist praktisch ein homogener Körper. Das Isolationsmaterial, das gerade bei luftgekühlten Typen meist reichlich vorhanden ist, hat zwar, auf die Gewichtseinheit bezogen, eine Wärmeaufnahmefähigkeit, die ungefähr 6mal größer ist als die Wärmeaufnahmefähigkeit des Kupfers. Aber gleichzeitig stehen die spezifischen Gewichte der beiden Baustoffe ungefähr im umgekehrten Verhältnis. Man kann somit mit den äußeren Abmessungen der Spulen rechnen und annehmen, daß sie massive Kupferkörper sind.

Die Wicklung des Trockentransformators ist somit für das vorliegende Erwärmungsproblem einfach ein massiver Kupferkörper mit einem Gewicht G_k' (kg), das das wirkliche Kupfergewicht der Wicklung G_k (kg) gewöhnlich erheblich übertrifft. Es ist bekannt, wie sie sich unter gleichbleibender Verlustwärmezufuhr erwärmt. Am Anfang bleibt fast die ganze Wärme im Körper und hebt seine Temperatur. Erst der entstehende Temperaturunterschied zur Umgebung ermöglicht eine Wärmeabgabe. Mit steigender Übertemperatur wird die Wärmeabgabe der Wicklung ungefähr proportional wachsen, der Rest der entwickelten Wärme, der in der Wicklung bleibt und ihre Temperatur weiter hebt, wird kleiner und kleiner. Schließlich erreicht die Wicklung die Endübertemperatur $\varDelta\tau_0$ (^{0} C), bei der die ganze Verlustwärme an die Umgebung abgegeben werden kann.

Bezeichnet man mit V_k (Watt) die Verluste im Kupfer und mit c_k $\left[\frac{\text{Wattsek}}{{}^0\text{C}\cdot\text{kg}}\right]$ die Wärmeaufnahmefähigkeit des Kupfers, so kann man für eine beliebige Zeitspanne dt (sek) den oben beschriebenen Erwärmungsvorgang durch die Gleichung:

$$V_k\cdot dt = G'_k\cdot c_k\cdot d(\varDelta\tau) + V_k\cdot\frac{\varDelta\tau}{\varDelta\tau_0}\cdot dt$$

festlegen. Um nämlich die Temperatur der Wicklung um 1^{0}C zu heben, müssen c_k Wattsekunden in jedem Kilogramm aufgespeichert werden, und die Wärmeabgabe an die Umgebung ist im Verhältnis der augenblicklichen Übertemperatur $\varDelta\tau$ zur Endübertemperatur $\varDelta\tau_0$ schwächer als am Ende des Erwärmungsvorganges.

Die Lösung ist bekannt[1]):

$$\varDelta\tau = \varDelta\tau_0\left[1-\varepsilon^{-\frac{V_k\cdot t}{G'_k\cdot c_k\cdot\varDelta\tau_0}}\right]. \tag{11}$$

Hätte man am Anfang der Belastungsperiode die Wicklung gegen jede Wärmeabgabe abgeschlossen, so hätte sich ihre Temperatur in jeder Sekunde um

$$\frac{V_k}{G'_k\cdot c_k}\ \text{Grad Celsius}$$

erhöht und die Endübertemperatur $\varDelta\tau_0$ wäre in

$$T=\frac{G'_k\cdot c_k\cdot\varDelta\tau_0}{V_k}\ \text{Sekunden}$$

erreicht worden. T ist die sogenannte Zeitkonstante. Man führt sie vorteilhaft in die Rechnung ein. Gleichung 11 geht dann in die Form:

$$\varDelta\tau_0=\varDelta\tau\left(1-\varepsilon^{-\frac{t}{T}}\right)$$

über.

Aus der letzten Gleichung folgt:

$$\frac{t}{T}=\ln\frac{\varDelta\tau_0}{\varDelta\tau_0-\varDelta\tau}, \tag{11a}$$

[1]) Siehe z. B. M. Vidmar, Die Transformatoren, 2. Aufl. S. 335. Berlin: Julius Springer, 1925.

und nun kann leicht die Zeit t_0 bestimmt werden, durch die hindurch der Transformator mit der noch unbekannten Höchstleistung belastet werden kann, ohne mit seiner Übertemperatur die zulässige Grenze zu überschreiten. Diese Höchstleistung würde nämlich dauernd zur Endübertemperatur $\Delta \tau_0$ führen. Nach den Annahmen unserer Rechnung ist diese Endübertemperatur natürlich dem Quadrat der Höchstleistung proportional, weil die Verluste im Kupfer mit dem Quadrat der Leistung wachsen. Der Transformator darf aber nur jene Übertemperatur erreichen, die bei dauernder Nennleistung zustande kommt. Das Verhältnis:

$$\frac{t_0}{T} = \frac{\text{zulässige Dauer der Höchstleistung}}{\text{Zeitkonstante der Wicklung}}$$

ist somit nach Gl. (11a) durch das Verhältnis

$$\frac{\Delta \tau_0}{\Delta \tau} = \left[\frac{\text{zulässige Höchstleistung}}{\text{Nennleistung}}\right]^2$$

sofort bestimmt.

Alles hängt von der Zeitkonstanten T ab. Je größer sie ist, um so mehr wird man dem Transformator zumuten können. Es ist deshalb wirklich nicht überflüssig, sich diese wichtige Größe genauer anzusehen.

Sie läßt sich ziemlich gut schätzen. Bei einer Stromdichte von i Amp/mm^2 entstehen in der Wicklung mit dem tatsächlichen Kupfergewicht G_k (kg):

$$V_k = 2{,}5 \cdot i^2 \cdot G_k \text{ Watt}$$

Verluste. Es ist somit:

$$T = \frac{c_k \cdot \Delta \tau_0 \cdot G_k'}{2{,}5 \cdot i^2 \cdot G_k}\,.$$

Nun ist:

$$c_k = 390 \frac{\text{Wattsek}}{{}^0\text{C} \cdot \text{kg}}\,,$$

ferner bei Trockentransformaten bei der Nennleistung, zu der die Übertemperatur

$$\Delta \tau_0 = 60^0\,\text{C}$$

gehört:

$$i^2 \sim 3{,}5\,.$$

Selbstverständlich müßte eigentlich mit der Endübertemperatur der dauernden Höchstleistung gerechnet werden und mit der Stromdichte, die zu dieser Höchstleistung gehört. Aber das Resultat wäre das gleiche. Die Endübertemperatur ist den Verlusten, somit dem Quadrat der Stromdichte, proportional.

Für Trockentransformatoren ist nach all dem die Zeitkonstante der Wicklung etwa:

$$T = \frac{390 \cdot 60}{2{,}5 \cdot 3{,}5} \cdot \frac{G_k}{G_k} = 2700 \left(\frac{G_k}{G_k}\right)' \text{ Sekunden.}$$

Sie hängt stark von der Menge des Isolationsmaterials ab, wird aber kaum über 5000 Sekunden hinauskommen. Die Wicklung des Trockentransformators würde, gegen die Umgebung wärmedicht abgeschlossen, etwas mehr als eine Stunde brauchen, um bei der Nennleistung auf 60 °C Übertemperatur zu kommen.

Man wird sich an Hand der Gl. (11a) leicht überzeugen, daß die zulässige Höchstleistung des Lichttrockentransformators nur wenig die Nennleistung übersteigen wird dürfen. Dauert sie z. B. 4 Stunden, was wohl angenommen werden muß, so wird

$$\frac{\text{Zulässige Höchstleistung}}{\text{Nennleistung}} = 1{,}02\,.$$

Der geringe Unterschied überrascht. Er wird im Betrieb selten vorausgesehen, und schwere Schädigungen sind nur zu oft die natürliche Folge.

16. Die Überlastbarkeit des Öltransformators.

Es ist für den Betriebsingenieur von großer Wichtigkeit, zu wissen, daß der Trockentransformator im Lichtbetrieb wenig leistungsfähig ist. Das Ergebnis der vorangehenden Untersuchung muß aber überhaupt befremden. Die Befürchtung wird wach, daß man überhaupt im Lichtbetrieb an Transformatoren viel sündigt. Zunächst ist nämlich gar nicht abzusehen, inwieferne die Ölkühlung die Verhältnisse verbessern soll.

Die Rechnung zeigt, daß die Zeitkonstante der Wicklung in hohem Maße von der Stromdichte im Kupfer abhängig ist. Sie verkleinert sich ganz erheblich, wenn beim Übergang von der Luftkühlung zur Ölkühlung die Kupferbelastung auf 2,5 bis 3 A/mm^2 steigt. Dazu kommt noch der Umstand, daß der Öltransformator weniger festes Isolationsmaterial braucht als der Trockentransformator. Alles deutet darauf hin, daß der Öltransformator in der Wicklung noch rascher die Endübertemperatur erreichen wird.

Dem ist in der Tat so. Aber diese Endübertemperatur wird vom Kupfer zum Öl gemessen. Das Öl muß seinerseits erst seine Endübertemperatur über der Luft erreichen, bevor der ganze Öltransformator mit seiner Erwärmung fertig ist. Das Öl tut wirksam mit. Es hat eine erhebliche Wärmeaufnahmefähigkeit und kann in genügender Menge vorhanden sein. Den Hauptteil der zulässigen Gesamtübertemperatur — nach den Vorschriften bis 60 °C — übernimmt das Öl, das Kupfer erwärmt sich im Mittel nur 10 °C über die höchste Öltemperatur. Auf das Ölbad bezogen, hat somit die Wicklung des Öltransformators nur noch eine ganz kleine Zeitkonstante, schätzungsweise eine 10 mal kleinere als die Wicklung des Trockentransformators.

Daraus folgt sofort, daß die Überlastbarkeit des Lichtöltransformators lediglich von der Ölmenge abhängig ist. Das Kupfer nimmt in wenigen Minuten seine endgültige Übertemperatur gegenüber dem Öl ein, während das Öl nur langsam warm wird. Das Erwärmungsproblem des Lichttransformators verschiebt sich von der Wicklung ins Öl.

Die Zeitkonstante des Öls, die damit bei den Öltransformatoren die Hauptrolle übernimmt, hängt natürlich von den Gesamtverlusten des Transformators ab. Sie darf nicht mit der höchsten Ölübertemperatur rechnen, sondern mit der mittleren. Wenn also:

$G_ö$ kg Öl vorhanden sind, die sich auf
$\Delta\tau_ö$ ^{0}C im Mittel über Luft erwärmen, wenn
V Watt Gesamtverluste des Transformators dauernd zugeführt werden und
$c_ö$ $\frac{\text{Wattsek}}{\text{kg}\cdot{}^0\text{C}}$ die Wärmeaufnahmefähigkeit des Öls ist, würde das Ölbad, wärmedicht abgeschlossen, in:

$$T_ö = \frac{c_ö \cdot G_ö \cdot \Delta\tau_ö}{V} \text{ Sekunden}$$

die endgültige mittlere Übertemperatur erreichen.

Man kann mit:

$$c_ö = 1800 \frac{\text{Wattsek}}{\text{kg}\cdot{}^0\text{C}}$$

und bei der Nennleistung vorsichtig mit:

$$\Delta\tau_ö = 40\,{}^0\text{C}$$

rechnen und bekommt damit für die Zeitkonstante des Öls den Ausdruck:

$$T_ö = 72000 \frac{G_ö}{V} \text{ Sekunden} \tag{12}$$

Gleichung (12) zeigt zunächst, daß es richtig wäre, bei Lichttransformatoren immer die Ölmenge proportional den Gesamtverlusten zu wählen. Nur dann kann man von jedem Lichttransformator die gleiche Überlastbarkeit erwarten. Welches Verhältnis zwischen dem Ölgewicht und den Vollastverlusten gefordert werden müßte, hängt ganz von der gewünschten Überlastbarkeit, vom Verhältnis der angestrebten Höchstleistung zur Nennleistung ab, außerdem natürlich von der Dauer der Höchstleistung.

Wir müssen auf Gl. (11a) zurückgreifen. In ihr kann t die Dauer der Höchstleistung, T die Zeitkonstante des Öls und

$$x = \sqrt{\frac{\Delta\tau_0}{\Delta\tau}}$$

das Verhältnis der Höchstleistung zur Nennleistung, kurz, der Überlastbarkeitsfaktor sein. Es ist allerdings zu beachten, daß die Gesamtverluste des Transformators nicht mit dem Quadrat der Leistung steigen, die Verluste im Eisen ändern sich ja nicht. Aber bei den üblichen Ver-

lustaufteilungen ist der Fehler gering, außerdem bringt er eine sehr willkommene Reserve. Man kann somit mit der geänderten Gleichung

$$T_ö = \frac{t_0}{\ln \frac{1}{1 - \frac{1}{x^2}}}$$

rechnen.

Abb. 4 zeigt für eine 4stündige Höchstleistungsdauer die Abhängigkeit der notwendigen Ölzeitkonstanten vom Überlastbarkeitsfaktor. Die Kurve ist praktisch eine Gerade. Man kann demnach sehr mit Vorteil auch

$$T_ö = 40000\,(x - 0{,}9) \quad (13)$$

als praktische Bestimmungsgleichung für die notwendige Zeitkonstante des Öls verwenden. Noch mehr. Auch noch die Dauer der Höchstleistung kann bequem zum Ausdruck gebracht werden, denn Gl. (13) gilt gerade für 4 Stunden Höchstleistung. Für eine h-stündige Höchstleistung ist die notwendige Ölzeitkonstante einfach:

$$T_ö = h \cdot (x - 0{,}9) \cdot 10^4 \text{ Sek.} \quad (14)$$

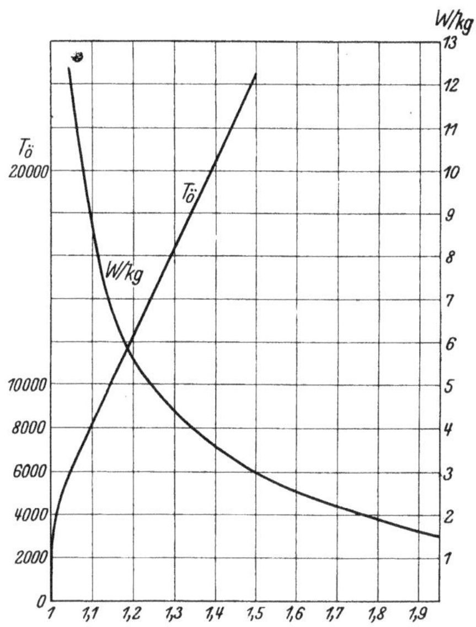

Abb. 4.

Sehr anschaulich wird nun das Ergebnis der Untersuchung, wenn auch noch Gl. (12) herangezogen wird. Es läßt sich dann sofort angeben, wieviel Watt Gesamtverluste der Transformator bei der Nennleistung für je 1 kg Öl haben darf, wenn er die x-fache Nennleistung durch h Stunden vertragen soll. Es ist offenbar

$$y = \frac{V}{G_0} = \frac{7{,}2}{h\,(x - 0{,}9)} \text{ W/kg}.$$

Beispiel: Ein Lichttransformator habe bei seiner Nennleistung von 100 kW im Eisen 500 Watt, im Kupfer 2500 Watt, zusammen also 3000 Watt Verluste. Sein Ölbad enthalte 500 kg Öl. Welche Höchstleistung verträgt er durch 4 Stunden?

Es ist:

$$V = 3000 \text{ Watt},$$
$$G_ö = 500 \text{ kg},$$
$$h = 4 \text{ Stunden},$$

somit:

$$y = \frac{3000}{500} = 6 \text{ W/kg}$$

und

$$x = \frac{7,2}{4 \cdot 6} + 0,9 = 1,2 .$$

Er ist um 20 vH überlastbar.

Die Rechnung berücksichtigt den wichtigen Umstand in keiner Weise, daß die Kupferübertemperatur mit der Belastung steigt. Aber praktisch hat dieser Umstand wenig Bedeutung. Es handelt sich immer nur um mäßige Überlastungen, außerdem wurde vorsichtigerweise mit einer niedrigen mittleren Ölübertemperatur gerechnet. Denkt man noch an den oben erwähnten Umstand, daß die Verluste im Eisen mit der Überlastung nicht wachsen, so bekommt man leicht die Überzeugung, daß ein sicherer Rechnungsweg eingeschlagen wurde.

Das Beispiel zeigt klar, daß der Öltransformator im Lichtbetrieb ganz andere Leistungen verspricht als der Trockentransformator. Er ist erheblich überlastbar, während der Trockentransformator praktisch auf die Nennleistung beschränkt ist. Das gibt dem Betriebsingenieur ein entscheidendes Bild.

Nicht nur daß er an schwere Fehler erinnert wird. Was wurde schon Trockentransformatoren zugemutet, Überlastungen von 30, von 40 vH. Manche Betriebsunfälle werden nun verständlich. Aber wichtiger ist noch die Erkenntnis, daß der Öltransformator auch schwere Belastungsstöße weich auffängt, daß er ein zäher, verläßlicher Arbeiter ist. Der Trockentransformator scheidet als Lichttransformator fast aus.

Das wirtschaftliche Problem des Lichttransformators bekommt nun ein ganz anderes Gesicht. Es hat sich tatsächlich herausgestellt, daß statt mit der Nennleistung, mit der Höchstleistung gerechnet werden kann und muß. Schwerwiegende Fehler würden sich sonst bei der Erledigung des Preis- und Wirkungsgradproblems des Lichttransformators ergeben.

Für den Betriebsingenieur ist es außerdem von hoher Wichtigkeit, zu wissen, wie er Öltransformatoren nach ihrer Ölmenge zu beurteilen hat. Er wird nicht mehr untätig zusehen, wie sich der Konstrukteur abmüht, das Ölbad nach Möglichkeit zu beschränken. Für ihn ist der Transformator mit wenig Öl teuer. Gl. (14), in der Form:

$$G_{ö} = 0,14 \cdot V \cdot h \cdot (x - 0,9) \text{ kg} \tag{14a}$$

geschrieben, kann bei der Prüfung von Transformatorenangeboten unmittelbar verwendet werden. Die Verluste bei der Nennleistung V (Watt) zeigt das Angebot, die Stundenzahl h der Höchstleistung kennt man, x ist bares Geld. Das Öl ist nicht so teuer, daß es wirkliche Ersparnisse bei ölarmen Typen ermöglichen würde.

Die Untersuchung des vorliegenden Abschnittes zeigt, wie falsch es ist, einfach das billigste Angebot anzunehmen. Bei Lichtöltransformatoren genügt auch der Vergleich der Verlustziffern nicht mehr. Die Untersuchung zeigt aber auch, daß die Betriebslehre eingreifen muß, wenn ölarme Bauarten auftauchen. Sie vermitteln in diesem Falle außerordentlich wirksam zwischen dem Betriebsingenieur und dem Konstrukteur.

17. Verlustaufteilung.

Nach der Klarstellung der wirklichen Belastbarkeit des Lichttransformators kann nun die Frage der Verlustaufteilung aufgerollt werden. Bei der Besprechung des Jahreswirkungsgrades des Lichttransformators zeigte es sich schon, wie wichtig die richtige Aufteilung der Verluste auf Eisen und Kupfer ist. Jetzt erst aber ist das Problem reif. Es handelt sich ja um die richtige Verlustaufteilung bei der tatsächlichen Belastung des Lichttransformators, bei der Höchstleistung, nicht bei der Nennleistung.

Seit langer Zeit ist das Verhältnis der Verluste im Kupfer zu den Verlusten im Eisen ein wichtiges Problem. Ein stiller, aber erbitterter Kampf um dieses Verhältnis tobt seit Jahrzehnten zwischen dem Konstrukteur und dem Betriebsingenieur. Der Konstrukteur weiß, daß die billigste Konstruktion bei gleich hohen Verlusten im Eisen und im Kupfer erreicht werden kann, der Betriebsingenieur fürchtet die Leerlaufsverluste, er verlangt ein Aufteilungsverhältnis 1 : 3, 1 : 4, oft 1 : 5. Zuweilen schießen die Forderungen über jedes Maß hinaus. Die Verluste im Eisen sollen herunter, so weit als möglich, ganz ohne Rücksicht auf die Höhe der Verluste im Kupfer.

Ein wichtiges Problem! Es muß von der Betriebslehre ordentlich erledigt werden. Übertreibungen kosten immer Geld, hier ebenfalls.

In seiner schroffsten Form steht der Gegensatz zwischen dem Konstrukteur und dem Betriebsingenieur einfach so, daß der Konstrukteur den Wirkungsgrad bei Vollast, der Betriebsingenieur dagegen den Jahreswirkungsgrad möglichst hochtreiben will. Natürlich liegen die beiden Ziele weit auseinander. Nach den Darlegungen des 12. Abschnittes wird der höchste Wirkungsgrad dann erreicht, wenn Eisen und Kupfer die gleiche Verlustlast übernehmen. Der höchste Jahreswirkungsgrad wird offenbar an die Gleichheit der elektrischen Jahresverluste im Eisen und im Kupfer gebunden sein. Der Lichttransformator hat durch 8740 Stunden im Jahre seine Leerlaufsverluste, die vollen Verluste im Kupfer vielleicht durch 800 bis 1000 Stunden.

Wenn demnach der Konstrukteur ein Verlustaufteilungsverhältnis 1 : 1 als sein Ideal ansieht, schwebt dem Betriebsingenieur ein Verhältnis 1 : 10 als das Richtige vor den Augen. Der Abstand ist riesig, eine Verständigung fast undenkbar. Verständlich erscheint es nun, daß viele Elektrizitätswerke einfach nur die Verluste im Eisen unter Hochdruck stellen. Eine Verlustaufteilung 1 : 3 z. B., oder gar 1 : 4, die der Konstrukteur mit viel Mühe erreicht hat, ist ihnen noch immer gar nichts.

Und doch kann die Betriebslehre nachweisen, daß das schwierige Problem nicht so hoffnungslos ist, wie es aussieht. Es ist zunächst gar nicht mehr wahr, daß die billigste Konstruktion, rein vom Standpunkt der Erzeugung gesprochen, an die Gleichheit der Verluste im Eisen und im Kupfer gebunden ist. Es ist andererseits ebensowenig wahr, daß die Verluste im Transformator dann die kleinsten Kosten bringen, wenn im ganzen Betriebsjahr das Eisen ebensoviel Kilowatt verbraucht wie das Kupfer.

Lange schon ist es der Baulehre bekannt, daß der Transformator gleichviel Geld für das Eisen und für das Kupfer aufwenden muß, wenn er möglichst sparsam aufgebaut sein soll. Das Gewicht des Eisens müßte demnach das Kupfergewicht in dem Verhältnis übertreffen, in dem der Einheitspreis des Wicklungsdrahtes den Einheitspreis des Eisenbleches überragt, also etwa im Verhältnis 3 : 1.

Scheinbar ist dies leicht zu erreichen. Aber man darf nicht vergessen, daß die Verluste den Gewichten proportional sind. Ein Kilogramm Eisenkern hat bei 10000 Kraftlinien/cm² etwa 1,8 Watt Verluste, ein Kilogramm Kupfer bei 1 A/mm² 2,5 Watt. Wenn demnach sowohl gleiche Erzeugungskosten als auch gleiche Verluste für Eisen und Kupfer erreicht werden müßten, könnte immer nur ein ganz bestimmtes Verhältnis der elektromagnetischen Beanspruchungen gewählt werden. Dieses Verhältnis ist leicht anzugeben. Die Verluste im Kupfer sind dem Quadrat der Stromdichte i (A/mm²), die Verluste im Eisen dem Quadrat der Liniendichte $\mathfrak{B}$ (Kraftlinien/cm²) proportional. Aus dem Ansatz:

$$3 \cdot 1{,}8 \cdot \left(\frac{\mathfrak{B}}{10000}\right)^2 = 1 \cdot 2{,}5 \cdot i^2$$

folgt sofort:

$$i : \frac{\mathfrak{B}}{10000} = 1{,}47 : 1 .$$

Der Transformatorenbau strebt immer höhere Beanspruchungen an. Er treibt die Stromdichte und die Liniendichte höher und höher. Er bringt immer ausgiebigere Kühleinrichtungen, um mit möglichst wenig Eisen und Kupfer auszukommen. Aber die Sorge um die Wärmeabfuhr ist nicht alles. Der Leerlaufstrom hängt sehr stark von der Liniendichte ab. Er setzt der Erhöhung der Eisenbelastung eine unübersteigbare Grenze, während er der Stromdichte volle Freiheit beläßt.

Kleine und mittlere Leistungen können nicht gut auf mehr als 13000 Linien/cm² rechnen. Ganz große Transformatoren bringen es bis auf 15000 Linien/cm². Es müßten ganz neue Eisenblechsorten gefunden werden, die an diesen Zahlen etwas ändern könnten.

Kleine und mittlere Transformatoren müßten demnach bei rund 1,9 A/mm² haltmachen und Transformatorenriesen wären 2,2 A/mm² erlaubt! Trockentransformatoren brauchen wirklich nicht mehr. Aber schon der kleine Öltransformator kann sein Kupfer weit besser ausnützen. Großtransformatoren bringen es auf 5 A/mm² und höher.

Der Konstrukteur muß entweder die Gleichheit der Kosten oder die Gleichheit der Verluste aufgeben. Er könnte somit leicht dem Betriebsingenieur entgegenkommen. Wenn er mit der Ölkühlung 2,5 A/mm² bequem erreicht, könnte er sofort ein Verlustaufteilungsverhältnis 1 : 1,7 haben.

Die Minima der Kosten und der Verluste, wie überhaupt die Minima und Maxima der Baulehre, verlaufen sehr schleichend. Dies würde der Verständigung mit dem Betriebsingenieur das Wort reden. Aber genauere Untersuchungen zeigen doch, daß es klüger ist, mehrere kleinere Abweichungen von mehreren Idealgesetzen der Baulehre zuzulassen als eine einzige große von nur einem Gesetz. Der Konstrukteur wird demnach zunächst nur zur Hälfte die Gleichheit der Kosten, zur Hälfte die Gleichheit der Verluste aufgeben. Auf diese Weise käme er, ohne Rücksicht auf den Betriebsingenieur, zu einem Verlustverhältnis 1 : 2.

Es ist nicht überflüssig, darauf hinzuweisen, daß sich auch hier der Trockentransformator als eine schlechte Bauart zeigt. Er hat einen trägen Kühlapparat und muß sich mit geringen Stromdichten begnügen. Er kann mit einem Verlustverhältnis 1 : 1 gebaut werden. Für den Lichtbetrieb ist er damit erledigt.

Auch der Betriebsingenieur wird seinen Jahreswirkungsgrad zur alten Theorie werfen, die überholt ist. Er wird bei einigem Nachdenken finden, daß die Verluste im Eisen und die Verluste im Kupfer nicht gleichwertig sind. Schon im 14. Abschnitt mußte der Jahreswirkungsgrad durch den Wirtschaftlichkeitsgrad ersetzt werden.

Wenn sonst nichts, kommt der Unterschied zwischen Tag- und Nachtstrom zur Geltung. Es gibt außerdem kaum ein Elektrizitätswerk, daß die Belastungsspitze gar nicht achten würde. Auch der unnachgiebigste Betriebsingenieur wird unter dem Druck dieser Tatsachen auf ein Verlustverhältnis 1 : 6 heruntergehen, wenn er auch ein Wärmekraftwerk verwaltet. Er wird einsehen, daß ein schärferes Mißverhältnis nur wirtschaftliche Nachteile bringen muß.

Es gibt allerdings viele Werke, die ihre Lichttransformatoren selbst aufstellen und die Transformationsverluste selbst tragen. Arbeiten sie mit Wasser, dann sind ihnen die Leerlaufverluste fast gleichgültig. Arbeiten sie dagegen mit Brennstoffen, dann gibt es für sie keinen Unterschied zwischen Tag und Nacht. Nur die Belastungsspitze mahnt noch vor zu großen Verlusten im Kupfer.

Ein Umstand aber muß auf jeden Fall noch unbedingt berücksichtigt werden, ganz gleich, ob jedes Verlustkilowatt dasselbe Geld kostet oder nicht, die Tatsache, daß es nicht richtig ist, mit dem Verlustverhältnis bei der Nennleistung zu rechnen. Nur die Verlustaufteilung bei der tatsächlichen, während der Lichtperiode als gleichbleibend angenommenen Höchstleistung hat für den Betriebsingenieur einen wirklichen Wert.

Die Untersuchungen des vorangehenden Abschnittes zeigen nun, daß die Höchstleistung des Lichtöltransformators wohl mindestens 20 vH über der Nennleistung liegt. Die tatsächlichen Verluste im Kupfer sind demnach 44 vH höher als es das Angebot zeigt. Es wird also doch richtig sein, daß auch städtische Elektrizitätswerke, die mit Kohle arbeiten, ihre Höchstforderung auf etwa 1 : 6 als Verlustverhältnis bei der Nennleistung ermäßigen werden.

Den noch immer gewaltigen Unterschied zwischen 1 : 2 und 1 : 6 hat die Betriebslehre zu überbrücken. Natürlich darf es zu keinem gewaltsamen Ausgleich kommen, und wirtschaftliche Erwägungen müssen allein maßgebend bleiben. In der Tat ist eine weitere Annäherung der beiden Verhältnisse, die zunächst jedes nur vom einseitigen Standpunkt aus aufgestellt wurden, möglich, sobald der Konstrukteur die Wünsche des Betriebes und der Betriebsingenieur die Nachteile unnatürlicher Konstruktionen kennenlernt.

Zunächst wird der Konstrukteur gerne zugeben, daß kleinere und mittlere Transformatoren vorteilhaft mit verstärkten Jochen ausgeführt werden. Der Leerlaufstrom wird kleiner. Die Kühlung des Eisenkernes wird außerdem wirksam verstärkt. Es ist offenbar besser, das Eisen dort stärker auszunützen, wo die Wicklung es umschließt, denn die Windungslänge wird kürzer. Die Verkleinerung der Verluste im Eisen durch Verstärkung des Jochquerschnittes kostet nicht viel.

Der Konstrukteur wird ferner zugeben, daß er auch noch andere Hilfsmittel hat, die eine Verschiebung der Verlustaufteilung zulassen, ohne merkliche Unkosten zu verursachen, z. B. die Wahl rechteckiger Säulenquerschnitte.

Schließlich kann man beim Entwurf des Lichttransformators doch die Gleichheit der Eisen- und Kupferkosten zäher festhalten, als die Gleichheit der Verluste im Eisen und im Kupfer. Es ist mit ganz geringen Opfern, unter Ausnützung aller erwähnten Möglichkeiten, leicht, ein Verlustverhältnis 1 : 3 zu erreichen.

Darüber hinaus wird die Konstruktion rasch teurer. So schleichend die günstigsten Anordnungen doch verlaufen, so nachgiebig die Entwurfsgesetze auch sind, starke Abweichungen vom Ebenmaß des Idealaufbaues werden bestraft. Es muß dem Betriebsingenieur klar werden, daß er im ganzen anfängt zu verlieren, wenn er etwa über das Verhältnis 1 : 4 hinausdrängt. Er gewinnt beim Wirtschaftlichkeitsgrad, er gewinnt, wenn man durchaus will, beim Jahreswirkungsgrad, aber er verliert mehr bei den Anschaffungskosten und bei den Gesamtverlusten.

Die Frage der Verlustaufteilung bei der Nennleistung wäre damit in großen Zügen geklärt. Ihre Lösung gibt erst die letzte Unterlage für den Abschluß des Wirtschaftlichkeitsproblems des Lichttransformators.

18. Die Wirtschaftlichkeit des Lichttransformators.

Es ist offenbar ziemlich umständlich, den wirtschaftlichen Wert eines Lichttransformators zu bestimmen, und Angebote von Lichttransformatoren erfordern zweifellos eine viel eingehendere Prüfung als Angebote von Krafttransformatoren. Die vorangehenden Untersuchungen ermöglichen allerdings dem Betriebsingenieur den notwendigen vollständigen Einblick. Es ist notwendig, deren Ergebnisse zusammenzufassen.

Die Verzinsung und die Tilgung des für den Lichttransformator ausgelegten Kapitals richtet sich natürlich nach denselben Grundsätzen wie beim Krafttransformator. Der Preis bleibt eine Hauptgröße des Wirtschaftlichkeitsproblems. Verwicklungen entstehen bei der Bewertung der Energieverluste.

Das Verhältnis der erlaubten Höchstleistung zur Nennleistung x muß zunächst ermittelt werden. Nach Gl. (14a) richtet es sich nach den Gesamtverlusten V (Watt) bei der Nennleistung und nach dem Ölgewicht $G_ö$ (kg), wenn die Betriebsverhältnisse durch die Stundendauer h der vorausgesetzten Höchstleistung festliegt. Es ist:

$$x = 7{,}2 \cdot \frac{G_ö}{V \cdot h} + 0{,}9 \,,$$

Nun erst können die tatsächlich zu erwartenden Verluste aus den Verlusten im Eisen V_e (Watt) und aus den Verlusten im Kupfer V_k (Watt) bei der Nennleistung bestimmt werden. Sie betragen im Eisen V_e Watt, im Kupfer $V_k \cdot x^2$ Watt.

Wenn so alle Hilfswerte für den zweiten Teil der Wirtschaftlichkeitsrechnung festliegen, bleibt nur noch die Notwendigkeit, die Verlustenergie richtig zu bewerten. Der vorangehende Abschnitt gibt dafür die notwendigen Anhaltspunkte.

Es ist vielleicht nicht überflüssig, hier darauf aufmerksam zu machen, daß jedes Angebot die für die Wirtschaftlichkeitsrechnung notwendigen Größen bringt, eine davon allerdings in einer verschleierten Form, nämlich die Verluste im Kupfer bei der Nennleistung.

In den üblichen Angeboten findet man den Spannungsabfall bei der Nennleistung und $\cos \varphi = 1$ statt der Verluste im Kupfer. Nun ist der Ohmsche Spannungsabfall bei der Nennleistung das Produkt aus dem

Nennstrom I (Amp.) und dem Ohmschen Widerstand r (Ohm) der Wicklung:

$$\Delta E_r = I \cdot r .$$

In Hundertsteln der Nennspannung E (Volt) erhält man ihn demnach zu

$$\Delta e_r = 100 \cdot \frac{I \cdot r}{E} .$$

Multipliziert man rechts Zähler und Nenner mit I, so bekommt man oben die Verluste im Kupfer, unten die Leistung des Transformators. Der Spannungsabfall bei der Nennleistung und $\cos \varphi = 1$ beträgt somit ebenso viele Hundertstel der Nennspannung wie die Verluste im Kupfer an der Nennleistung gemessen.

Ausdrücklich soll auch hier darauf hingewiesen werden, daß für die Beurteilung eines Lichttransformators keine weiteren Angaben als die oben angeführten notwendig sind. Es hat gar keinen Sinn, z. B. nach dem Kupfergewicht, wie das so oft geschieht, zu forschen. Es sagt gar nichts, wenn nicht gerade der Altmaterialwert interessiert. Aber der Altmaterialwert des Transformators ist eine derart unsichere Größe, daß sie kaum mit dem Kupfergewicht ausgemessen werden kann.

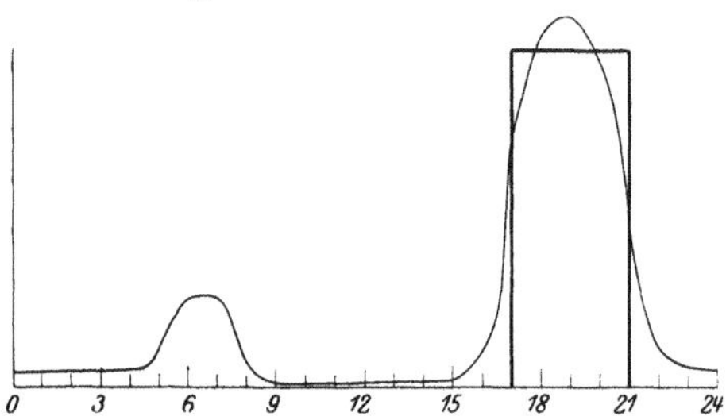

Abb. 5.

Die Wirtschaftlichkeitsrechnung, wie sie hier gegeben wurde, ist auf dem einfachen Belastungsschaubild der Abb. 5 aufgebaut. Ihre Genauigkeit hängt natürlich stark von der Verläßlichkeit dieses Schaubildes ab. Es ist notwendig, sie zu untersuchen.

Man entdeckt zunächst unschwer, daß die Stundendauer h der Höchstleistung mit der Jahreszeit stark schwanken wird. Aber man darf sich bei der Schätzung dieser wichtigen Größe nicht zu übermäßiger Vorsicht treiben lassen. Es gibt einen ausgleichenden Faktor, der kräftig eingreift — die Lufttemperatur.

Im Winter, zur Zeit der langen Lichtperioden, ist die Luft kalt. Der Transformator verträgt die vorschriftsmäßige Übertemperatur, wenn die Luft in 1 m Abstand 35 °C hat. Im Hochsommer wird man mit dieser Lufttemperatur rechnen können, im Winter hat man sicherlich einen weiten Spielraum. Schon ein Temperaturunterschied von 10 °C gibt sehr viel aus. Wenn der Lichttransformator bei der Höchstleistung $x^2 \cdot V$ Watt Verluste entwickelt und $G_ö$ kg Öl hat, wird er mehr als

$$10 \cdot \frac{1800 \cdot G_ö}{x^2 \cdot V} \text{ Sekunden}$$

brauchen, um sich um 10° C zu erwärmen. Eine Stunde wird auf diese Weise leicht gewonnen.

Es ist weiter nicht zu vergessen, daß das tatsächliche Betriebsschaubild, das natürlich nicht so schroff ansteigt und abfällt, wie das der Rechnung zugrunde gelegte, trügt. Nicht die Leistungen sind die richtigen Ordinaten, sondern die Quadrate der Leistungen. Dazu kommt noch die kleine Reserve, die in der Annahme liegt, daß die Verluste im Eisen ebenfalls mit dem Quadrat der Überlast steigen.

Schließlich ist es sehr beachtenswert, daß mit dem Beginn des Abklingens der Belastungsperiode die Gefahr vorbei ist. Die sinkende Leistung zählt meist nicht mehr. Nur die Abkühlung des Transformators wird verzögert, wenn die Lichtlast nicht rasch sinkt.

So bleibt nur noch die eine, nicht unwichtige Frage offen, ob der Transformator wirklich Zeit hat, sich bis zur nächsten Belastungsperiode abzukühlen. Da entdeckt man nun, daß es doch nicht angeht, die Zeitkonstante des Ölbades zu hoch zu treiben.

Es ist bekannt, daß in der Abkühlungsperiode die Übertemperatur nach der Gleichung:

$$\varDelta\tau = \varDelta\tau_0 \cdot e^{-\frac{t}{T}}$$

sinkt. Sie erreicht ein Hundertstel der Höchstübertemperatur $\varDelta\tau_0$ in 4,6 T Sekunden.

Es ist nicht ratsam, die Zeitkonstante des Ölbades des Lichttransformators über etwa 15000 Sekunden zu treiben. Bei diesem Grenzwert und 4 Stunden Höchstlast wäre die Höchstleistung immer noch 25 vH höher als die Nennleistung. Eine nicht zu unterschätzende Sicherheit gibt dem Betriebsingenieur die niedrige Nachttemperatur. Sie fördert die Abkühlung energisch.

Aus den hier angestellten Überlegungen und aus der Gl. (14a) folgt nun ein wertvoller Anhaltspunkt für die richtige Bemessung des Lichttransformators. Bei der Nennleistung soll eine gute Konstruktion ungefähr 5 Verlustwatt je 1 kg Öl aufweisen. Sie kann dann ohne weiteres 25 vH Überlast durch 4 Stunden ertragen und wird sich immer wieder genügend abkühlen. Mehr Öl kann nicht voll ausgenützt werden, weniger Öl gefährdet die Wicklung. Es ist sicher nicht überflüssig, als Abschluß der Untersuchungen der Wirtschaftlichkeit des Lichttransformators ein Rechnungsbeispiel anzufügen.

Beispiel: Die Transformationsunkosten eines Lichttransformators sollen nach folgenden Angaben bestimmt werden, wenn mit einer 4stündigen Höchstleistungsdauer gerechnet wird und der Tagstrom zu 0,10 M, der Nachtstrom zu 0,04 M die Kilowattstunde bewertet wird.

$$\begin{aligned} \text{Nennleistung} &= 100\ \text{kVA} \\ \text{Verluste im Eisen} &= 500\ \text{W} \\ \text{Spannungsabfall bei } \cos\varphi = 1 &= 2{,}5\ \text{vH} \\ \text{Ölgewicht} &= 500\ \text{kg} \\ \text{Anschaffungspreis} &= 2000\ \text{M} \\ \text{Verzinsung und Tilgung} &= 12{,}5\ \text{vH.} \end{aligned}$$

Der Kapitalsdienst erfordert:

$$2000 \cdot 0{,}125 = 250\ \text{M im Jahr.}$$

Die Verluste im Kupfer betragen bei der Nennleistung:

$$2{,}5 \cdot \frac{100000}{100} = 2500\ \text{W},$$

die Gesamtverluste:

$$500 + 2500 = 3000\ \text{W}.$$

Nach der Berechnung auf S. 41 entspricht bei 4stündiger Höchstleistung, bei den festgestellten Verlusten und bei der gegebenen Ölmenge die zulässige Höchstleistung einer Überlastbarkeit von 20 vH. Der voll ausgenützte Transformator leistet demnach 120 kW.

Bei dieser Höchstleistung betragen die Verluste im Eisen unverändert 500 Watt. Die Verluste im Kupfer steigen natürlich auf:

$$2500 \cdot \left(\frac{120}{100}\right)^2 = 3600\ \text{W}.$$

Zur Zeit des starken Lichtbetriebes im Winter verbraucht der Transformator durch 20 Stunden je ein halbes kW, durch 4 Stunden je 4,1 kW täglich. Nimmt man aber für das ganze Jahr 760 Stunden Vollast und 8000 Stunden Leerlauf an, so bekommt man:

$$8000 \cdot 0{,}5 = 4000$$

billige und

$$760 \cdot 41 = 3116$$

teuere Verlustkilowattstunden.

Sie kosten:

$$4000 \cdot 0{,}04 + 3116 \cdot 0{,}1 = 427{,}6\ \text{M}.$$

Die Gesamtunkosten der Transformation erreichen demnach die Höhe von:

$$250 + 427{,}6 = 677{,}6\ \text{M}$$

oder:

$$\frac{67{,}76}{760 \cdot 120} = 0{,}0074\ \text{M/kWst}$$

der abgegebenen Nutzleistung.

Das Beispiel zeigt, daß die Verlustaufteilung bei der angenommenen Strombewertung ungünstig ist. Die Verluste im Kupfer sind entschieden zu hoch. Deshalb überwiegen auch die Kosten der Verlustenergie die Kosten des Kapitaldienstes erheblich. —

Das Beispiel zeigt ferner, daß der Transformator im Lichtbetrieb den Strom merklich verteuert. Überhaupt gibt die Wirtschaftlichkeitsrechnung ein gutes Bild der Eigentümlichkeiten des Lichttransformators und ermöglicht erst dem Betriebsingenieur die richtige Wahl.

III. Der Leerlaufstrom.

19. Die Bedeutung des Leerlaufstromes.

In den Transformatorenangeboten findet man selten Angaben über den Strom, den der leerlaufende Transformator aufnimmt. Der Konstrukteur gibt ihn ungern an. Er ist schwer rechnerisch zu fassen, hängt stark von Zufälligkeiten ab und kann nur mit erheblichem Spielraum verbürgt werden.

Der Betriebsingenieur kennt den Leerlaufstrom des Transformators als notwendiges Übel. Er weiß, daß es ohne Magnetisierungsströme keine Transformation gibt, er weiß allerdings auch, daß dieser Leerlaufstrom ein Blindstrom ist, der den Phasenwinkel verschlechtert, der das Netz und die Generatoren belastet.

Lange war der Leerlaufstrom des Transformators im Kraft- und im Lichtbetrieb eine wenig beachtete Größe. Er ist auch neben dem Leerlaufstrom der Motoren von geringer Bedeutung. Dazu kommt der Umstand, daß Kraftbetriebe, die ihre elektrische Energie kaufen, in weiten Grenzen die Blindleistung kostenlos erhalten. Sie müssen einen gewissen Phasenwinkel einhalten und erreichen ihn durch zweckmäßige Ausnützung der Motoren. Sie können bei ihrem Transformator wenig nachhelfen, wenn der Betrieb an sich zu ansehnlichen Blindleistungen neigt. Sie werden deshalb bei der Anschaffung des Betriebstransformators dem Konstrukteur keine Schwierigkeiten machen.

Mit der Zeit trieb der Konstrukteur die Beanspruchung des Eisens höher und höher. Der Magnetisierungsstrom wuchs unverhältnismäßig rasch an. Schließlich mußte auch der Betriebsingenieur aufmerksam werden. So entstand das Leerlaufstromproblem als ein neues Betriebsproblem.

Ein großes Elektrizitätswerk, das sehr viele kleine Transformatoren hat, kann unter Umständen ganz gewaltige Blindleistung für die Transformation allein ansammeln. Es darf nicht außer Acht gelassen werden, daß es selten mit einer einmaligen Transformation abgetan ist. Von der Zentrale muß zunächst die volle Werkleistung auf die Fernleitung geleitet werden und die großen Fernleitungstransformatoren spannen den Strom zunächst einmal auf die hohe Spannung hinauf. Am Ende der Fernleitung kommt oft ein Mittelspannungsnetz, das die weitere Energieverteilung besorgt. Ortsnetze sind dann die weitere Stufe, die noch immer mit Hochspannung arbeitet. So kommt es fast immer zu zweimaliger, nicht selten zu viermaliger Transformation.

Braucht der Transformator auch nur 10 vH Leerlaufstrom, so verursacht er auf diese Weise doch 20 vH, unter Umständen 40 vH Blindleistung. Er wird unangenehm. Der Betriebsingenieur sieht die schlecht ausgenützten Netze, die schlecht belasteten Generatoren. Plötzlich wird ihm klar, daß er dem Konstrukteur Vorschriften machen muß, und einmal so weit, neigt er zu Übertreibungen.

In den letzten Jahren konnte man öfters schreckliche Forderungen beobachten. Sie waren nur mit erheblichen Kosten erfüllbar, die der Betriebsingenieur auf sich nehmen wollte, der Konstrukteur nicht bewältigen konnte. Die Betriebslehre muß aufklärend eingreifen. Die Verständigung zwischen Betriebsingenieur und Konstrukteur ist notwendig.

Der Transformatorenbau ist allerdings schon lange nicht mehr bestrebt, den Leerlaufstrom zu vergrößern. Er ist bei gewissen Sättigungen stehengeblieben und zwar zwischen 13000 und 15000 Linien/cm². Der Magnetisierungsstrom ist eine heimtückische Erscheinung, die, so unansehnlich sie auch ist, mit ihren Folgeerscheinungen dem Konstrukteur schwere Sorgen bereiten kann. Man hat bei kleineren Öltransformatoren ganz merkwürdige zusätzliche Verluste im Leerlauf beobachtet, die bei starken Eisensättigungen auftreten. Man begnügte sich deshalb mit etwa 13000 Kraftlinien/cm² und ging nur bei großen Konstruktionen höher. Dazu war eine Auseinandersetzung mit dem Betriebsingenieur gar nicht nötig.

Der Transformatorenbau treibt indessen die Kupferbeanspruchung immer noch höher und höher. Das wirkt auf den Leerlaufstrom zurück. Wenn bei unveränderter Konstruktion der Vollaststrom höher wird, wird der gleichgebliebene Leerlaufstrom relativ kleiner. Wenn durch Verringerung des Kupferquerschnittes der Raumbedarf der Wicklung kleiner wird, wird der Eisenkern kleiner, die Kraftlinien kürzer. Der Leerlaufstrom sinkt.

Ohne Rücksicht auf die Forderungen des Betriebes geht somit seit längerer Zeit der Leerlaufstrom des Transformators zurück. Es entsteht daher die Frage, ob vom Konstrukteur noch mehr gefordert werden muß. Wichtiger ist noch die weitere Frage, was überhaupt gefordert werden kann. Physikalisch unmögliches darf nicht verlangt werden.

Es ist ohne eingehende Untersuchung natürlich nicht möglich, alle diese Fragen zu beantworten. Allerdings sollen Einzelheiten, die der Konstrukteur allein erledigen kann, beiseite gelassen werden.

20. Der Leerlaufstrom und die Betriebsspannung.

Sehr oft tut der Betriebsingenieur dem Konstrukteur schweres Unrecht. Er entdeckt im Betrieb, daß Transformatoren ganz gewaltige Leerlaufströme aufnehmen, sieht eine auffällige Verschlechterung des

Phasenwinkels und wirft erschrocken die Konstruktion aus dem Betrieb. Er ist rasch mit dem Urteil fertig — ein schwerer Konstruktionsfehler.

Regelmäßig ergibt die Nachprüfung, daß doch alles in Ordnung ist. Der Leerlaufstrom ist gar nicht so gefährlich, der Transformator noch immer so, wie er bei der Übernahme war. Die Bleche sind nicht gealtert, der Eisenschluß nicht auffindbar.

Was ist geschehen? Nachdem der Fehler nicht im Transformator steckt, muß er im Betrieb selbst gesucht werden. Und da findet man, daß die Betriebsspannung höher, oft erheblich höher ist als die Nennspannung, statt z. B. 6000 Volt hat man 6600 Volt.

Natürlich ist die Spannung nicht wegen Unachtsamkeit des Betriebspersonals höher. Es sind sicher triftige Gründe vorhanden. Die Lampen brennen in entlegenen Netzteilen schlecht. Die Motoren ziehen schwach. Man mußte in der Zentrale hinaufregeln. Aber was kann der Konstrukteur dafür?

Er wird sehr oft die brutale Antwort bekommen, daß der Transformator kleine Spannungserhöhungen aushalten müsse. Alte Transformatoren werden ihm gezeigt, die für die höhere Spannung nicht empfindlich sind. Er bleibt der Schuldige, weil sich der Betriebsingenieur und der Konstrukteur nicht verstehen.

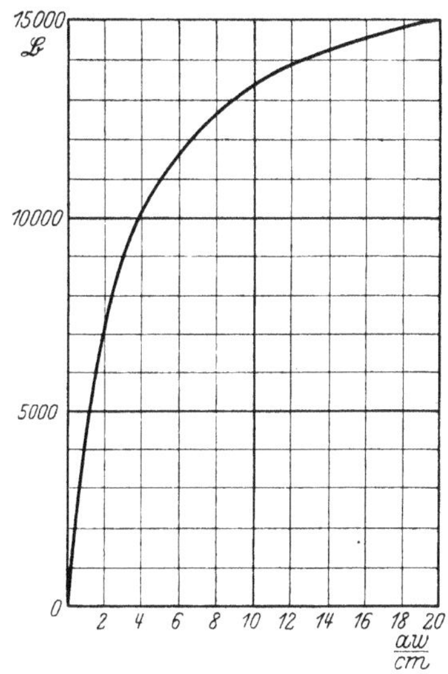

Abb. 6.

Der Betriebsingenieur muß sich einmal zusammen mit dem Konstrukteur vor die Magnetisierungskurve (Abb. 6) des Eisens setzen. Sie zeigt, wie der Magnetisierungsstrom, der praktisch der Leerlaufstrom ist, mit der Eisensättigung ungemein rasch ansteigt. Bei 13000 Kraftlinien/cm² sind 8,5 Amperwindungen für jedes Zentimeter des Kraftflußweges notwendig. Steigt die Spannung um 10 vH, so erhöht sich natürlich auch die Liniendichte um 10 vH. Bei 14300 Kraftlinien/cm² braucht das Eisen indessen schon 15 Amperwindungen — der Magnetisierungsstrom hat sich fast verdoppelt.

Alte Transformatoren hatten geringe Eisensättigungen. Das Blech war damals so schlecht, daß es, auch schwach belastet, hohe Leerlaufsverluste brachte. Natürlich war dann auch der normale Magnetisierungsstrom unbedeutend, denn die besseren Bleche brachten wohl niedrigere Verlustzahlen, aber nicht bessere Magnetisierungskurven. Bei 10000 Kraftlinien/cm² braucht man etwa 4 Amperwindungen, bei

11000 Kraftlinien/cm² etwas über 5. Deshalb verträgt die alte Konstruktion Spannungserhöhungen.

Heute muß der Konstrukteur verlangen, daß ihm der Betriebsingenieur die Nennspannung richtig angibt. Er kennt ja den Betrieb nicht. Es wäre ganz und gar unverantwortlich, die Unaufmerksamkeit des Betriebsingenieurs mit erheblichem Materialaufwand zu bezahlen und die Liniendichte deshalb niedrig anzusetzen.

Es ist richtig, daß oft der Betriebsingenieur gar nicht genau angeben kann, unter welche Spannung der Transformator eigentlich kommen wird. Er weiß noch nicht, wie sich sein Netz entwickeln wird. Er hat außerdem recht, wenn er sich die Verwendbarkeit des Transformators an verschiedenen Stellen des Netzes sichern will.

Aber trotzdem geht es nicht an, deshalb eine niedrige Eisenbeanspruchung zu verlangen. Es darf nicht vergessen werden, daß die Unterspannung zur Oberspannung in einem festen Verhältnis steht. Auch deshalb muß die Oberspannung richtig angegeben werden.

Wenn es aber trotzdem dem Betriebsingenieur unmöglich ist, auf 5 vH oder gar auf 10 vH genau die Betriebsspannung festzulegen, so muß er dann wenigstens dem Konstrukteur reinen Wein einschenken. Es gibt nämlich ein gutes Hilfsmittel für solche Fälle — die Anzapfungen.

Ein ordentlicher Betrieb muß innerhalb eines Spielraumes von 10 vH mit seiner Spannung bleiben können. Die Oberspannungswicklung wird dann für $\pm$ 5 vH Spannungsänderung eingerichtet. Sie wird deshalb nicht merklich teurer. Aber sie vermeidet unzulässige Leerlaufströme, weil sie die Liniendichte innerhalb enger Grenzen festhält.

Der Transformatorenbau hat in den letzten Jahren die Anzapfungen bereits zum unentbehrlichen Bestandteil des Transformators gemacht. Der Konstrukteur hat gelernt. Er wartet nicht erst die Aufforderung des Betriebsingenieurs ab und sieht selbst Anzapfungen vor. Er sichert sich damit vor unbegründeten Vorwürfen, die immer unangenehm sind.

Bei diesem Stand der Dinge ist das Leerlaufstromproblem erst ein ordentliches Betriebsproblem. Daß es trotzdem noch ein sehr ungenaues Problem bleibt, ist klar. Auch die Anzapfungen sind nicht imstande, merkliche Änderungen des Leerlaufstromes zu vermeiden.

So unverläßlich aber der Leerlaufstrom des Transformators sein mag, gestattet er doch der Theorie wirksamen Eingriff. Es läßt sich verhältnismäßig mit einfachen Mitteln dem Betriebsingenieur zeigen, wo er dem Konstrukteur unrecht tut, wo er recht hat, sich einzumischen, wo er unsinniges fordert. Vor allem aber läßt sich der innige Zusammenhang des Leerlaufstromproblems mit anderen Betriebsproblemen leicht und klar nachweisen.

21. Die Abhängigkeit des Leerlaufstromes von den Verlusten im Eisen.

Es ist auch für den Betriebsingenieur nicht überflüssig, nachzusehen, wieviel der Magnetisierungsstrom des Transformators eigentlich ausmachen kann. Die Berechnung muß sehr einfach sein. Aber man erwartet, wenigstens zunächst, von dieser einfachen Berechnung wenig Vorteil für die Betriebslehre. Es hat offenbar ganz den Anschein, daß diese Berechnung nur den Konstrukteur angeht.

Es ist merkwürdig, daß man trotzdem zu überraschenden Ergebnissen kommt, wenn man sich der Mühe, den Magnetisierungsstrom zu berechnen, unterzieht. Ganz besonders für den Betriebsingenieur. Er wird mit Staunen entdecken, daß er die Frage des Leerlaufstroms mit großer Sorgfalt behandeln muß. Noch mehr. Er kann finden, daß er diese Größe eigentlich gar nicht richtig gekannt hat.

Der Leerlaufstrom setzt sich aus einem Werkstrom, der die Verluste im Eisen deckt, und aus einem Blindstrom, der den Eisenkern magnetisiert, zusammen. Der Werkstrom ist natürlich den Verlusten proportional. Er beträgt ebensoviel Hundertstel des Vollaststromes wie die Verluste im Eisen auf die Vollleistung bezogen. Offenbar ist er von geringer Bedeutung für die Größe des Leerlaufstromes. Das Hauptgewicht liegt auf dem Magnetisierungsstrom.

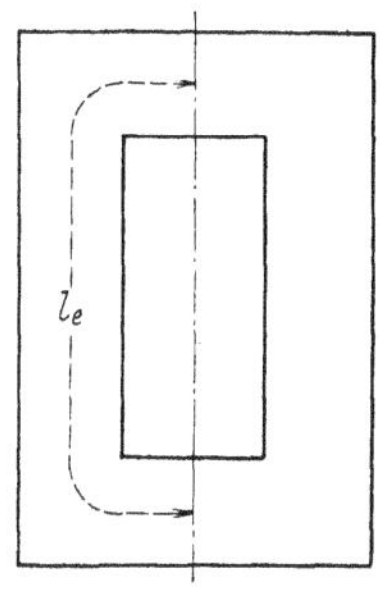

Abb. 7.

Die zum Hindurchtreiben eines magnetischen Kraftflusses von der durchweg gleichbleibenden Dichte $\mathfrak{B}$ [Kraftlinien/cm^2] durch einen Transformatorkern (Abb. 7) notwendige magnetisierende Durchflutung der Primärwicklung ist bekanntlich der mittleren Kraftlinienlänge l_e [cm] proportional. Sie ist außerdem eine Funktion der Kraftliniendichte. Es ist also:

$$\sqrt{2}\, J_0 \cdot w = l_e \cdot f(\mathfrak{B})\,. \qquad (15)$$

J_0 ist der Effektivwert des Magnetisierungsstromes, w die Windungszahl der Primärwicklung. Die Zahl der magnetisierenden Amperwindungen für ein Zentimeter Kraftflußweg $f(\mathfrak{B})$ kann unmittelbar einer Gleichstrommagnetisierungskurve entnommen werden. Da man bekanntlich immer mit dem Höchstwert der Liniendichte rechnet, bestimmt man eigentlich auch den Höchstwert $\sqrt{2} \cdot J_0$ des Magnetisierungsstromes.

Man multipliziert nun mit Vorteil Gl. (15) beiderseits mit dem Wert der Spannung einer Windung, die bekanntlich durch den Ansatz:

$$e = \frac{2\pi}{\sqrt{2}} \cdot F_e \cdot \mathfrak{B} \cdot \nu \cdot 10^{-8}\,\text{Volt}$$

gegeben ist, wenn der Eisenquerschnitt F_e Quadratzentimeter beträgt und ν die Periodenzahl ist. So entsteht die Gleichung:

$$J_0 \cdot w \cdot e = \pi \cdot \nu \cdot 10^{-8} \cdot \mathfrak{B} \cdot f(\mathfrak{B}) \cdot l_e \cdot F_e .$$

Links sieht man zunächst die Primärspannung $w \cdot e$ auftauchen, rechts den Rauminhalt $l_e \cdot F_e$ des Eisens. Bezieht man nun den Magnetisierungsstrom auf den Vollaststrom und berechnet man ihn in Hundertsteln, so bekommt man weiter:

$$100 \frac{J_0}{J} \cdot J \cdot w \cdot e = \pi \cdot \nu \cdot 10^{-6} \cdot \mathfrak{B} \cdot f(\mathfrak{B}) \cdot l_e \cdot F_e .$$

Leicht ist es nun, rechts statt des Rauminhaltes das Gewicht G_e (kg) des Eisenkernes zu erhalten, und der weitere Schritt vom Eisengewicht zu den Verlusten im Eisen V_e (Watt) ist ebenfalls nicht schwer. Wenn bei 50 Perioden und 10000 Kraftlinien/cm² jedes Kilogramm des Eisenkernes k_e Watt verbraucht, wird offenbar:

$$V_e = k_e \cdot G_e \cdot (\mathfrak{B} \cdot 10^{-4})^2$$

sein.

So kommt man bei einem spezifischen Gewicht des Eisenkernes von 7,5 kg/dm³ zum Ansatz:

$$100 \cdot \frac{J_0}{J} \cdot J \cdot w \cdot e = \frac{\pi \cdot \nu \cdot 10^{+5}}{7{,}5 \cdot k_e} \cdot \frac{f(\mathfrak{B})}{\mathfrak{B}} \cdot V_e .$$

Links findet man jetzt die Nennleistung $J \cdot w \cdot e$, auf die man vorteilhaft die Verluste im Eisen bezieht. Auch die bezogenen Veruste werden am besten in Hundertsteln angegeben. Für den bezogenen Magnetisierungsstrom:

$$j_0 = 100 \cdot \frac{J_0}{J} \text{ vH}$$

und für die bezogenen Verluste im Eisen:

$$v_e = 100 \cdot \frac{V_e}{J \cdot we}$$

lautet nun die Bestimmungsgleichung bei 50 Per/sek endlich:

$$j_0 = \frac{2{,}1 \cdot f(\mathfrak{B})}{k_e \cdot \mathfrak{B} \cdot 10^{-4}} v_e \text{ vH} . \tag{16}$$

Das merkwürdige Ergebnis lautet:

Der Magnetisierungsstrom des Transformators ist den bezogenen Verlusten im Eisen proportional. Er hängt nur von ihnen, von der Kraftliniendichte und von der spezifischen Verlustzahl des Eisens ab. Er ist indessen von der Gestalt des Eisenkernes ganz und gar unabhängig.

Bevor nun die Folgerungen der Betriebslehre aus der Gl. (16) gezogen werden, möge noch für deren praktische Verwendung einiges mitgeteilt werden. Der Transformatorenbau verwendet zweierlei Blechsorten, das

„legierte“ und das „hochlegierte“ Blech. Jenes hat eine Verlustzahl von etwas mehr als 2,3 Watt/kg, dieses etwa 1,8 Watt/kg, wenn immer die unvermeidlichen zusätzlichen Verluste mitgerechnet werden.

Von besonderer Wichtigkeit ist natürlich der Ausdruck

$$\frac{f(\mathfrak{B})}{\mathfrak{B}\cdot 10^{-4}}.$$

Es zahlt sich aus, ihn im Schaubild festzuhalten. An Hand der Magnetisierungskurve der Abb. 6 bekommt man unschwer das Schaubild der Abb. 8. Es ermöglicht eine bequeme Bestimmung des Magnetisierungsstromes.

22. Leerlaufstrom und Leistung.

Nach der Untersuchung des vorangehenden Abschnittes hat der Betriebsingenieur plötzlich ein ganz klares Bild vor sich. Er wird manche unrichtige Ansicht begraben müssen. Er übersieht nun die Möglichkeiten und entdeckt wichtige praktische Tatsachen.

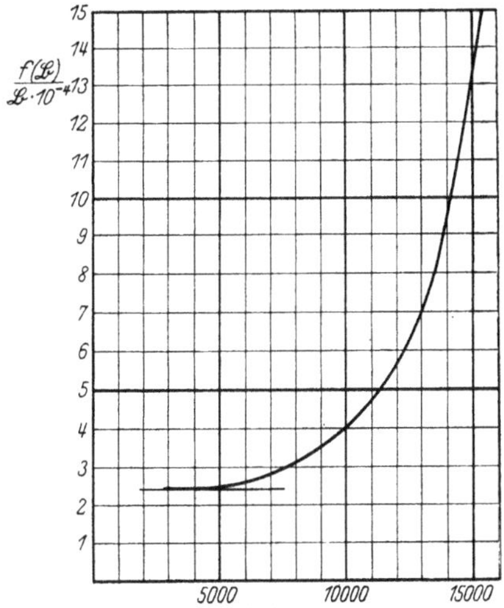

Abb. 8.

Zunächst ist es interessant, die Abhängigkeit der Größe des Leerlaufstromes von der Leistung des Transformators zu studieren. In einer Typenreihe ändert sich die Eisenbelastung, die Liniendichte $\mathfrak{B}$, wie im 1. Kapitel auseinandergesetzt, nicht. Die Verluste, somit auch die Verluste im Eisen, wachsen mit der dritten Potenz der linearen Abmessungen der Konstruktion ganz ebenso wie die Gewichte. Die Leistung steigt, wie wir aus den Untersuchungen des 3. Abschnittes wissen, mit der vierten Potenz der Abmessungen. Die bezogenen Verluste im Eisen sind demnach innerhalb einer Typenreihe den linearen Abmessungen und gleichzeitig der vierten Wurzel aus der Leistung umgekehrt proportional.

Der Leerlaufstrom wird immer kleiner, je höher wir in der Leistungsskala hinaufsteigen. Beträgt er bei 100 kW 10 vH, so wird er bei 10000 kW nur noch etwas mehr als 3 vH ausmachen.

Zweierlei folgt daraus. Zunächst ist es erklärlich, daß der Konstrukteur bei steigender Leistung mehr und mehr dem Eisen zumutet. Er beschränkt sich bei kleineren Transformatoren auf 13000 Kraftlinien/cm^2, er scheut sich aber nicht, bei 10000 kW 15000 Kraftlinien/cm² zuzulassen.

Auf der anderen Seite sieht der Betriebsingenieur, daß die Gefahr für seinen Betrieb in den vielen kleinen Transformatoren des Verteilungsnetzes liegt. Die großen Transformatoren, die am Anfang und am Ende der Fernleitung stehen, verschlechtern die Verhältnisse wenig. Sie haben sehr kleine Leerlaufströme.

Von ganz besonderer Wichtigkeit für den Betriebsingenieur ist die Erkenntnis, daß die Frage des Leerlaufstromes und die Frage der Verluste im Eisen innig zusammenhängen. Solange man vom Konstrukteur nur sehr kleine Verluste im Eisen verlangt, ist alles in Ordnung. Der Leerlaufstrom wird gleichzeitig mit den Verlusten heruntergehen. Gefährlich ist es, wenn gleichzeitig starke Einschränkungen beiderseits gefordert werden, obwohl scheinbar dies ganz natürlich ist. Es muß nämlich beiderseits das gleiche Maß eingehalten werden, sonst ist ein Ausgleich nur noch auf dem Wege über die Liniendichte möglich.

Der Betriebsingenieur muß wissen, daß er die Eisenbelastung vorschreibt, wenn er sowohl die Verluste im Eisen, als auch den Leerlaufstrom diktiert. Die Kraftliniendichte bestimmt aber den Preis der Konstruktion. Das Diktat kostet Geld. Noch mehr. Sehr leicht kann es vorkommen, daß man vom Konstrukteur etwas unmögliches fordert. Der Faktor

$$\frac{f(\mathfrak{B})}{\mathfrak{B} \cdot 10^{-4}}$$

hat einen Kleinstwert, über den hinaus jede Anstrengung vergeblich ist.

In den letzten Jahren ist der Druck auf die Verluste im Eisen rasch derart stark geworden, daß der Konstrukteur das schlechtere Blech fast aufgeben mußte. Das legierte Blech, noch vor dem Weltkriege ein wichtiger Baustoff, ist aus dem Transformatorenbau fast verschwunden.

Das hochlegierte Blech brachte nun in den Transformatorenbau wohl die wesentlich kleinere spezifische Verlustzahl, es konnte aber keine verbesserte Magnetisierungskurve bringen. Der Leerlaufstrom zweier gleich gebauter Eisenkerne ist fast etwas größer beim Kern aus dem besseren Blech.

Der Betriebsingenieur, der die Verluste im Eisen mit Erfolg angegriffen hat, versteht es nicht, warum er beim Leerlaufstrom mehr Widerstand vorfindet. Er läßt sich, wenn er die Zusammenhänge nicht kennt, leicht zu Übergriffen verleiten. Es ist demnach tatsächlich notwendig, daß auch die Betriebslehre den Leerlaufstrom des Transformators nachrechnet.

Denkt man zunächst an die bisherigen Ergebnisse und nimmt bei kleineren und mittleren Leistungen an, daß der Konstrukteur mit etwa 13000 Kraftlinien/cm² arbeitet, so wird man annehmen müssen, daß bei Verwendung hochlegierten Bleches der Leerlaufstrom ungefähr 9 mal soviel Hundertstel betragen wird als die Verluste im Eisen. Dieses vorläufige praktische Ergebnis muß indessen noch genauer untersucht werden.

23. Der Luftspalt zwischen Joch und Säule. Vorgeschriebene Leerlaufströme.

Der Magnetisierungsstrom des Transformators hat nicht nur die Aufgabe, den Kraftfluß durch das Eisen zu treiben. Man findet bei genauerer Untersuchung im Kraftflußwege noch weitere unscheinbare, aber doch sehr beachtenswerte Widerstände, die ebenfalls bewältigt werden müssen. Es ist dazu ein zusätzlicher Magnetisierungsstrom notwendig.

Der Eisenkern wird aus Blechabschnitten zusammengesetzt. Es ist aber unmöglich, den Übergang von der Säule zum Joch ganz im Eisen durchzuführen. Irgendwo, am einfachsten eben zwischen Säule und Joch, muß ein Luftspalt entstehen, damit die Wicklung überhaupt auf die Säule aufgesteckt werden kann.

Man hat sinnreiche Aufbaumöglichkeiten mit Überlappungen der Säulen- und der Jochbleche gefunden, die dem Kraftfluß den Weg im Eisen sichern sollen. Man hat die etwas beschwerliche Einlegearbeit der Jochbleche auf sich genommen, nur um dem Luftspalt zu entgehen.

Es hat sich gezeigt, daß solche Eisenkerne sehr gute Konstruktionen sind, es hat sich aber auch herausgestellt, daß auch die besten Überlappungen immer noch einen Luftspalt von der Größenordnung eines Zehntels Millimeter für jede Säule überlassen. Es muß somit auch mit einem Luftmagnetisierungsstrom neben dem oben berechneten Eisenmagnetisierungsstrom gerechnet werden.

Nur scheinbar ist dieser Luftmagnetisierungsstrom ganz unbedeutend. Bei 13000 Kraftlinien/cm² verbraucht er auf jeder Säule allerdings nur:

$$\frac{0{,}8 \cdot 0{,}01 \cdot 13\,000}{\sqrt{2}} = 73\,\mathrm{AW}\,.$$

Aber er verbraucht sie unabhängig davon, ob der Transformator groß oder klein ist. Die Windungsspannung fällt in einer Typenreihe mit dem Eisenquerschnitt, d. h. mit dem Quadrat der linearen Abmessungen und damit mit der Quadratwurzel aus der Leistung. Die Vollastdurchflutung der Wicklung nimmt ebenso ab. Auf diese Vollastdurchflutung bezogen wächst demnach der Verbrauch des Luftspaltes mit der Quadratwurzel aus der Leistung.

Ein 100 kVA-Transformator hat ungefähr eine Windungsspannung von 4,5 Volt als dreiphasige Type. Seine Vollastdurchflutung erreicht primär und sekundär je:

$$\frac{100\,000}{3 \cdot 4{,}5} = 7400\,\mathrm{AW}\,.$$

Der Luftmagnetisierungsstrom beträgt demnach bei 13000 Kraftlinien/cm² rund 1 vH.

Der kleine Transformator für 1 kVA wird schon 10 vH des Vollaststromes für den Luftspalt bereit halten müssen. Je kleiner die Leistung, um so gefährlicher der Luftmagnetisierungsstrom. Der Gesamtmagnetisierungsstrom wird nach all dem erheblich unangenehmer, wenn der Betrieb lauter kleine Transformatoren hat, als es nach den Untersuchungen der vorangehenden Abschnitte den Anschein hatte.

Der kleine Transformator artet aus. Er zwingt den Konstrukteur, mit der Liniendichte nach und nach herunterzugehen. Bei ganz kleinen Leistungen, bei Spannungsteilern, können sich derartige Unzukömmlichkeiten ergeben, daß der Konstrukteur vor geradezu unlösbare Probleme gestellt wird.

Man findet in alten Anlagen zuweilen Ortsnetze von verhältnismäßig hoher Verteilungsniederspannung, z. B. 500 Volt. Jedes Haus braucht dann einen kleinen Transformator von 1 bis 2 kW Leistung, der auf eine kleine Lampenspannung, etwa auf 110 Volt, heruntertransformiert. Das System ist schön gedacht, aber unglücklich. Es will im Ortsnetz Kupfer sparen und billige Lampen erhalten, vergeudet aber in dem Transformationsverluste Energie und verursacht erhebliche Blindströme.

Die Mitberücksichtigung des Luftmagnetisierungsstromes ermöglicht nun ein abschließendes praktisches Urteil für die Leerlaufstromfrage. Im vorangehenden Abschnitt wurde festgestellt, daß bei 13000 Kraftlinien/cm² der Eisenmagnetisierungsstrom in Hundertsteln rund 9 mal größer sein muß als die Verluste im Eisen, ebenfalls in Hundertsteln der Leistung angegeben. Bei einer Leistung von 100 kVA wird man unbedingt eine Liniendichte von 13000 Kraftlinien/cm² zulassen müssen. Für den Gesamtmagnetisierungsstrom wird dann die Verhältniszahl von 9 auf rund 10 steigen.

Wenn man für kleinere und mittlere Leistungen diese Verhältniszahl festhält, kommt man zu durchaus annehmbaren Ziffern. Ein 100 kVA-Transformator hat als Öltype etwa 600 Watt Verluste im Eisen. Er hätte dann 6 vH Leerlaufstrom. Der Betriebsingenieur wird damit einverstanden sein.

In den Vorschriften und Normen des tschechoslowakischen elektrotechnischen Verbandes, Ausgabe 1925, findet man für normale Drehstromöltransformatoren für Dauerbetrieb nebenstehende Garantiezahlen.

Nennleistung kVA	6000 Volt Leerlaufverluste W	Leerlaufstrom vH
5	70	16
10	115	13
20	190	10
30	255	9
50	370	8
75	490	7
100	600	6

Sie entsprechen einer Verhältniszahl 10—11. Die Tschechoslowakei ist ein Kohlenland. Ihre Transformatorennormen sind ein guter Beweis dafür, daß eine wirklich einwandfreie Verständigung zwischen Konstrukteur und Betriebsingenieur auch in der Frage des Leerlaufstromes möglich ist.

Wenn der Konstrukteur aus Rücksicht auf die Oberwellen des Magnetisierungsstromes bei einer Leistung von 100 kVA in den letzten Jahren nur ungerne über 13000 Kraftlinien/cm² geht und wenn andererseits der Betriebsingenieur mit der Verhältniszahl 10 zufrieden ist, kann als praktisches Ergebnis der Leerlaufstromfrage unbedenklich die Forderung:

$$\frac{\text{bezogener Leerlaufstrom (\%)}}{\text{bezogene Leerlaufsverluste (\%)}} = 10$$

aufgestellt werden.

Sie gibt immerhin noch zu einigen weiteren Betrachtungen, die auch für die Betriebslehre von Wert sind, Anlaß.

24. Kleintransformatoren. Verstärkte Joche.

Im Gebiet der kleinen Leistungen von etwa 100 kVA abwärts wird es bei sinkender Leistung immer schwerer, die im vorigen Abschnitt ermittelte Verhältniszahl festzuhalten, weil, wie festgestellt, der Luftspalt zwischen Säule und Joch stört. Die Kraftliniendichte muß somit allmählich zurückgehen.

Man kann es dem Konstrukteur nicht verübeln, wenn er sehr schwer bei der Eisenbeanspruchung nachgibt. Es ist nicht der Blechaufwand, der ihm unangenehm ist. Weit schwerer wiegen ihm die Vergrößerungen der Windungslänge, die sich bei jeder Querschnittsverstärkung der Säule einstellen. Je kleiner der Transformator, um so dünner der Draht. Der Kilogrammpreis des isolierten Drahtes wächst sehr stark, wenn der Drahtdurchmesser empfindlich sinkt. Je kleiner der Transformator, um so weniger wichtig der Blechaufwand, um so bedeutungsvoller der Drahtbedarf.

Unter diesen Umständen ist es nun begreiflich, daß der Kleintransformatorenbau einen eigenartigen Ausweg gefunden hat: verstärkte Joche. So hartnäckig der Konstrukteur die Liniendichte im Säuleneisen verteidigt, so nachgiebig ist er bei der Bemessung des Jochquerschnittes. Der Jochquerschnitt bestimmt keine Windungslänge, sein Umfang ist bedeutungslos.

Man wird bei kleineren Transformatoren durchwegs verstärkte Joche vorfinden. Mit der Ermäßigung der Liniendichte in einem Teil des Eisenkernes ermäßigt man auch einen Teil des Magnetisierungsstromes. Man verkleinert außerdem auch die Verluste im Eisen.

Es ist nun unbedingt notwendig, nachzusehen, wie bei verstärkten

Jochen der Magnetisierungsstrom zu den Leerlaufverlusten steht. Es ist auch wichtig, zu wissen, welchen Einfluß die Jochverstärkung überhaupt haben kann.

Der Eisenkern mit dem vergrößerten Jochquerschnitt hat in der Säule, deren Länge wir in Übereinstimmung mit der Abb. 9 mit l_s [cm] bezeichnen, die Liniendichte $\mathfrak{B}$ [Kraftlinien/cm²]. Der Jochquerschnitt ist α-mal größer als der Säulenquerschnitt. Die Liniendichte im Joch sinkt demnach auf

$$\frac{\mathfrak{B}}{\alpha}\ \text{Kraftlinien/cm}^2 .$$

Die zu einer Säule gehörige Jochlänge (Abb. 9) bezeichnen wir mit l_j [cm].

Wenn nun für jedes Zentimeter Säulenlänge $f(\mathfrak{B})$ Amperwindungen notwendig sind, erfordert jedes Zentimeter Jochlänge $f\left(\frac{\mathfrak{B}}{\alpha}\right)$ Amperwindungen. Die notwendige erregende Durchflutung ist demnach der Summe:

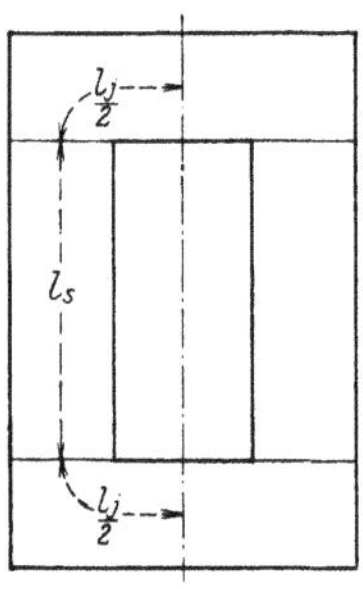

Abb. 9.

$$l_s \cdot f(\mathfrak{B}) + l_j f\left(\frac{\mathfrak{B}}{\alpha}\right)$$

proportional.

Wenn wir nun genau dieselben Umformungen an der ursprünglichen Bestimmungsgleichung des Eisenmagnetisierungsstromes vornehmen wie im 21. Abschnitt, werden wir finden, daß die Eisenlängen l_s und l_j nicht mehr aus der Rechnung fallen. Die Leerlaufsverluste sind jetzt nämlich der Summe

$$l_s + \frac{l_j}{\alpha}$$

proportional. Es bleibt auf diese Weise der Bruch:

$$\frac{l_s \cdot f(\mathfrak{B}) + l_j \cdot f\left(\frac{\mathfrak{B}}{\alpha}\right)}{l_s + \frac{l_j}{\alpha}}$$

stehen. Der bezogene Eisenmagnetisierungsstrom beträgt bei verstärkten Jochen:

$$\jmath_0 = \frac{2{,}1}{k_e \cdot \mathfrak{B} \cdot 10^{-4}} \cdot \frac{l_s f(\mathfrak{B}) + l_j f\left(\frac{\mathfrak{B}}{\alpha}\right)}{l_s + \frac{l_j}{\alpha}} \cdot v_e \quad \text{vH} .$$

Ein gut gebauter Transformator ohne Jochverstärkung verbraucht für die Säulen ebensoviel Eisen wie für die Joche. Es ist demnach ungefähr

$$l_s = l_j .$$

Der Bruch:

$$\frac{f(\mathfrak{B}) + f\left(\frac{\mathfrak{B}}{\alpha}\right)}{1 + \frac{1}{\alpha}}$$

ist demnach für unsere Untersuchung maßgebend.

Er ist sicher kleiner als Eins. Der Magnetisierungsstrom fällt schneller als die Liniendichte. Die Jochverstärkung ist ein einwandfreier Ausweg, der unter Umständen sehr ausgiebig sein kann. Eine Ermäßigung der Liniendichte der Säule von 13000 Kraftlinien/cm² auf 10000 Kraftlinien/cm² verkleinert die Verhältniszahl des Leerlaufstromes von 10 auf ungefähr:

$$10 \cdot \frac{8{,}5 + 4{,}0}{8{,}5\left(1 + \frac{1}{1{,}3}\right)} = 8{,}3\,,$$

wenn die Magnetisierungskurve der Abb. 6 maßgebend ist.

Es ist interessant, daß viel mehr nicht zu holen ist. Der praktische Grenzwert der Leerlaufstromverhältniszahl ist ungefähr 8. Er ist nur mit sehr starken Jochquerschnitten erreichbar. Begreiflich ist es deshalb, daß man selten Konstruktionen findet, die mehr als 30% dem Jocheisen zulegen.

Wenn die Leerlaufstromverhältniszahl 10 auch bei Transformatoren mit verstärkten Jochen beibehalten wird, hat der Konstrukteur bei halbwegs größeren Leistungen gar keine Schwierigkeiten mit dem Leerlaufstrom. Er kann bei 100 kVA auch etwas über 13000 Kraftlinien/cm² hinausgehen. Schwierig bleiben immerhin kleine Konstruktionen, bei denen die Jochverstärkung allein nicht ausreicht.

Der innige Zusammenhang der Leerlaufstromfrage mit der Frage der Verluste im Eisen läßt schließlich außerordentlich klar auch die Schwierigkeiten erkennen, die der Trockentransformator bereitet.

Der Trockentransformator arbeitet mit sehr mäßigen Stromdichten im Kupfer. Bei gleicher Leistung und bei gleicher Windungsspannung braucht er einen erheblich größeren Kupferquerschnitt als der Öltransformator. Er braucht schon deshalb einen größeren Wickelraum, somit einen größeren Eisenkern.

Die Luft kühlt außerdem schlechter als das Öl, sie braucht größere Zwischenräume zwischen den Spulen und zwischen den beiden Wicklungen. Die Luft isoliert auch schwächer als das Öl. Der Eisenkern des Trockentransformators muß noch größer werden.

Es ist nicht zu vermeiden, daß der Trockentransformator neben erheblich kleineren Verlusten im Kupfer erheblich größere Verluste im Eisen haben wird. Für viele Betriebe, ganz besonders für kalorische Lichtzentralen, ist er ein schlechter Transformator.

Die größeren Verluste im Eisen haben unweigerlich größere Leerlaufströme zur Folge. Die Leerlaufstromverhältniszahl des Trockentransformators ist natürlich genau so wie beim Öltransformator. Die Verluste im Eisen sind ausschlaggebend.

Es ist die Kupferbelastung, die den Unterschied in letzter Linie bringt. Sie steigert die Leistung, sie verkleinert die bezogenen Verluste und mit ihnen den Leerlaufstrom. Die bessere Kühlung hat damit noch weitere Vorteile neben der Verbilligung der Konstruktion.

Bei Großtransformatoren mit Wasserkühlung zieht das Kupfer solche Lasten auf sich, daß die Verluste im Eisen und der Leerlaufstrom selbst bei 15000 Kraftlinien/cm^2 ganz und gar bedeutungslos werden.

Das Leerlaufstromproblem des Transformators ist das einfachste der Transformatorenprobleme. Die Zeit arbeitet sozusagen allein. Wir suchen immer neue Wege zu stärkerer Materialausnützung und dabei löst sich das Leerlaufstromproblem von selbst.

Zum Teil, zum großen Teil, erscheint uns nur allerdings das Leerlaufstromproblem so einfach. Wir haben uns längst mit gewissen Grenzwerten der Liniendichte abgefunden und denken gar nicht daran, sie zu überschreiten. Wir waren sogar schon höher als wir heute sind. Auch im übrigen Elektromaschinenbau ist ein Rückschlag in den Liniendichten bemerkbar.

Dieser Rückschlag verstärkt den Eindruck, daß die heutigen Liniendichten Gesetz sind. Damit aber wird erst das Leerlaufstromproblem wirklich leicht und wird leichter von Tag zu Tag. Für den Betriebsingenieur ebenso wie für den Konstrukteur.

IV. Schaltungen.

5. Schaltungen dreiphasiger Transformatoren.

Es ist eigentlich nur Sache des Konstrukteurs, wie er die Wicklung des Transformators aufbaut, wie er die einzelnen Spulen anordnet, wie er sie untereinander verbindet, wie er schließlich die einzelnen Phasen zu einem System zusammenstellt. Der Öltransformator hat auf dem Deckel die Klemmen für den Netzanschluß. Was im Ölkessel vorgeht, interessiert den Betriebsingenieur nicht, solange alles in Ordnung ist. So scheint es wenigstens.

Es gibt sehr verschiedene Schaltungsmöglichkeiten, wenn, was meist der Fall ist, dreiphasige Transformatoren in Frage kommen, auch wenn nur von der Verkettung der einzelnen Phasen allein die Rede ist. Sie haben sehr verschiedene Eigenschaften. Nicht jeder Betrieb kann mit jeder Phasenschaltung auskommen. Es können sich schwere Unzukömmlichkeiten ergeben, wenn gedankenlos die Schaltungsfrage aus der Reihe der Betriebsfragen ausgeschlossen wird.

Für die Wicklung eines Drehstromtransformators kommen drei Phasenschaltungsmöglichkeiten in Betracht: die Sternschaltung, die Dreieckschaltung und die Zickzack-Schaltung. Wenn der Betriebsingenieur dem Konstrukteur keine besonderen Angaben über die Art seines Betriebes macht, kann er mit großer Sicherheit damit rechnen, daß er sowohl hochspannungs- als auch niederspannungsseitig die Sternschaltung bekommen wird.

Es ist leicht zu erklären, warum der Konstrukteur zunächst an die Stern-Stern-Schaltung denkt. Sie ist die billigste. Sie kommt mit der kleinsten Windungszahl aus. Sie gestattet die Verwendung stärkerer Drahtquerschnitte als die Dreieckschaltung. Wenige Windungen aus starkem Draht beanspruchen weniger Wickelraum als viele Windungen aus dünnem Draht.

Der Konstrukteur sucht immer den Weg zur billigsten Konstruktion. Man kann ihm deshalb keinen Vorwurf machen. Auch der Betriebsingenieur hat den gleichen Wunsch. Wenn die billige Stern-Stern-Schaltung einer teureren Platz machen muß, dann muß man wissen warum. Der Betriebsingenieur vor allem muß es wissen.

Verwicklungen in die scheinbar so einfache Schaltungsfrage bringt die Rücksicht auf ungleichmäßige Lastverteilungen auf die einzelnen Phasen. Der Lichtbetrieb ist es also, der die Schaltungsfrage aufwirft. Krafttransformatoren sind in allen drei Phasen ständig gleich belastet, sie brauchen nichts anderes als die Stern-Stern-Schaltung.

Der Lichttransformator erweist sich auch hier als die schwierigere Bauart. Die Betriebslehre des Transformators wäre viel viel einfacher, wenn es keine Lichtbetriebe mit ihren unbeständigen Lasten geben würde. Sie kann so der Aufgabe nicht entgehen, schwierige physikalische Probleme gemeinsam mit der Baulehre zu untersuchen. Wenn Lichtschaltungen die Transformatoren erheblich verteuern, muß festgestellt werden, ob die Mehrausgaben gerechtfertigt sind, ob sie sich auszahlen.

Bevor sich der Betriebsingenieur entschließt, dem Konstrukteur eine teuere Schaltung vorzuschreiben, muß er klar sehen. Es kommt noch heute vor, daß in Lichtbetrieben Transformatoren mit der einfachen Stern-Stern-Schaltung eingestellt werden. Der nicht aufgeklärte Betriebsingenieur kennt einfach die Gefahren nicht und fürchtet sie deshalb auch nicht.

Es ist übrigens noch ein anderer wichtiger Umstand da, der den Konstrukteur und den Betriebsingenieur bei der Schaltungsfrage zur gemeinsamen Erörterung zusammenführt. Nicht um die Natur der Gefahren schlechter Schaltung allein handelt es sich, sondern auch um deren Größe. Der Konstrukteur rechnet gerne mit der schlimmsten Möglichkeit, weil er sich keinem Vorwurf aussetzen darf, der Betriebsingenieur will nur wirklichen Gefahren durch Geldaufwand entgegenarbeiten. Die Schaltungsfrage ist zweifellos ein Problem der Betriebslehre.

Schließlich ist nicht nur der ordentliche Betrieb allein, der den Betriebsingenieur zum Studium der verschiedenen Schaltungen des Transformators zwingt. In jedem Betrieb kommen Störungen und Beschädigungen vor. Der Betriebsingenieur muß auch zuweilen den Deckel des Ölkessels abheben, denn er kann nicht immer warten, bis von weit her der Konstrukteur herangeholt wird.

Für schwere Betriebsunfälle gibt es zuweilen doch noch Rettungsmöglichkeiten, bevor die Stromlieferung eingestellt wird. Es gibt Notschaltungen, die der Betriebsingenieur unbedingt kennen muß. Betriebsunterbrechungen sind immer ein Unglück für den Betriebsingenieur, und wenn er vorbauend sich die Möglichkeit sichern kann, ihnen zu entgehen, wird er gerne etwas dafür geben. Es schadet nichts, wenn es sich nur um die Möglichkeit vorübergehender Aushilfe handelt. Besser eine schlechte Weiterführung des Betriebes für kurze Zeit, als gar keine.

So kann es keinem Zweifel unterliegen, daß auch die Notschaltungen von der Betriebslehre behandelt werden müssen. Sie sind ihr weit wichtiger als der Baulehre des Transformators.

26. Das elektrische und das magnetische Gleichgewicht.

Wenn man die Schwierigkeiten der Schaltungsfrage richtig sehen will, muß man sich die normalen physikalischen Vorgänge im Transformator klar vor Augen halten. Es ist nicht überflüssig, hier das Bild der Wirkungsweise des Transformators mit einigen scharfen Strichen nachzuzeichnen, bevor mit dem Schaltungsproblem selbst begonnen wird.

Der Primärwicklung des Transformators wird eine Spannung aufgedrückt, die zu jeder Zeit mit den Gegenspannungen der Wicklung im elektrischen Gleichgewicht sein muß. Diese Gegenspannungen sind die Widerstandsspannungen des Ohmschen und des induktiven Widerstandes der Primärwicklung, vor allem aber die vom Kraftfluß des Transformators induzierte Spannung.

Jede Störung des elektrischen Gleichgewichtes hat einen Strom zur Folge, der den Kraftfluß richtigstellt und damit das Gleichgewicht sofort wiederherstellt. Im Leerlauf des Transformators fließt deshalb in der Primärwicklung nur der Strom, der den richtigen Kraftfluß erregt — der Magnetisierungsstrom

Der Kraftfluß erzeugt natürlich in jeder Windung, die ihn umschlingt, nach dem gleichen Gesetz die gleiche Spannung. In der Sekundärwicklung entsteht deshalb eine Spannung, die zu der in der Primärwicklung induzierten Spannung im Verhältnis der Windungszahlen sekundär und primär steht. Die Sekundärspannung wird nun zur Speisung äußerer Stromkreise ausgenützt.

Sobald aber die Sekundärwicklung Strom abgibt, wirkt dieser Strom auf den Eisenkern ebenfalls erregend. Er darf aber den Kraftfluß nicht stören, weil das elektrische Gleichgewicht in der Primärwicklung unter allen Umständen bleiben muß. Die Primärwicklung nimmt deshalb neben dem Magnetisierungsstrom immer auch noch einen Strom auf, der den sekundären Belastungsstrom magnetisch unwirksam macht. Zum elektrischen Gleichgewicht der Spannungen in der Primärwicklung gesellt sich so das magnetische Gleichgewicht der Belastungsdurchflutungen der beiden Wicklungen.

Dieses doppelte Gleichgewicht beherrscht den Transformator zu jeder Zeit, in jedem Betriebsfall. Ganz besonders ist es das magnetische Gleichgewicht, daß in schwierigen Betriebsfällen die Hauptrolle spielt. Bei dreiphasigen Transformatoren mit mehreren Kraftflußwegen kommt es für mehrere Gruppen von Durchflutungen zur Geltung.

Irgendwelche Schwierigkeiten würden sich auch bei verwickelten Belastungsfällen nicht ergeben, wenn der Transformator immer frei sein Energiespiel spielen könnte, wie es sich naturgemäß ergibt. Der einphasige Transformator, die Grundform eines Transformators, kennt auch keine Schwierigkeiten. Aber mehrphasige Transformatoren müssen bei ungleichmäßigen Belastungen der Phasen in große Bedrängnis geraten, wenn sie infolge einer bestimmten Schaltung, sei es der Phasenströme oder der Phasenkraftflüsse, gleichzeitig den Forderungen des elektrischen und des magnetischen Gleichgewichtes und den Einschränkungen der Schaltung gerecht werden müssen. Bei ihnen muß es dann zu schweren Störungen, sei es des elektrischen, sei es des magnetischen Gleichgewichtes der einzelnen Phasen kommen, die nur durch Ausgleichströme von Phase zu Phase ausgeglichen werden können. In diesem Zwang und Drang bekommt dann das Betriebsbild des Transformators schwere Entstellungen, mit denen sich der Betriebsingenieur niemals befreunden wird wollen.

Die Sternschaltung ohne Nulleiter setzt z. B. voraus, daß die drei Phasenströme gleich groß und gleichmäßig gegeneinander phasenverschoben sind. Die Primärwicklung eines Drehstromtransformators bevorzugt die Sternschaltung ohne Nulleiter. Wenn nun niederspannungsseitig die Belastungsströme wohl je 120^{0} Phasenverschiebung gegeneinander aufweisen, aber nicht gleich groß sind, was im Lichtbetrieb sehr leicht vorkommen kann, müßten die primären Belastungsströme aus Rücksicht auf das magnetische Gleichgewicht dieselben Verhältnisse untereinander aufweisen. Sie können es nicht, weil die Sternschaltung es verbietet.

Man sieht, das Schaltungsproblem ist schwierig und wichtig. Aber es ist nicht die Schaltung der Phasenströme allein, die stören kann. Bei den in Europa üblichen dreiphasigen Kernen sind auch die drei Phasenkraftflüsse fest geschaltet. Sie fließen in jedem der beiden Joche in einem Sternpunkt zusammen. Damit entsteht ein weiterer Zwang, der die einseitige Änderung eines Phasenkraftflusses nicht zuläßt. Das elektrische Gleichgewicht der einzelnen Phasen bekommt damit neue Schwierigkeiten.

Diese einfachen, ganz allgemeinen Überlegungen müssen jeden Betriebsingenieur nachdenklich stimmen. Er wird nun doch wissen wollen, wie sich der Transformator hilft, wenn er durch unpassende Schaltungen in Zwangslagen gerät. Er wird vor allem die Folgen kennen lernen wollen. Gedankenlos den Transformator in Stern-Stern-Schaltung dem Lichtbetrieb auszusetzen, ist zumindestens Leichtsinn. Man verlasse sich nicht auf schön ausgeglichene Lichtnetze. Die gleichmäßige Aufteilung der Anschlüsse auf die Phasen ist noch nicht gleichbedeutend mit gleichmäßiger Verteilung der Belastung. Es hängt noch alles von der Laune der Verbraucher ab. Sie schalten die Lampen ein, wann sie wollen und löschen sie aus, wann es ihnen beliebt. Es bleibt nichts anderes übrig, als mit willkürlichen Phasenbelastungen zu rechnen.

27. Stern-Stern-Schaltung im Lichtbetrieb.

Der lehrreichste Betriebsfall und gleichzeitig der einfachste ist wohl die einphasige Vollbelastung einer Phase. Er ist nicht sehr wahrscheinlich, aber er ist durchaus denkbar und verspricht ein grelles Betriebsbild. Er muß von der Betriebslehre untersucht werden und zwar unter der Annahme der Sternschaltung ohne Nulleiter primär und der Sternschaltung, natürlich mit Nulleiter, sekundär.

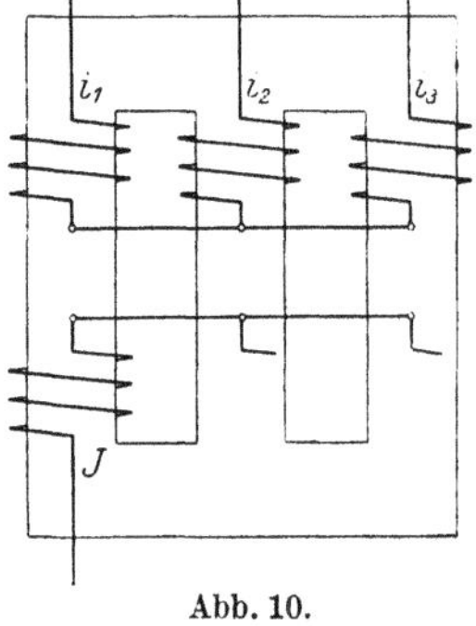

Abb. 10.

Es schadet der Klarheit der Ergebnisse in keiner Weise, vereinfacht aber die Untersuchungen wesentlich, wenn angenommen wird, daß primär und sekundär gleich viel Windungen vorhanden sind, so daß der Transformator mit dem Übersetzungsverhältnis 1 : 1 arbeitet. An die Stelle des magnetischen Gleichgewichtes der Durchflutungen tritt in diesem Falle einfach die Gleichheit der Belastungsströme.

Die größten Verwicklungen erhält man natürlich, wenn man einen Eisenkern voraussetzt, wie er im europäischen Transformatorenbau für dreiphasige Typen gebräuchlich ist, so daß auch die Phasenkraftflüsse in Doppelstern geschaltet sind. Zur Vollständigkeit der Lösung gehört aber immerhin auch noch die Untersuchung der amerikanischen Bauart, die aus drei vollständig selbständigen einphasigen

Transformatoren eine dreiphasige Transformatorengruppe zusammensetzt. Diese Gruppe läßt wenigstens den Kraftflüssen die volle Selbständigkeit, ist demnach, vom Standpunkte unseres Problems aus betrachtet, einfacher. Sie soll deshalb in zweiter Linie behandelt werden.

Nebenstehende Abb. 10 zeigt den zuerst zu untersuchenden Betriebsfall. Sekundär ist der einzige Belastungsstrom J vorhanden, primär muß man zunächst in jeder Phase einen Belastungsstrom annehmen: $\dot{i}_1$, $\dot{i}_2$ und $\dot{i}_3$. Die drei Phasenflüsse werden mit Φ_1, Φ_2 und Φ_3 bezeichnet.

Die Schaltung der Primärwicklung schreibt den drei Primärströmen die Bedingung:

$$\dot{i}_1 + \dot{i}_2 + \dot{i}_3 = 0 \qquad . \qquad (17)$$

vor. Ebenso müssen die drei Kraftflüsse, in Stern geschaltet, den Summenwert null ergeben:

$$\Phi_1 + \Phi_2 + \Phi_3 = 0 \, .$$

Das magnetische Gleichgewicht der Belastungsströme muß in jedem der drei geschlossenen Kraftflußwege des Eisenkernes jederzeit hergestellt sein. Es gelten somit die Bedingungsgleichungen:

$$\begin{aligned} J - \dot{i}_1 + \dot{i}_2 &= 0 \, , \\ J - \dot{i}_1 + \dot{i}_3 &= 0 \, , \\ \dot{i}_2 - \dot{i}_3 &= 0 \, . \end{aligned} \qquad (18)$$

Aus der Gleichung (17) und aus der Gleichungsgruppe (18) folgt:

$$\dot{i}_1 = \frac{2}{3} J_2$$

$$\dot{i}_1 = \dot{i}_3 = -\frac{J}{3} \, .$$

Die einphasige sekundäre Last überträgt sich in der Tat auf alle drei Primärphasen. Aber das primäre Belastungsbild ist nicht schön. Aussichtslos ist es allerdings, mit ruhenden Transformatoren die Umwandlung einphasiger Lasten in ausgeglichene dreiphasige anzustreben. Nur mit sich drehenden Umformern ist bekanntlich die Aufgabe lösbar. Aber trotzdem wird man unzufrieden sein, wenn man feststellt, daß in zwei Primärphasen starke Phasenverschiebungen von je 60^0 auftreten, obwohl die sekundäre Belastung induktionsfrei angenommen wurde.

In der primären Hauptphase ist die Belastung ebenfalls induktionsfrei. Sie beträgt zwei Drittel der Sekundärlast. Das letzte Drittel wird also je zur Hälfte mit stark phasenverschobenen Strömen geleistet.

Die schlechte Lastaufteilung ist das geringste Übel der einfachen Stern-Stern-Schaltung ohne Nulleiter primär. Bedenklicher ist die Tatsache, daß auf jeder Säule örtlich das magnetische Gleichgewicht fehlt.

An Hand der Abb. 10 kann man feststellen, daß auf zwei Säulen nur die Primärwicklung Strom führt. Man sieht weiter, daß auf der dritten, sekundär belasteten Säule ein Drittel der Sekundärdurchflutung ohne magnetisches Gegengewicht bleibt.

Sieht man genauer zu, so entdeckt man leicht, daß alle drei Säulen ganz gleich erregt werden. Sie haben alle drei zusätzliche, erregende Durchflutungen von je einem Drittel der Belastungsdurchflutung der unter Strom stehenden Sekundärphase. Noch mehr. Diese drei zusätzlichen erregenden Durchflutungen sind phasengleich. Es muß demnach ein zusätzlicher einphasiger magnetischer Fluß entstehen, der alle drei Säulen durchströmt und sich durch die Luft schließt (Abb. 11). Er ist mit den Wicklungen aller drei Säulen verkettet. Er wird natürlich primär und sekundär Spannungen erzeugen.

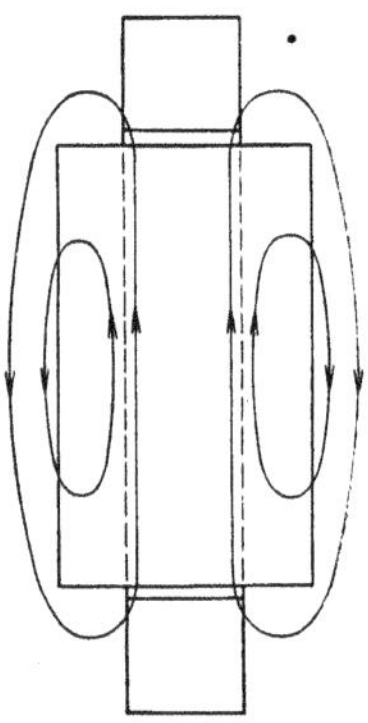

Abb. 11.

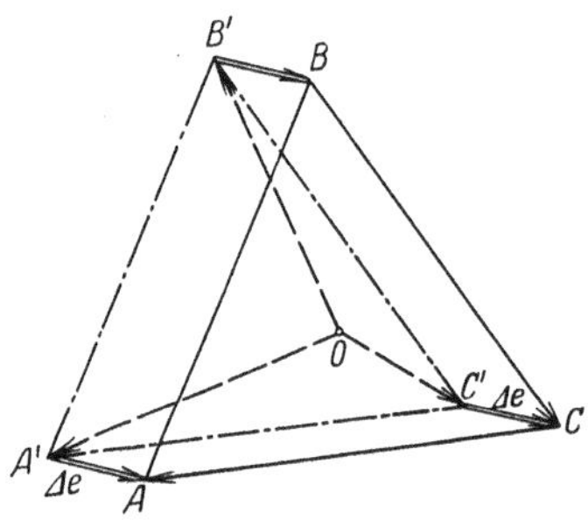

Abb. 12.

Das zusätzliche einphasige magnetische Feld ist der große Fehler der Stern-Stern-Schaltung ohne Nulleiter primär. Es bringt eine ganze Reihe von unangenehmen Folgeerscheinungen, die auch der Betriebsingenieur kennen muß. Sie sollen hier gleich nachgewiesen werden.

Der einphasige Zusatzfluß ist kein Streufluß. Er umschlingt ganz ebenso wie der Hauptkraftfluß die primäre und die sekundäre Wicklung. Er erzeugt eine Zusatzspannung, die, primär im Verein mit der vom Hauptfluß induzierten Innenspannung der Wicklung der aufgedrückten Spannung das Gleichgewicht hält, sekundär aber mit der Spannung des Hauptkraftflusses zusammen die Phasenspannung bildet.

Man verfällt bei dieser Vorstellung der Rolle der Zusatzspannung unwillkürlich auf die Idee, daß eigentlich der Zusatzfluß unschädlich sei, da er praktisch keinen Spannungsabfall bringen könne. Aber die Idee ist falsch.

Die Sternschaltung des Hauptkraftflusses greift ein. Wäre das Spannungsbild der Abb. 12 richtig, wenn somit der Nullpunkt O trotz des Auftretens des Zusatzflusses unverändert mit dem Schwerpunkt des aufgedrückten Spannungsdreieckes ABC zusammenfallen würde, müßte der Hauptkraftfluß die primären Phasenspannungen OA', OB' und OC' hervorbringen. Er müßte in jeder der drei Säulen diesen Spannungen proportional sein. Das ist aber wegen der Sternschaltung der drei Phasenhauptflüsse (Abb. 13) unmöglich, denn zweifellos bilden die drei Vektoren OA', OB' und OC', aneinandergefügt, nicht ein geschlossenes Dreieck. Es fehlt dazu der dreifache Vektor AA'.

Die Sternschaltung der drei Phasenhauptflüsse erzwingt eine Verschiebung des Nullpunktes der Wicklung nach O' Abb. 14, wobei:

$$OO' = AA'$$

sein muß, denn nur dann schließt sich das Dreieck $O'A'$, $O'B'$, $O'C'$. Ganz allgemein verschiebt der in Stern geschaltete Kraftfluß den Nullpunkt der Wicklung immer in den Schwerpunkt des von ihm zu erzeugenden Spannungsdreieckes. Das soll weiter unten nachgewiesen werden.

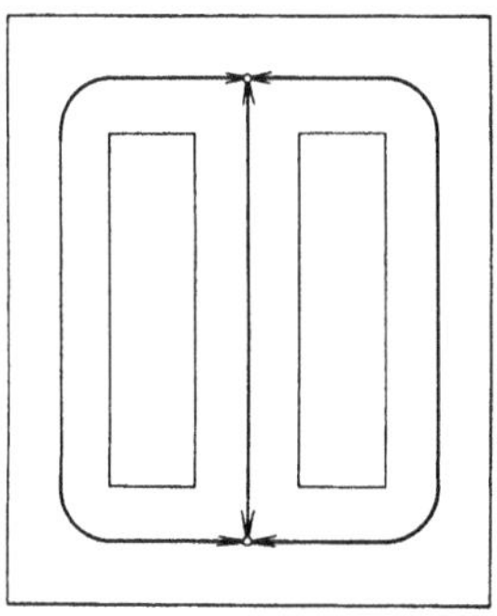

Abb. 13.

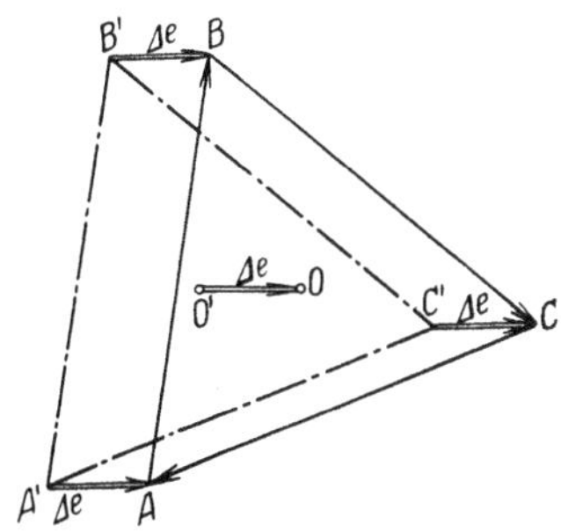

Abb. 14.

Das richtige Spannungsbild ist nun das der Abb. 14. Die vom Hauptkraftfluß im Verein mit dem Zusatzkraftfluß erzeugten tatsächlichen Phasenspannungen, primär und sekundär, sind $O'A$, $O'B$ und $O'C$. Praktisch kommt es also doch infolge des Zusatzflusses zu einem Spannungsabfall.

Die Phase der Zusatzspannung, die den Nullpunkt verschiebt, hängt natürlich vom Phasenwinkel der Belastung ab. Bei gegebenem Belastungsstrom und verschiedenen Phasenwinkeln kann demnach der Nullpunkt überall auf dem Umfang eines Kreises liegen, der um den ursprünglichen Nullpunkt mit der Zusatzspannung als Halbmesser beschrieben werden kann. Insbesondere entspricht einer einphasigen induktionsfreien Belastung der in Abb. 15 festgelegte Fall.

Die Größe der Zusatzspannung ist praktisch von hoher Bedeutung. Sie läßt sich nicht leicht berechnen. Aber messen kann man sie verhältnismäßig mühelos. Wenn man, bei offener Sekundärwicklung, durch die drei parallel geschalteten Phasen der Primärwicklung einen einphasigen Wechselstrom schickt und die ihn treibende Spannung mißt, hat man schon die vom einphasigen Wechselfeld induzierte Spannung, vorausgesetzt, daß der Strom sich gleichmäßig auf die drei Phasen verteilt. Man mißt allerdings die Ohmsche Abfallspannung mit. Aber man kann nach Abb. 16 auch noch ein Wattmeter einbauen und den Phasenwinkel zwischen Strom und Spannung messen, worauf der Ohmsche Spannungsabfall leicht berechnet werden kann.

Im elektrotechnischen Institut der Universität Ljubljana wurde ein Trockentransformator für 9 kVA, 1500/220 Volt, 50 Perioden, auf

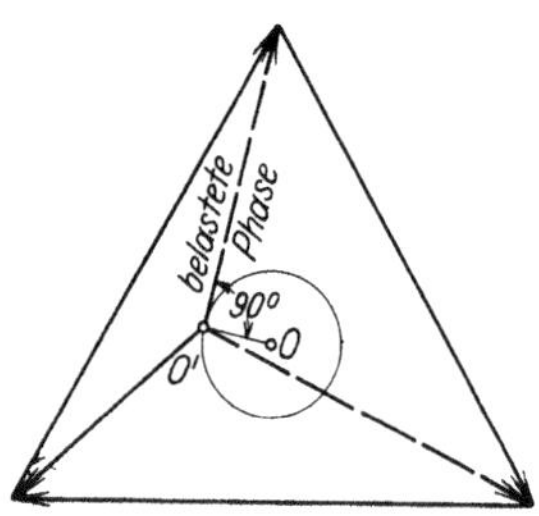

Abb. 15.

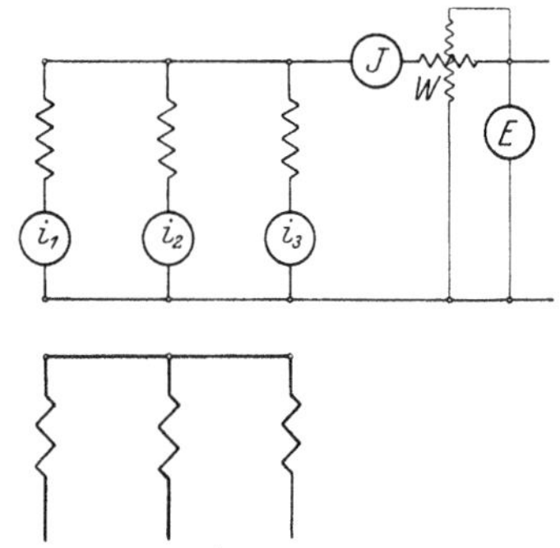

Abb. 16.

die angegebene Weise gemessen. Die Schaltung entsprach der Abb. 16. Das Ergebnis waren folgende Meßwerte:

E	J	$\cos\varphi$	i_1	i_2	i_3
94	3,4	0,33	1,14	1,14	1,14
152	5,3	0,28	1,76	1,76	1,76
199	7,5	0,27	2,5	2,5	2,5
241	9,2	0,26	3,05	3,05	3,05

Die Stromaufteilung war vollkommen gleichmäßig, der Einfluß des Ohmschen Widerstandes der Wicklung unbedeutend.

Dem Vollaststrom von 3,45 Amp. als Erreger des Zusatzfeldes würde nach den Messungen, unter Berücksichtigung des Ohmschen Spannungsabfalles, eine Zusatzspannung von rund 275 Volt, d. h. von

$$100 \cdot \frac{275 \cdot \sqrt{3}}{1500} = 31{,}8\,\text{vH}$$

entsprechen.

Bei einphasiger Vollast muß, wie oben festgestellt, nur mit einem Drittel dieses Wertes gerechnet werden. Aber auch 10 vH der Phasenspannung als Zusatzspannung ist noch sehr viel. Abb. 15 zeigt, daß sich im einphasigen Lichtbetrieb die eine Phasenspannung um fast die volle Zusatzspannung erhöht, die anderen zwei um etwas weniger verkleinern.

Aber das ist noch nicht alles. Die Zusatzspannung ist außerdem von der Größe des Transformators abhängig. Man kann sich sehr leicht durch folgende Überlegung davon überzeugen.

Vergrößert man unter Beibehaltung der Stromdichte im Kupfer und der Liniendichte im Eisen alle Abmessungen des Transformators x-mal, so wächst der Hauptkraftfluß mit der zweiten Potenz von x, ebenso die Durchflutung der Wicklung, deshalb auch, wie bereits bekannt, die Leistung mit der vierten Potenz von x. Die Phasenspannung wächst bei festgehaltener Windungszahl mit dem Kraftfluß, die Zusatzspannung mit dem Zusatzfluß. Nun steigt der Zusatzfluß mit der Durchflutung. Er steigt aber außerdem, weil sich sein magnetischer Widerstand verkleinert. Seine Linienlänge wird doch x-mal, sein Querschnitt x^2-mal größer. Die Zusatzspannung wächst nach all dem x-mal schneller als die Phasenspannung; auf die Phasenspannung bezogen ist sie der vierten Wurzel aus der Leistung proportional.

Die Gefahren des Zusatzflusses bei größeren Leistungen erscheinen allerdings an Hand des oben ermittelten Versuchsergebnisses größer als sie in Wirklichkeit sind. Der kleine Versuchstransformator hat natürlich eine bescheidene Liniendichte und keine hohe Stromdichte. Erst von der Leistung an, die mit der Liniendichte die übliche Grenze erreicht hat und auch das Kupfer nicht mehr stärker belasten kann, kommt das ermittelte Wachstumsgesetz in voller Strenge zur Geltung.

In der zweiten Auflage seines Buches „Die Transformatoren“ (Springer, Berlin 1925) hat es der Verfasser auf S. 46 unternommen, den magnetischen Widerstand des einphasigen Zusatzfeldes annähernd zu berechnen. Nach dieser Rechnung wäre der Widerstand durch den Säulendurchmesser d [cm] ungefähr zu:

$$R = \frac{1}{3\,d} \tag{19}$$

bestimmt.

Nimmt man beim obigen Versuchstransformator eine Liniendichte von 10000 Gauß in den Säulen, die einen Durchmesser von 90 mm hatten, an, so bekommt man mit einem Füllfaktor von 70 vH einen Säuleneisenquerschnitt von:

$$\frac{9^2 \cdot \pi}{4} \cdot 0{,}7 = 44{,}5\ \text{cm}^2,$$

damit eine Windungsspannung

$$4{,}44 \cdot 44{,}5 \cdot 10000 \cdot 10^{-8} = 1\ \text{Volt}$$

und eine Vollastdurchflutung von:

$$\frac{9000}{3 \cdot 1} = 3000\ \text{VA}.$$

Da der magnetische Widerstand des einphasigen Zusatzflusses einer Säule mit:

$$R = \frac{1}{3 \cdot 9}$$

zu schätzen wäre, müßte der vom Vollaststrom in allen drei Säulen erregte Zusatzfluß:

$$\frac{4\pi}{10}\cdot 3000\cdot\sqrt{2}\cdot 3\cdot 9 \text{ Linien},$$

der Hauptfluß

$$44{,}5\cdot 10000 \text{ Linien}$$

haben. Es wäre eine bezogene Zusatzspannung von:

$$100\cdot\frac{\frac{4\pi}{10}\cdot 3000\cdot\sqrt{2}\cdot 3\cdot 9}{44{,}5\cdot 10000} = 32{,}2 \text{ vH}$$

in sehr guter Übereinstimmung mit dem Ergebnis der Messung zu erwarten.

Damit wäre nach Gl. (19) ein guter Rechenwert gewonnen, der es gestattet, für eine beliebige Konstruktion die Zusatzspannung genau genug zu berechnen. Es ist beachtenswert, daß Gl. (19) das Wachstumsgesetz der Zusatzspannung genau erkennen läßt.

Öltransformatoren haben bei gleicher Leistung eine stärkere bezogene Zusatzspannung als Trockentransformatoren. Sie kommen mit einem kleineren Säulendurchmesser bei gleicher Kraftliniendichte des Hauptflusses durch. Sie haben einen erheblich kleineren Hauptkraftfluß, deshalb eine erheblich stärkere Durchflutung, allerdings auch einen größeren magnetischen Widerstand des Zusatzfeldes. Eine Vergleichsrechnung beleuchtet den Unterschied am besten.

Beispiel: Ein 100 kVA-Transformator brauche bei gleicher Kraftliniendichte als Trockentype einen Säulendurchmesser von 160 mm, als Öltype einen Säulendurchmesser von 140 mm. Die Vollastdurchflutung der Öltype wird

$$\left(\frac{160}{140}\right)^2 = 1{,}3 \text{ mal}$$

größer sein als die Vollastdurchflutung der Trockentype, weil ihr Kraftfluß 1,3 mal kleiner ist. Die höhere Stromdichte der Öltype ermöglicht dieses Verhältnis.

Der magnetische Widerstand des Zusatzflusses der Öltype ist allerdings

$$\frac{160}{140} = 1{,}14 \text{ mal}$$

größer. Trotzdem wird ihr Zusatzfluß:

$$\frac{1{,}3}{1{,}14} = 1{,}14 \text{ mal}$$

kräftiger sein. Da aber ihr Hauptkraftfluß 1,3 mal kleiner ist, muß die bezogene Zusatzspannung der Öltype:

$$1{,}14\cdot 1{,}3 = 1{,}49 \text{ mal}$$

größer werden.

Gerade für den Lichtbetrieb ist der Öltransformator in erster Linie berufen. Dieser Umstand gibt dem einphasigen Zusatzfluß eine ganz besondere Bedeutung.

Aber beim Öltransformator hat zum Überfluß der Zusatzfluß noch eine Folgeerscheinung, die unbedingt erwähnt werden muß. Er tritt in die nahe Kesselwand ein und benützt sie als Rückweg (Abb. 17). Nun bildet die Kesselwand gleichzeitig eine kurzgeschlossene Windung, die sich um den ganzen Transformator und damit um das Zusatzfeld schließt. Sie wird Ausgleichströme führen, die zwar den Zusatzfluß drosseln, gleichzeitig aber auch zusätzliche Verluste im Kesseleisen entwickeln.

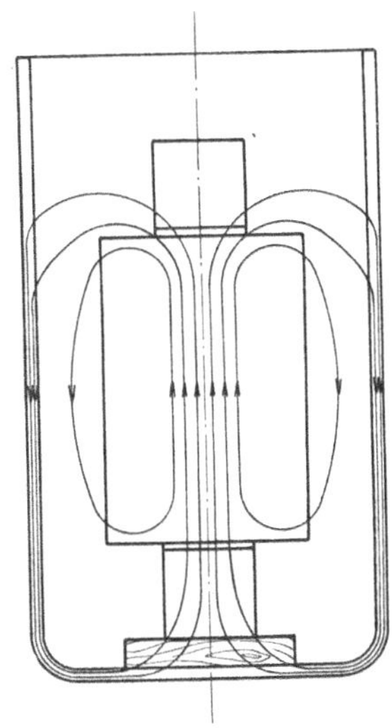

Abb. 17.

Die Erscheinung ist außerordentlich gefährlich. Man hat schon im Leerlauf ganz gewaltige Zusatzverluste in der Kesselwand beobachtet, obwohl sie nur vom einphasigen Zusatzfeld des Leerlaufstromes herrühren. Bekanntlich hat der Magnetisierungsstrom starke Oberwellen dreifacher Periodenzahl, die gerade wegen der dreifachen Periodenzahl untereinander in Phase sind. Da sie wegen der Sternschaltung gar nicht in die Wicklung fließen können, muß der Transformator, der sie braucht, gleichzeitig ihnen gleiche, aber entgegengesetzt gerichtete Ströme 3facher Periodenzahl aufnehmen. Diese Ströme erzeugen nun ein Zusatzfeld dreifacher Periodenzahl.

Dieses Zusatzfeld ist weit schwächer als das Zusatzfeld der einphasigen Vollast. Der Magnetisierungsstrom beträgt normal etwa 10 vH des Vollaststromes, die dritte Oberwelle etwa 30 vH der Grundwelle. Das Zusatzfeld des Leerlaufes ist mehr als 10mal schwächer. Allerdings steigert die 3fache Periodenzahl seine Zusatzspannung und mit ihr den Ausgleichstrom in der Kesselwand. Trotzdem wird das Zusatzfeld der einphasigen Vollast größere Zusatzverluste in der Kesselwand verursachen.

Damit ist die Sternschaltung ohne Nulleiter primär als Lichtschaltung endgültig verurteilt. Angesichts der Folgeerscheinungen des Zusatzflusses hat es wenig zu bedeuten, daß die Sternschaltung ohne Nulleiter den normalen Spannungsabfall der Primärwicklung auf alle drei Phasen verteilt. Immerhin soll diese Erscheinung nachgewiesen werden.

An den Primärklemmen des Transformators steht unverrückbar das vom Generator aufgezwungene Spannungsdreieck. In der belasteten Phase rückt der Eckpunkt um den normalen primären Spannungsabfall einwärts. Das vom Hauptkraftfluß zu induzierende Dreieck ist demnach nicht mehr gleichseitig (Abb. 18).

Der Fall ist eigentlich nur für die Sternschaltung mit Nulleiter von Bedeutung, weil sie die einphasige Belastung auch primär einphasig läßt. Ohne Nulleiter verrücken sich alle drei Eckpunkte des Spannungsdreiecks (Abb. 18).

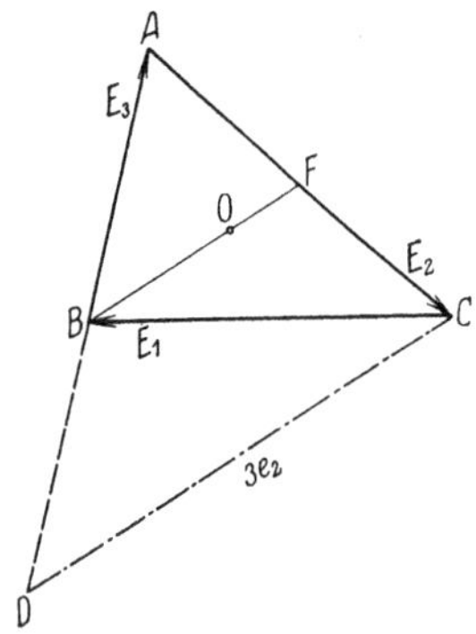

Abb. 18.

Bezeichnet man nun die verketteten, zu induzierenden Spannungen mit E_1, E_2 und E_3, die induzierten Phasenspannungen dagegen mit e_1, e_2 und e_3 (Abb. 18), so bekommt man folgende Gleichungen des elektrischen Gleichgewichtes:

$$E_2 + e_3 - e_1 = 0\,,$$
$$E_3 + e_1 - e_2 = 0\,,$$
$$E_1 + e_2 - e_3 = 0\,.$$

Es ist also, da die drei Phasenkraftflüsse den induzierten Phasenspannungen proportional, außerdem aber in Stern geschaltet sind, somit:

$$e_1 + e_2 + e_3 = 0$$

sein muß, z. B. :

$$e_2 = \frac{E_3 - E_2}{3}\,.$$

Abb. 18 erklärt die Auffindung des Nullpunktes. Sie zeigt, daß die beiden Dreiecke ADC und ABF ähnlich sind. Es ist somit nicht nur CF gleich FA, sondern auch noch:

$$BF = \frac{3\,e_1}{2}\,.$$

Der Nullpunkt fällt mit dem Schwerpunkt des aufgezwungenen Spannungsdreieckes zusammen. Der normale Spannungsabfall einer Phase verteilt sich damit auf alle drei Phasen.

28. Die Dreieck-Stern-Schaltung.

Eine gute Schaltung für den Lichtbetrieb ist die Dreieck-Stern-Schaltung. Sie verteuert die Konstruktion. Es ist zwar richtig, daß der Kupferaufwand gegenüber der Stern-Stern-Schaltung nicht steigt. Die primäre Windungszahl wird zwar im Verhältnis $\sqrt{3} : 1$ größer, aber dafür kann der Drahtquerschnitt primär im gleichen Verhältnis kleiner werden.

Nun gibt aber beim dünneren Draht die unvermeidliche Isolation relativ mehr aus als beim stärkeren Draht. Räumlich und im Preis. Der dünnere Draht verbraucht mehr Wickelraum und kostet mehr. Die Unterschiede sind um so stärker, je größer die Drahtumspinnungsstärke im Vergleich zum Drahtdurchmesser ist. Je kleiner die Leistung, je höher die Spannung, um so teurer die Dreieck-Schaltung.

Was leistet nun die teurere Lichtschaltung? Zunächst findet man keinen Unterschied gegenüber der Sternschaltung, wenn man wieder eine einphasige Belastung sekundär voraussetzt. Auch bei der Dreieckschaltung muß nämlich die Summe der Phasenströme immer gleich null sein. Auch die Dreieckschaltung muß immer das elektrische und das magnetische Gleichgewicht bestehen lassen.

Alles spielt sich, wenigstens auf den ersten Blick, genau so ab wie bei der Stern-Stern-Schaltung ohne primären Nulleiter. Die Gleichgewichtsgleichungen bleiben. Das Ergebnis der Rechnung kann somit nicht anders sein.

Aber das einphasige Zusatzfeld, das wiederum drohend auftritt, kann sich doch nicht behaupten. Die in Dreieck geschaltete Wicklung umschlingt es auf allen drei Säulen in einem in sich geschlossenen Stromkreis, in dem ein Strom, draußen im Primärnetz ganz unbeobachtbar, fließen kann. Dieser Strom ist für das Zusatzfeld gleichsam ein Sekundärstrom, der das Zusatzfeld drosselt und von keinem vom Netz kommenden Gegenstrom bekämpft werden kann.

Es ist demnach doch ein erheblicher Unterschied gegenüber der Stern-Stern-Schaltung ohne primären Nulleiter. Vom Netz aus gesehen, muß die Summe der drei Phasenströme null sein, in jeder Phase fließt aber doch noch ein Zusatzstrom, in allen drei Phasen natürlich der gleiche.

Nimmt man für einen Augenblick an, daß die Primärwicklung gar keinen Widerstand hat, so findet man leicht, daß dann das einphasige Zusatzfeld vollständig verschwinden muß. Sonst würde es natürlich im kurzgeschlossenen Kreis der drei Phasenwicklungen einen unendlich großen Ausgleichstrom herumtreiben. Das Zusatzfeld verschwindet aber vollständig, wenn örtlich, auf jeder Säule, die erregenden Durchflutungen im Gleichgewicht stehen. Mit den Bezeichnungen der Abb. 10 wäre demnach

$$i_1 = J\,,$$
$$i_2 = 0\,,$$
$$i_3 = 0\,,$$

der Ausgleichstrom betrüge:

$$J_k = \frac{J}{3}$$

und die einphasige Belastung würde auch primär nur auf eine Phase, natürlich auf diejenige, die auf der gleichen Säule sitzt, übertragen werden.

Dieses ideale Belastungsbild wird natürlich in der Wirklichkeit nicht voll erreicht. Aber die Abweichung ist nicht groß, wie man sich leicht überzeugen kann.

Das ungedrosselte einphasige Zusatzfeld wird, wie im vorangehenden Abschnitt ermittelt wurde, auf jeder Säule von der Durchflutung $\frac{J}{3}$ erregt. Im Wicklungsdreieck stört der Ausgleichstrom J_k auf jeder Säule. Die Dreieckschaltung muß ein einphasiges Restfeld übriglassen, das von $\frac{J}{3}$ und J_k erregt wird und eine Spannung E_x induziert, die gerade hinreicht, um den Ausgleichstrom i über den Widerstand r jeder Phasenwicklung zu treiben (Abb. 19). Rechnet man mit dem induktiven Widerstand x der Phasenwicklung, der vom Zusatzfeld herstammt, so

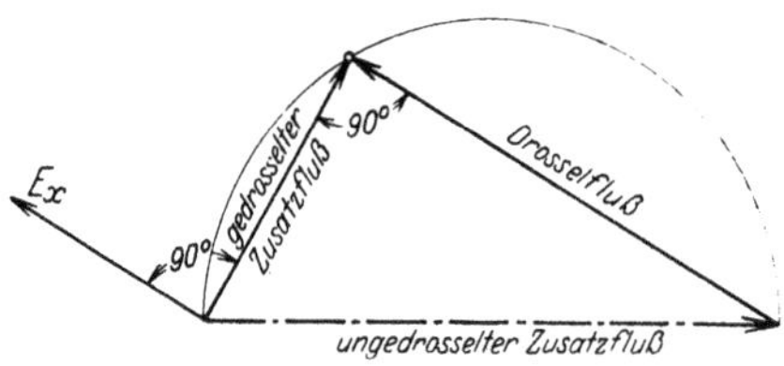

Abb. 19.

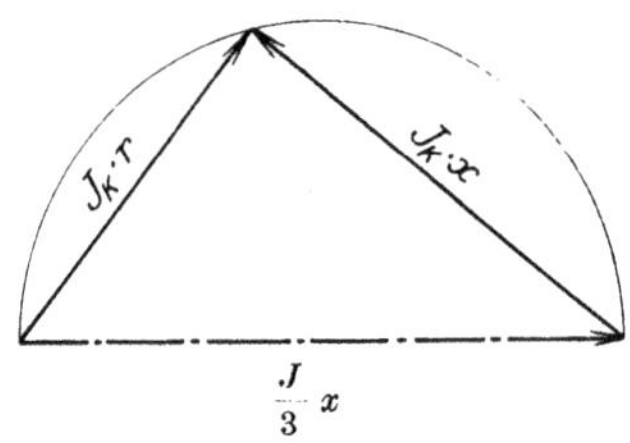

Abb. 20.

bekommt man an Hand des leicht verständlichen Diagramms der Abb. 20 den Ansatz:

$$\left(\frac{J}{3}\right)^2 x^2 = J_k^2 x^2 + J_k^2 r^2$$

oder:

$$J_k = \frac{J}{3} \frac{x}{\sqrt{r^2 + x^2}} .$$

Nimmt man die Ergebnisse der Messung zu Hilfe, wie sie im vorangehenden Abschnitte gegeben wurden, so findet man leicht, da:

$$\frac{x}{\sqrt{r^2 + x^2}} = \sin\varphi$$

ist:

$$\sin\varphi = \sqrt{1 - 0{,}28^2} = 0{,}95 .$$

Der Ausgleichstrom erreicht somit in dem beschriebenen Falle 95 vH seines idealen Wertes. Die Verhältnisse werden noch günstiger, wenn das einphasige Zusatzfeld stärker hervorzutreten versucht, also bei größeren Leistungen und bei Öltransformatoren.

Das Ergebnis ist durchaus zufriedenstellend. Die Dreieckschaltung primär vernichtet das gefährliche Zusatzfeld bis auf einen ganz geringfügigen Rest und beseitigt damit auch alle übrigen unangenehmen Begleiterscheinungen, wie sie im vorangehenden Abschnitt beschrieben wurden.

Man findet hie und da in Betrieben Trockentransformatoren mit Kühlrippen, die auch schwere Lichtbelastungen auf sich nehmen, obwohl sie nur mit der einfachen Stern-Stern-Schaltung ohne primären Nullleiter ausgerüstet sind. Diese sonderbaren Konstruktionen scheinen der Theorie zu trotzen. Sie haben praktisch keine große Bedeutung, theoretisch sind sie dafür um so wichtiger.

Die Kühlrippentransformatoren sind mit Scheibenspulenwicklungen ausgestattet. Die Spulen sitzen auf der Säule ganz knapp nebeneinander, ohne kühlende und isolierende Zwischenräume. Zwischen je zwei Spulen ist dafür ein Kupfer- oder Aluminiumblech eingeschoben, das erheblich über den äußeren Spulenumfang vorsteht (Abb. 21). Die Spulenseitenflächen, an das Kühlblech angepreßt, geben die Betriebswärme an diesen ausgezeichneten Wärmeleiter ab, und das Kühlblech selbst sorgt mit seiner freien Oberfläche für die Abgabe der Wärme an die Luft.

Es ist für die Betriebslehre belanglos, was die Kühlrippenkonstruktion leistet. Interessant ist für sie nur die versteckte Wirksamkeit der

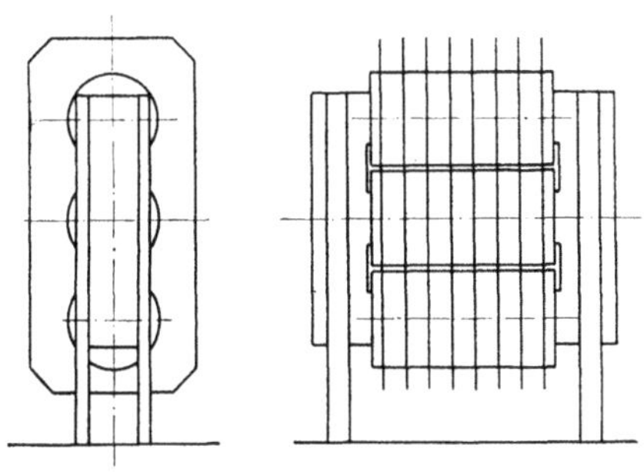

Abb. 21.

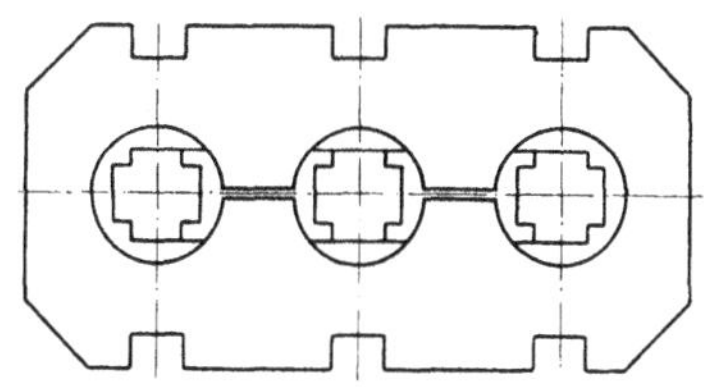

Abb. 22.

Kühlbleche bei einphasigen Belastungen, d. h. im Lichtbetrieb. Sieht man sich so ein Kühlblech an (Abb. 22), so findet man, daß es meist nur an zwei Stellen geschlitzt ist. Es darf natürlich keine kurzgeschlossene Windung bilden. Es bildet aber doch eine in sich geschlossene Windung, die alle drei Säulen umschlingt. Für den Hauptkraftfluß ist sie keine Gefahr. Die Summe der drei Phasenkraftflüsse ist immer null. Für den Zusatzfluß, der bei der einfachen Stern-Stern-Schaltung ohne primären Nulleiter so unangenehm werden kann, ist sie ebenso eine Drosselwindung, wie bei der Dreieckschaltung das Wicklungsdreieck.

Diese Feststellung klärt den scheinbaren Ausnahmsfall sofort auf. Es handelt sich um eine verkappte Dreieckschaltung. Aber man kann überhaupt jeden Lichttransformator mit der einfachen Stern-Stern-Schaltung ohne primären Nulleiter ausstatten, wenn man nur außerdem eine Ausgleichwicklung anordnet, die alle drei Säulen umschlingt und in sich geschlossen ist.

Diese Ausgleichswicklung braucht auf jeder Säule nur eine einzige Windung. Der Querschnitt dieser einen Windung läßt sich leicht bestimmen. Je kleiner man ihn wählt, um so stärker wird der Ohmsche Widerstand der Ausgleichswicklung hervortreten, um so kleiner wird der $\sin\varphi$ nach der Rechnung oben sein, um so mehr wird sich also das Belastungsbild vom Ideal der Lastaufteilung der Dreieckschaltung entfernen.

Man sieht, daß man mit so einer Ausgleichswicklung alle Zwischenstufen zwischen der einfachen Stern-Stern-Schaltung ohne primären Nulleiter und zwischen der Dreieck-Stern-Schaltung in der Hand hat. Aber die Ausgleichswicklung bringt einen zusätzlichen Kupferaufwand. Sie wird deshalb mit Recht in der modernen Praxis nicht angewendet, außer in Fällen, in denen sie nebenbei noch irgendeine andere Aufgabe gleichzeitig mit erledigen kann. Sie kann aber in Notfällen im Betriebe ein wertvolles Auskunftsmittel sein, da sie meist sehr leicht, wenigstens für kurze Zeit, vom Betriebsingenieur selbst eingebaut werden kann.

29. Die Zick-Zack-Schaltung.

Mit der Dreieck-Stern-Schaltung gibt der Betriebsingenieur zu, daß er auf eine Aufteilung der einphasigen Belastung auf mehrere Primärphasen verzichtet, nachdem er sich überzeugt hat, daß eine ideale Aufteilung unmöglich ist. In diesem Sinne ist die Dreieck-Stern-Schaltung eine gerade, klare Lösung des Problems des Lichttransformators.

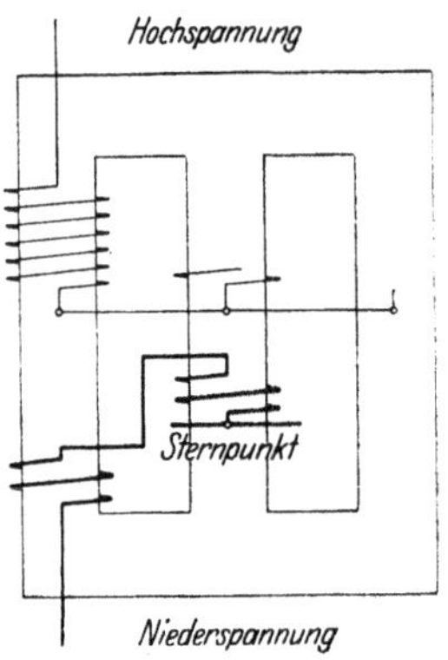

Abb. 23.

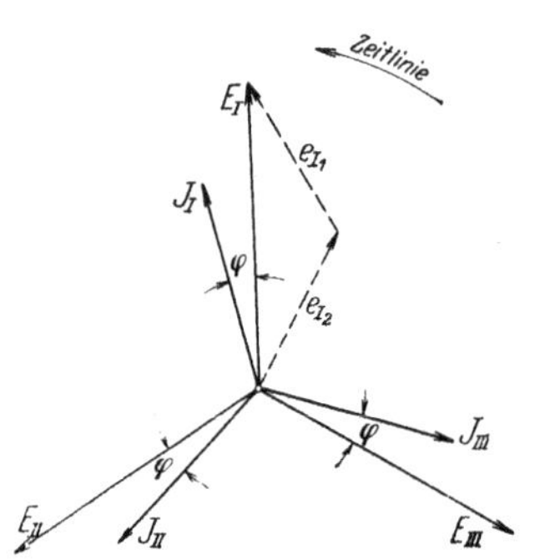

Abb. 24.

Es gibt eine andere, gute Lichtschaltung, die hartnäckig das Ziel verfolgt, die einphasige Belastung primär auf mehrere Phasen aufzuteilen, die Zick-Zack-Schaltung. Sie stellt sich ebenbürtig neben die Dreieckschaltung und muß schon deshalb von der Betriebslehre behandelt werden.

Die Stern-Zick-Zack-Schaltung behält hochspannungsseitig die billige Wicklungsanordnung im Stern ohne Nulleiter. Niederspannungsseitig verlegt sie je die Hälfte einer Phasenwicklung auf zwei verschiedene Säulen des dreiphasigen Transformators. Sie setzt somit die sekundäre Phasenspannung aus zwei Teilspannungen zusammen, die um 120^0 gegeneinander phasenverschoben sind. Sie erreicht dies dadurch, daß sie die beiden Wicklungshälften gegeneinander schaltet (Abb. 23).

Die Zick-Zack-Schaltung braucht natürlich mehr Windungen bei gleichem Drahtquerschnitt als die einfache Sternschaltung. An Hand der Abb. 24 kann man leicht feststellen, daß sekundär ein Mehraufwand an Kupfer im Verhältnis

$$1 : \cos 30^0 = 2 : \sqrt{3}$$

entsteht. Mit der 15proz. Verteuerung der Sekundärwicklung gegenüber der gewöhnlichen Stern-Stern-Schaltung muß demnach bei dieser Lichtschaltung vonvornherein gerechnet werden.

Auch die Dreieckschaltung brachte eine Verteuerung der Konstruktion. Den Betriebsingenieur wird sofort die Frage interessieren, für welche Schaltung er mehr zu zahlen hat. Aber auf diese Frage ist eine scharfe Antwort nicht möglich. Auf der einen Seite handelt es sich durchwegs um eine 15proz. Verteuerung der Niederspannungswicklung, auf der anderen um eine sehr veränderliche Verteuerung der Hochspannungswicklung. Aber eines ist sicher. Je kleiner die Leistung des Transformators, um so besser wird die Zick-Zack-Schaltung abschneiden, je höher die Primärspannung, um so schwerer wird sich die Dreieckschaltung durchsetzen.

Es scheint, daß ganz allgemein die Zick-Zack-Schaltung die billigere Lösung ist. Sie verdrängt mehr und mehr die Dreieckschaltung. Um so wichtiger ist es deshalb, daß ihre zum Teil sehr verwickelten elektrischen Eigenschaften eingehend beschrieben werden.

Die Zick-Zack-Schaltung hat auch bei voller Belastung aller Sekundärphasen ihre Eigenheiten, die sich bei anderen Schaltungen nicht zeigen. Bevor demnach das Verhalten bei Lichtbelastungen studiert werden, muß zuerst die gewöhnliche Vollbelastung, wie sie im Kraftbetrieb auftritt, untersucht werden.

Auf den ersten Blick entdeckt man schon eine Schwierigkeit der Zick-Zack-Schaltung. Die Niederspannungswicklung einer Säule gehört je zur Hälfte zu zwei verschiedenen Phasen. Sie wird allerdings, wie oben festgestellt, im entgegengesetzten Sinne von Strömen durchflossen, die um 120° gegeneinander phasenverschoben sind. Diese Niederspannungswicklung einer Säule hat nur zum Teil ein einheitliches gemeinsames Streufeld und deshalb nur zum Teil den normalen induktiven Spannungsabfall. Die beiden Phasenströme haben auch Komponenten, die gegeneinander gerichtet sind, so wie normal die Ströme der Primär- und der Sekundärwicklung. Die beiden Wicklungshälften, auf einer Säule sitzend, streuen, obwohl sie beide der Niederspannungsseite angehören, auch gegeneinander. Sie bilden ein inneres sekundäres, zusätzliches Streufeld und erzeugen dadurch einen zusätzlichen induktiven Spannungsabfall.

Abb. 25 zeigt die vollständige Schaltungsskizze der in Zick-Zack geschalteten Wicklung. Die Hochspannungswicklung ist darin weggelassen, da sie zunächst unwichtig ist. Die drei Phasen sind mit römischen Ziffern bezeichnet, die drei Säulen mit arabischen.

Phase I hat ihre eine Wicklungshälfte auf der Säule 1, ihre andere Wicklungshälfte auf Säule 2. Die beiden Hälften sind gegeneinander geschaltet. Die Klemmenphasenspannung E_{I} setzt sich aus den induzierten Teilphasenspannungen $e_{\mathrm{I}1}$ und $e_{\mathrm{I}2}$ zusammen:

$$E_{\mathrm{I}} = e_{\mathrm{I}1} - e_{\mathrm{I}2}\,.$$

Abb. 24 zeigt das Bild der Spannungsvektoren. Sie enthält außerdem die Vektoren einer mit einem beliebigen Phasenwinkel φ

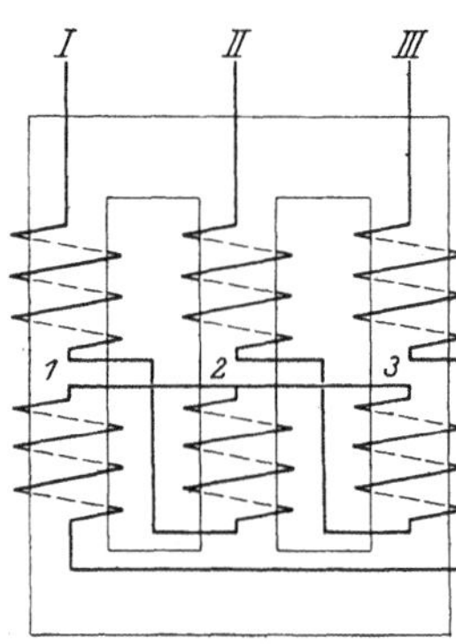

Abb. 25.

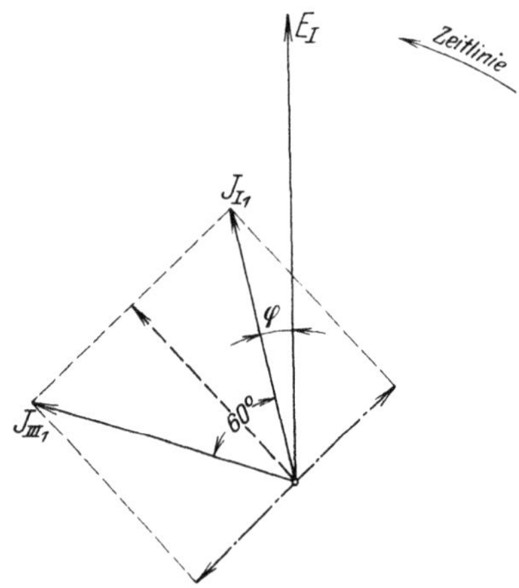

Abb, 26.

angenommenen Strombelastung, so daß sie der Untersuchung der Vollbelastung des in Zick-Zack geschalteten Transformators zugrunde gelegt werden kann.

Man muß natürlich den Umstand berücksichtigen, daß die beiden Hälften einer Phasenwicklung gegeneinander geschaltet sind, daß sie somit von den angenommenen Phasenströmen in entgegengesetzter Richtung durchflossen werden. Auf dasselbe kommt es aber hinaus, wenn bei angenommenem gleichen Sinn der Umkreisung des Säuleneisens, die Richtung des einen der beiden Stromvektoren um 180° geändert wird.

Abb. 26 beschäftigt sich mit der Erregung der beiden sekundären Streufelder der auf Säule 1 sitzenden Wicklungshälften der beiden Phasen I und III. Der Stromvektor der Phase I wurde unverändert aus der Abb. 24 übernommen, der Stromvektor der Phase III mit um 180° verdrehter Richtung. Das normale Hauptstreufeld der Niederspannungswicklung der Säule 1 wird von den beiden gleichgerichteten, das zusätzliche, innere Streufeld von den beiden entgegengesetzt gerichteten Komponenten der beiden Ströme erregt.

Es ist zunächst klar, daß die beiden Stromvektoren J_{I} und $-J_{III}$ einen Winkel von 60° umschließen müssen, nachdem J_{I} und J_{III} einen Winkel von 120° bilden. Die beiden gleichgerichteten Stromkomponenten sind demnach im Verhältnis:

$$\sqrt{3} : 2 = \cos 30^{0} : 1$$

kleiner als die Gesamtströme. Die beiden entgegengesetzt gerichteten Stromkomponenten sind dagegen offenbar nur halb so groß als die Gesamtströme.

Das Hauptstreufeld ist nun genau so groß, wie das Streufeld einer normalen, nicht in Zick-Zack geschalteten Phasenwicklung. Der erregende Strom ist zwar bei gleicher Belastung, wie festgestellt, im Verhältnis $\sqrt{3} : 2$ kleiner. Aber die in Zick-Zack geschaltete Wicklung muß dafür im Verhältnis $2 : \sqrt{3}$ mehr Windungen haben, wenn sie dieselbe Spannung erreichen will. So ergibt sich zunächst folgende Feststellung:

Das Hauptstreufeld der Zick-Zack-Schaltung hat die normale Größe.

Wenn aber auf diese Weise schon das Hauptstreufeld den vollen normalen induktiven Spannungsabfall verspricht, muß ein zusätzlicher induktiver Spannungsabfall vom inneren Streufeld erwartet werden. Es ist eine Lebensfrage der Zick-Zack-Schaltung, diesen zusätzlichen Abfall nicht zu groß werden zu lassen.

Es ist wichtig, das Hauptstreufeld der in Zick-Zack geschalteten Niederspannungswicklung auch noch gleichzeitig mit dem Streufeld der Hochspannungswicklung anzusehen. Auf jeder Säule muß die erregende Wirkung der Vollastströme primär und sekundär immer im magnetischen Gleichgewicht stehen, sonst kann das Hauptfeld des Transformators nicht ungestört arbeiten, wie es das elektrische Gleichgewicht der primär aufgedrückten und der primär induzierten Spannung verlangt. Nun heben sich magnetisch im Stromkreis des Hauptkraftflusses die beiden entgegengesetzt gerichteten Komponenten der Phasenströme einer Säule niederspannungsseitig auf. Nur die gleichgerichteten Komponenten der sekundären Phasenströme einer Säule stehen demnach im magnetischen Gleichgewicht mit dem Vollaststrom der Hochspannungswicklung.

Nimmt man ein Spannungsübersetzungsverhältnis 1 : 1 an, so findet man in der Tat sekundär wegen der Zick-Zack-Schaltung $\frac{2}{\sqrt{3}}$ mal mehr Windungen als primär. Dafür ist magnetisch nur die Komponente des Sekundärstromes wirksam, die $\frac{\sqrt{3}}{2}$ mal kleiner ist als der Strom selbst. Das Produkt gibt die gleiche Durchflutung primär und sekundär.

Im Verhältnis der Streulinienzahl zur Linienzahl des Hauptflusses des Transformators stehen der induktive Spannungsabfall des Hauptstreufeldes und die Phasenspannung der Zick-Zack-Schaltung. Es ist somit in der Tat vom Hauptstreufeld genau der gleiche induktive Spannungsabfall zu erwarten, wie bei anderen Schaltungen, da festgestellt wurde, daß dieses Hauptstreufeld der Zick-Zack-Schaltung die Größe des Streufeldes anderer Schaltungen aufweist.

Irreführend ist der Umstand, daß der induktive Spannungsabfall des Hauptstreufeldes der in Zick-Zack geschalteten Wicklung um 90° gegen eine Komponente des Belastungsstromes und nicht gegen den Strom selbst zeigt. Aber die beiden induktiven Spannungsabfälle der beiden Wicklungshälften einer Phase sind untereinander ebenso phasenverschoben, wie die vom Hauptfluß des Transformators erzeugten Teilspannungen einer Phase. So entsteht schließlich doch der richtige Phasenwinkel zwischen dem induktiven Spannungsabfall und dem Belastungsstrom. An Hand der Abb. 27 kann man das hier Gesagte ohne Schwierigkeit erkennen.

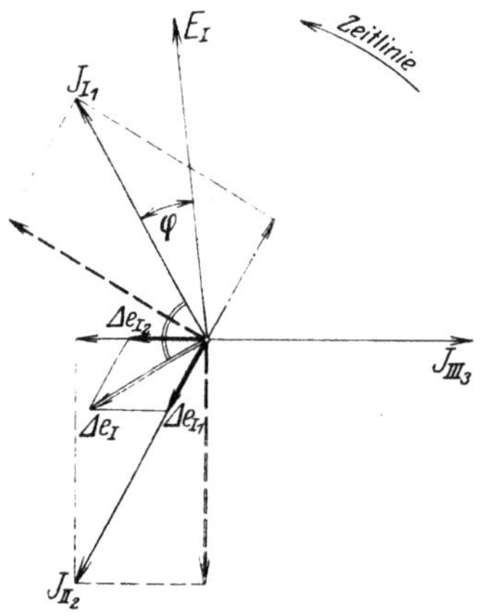

Abb. 27.

Geht man nun dem zusätzlichen induktiven Abfall nach, der vom zusätzlichen, inneren Streufeld der in Zick-Zack geschalteten Wicklung hervorgerufen wird, so kommt man zunächst zur überraschenden Annahme, daß dieser Abfall gegen den normalen induktiven Spannungsabfall um 90° phasenverschoben sein muß. Das zusätzliche Streufeld und das Hauptstreufeld werden doch von zwei aufeinander senkrecht stehenden Komponenten des sekundären Belastungsstromes erzeugt. Und doch wäre diese so einleuchtende Annahme ein schwerer Trugschluß. Wäre sie richtig, so müßte der zusätzliche induktive Spannungsabfall die Rolle eines Ohmschen Spannungsabfalles übernehmen.

Das verwickelte physikalische Bild läßt sich folgendermaßen entwirren. Der zusätzliche induktive Spannungsabfall einer Phasenhälfte ist tatsächlich gegen den normalen induktiven Abfall derselben Phasenhälfte um 90° phasenverschoben. Aber diese Phasenverschiebung beträgt in der einen Phasenhälfte + 90°, in der anderen Phasenhälfte — 90°. Für die innere Streuung bilden die beiden Hälften der in Zick-Zack geschalteten Wicklung, die, verschiedenen Phasen angehörend, auf derselben Säule sitzen, gleichsam die primäre und die sekundäre Wicklung eines versteckten Transformators und streuen so gegeneinander. Aber die Wicklungshälfte einer Phase auf der einen Säule hat die Rolle der Primärwicklung dieses fiktiven Transformators, auf der zweiten Säule steht die zweite Hälfte derselben Phase in der Rolle der Sekundärwicklung. Sie sind ja gegeneinander geschaltet. So kommt es, daß mit dem Rollenwechsel auch das Vorzeichen des Phasenwinkels zum normalen induktiven Spannungsabfall umschlägt.

Die beiden Hälften des normalen induktiven Spannungsabfalles einer Phase werden durch die Schaltung gezwungen, sich ebenso zusammenzusetzen wie die induzierten Spannungen der beiden Phasenhälften. Die beiden Hälften des zusätzlichen induktiven Spannungsabfalles einer Phase müßten sich ebenfalls voneinander geometrisch subtrahieren. Der oben beschriebene Vorzeichenwechsel des Phasenwinkels zum induktiven Hauptabfall verwandelt die Subtraktion in eine Addition. Es hat demnach der resultierende zusätzliche induktive Spannungsabfall einer Phase als Vektor doch dieselbe Richtung wie der induktive Hauptabfall.

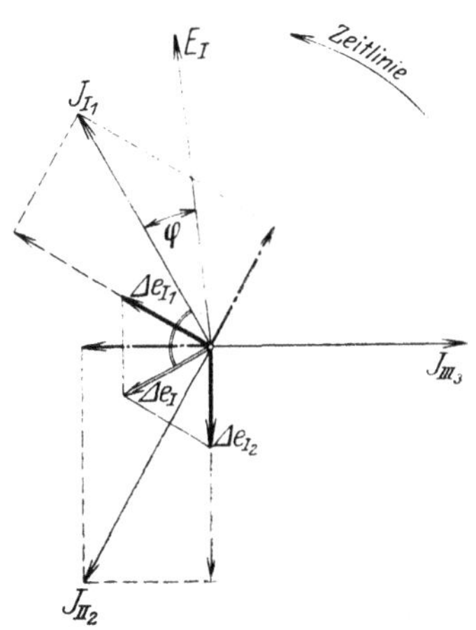

Abb. 28.

Abb. 28 zeigt noch einmal das Vektorenbild der Phasenspannung, der Belastungsströme, der entscheidenden Komponenten dieser Belastungsströme, die für das zusätzliche Streufeld maßgebend sind, die zusätzlichen induktiven Teilabfälle und das Ergebnis, den resultierenden zusätzlichen induktiven Spannungsabfall.

Ein wichtiger Unterschied zwischen den beiden, nun phasengleichen induktiven Spannungsabfällen einer Phase ist nun aus den beiden Abb. 27 und 28 sofort ersichtlich. Der Hauptabfall der Phase ist im Verhältnis $\sqrt{3}:1$ größer als der Hauptabfall einer Phasenhälfte, genau so wie die induzierte Spannung einer Phase im Verhältnis $\sqrt{3}:1$ größer ist als die induzierte Spannung einer Phasenhälfte. Der resultierende zusätzliche Abfall ist dagegen genau so groß wie der resultierende Abfall einer Phasenhälfte. Er entsteht eben aus zwei gleich großen Komponenten, die gegeneinander um 120^0 phasenverschoben sind.

Rein physikalisch ist damit das Problem des zusätzlichen induktiven Spannungsabfalles der Zick-Zack-Schaltung geklärt. Wenigstens für den vollbelasteten Transformator. Bevor aber noch der Fall des nur einphasig belasteten Transformators untersucht wird, muß noch die Frage erledigt werden, wie groß der zusätzliche induktive Spannungsabfall werden kann. Es empfiehlt sich, ihn einfach mit dem induktiven Hauptabfall zu vergleichen.

Es wird sich zeigen, daß diese für den Konstrukteur, wie für den Betriebsingenieur ungemein wichtige Frage allgemein gar nicht beantwortet werden kann. Es wird sich zeigen, daß es ganz von der Wicklungsanordnung abhängt, wie weit der Nachteil des zusätzlichen Abfalles gehen wird. Natürlich ist sowohl für den Konstrukteur als auch für den Betriebsingenieur das Interesse vorhanden, die unangenehme Beigabe der Schaltung, den zusätzlichen induktiven Spannungsabfall, möglichst zu unterdrücken.

Es empfiehlt sich, einige Wicklungsanordnungen eingehender zu untersuchen. Dabei sollen ganz schlechte Anordnungen von vornherein ausgeschlossen werden. Man erkennt sie leicht daran, daß sie das zusätzliche Streufeld begünstigen.

Bei Transformatoren mit Scheibenspulenwicklung mengt man bekanntlich die Spulen der auf einer Säule sitzenden Wicklungshälften zweier Niederspannungsphasen ebenso durcheinander wie die Primär- und die Sekundärspulen. So entsteht die richtige Anordnung der Abb. 29.

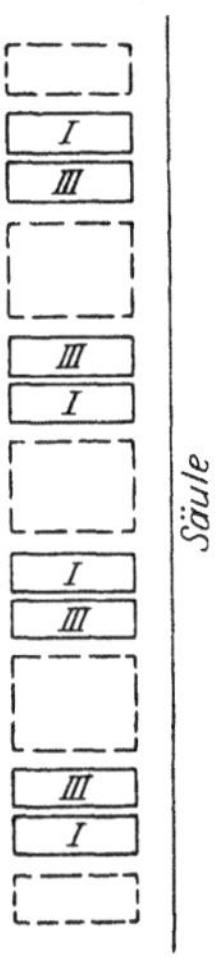

Abb. 29.

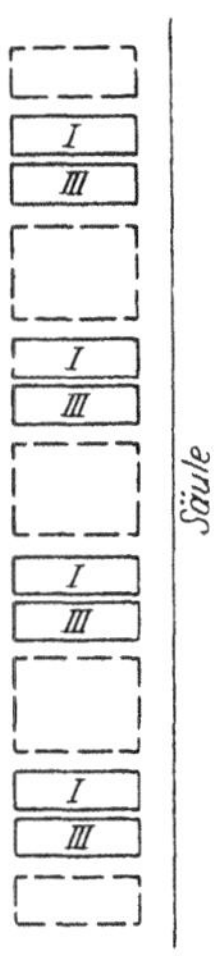

Abb. 30

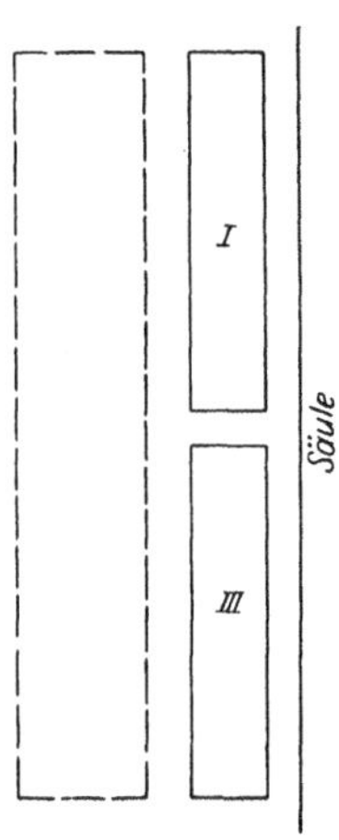

Abb. 31.

Schlecht wäre die Anordnung der Abb. 30, die scheinbar besser dem normalen Aufbau der Scheibenspulenwicklung entspricht. Sie bringt zu große Abstände zwischen den gegeneinander streuenden Spulen. Ganz schlecht wäre aus denselben Gründen die Anordnung nach Abb. 31.

Nehmen wir nun die Anordnung der Abb. 29 und versuchen wir die Größe ihres zusätzlichen induktiven Spannungsabfalles zu schätzen. Wir werden dabei mit Vorteil zunächst alle Spulenzwischenräume gleich groß annehmen, ohne Rücksicht darauf, ob sie Hochspannungsspulen von Niederspannungsspulen trennen oder ob sie zwischen zwei Niederspannungsspulen liegen.

Das Hauptstreufeld wird in normaler Weise erzeugt. Seine Stärke richtet sich nach der Vollastdurchflutung der Primärwicklung, nach der Anzahl der Primärspulen, der sie umgekehrt proportional ist und nach dem magnetischen Widerstand.

Der magnetische Widerstand des Hauptstreufeldes hängt bekanntlich von der reduzierten Streulinienlänge, vom reduzierten Luftspalt und von der mittleren Windungslänge ab. Alle drei Größen haben angenommenermaßen beim Hauptstreufeld dieselben Werte wie beim zusätzlichen Streufeld.

Die erregende Durchflutung des zusätzlichen Streufeldes kommt nur von der halben Sekundärwicklung einer Säule. Sie wird außerdem, wie oben festgestellt, nur von einer Komponente des Sekundärstromes genährt, die gerade halb so groß ist wie der Gesamtstrom. Im ganzen müßte demnach das zusätzliche Streufeld $2 \cdot \sqrt{3}$ mal schwächer sein als das Hauptstreufeld. Abb. 29 zeigt aber außerdem, daß der fiktive Transformator des zusätzlichen Streufeldes nur noch die Hälfte der Spulen des eigentlichen Transformators, d. h. nur eine halb so feine Wicklungsunterteilung hat, wobei natürlich berücksichtigt werden muß, daß der eigentliche Transformator Halbspulen hat, der fiktive dagegen primäre und sekundäre. Endgültig wird demnach das zusätzliche Streufeld nur im Verhältnis $1 : \sqrt{3}$ wirksamer als das Hauptstreufeld.

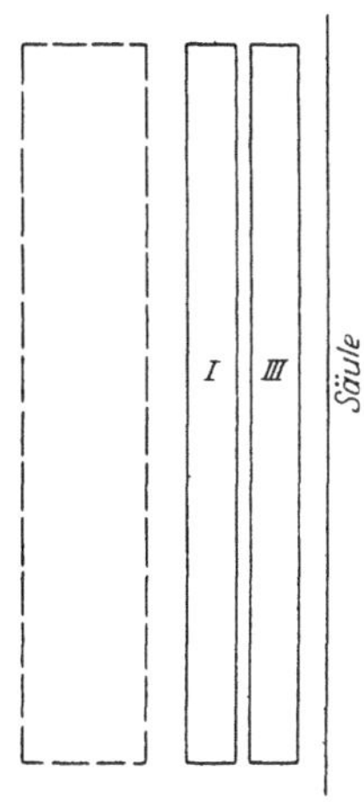

Abb. 32.

Man muß noch die oben festgestellte Tatsache berücksichtigen, daß der gesamte Hauptabfall einer Phase $\sqrt{3}$ mal größer ist als der Hauptabfall einer Phasenhälfte, der gesamte zusätzliche Abfall aber genau so groß wie der zusätzliche Teilabfall. Für die hier untersuchte Anordnung würde sich somit endgültig das Größenverhältnis

$$3 : 1$$

zugunsten des Hauptabfalles ergeben.

Das gäbe immerhin ein Anwachsen des induktiven Spannungsabfalles durch die Zick-Zack-Schaltung um rund 33 vH in der Sekundärwicklung, bzw. eine Vergrößerung des induktiven Gesamtabfalles des Transformators um rund 16,5 vH, bei einer Wicklungsanordnung, die in keiner Weise beanstandet werden kann. Aber glücklicherweise liegen die Verhältnisse günstiger. Der magnetische Widerstand des zusätzlichen Streufeldes ist nämlich fast immer wesentlich größer als der magnetische Widerstand des Hauptstreufeldes, weil man die gegeneinander streuenden Niederspannungsspulen leicht knapp aneinanderschieben kann, während man zwischen den Hoch- und den Niederspannungsspulen Zwischenräume anordnen muß.

Die Abb. 29 zeigt außerdem, daß die beiden Niederspannungsspulen, die zu einer Phase gehören, ziemlich weit voneinander liegen. Eine ganze Hochspannungsspule und zwei Spulenzwischenräume trennen sie. Sie werden aber durch die gemeinsamen Kraftlinien des zusätzlichen Streufeldes umschlungen, die dadurch lang werden, obwohl sie hauptsächlich nur auf einer Strecke verlängert werden, wo sie sich frei ausbreiten können.

Die Rücksicht auf ordentliche Kühlung wird schließlich entscheiden, was noch an dieser Anordnung der in Zick-Zack geschalteten Wicklung verbessert werden kann. Immerhin muß man erfahrungsgemäß damit rechnen, daß ein etwa 10proz. Zusatz beim induktiven Gesamtabfall des Transformators bleiben wird.

Ein weit freundlicheres Bild gibt die Zylinderwicklung. Selbstverständlich kommt eine Anordnung nach Abb. 31 gar nicht in Betracht. Gut ist die Anordnung der Abb. 32. Sie soll gleich untersucht werden.

Wiederum kann man zunächst gleiche magnetische Widerstände für das Hauptstreufeld und für das zusätzliche Streufeld annehmen. Abermals wird man finden, daß das zusätzliche Streufeld $2\sqrt{3}$ mal schwächer erregt wird. Diesmal ist aber die Unterteilung der beiden Streufelder gleich groß. So ergibt sich ein Größenverhältnis

$$6:1$$

zugunsten des Hauptabfalles.

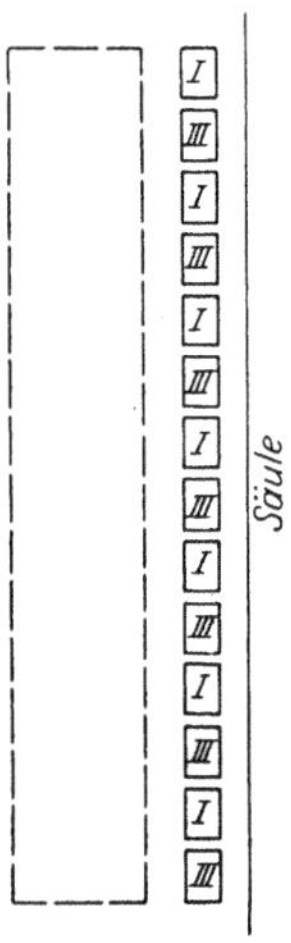

Abb. 33.

Auch bei der Zylinderwicklung ist fast immer der magnetische Widerstand des zusätzlichen Streufeldes erheblich größer. Schon deshalb, weil man die Zylinderwicklung vor allem bei kleineren und mittleren Leistungen dann wählt, wenn hohe Spannungen bewältigt werden müssen. Man wird so zum praktischen Ergebnis kommen, daß bei der Anordnung nach Abb. 32 mit etwa 5 vH Zusatz zum normalen induktiven Gesamtabfall gerechnet wird werden müssen.

Aber in sehr vielen Fällen kann die Zylinderwicklung in Zick-Zack-Schaltung noch ganz wesentlich verbessert werden. Dann nämlich, wenn man niederspannungsseitig mit einer einlagigen Spirale durchkommt. Diese einlagige Spirale ist die Idealform der Zylinderwicklung. Sie wird bei Großtransformatoren leicht erreicht, sie kann aber auch schon bei mittleren Leistungen durchgesetzt werden.

Die einlagige Spirale der Zick-Zack-Schaltung zerfällt natürlich in zwei Teilspiralen. Die einzelnen Windungen dieser Teilspiralen können aber leicht sehr wirksam durcheinandergemengt werden, wenn man gleichsam eine zweigängige Spirale nach Abb. 33 konstruiert. Daß dabei der zusätzliche induktive Spannungsabfall auf ein sehr geringes Maß heruntergedrückt wird, ist klar.

Die Untersuchung der verschiedenen Wicklungsanordnungen der Zick-Zack-Schaltung kann ohne Überprüfung der Parallelschaltungsmöglichkeiten niederspannungsseitig nicht abgeschlossen werden.

Ganz besonders bei der Scheibenspulenanordnung sind Parallelschaltungen notwendig. Aber auch der nicht unbedeutende Vorteil der Zick-Zack-Schaltung, daß sie beim Übergang in die Doppelsternschaltung auch für 220/125 Volt verwendbar ist, muß konstruktiv gesichert werden.

Abb. 29 zeigt, daß die richtig durchgebildete Scheibenspulenanordnung vollständig parallel schaltbar ist. Alle Spulen einer Phasenwicklungshälfte sind untereinander parallel schaltbar. Natürlich können Spulen der beiden Phasenwicklungshälften, die auf verschiedenen Säulen sitzen, nicht parallel zueinander gelegt werden.

Abb. 29 zeigt weiter, daß nach Auflösung der Zick-Zack-Schaltung auch alle Niederspannungsspulen einer Säule parallel geschaltet werden können, so daß ohne Schwierigkeit die Doppelsternschaltung erhalten werden kann.

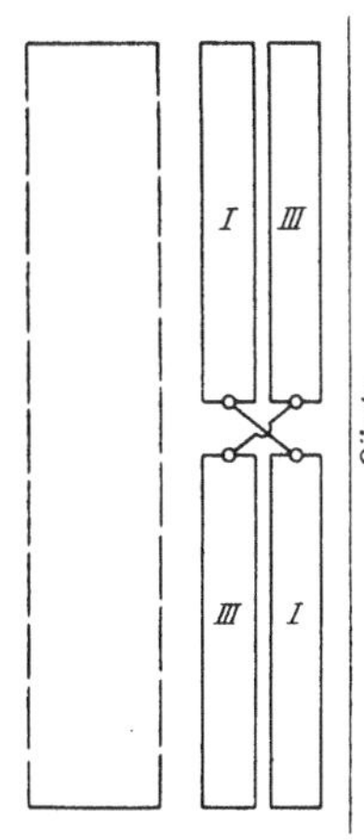

Abb. 34.

Die Untersuchung der Abb. 32 zeigt, daß bei der Zylinderwicklung die Verhältnisse etwas schwieriger sind. Die beiden Niederspannungswicklungshälften einer Säule sind nicht parallel schaltbar. Diejenige Wicklungshälfte, die der Hochspannungswicklung näher liegt, hat zweifellos einen kleineren induktiven Spannungsabfall. Deshalb muß auch jede Phasenwicklung auf der einen Säule oben, auf der anderen unten gewählt werden.

Will man diesen Schwierigkeiten ausweichen, muß man auf jeder Säule die beiden Niederspannungswicklungshälften kreuzen, so wie es Abb. 34 andeutet. In der Säulenmitte muß die obere Wicklungshälfte in die untere Lage übergeführt werden.

Daß bei der zweigängigen Spirale der Zylinderwicklung nach Abb. 33 überhaupt keine Schwierigkeiten entstehen können, ist ganz klar. Man wird auch aus diesem Grunde diese Idealform der Zylinderwicklung anstreben. Sie hat lediglich den einen Nachteil, daß sie Windungen stark verschiedener Spannungen nebeneinander bekommt. Bei den üblichen Niederspannungen werden sich aber konstruktive Schwierigkeiten bei halbwegs größeren Leistungen nicht ergeben.

Die Zick-Zack-Schaltung wird nur aus Rücksicht auf die ungleichmäßigen Belastungen des Lichtbetriebes gewählt. Sie rechnet von vornherein mit geringen Phasenverschiebungen bei Belastung. Der zusätzliche induktive Spannungsabfall der Zick-Zack-Schaltung wird, von diesem Standpunkt aus betrachtet, bedeutungslos. Er spielt praktisch erst eine Rolle, wenn ein in Stern-Zick-Zack geschalteter Transformator parallel mit anderen Transformatoren, die z. B. in Dreieck-Stern geschaltet sind, arbeiten soll.

Man kann hiermit die Untersuchung der Zick-Zack-Schaltung als abgeschlossen betrachten, insofern nur die volle Belastung des Transformators in Frage kommt. Aber ungeklärt ist noch die eigentliche Arbeitsweise dieser interessanten Schaltung, die doch immer nur dem Lichtbetrieb dienen soll. Es fehlt die Untersuchung einseitiger Belastungen des Stern-Zick-Zack-Transformators, die allerdings erst einen Sinn bekommen hat, sobald festgestellt wurde, daß auch bei gleichmäßiger dreiphasiger Belastung alles in Ordnung ist.

Auch hier bei der Zick-Zack-Schaltung wird vorteilhaft der äußerste Fall untersucht: die einphasige Vollbelastung. Die sich möglicherweise herausbildenden Verwicklungen müssen auch diesmal möglichst scharf gezeichnet werden.

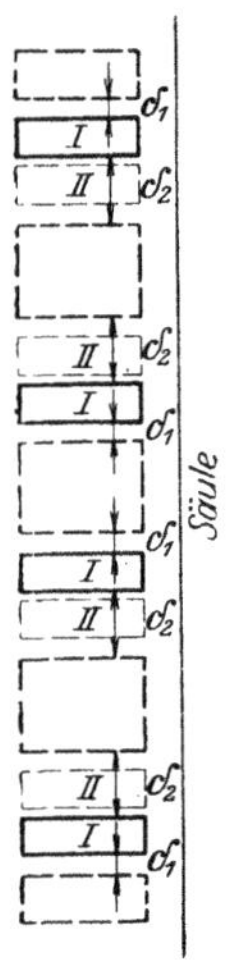

Abb. 35.

Auf den ersten Blick entdeckt man schon, daß bei einphasiger Belastung der zusätzliche induktive Spannungsabfall, wie er oben beschrieben und bestimmt wurde, verschwindet. Es gibt niederspannungsseitig auf einer Säule elektrisch nur noch eine Wicklungshälfte, nachdem die andere stromlos geworden ist. Allerdings ist damit die Frage noch nicht erledigt. Sie kann nicht anders erschöpft werden als durch die Untersuchung des Verhaltens der verschiedenen Wicklungsanordnungen.

Die Scheibenspulenanordnung der Abb. 29 geht bei einphasiger Belastung in die Anordnung der Abb. 35 über. Sie zeigt in der neuen Form auf den ersten Blick, daß sich das Streufeld des Transformators verstärkt haben muß — die Hälfte der Spulenzwischenräume ist erheblich größer geworden und zwar um die volle Breite einer Niederspannungshalbspule und um die Breite eines Spulenzwischenraumes zwischen zwei Niederspannungshalbspulen. Der magnetische Widerstand des Streufeldes muß demnach mit dem Mittelwert der sich ergebenden verschiedenen Abstände der Hoch- und Niederspannungswicklung berechnet werden. Ein Blick auf die Abb. 35, in der die verschiedenen Abstände mit δ_1 und δ_2 bezeichnet sind, zeigt, daß für beide Wicklungen, für die primäre, wie für die sekundäre:

$$\frac{\delta_1 + \delta_2}{2}$$

der mittlere Wicklungsabstand ist. Dabei ist es sehr bemerkenswert, daß alle Niederspannungsspulen gleich große induktive Spannungsabfälle bekommen. In der Abb. 35 hat jede Niederspannungsspule auf der einen Seite einen großen, auf der anderen Seite einen kleinen Abstand von der Hochspannungswicklung. Die Abb. 35 zeigt aber auch, daß die Hochspannungsspulen in zwei Gruppen zerfallen, die sehr verschiedene, aber innerhalb einer Gruppe gleich große induktive Spannungsabfälle haben müssen.

Daraus folgt sofort, daß aus Rücksicht auf einphasige Belastung Parallelschaltungen der Spulen wohl auf der Niederspannungsseite, nicht aber, wenigstens nicht in beliebiger Weise, auf der Hochspannungsseite möglich sind. Die Anzahl der parallelen Stromzweige kann hochspannungsseitig höchstens halb so groß werden wie die Spulenzahl.

Die Einschränkung hat eine geringe praktische Bedeutung. Der Konstrukteur ist froh, wenn er Parallelschaltungen vermeiden kann, und ganz besonders hochspannungsseitig wird er sie fast immer vermeiden können. Kleinere Transformatoren sind allerdings als Universaltypen denkbar, verwendbar für eine ganze Anzahl von verschiedenen Hochspannungen. So z. B. kann man eine in Stern geschaltete Hochspannungswicklung für 10000 Volt in Dreieckschaltung für 6000 V verwenden, man kann sie 2 mal parallel schalten und dann entweder für 5000 V oder für 3000 V gebrauchen. Aber mehrfache Parallelschaltungen kommen auch in diesem Falle kaum in Frage.

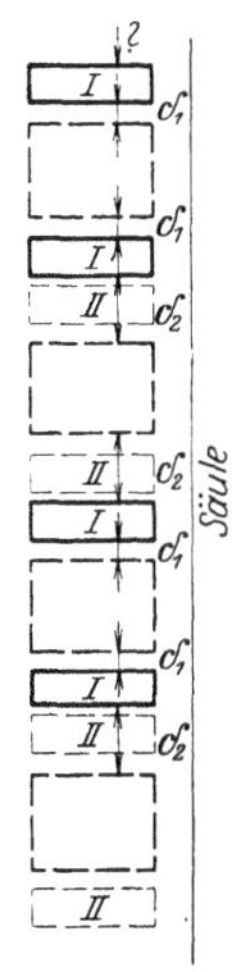

Abb. 36.

Einen erheblichen Nachteil bringt indessen die Scheibenspulenanordnung nach Abb. 29. Sie verlegt an die Säulenenden Hochspannungsspulen. Versucht man aber Niederspannungsspulen an die Säulenenden zu schieben, so daß eine Anordnung nach Abb. 36 entsteht, so findet man bei einphasiger Belastung die Endspule der belasteten Phase in einer unsicheren Lage. Man wird sie nicht gut mit den übrigen Halbspulen parallel schalten können.

Die Zylinderwicklung nach Abb. 34 zeigt keine neuen Schwierigkeiten. Die beiden auf einer Säule sitzenden Niederspannungswicklungshälften haben die gleiche Lage gegenüber der Hochspannungswicklung. Aber der induktive Spannungsabfall wird bei einphasiger Belastung auch hier erheblich höher als bei dreiphasiger Belastung, der Abstand zwischen der Hoch- und der Niederspannungswicklung wird eben auch diesmal größer.

Nur die Anordnung nach Abb. 33 hält stand. Sie hat bei einphasiger Belastung denselben Abstand zwischen den Wicklungen und dieselbe Streulinienlänge wie bei dreiphasiger Belastung. Sie ist zweifellos die beste konstruktive Lösung des Problems der Zick-Zack-Schaltung.

Das endgültige Ergebnis der Untersuchung der Streufelder der Zick-Zack-Schaltung ist nun die Tatsache, daß mit dreierlei induktiven Spannungsabfällen gerechnet werden muß. Jede Belastung des Lichttransformators läßt sich in eine gleichmäßige dreiphasige und in eine bzw. zwei zusätzliche einphasige auflösen. Von der dreiphasigen stammt der normale induktive Abfall wie bei jeder anderen Schaltung, außerdem aber noch der zusätzliche, nur der Zick-Zack-Schaltung eigene. Die zusätzliche einphasige Last bringt einen zweiten zusätzlichen induktiven Abfall. Die Befürchtung ist berechtigt, daß dieser zweite zusätzliche Abfall weit unangenehmer ist. Er hat, wie oben festgestellt, mindestens mit dem doppelten Wicklungszwischenraum, d. h. mit dem halben magnetischen Widerstand des normalen Streufeldes zu rechnen, wenn nicht gerade die günstigste Anordnung nach Abb. 33 möglich ist. Es ist wohl empfehlenswert, ihn genauer zu untersuchen.

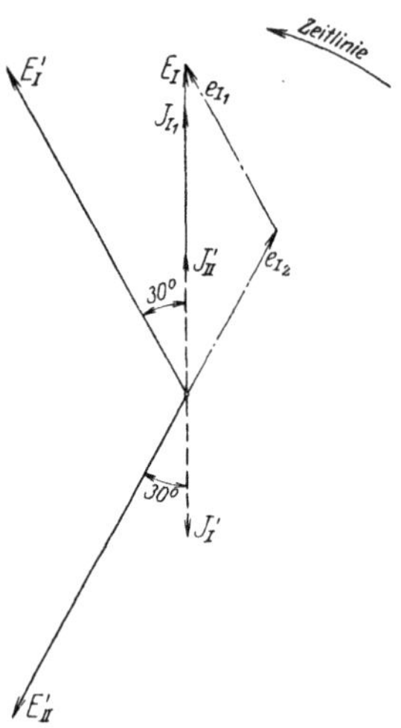

Abb. 37.

Jede einphasige Belastung überträgt sich auf zwei primäre Phasen, und zwar auf jene zwei, die auf denselben beiden Säulen sitzen, auf denen die belastete Sekundärphase angeordnet ist. Daß es so sein muß, folgert man am einfachsten aus der Notwendigkeit des magnetischen Gleichgewichtes der Belastungsströme. Auf jeder Säule hebt die primäre Durchflutung die sekundäre magnetisch auf. Abb. 37 zeigt, aufgebaut auf der Annahme gleicher Windungszahlen, primär und sekundär, wie sich die Belastung überträgt. Sie macht auf den bemerkenswerten Umstand aufmerksam, daß primäre Phasenverschiebungen auftauchen, auch wenn sekundär die Belastung induktionsfrei ist. In jedem Fall einphasiger Belastung vergrößert sich der Phasenwinkel in der einen Primärphase um 30°, während er sich in der anderen Phase um 30° verkleinert.

Dies ist eine gefährliche Eigenschaft der Zick-Zack-Schaltung, die darauf hinweist, daß diese Schaltung nur für den Lichtbetrieb erfunden und geeignet ist. Mit dem Auftreten der Phasenverschiebungen primär bekommt gleichzeitig der zusätzliche induktive Spannungsabfall der einseitigen, einphasigen Belastung eine ganz besondere Bedeutung.

Aus der Abb. 37 ersieht man ferner, daß der induktive Spannungsabfall der einphasigen Belastung im Verhältnis $2 : \sqrt{3}$ größer ist, als man mit Rücksicht auf die induktionsfreie Belastung annehmen sollte. Dies alles mahnt zur Vorsicht. Ein Rechnungsbeispiel wird vielleicht eine weitere, erwünschte Aufklärung bringen.

Beispiel: Ein 100 kVA-Lichttransformator in Zick-Zack-Schaltung werde in 2 Phasen mit je $23^1/_3$ kW, in der dritten Phase mit $33^1/_3$ kW belastet. Er habe Scheibenspulenwicklung mit solchen Spulenabständen, daß bei einphasiger Belastung das Streufeld nur noch mit einem Drittel des normalen magnetischen Widerstandes zu rechnen hat.

Die angenommene Belastung zerfällt in eine gleichmäßige dreiphasige von 70 kW und in eine einphasige von 10 kW. Die gleichmäßige dreiphasige Belastung verursacht zunächst einen normalen induktiven Spannungsabfall, der natürlich 70 vH des normalen induktiven Abfalles bei Vollast ausmacht. Dazu kommt der zusätzliche induktive Abfall, der nach den oben durchgeführten Untersuchungen mit einem Zuschlag von etwa 10 vH zum normalen induktiven Spannungsabfall berücksichtigt werden kann.

Die einphasige Belastung gibt noch ihren induktiven Abfall dazu. Bei einphasiger Vollast wäre dieser induktive Abfall zunächst halb so groß wie der normale bei dreiphasiger Vollast, weil er auf einer Säule nur von der halben Sekundärwicklung hervorgerufen wird. Er wäre wegen des 3mal kleineren magnetischen Widerstandes 3mal größer. Er wäre außerdem wegen der oben festgestellten Art der Lastübertragung noch im Verhältnis $2 : \sqrt{3}$ größer. Das gäbe im ganzen einen:

$$0{,}5 \cdot 3 \cdot \frac{\sqrt{3}}{2} = 1{,}3 \text{ mal}$$

größeren induktiven Abfall bei einphasiger Vollast als bei dreiphasiger Vollast. Nachdem nun die einphasige Belastung hier nur ein Drittel der einphasigen Vollast ausmacht, wird der zusätzliche induktive Abfall der einphasigen Belastung nur noch 43 vH des Abfalles bei dreiphasiger Vollast betragen.

Im ganzen wäre mit:

$$100\,[0{,}7 \cdot 1{,}1 + 0{,}43] = 120 \text{ vH}$$

des induktiven Spannungsabfalles zu rechnen, wie er sich beim gleichen Transformator in beiderseitiger Sternschaltung und bei dreiphasiger Vollast einstellen würde, obwohl im vorliegenden Falle der Transformator von der Vollast weit entfernt ist.

In Wirklichkeit liegen die Verhältnisse noch etwas anders. Der induktive Spannungsabfall der einphasigen Belastung ist primär um 30^0 gegen den übrigen Abfall phasenverschoben. Dadurch wird der Gesamtabfall etwas kleiner. Nimmt man primär und sekundär gleiche Verhältnisse an, so müßte man mit:

$$100\left[0{,}7 \cdot 1{,}20 + \frac{0{,}43}{2} + \frac{\sqrt{3}}{2} \cdot \frac{0{,}43}{2}\right] = 116 \text{ vH}$$

statt wie oben mit 120 vH rechnen.

Aber dies ist nur ein scheinbarer Vorteil. Gerade dieser primäre, induktive Abfall der einphasigen Belastung kommt praktisch, bei Lichtbelastung, allein in Betracht, da er nicht mehr 90^0 gegen die Betriebsspannung phasenverschoben ist. Er hat eine Komponente, die wirklich die Spannung schwächt. Sie beträgt offenbar die Hälfte des primären

Abfalles der einphasigen Belastung, entsprechend dem Phasenwinkel 60°. Das gibt

$$100 \cdot \frac{0{,}43}{2} \cdot \frac{1}{2} = 11 \text{ vH}$$

des normalen, induktiven Spannungsabfalles bei dreiphasiger Vollast in Gegenphase der Betriebsspannung.

Das ist zu ertragen. Besser natürlich wäre die Unterdrückung der immerhin unangenehmen Zusatzerscheinung. Daß dies nur die Wicklungsanordnung nach Abb. 33 praktisch vollständig erreicht, ist klar.

Das Rechnungsbeispiel läßt deutlich erkennen, daß einphasige Belastungen den induktiven Spannungsabfall erheblich vergrößern. Für den Parallelbetrieb von Lichttransformatoren ist dies von Bedeutung. In schlecht ausgeglichenen Lichtnetzen können sich Fälle ergeben, daß die in Zick-Zack geschalteten Transformatoren die Last auf parallel laufende Transformatoren, die in Dreieck-Stern-Schaltung arbeiten, abwälzen.

30. Sternschaltung mit Nulleiter.

Der amerikanische Transformatorenbau hat es wesentlich leichter mit den einseitigen einphasigen Belastungen dreiphasiger Netze als der europäische. Er arbeitet mit beiderseitiger Sternschaltung und beiderseitigem Nulleiter. Er setzt außerdem seine dreiphasigen Transformatoren einfach aus drei einphasigen, vollkommen selbständig ausgebildeten Transformatoren zusammen.

Die primäre Sternschaltung mit Nulleiter bringt den großen Vorteil, daß sich die Phasenströme ganz frei ausbilden können, ohne sich gegenseitig zu beeinflussen. Drei getrennte Eisenkerne für die drei Phasenkraftflüsse heben andererseits jeden magnetischen Zwang auf.

Es ist ohne weiteres klar, daß sich bei dieser, eigentlich natürlichsten Lichtschaltung, jede einphasige Belastung so auf die Primärseite überträgt, wie sie ist. Damit ist jeder Betriebsingenieur zufrieden, und auch der Konstrukteur hat dagegen nichts einzuwenden.

In Europa führt man hochspannungsseitig selten den Nulleiter aus. Man verliert damit natürlich auch die Stern-Stern-Schaltung mit beiderseitigem Nulleiter. Aber auch wenn man sie anwenden könnte, wäre sie ein wenig anders als in Amerika, weil der dreiphasige Transformator magnetisch unfreier ist als der aus drei einphasigen zusammengesetzte.

Im 27. Abschnitt wurde nachgewiesen, daß der nur in einer Phase auftretende Spannungsabfall durch die Verkettung der drei Phasenflüsse auch die übrigen Phasen beeinflußt. Es ist dies kein Nachteil für den Betrieb, solange der induktive Spannungsabfall nicht zu groß ist.

Der amerikanische Transformatorenbau kennt den dreiphasigen Kern, aber er verwendet ihn verhältnismäßig selten. Er rechnet deshalb begreiflicherweise nur mit der Dreieckschaltung und mit der Sternschaltung. Die Zick-Zack-Schaltung ist eine europäische Schaltung. Sie hat etwas gekünsteltes an sich, obwohl sie, wie wir gesehen haben, gut ist. Sie bemüht sich eigentlich, ein unlösbares Problem zu lösen.

Die Stern-Stern-Schaltung mit beiderseitigem Nulleiter ist eine ungeschlachte, gerade, gesunde Lösung. Sie ist zweifellos auch die billigste Lösung für den Lichttransformator, wenn sie anwendbar ist.

Die Dreieck-Stern-Schaltung erreicht fast dasselbe wie die Stern-Stern-Schaltung mit beiderseitigem Nulleiter. Sie ist ebenfalls eine gute natürliche Lösung des Problems einseitiger Belastungen. Es fällt schwer, sie hinter die Zick-Zack-Schaltung zu stellen, obwohl auch diese Schaltung sehr gut ist.

Vom Standpunkte des Lichtbetriebes aus allein ist in der Tat eine endgültige Entscheidung für die eine oder für die andere Schaltung fast unmöglich. Aber so wichtig der Lichtbetrieb auch ist, ist er nicht der einzige Betriebsfall, der auf die Schaltung einen Einfluß hat. Es gibt noch andere Möglichkeiten im Betrieb, von geringerer Wichtigkeit zwar, die von der Betriebslehre berücksichtigt werden müssen. Die Wage kann sich doch auf die eine oder auf die andere Seite neigen, wenn auch Umstände von geringerem Gewicht dazu kommen.

Ein Ausnahmsfall, aber doch ein wichtiger Betriebsfall ist die Beschädigung der Hochspannungswicklung in einer Phase. Es ist dem Betriebsingenieur nicht gleichgültig, ob ein beschädigter Transformator sofort für längere Zeit aus dem Betrieb genommen werden muß oder aber immerhin einigermaßen wenigstens weiterarbeiten kann. Im folgenden Abschnitt soll gezeigt werden, daß die Dreieckschaltung einen Notbetrieb zuläßt.

Ein weiterer wichtiger Umstand, der auf die Schaltung einen erheblichen Einfluß hat, ist die Rücksicht auf die Oberwellen des Magnetisierungsstromes. Es ist nicht einfach so, daß dies vom Konstrukteur allein erledigt werden muß. Die Oberwellen treten überraschend hervor, wenn die Sättigung im Eisen verhältnismäßig wenig über das beabsichtigte Maß hinauswächst. Im Betriebe kommt es sehr oft vor, daß die Betriebsspannung etwas erhöht werden muß. Mit der Betriebsspannung wächst aber auch die Sättigung im Eisen. Der Transformator kann bei seiner Nennspannung schön in Ordnung sein und er wird doch bei der höheren Betriebsspannung Schwierigkeiten zeigen. Der Betriebsingenieur muß diese Schwierigkeiten kennen.

Schließlich ist es unzweifelhaft, daß der Transformatorenbau mehr und mehr zu normalisierten Typen übergeht, wenigstens im Gebiet der kleinen und mittleren Leistungen. Die Frage ist für den Konstrukteur und für den Betriebsingenieur gleich wichtig. Jener spart mit der Reihenfabrikation, dieser bekommt billigere Transformatoren mit bewährten elektrischen Eigenschaften. Die Normalisierung des Transformatorenbaues ist undenkbar ohne Normalisierung der Wicklungen. Sie müssen bei allen in Betracht kommenden Spannungen möglichst einheitlich bleiben. Ganz besonders auf der Niederspannungsseite.

Der Einheitstransformator muß für den Lichtbetrieb ebenso verwendbar sein, wie für den Kraftbetrieb. Die Schaltung muß deshalb mitnormalisiert werden. Eine Entscheidung zwischen der Dreieckschaltung und der Zick-Zack-Schaltung erscheint unvermeidlich. Bei dieser Entscheidung muß der Betriebsingenieur mitsprechen, denn wenn einmal die Schaltung Gesetz ist, wird sie immer in einzelnen Fällen nur mit materiellen Opfern geändert werden können. Begreiflicherweise wird sich jeder Fabrikant mit empfindlichen Mehrpreisen gegen abnormale Ausführungen wehren.

31. Die *V*-Schaltung.

Wenn ein in Dreieck-Stern geschalteter Transformator im Betrieb wegen einer Beschädigung in nur einer Primärphase zusammenbricht, kann er in ganz kurzer Zeit wieder mit verminderter Leistung in Betrieb gehen. Die beschädigten Spulen können inzwischen nachbestellt werden, wenn sie nicht in Reserve waren. Die zerstörte Dreieckschaltung geht dann in die bekannte Notschaltung — in die *V*-Schaltung über.

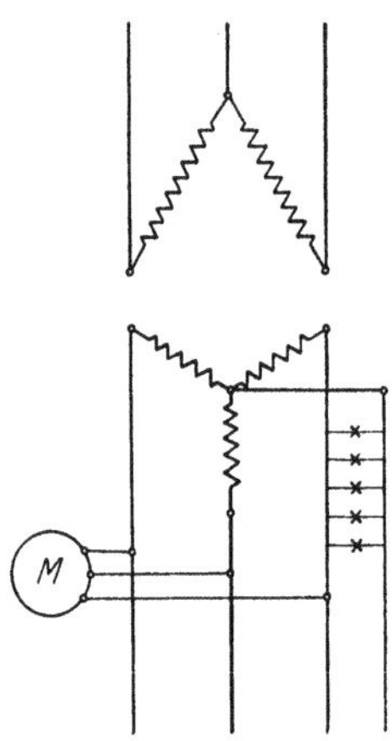

Abb. 38.

Die *V*-Schaltung ist nichts anderes als eine Dreieckschaltung, der eine Phase fehlt (Abb. 38). Dem Spannungsdreieck der Primärwicklung fehlt eine Seite, aber es hat immer noch seine drei Eckpunkte. Und da die elektrische Verbindung zwischen dem Hochspannungsnetz und der Primärwicklung nur in den drei Punkten, die elektrisch den Eckpunkten des Spannungsdreieckes, materiell den Klemmen der Primärwicklung entsprechen, hergestellt wird, ist der Weiterbetrieb des beschädigten Transformators zweifellos möglich. Allerdings muß selbstverständlich vor Beginn des Notbetriebes die beschädigte Phasenwicklung entfernt werden.

Jeder Betriebsingenieur wird nach der Möglichkeit des Notbetriebes greifen. Nichts ist im Betrieb so unangenehm wie eine Unterbrechung. Wenn eine Ortschaft ohne Licht ist, wenn eine Werkstätte ohne Strom steht, fällt ein vernichtender Druck auf den Betriebsleiter. Er wiegt schwerer als der Schaden des Stillstandes. Jeder Betriebsingenieur weiß es. In solchen Augenblicken bedeuten die Mehrkosten der Dreieckschaltung gar nichts. Wenn die durch die Dreieckschaltung ermöglichte

V-Schaltung auch nur halbwegs etwas leistet, wenn sie auch nur den Schein eines Betriebes zuläßt, wird sie wertvoll. Sie muß von der Betriebslehre untersucht werden, ja sie muß dem Betriebsingenieur besser bekannt sein als dem Konstrukteur.

Zunächst wäre zu untersuchen, wie die V-Schaltung bei gleichmäßiger dreiphasiger Belastung arbeitet. Dies ist zweifellos der wichtigere Fall. Aber auch einseitige, einphasige Belastungen des Notbetriebes müssen untersucht werden, damit ein vollständiges Bild der V-Schaltung entsteht.

Die Verhältnisse der V-Schaltung bei gleichmäßiger dreiphasiger Belastung sind ebenso wie die Verhältnisse der einphasig belasteten V-Schaltung durch das immer entscheidende elektrische Gleichgewicht der primären Stromkreise und durch das ebenso jederzeit mitentscheidende magnetische Gleichgewicht der Belastungsströme festgelegt. Das elektrische und das magnetische Gleichgewicht ermöglichen demnach auch bei der V-Schaltung eine klare Lösung.

Wenn die unbeschädigte Niederspannungswicklung im Notbetrieb in allen drei Phasen den gleichen Belastungsstrom abgibt, kann hochspannungsseitig auf der beschädigten Säule die V-Schaltung keinen Gegenstrom aufnehmen, weil auf dieser Säule eben keine Hochspannungswicklung mehr sitzt. Trotzdem darf der dreiphasige Kraftfluß nicht gestört werden.

Hat denn der Transformator in V-Schaltung überhaupt noch seinen dreiphasigen Kraftfluß? Zweifellos. Das von außen aufgedrückte Spannungsdreieck verlangt in den beiden unbeschädigten Phasen Gegenspannungen, die um 120^0 gegeneinander phasenverschoben sind. Sie werden nur dann induziert, wenn die beiden Phasenwicklungen von zwei Kraftflüssen durchflossen werden, die ebenfalls 120^0 Phasenverschiebung zeigen. In der dritten Säule, auf der die beschädigte Phasenwicklung gesessen ist, finden die beiden Phasenflüsse ihren bequemen Rückweg, den sie zweifellos einschlagen. In dieser dritten Säule fließt demnach die Summe der beiden Phasenflüsse. Das ist aber gerade der dritte Phasenfluß des dreiphasigen Transformators.

Wenn nun dieser dreiphasige, normale Kraftfluß nicht gestört werden darf, müssen die beiden Phasen der V-Schaltung auch jene Gegenströme aufnehmen, die dem sekundären Belastungsstrom der beschädigten Säule magnetisch das Gleichgewicht halten können. In den drei magnetischen Stromkreisen des dreiphasigen Eisenkernes müssen die Belastungsströme primär und sekundär einander aufwiegen.

Wenn wieder primär und sekundär der Einfachheit halber die Windungszahlen gleich angenommen werden, entsteht folgende Gleichgewichtsrechnung. Die drei sekundären Belastungsströme seien J_1, J_2 und J_3. Die beiden primären Belastungsströme werden i_1 und i_2 sein,

i_3 kann nicht fließen (Abb. 39). Es muß:

$$\begin{aligned} J_1 - i_1 + i_2 - J_2 &= 0\,, \\ J_1 - i_1 \phantom{{}+i_2} - J_3 &= 0\,, \\ J_2 - i_2 \phantom{{}+i_2} - J_3 &= 0 \end{aligned}$$

sein.

Daraus folgt:

$$\begin{aligned} i_1 &= J_1 - J_3\,, \\ i_2 &= J_2 - J_3\,. \end{aligned}$$

Das Vektorendiagramm der Ströme, Abb. 40, das selbstverständlich für den Fall der symmetrischen, dreiphasigen Belastung gezeichnet ist, zeigt die einfache Verwertung der Gleichungen. Man erhält mit:

$$J_1 = J_2 = J_3 = J$$

sofort:

$$i_1 = i_2 = J\sqrt{3}\,,$$

wobei man zu beachten hat, daß in beiden Primärphasen eine Phasenverschiebung von 30° auftritt, wenn sekundär Strom und Spannung in

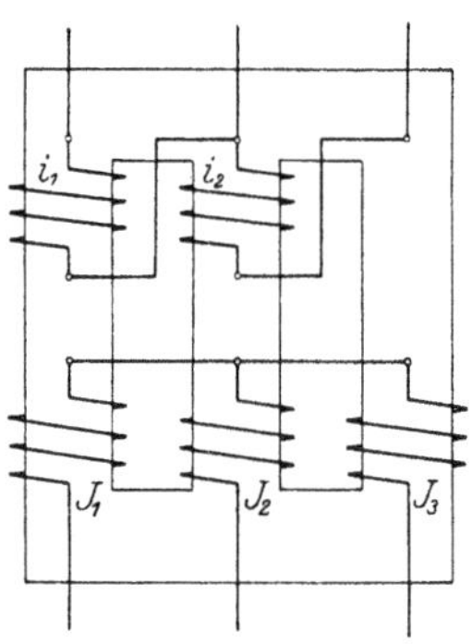

Abb. 39.

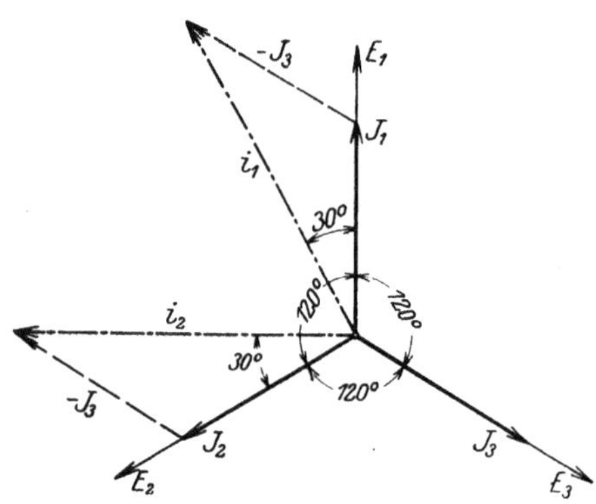

Abb. 40.

Phase waren. Man überzeugt sich, nebenbei bemerkt, leicht, daß die Energiebilanz stimmt.

Abb. 40 zeigt noch, daß in der einen Phase primär der Strom nacheilt, in der anderen voreilt. Ist die Belastung des Transformators nicht induktionsfrei, entstehen primär schwerere Ungleichmäßigkeiten. Im Fall einer sekundären Phasenverschiebung von 30° ist primär in der einen Phase der Phasenwinkel verschwunden, dafür bleibt in der anderen Phase der Strom um 60° hinter der Spannung zurück. Ein unerfreuliches Bild.

Das magnetische Gleichgewicht des Hauptkraftflusses ist durch die ermittelte Stromverteilung gesichert. Aber örtlich, auf der einzelnen

Säule, tauchen wieder magnetische Kräfte auf, wie bei der einphasigen Belastung der Stern-Stern-Schaltung ohne primären Nulleiter. Auf der beschädigten Säule ist der Strom J_3 allein vorhanden. Auf den beiden arbeitenden Säulen ist primär die Stromkomponente — J_3 ohne Gegenstrom. Bei dem angenommen verkehrten Windungssinn primär und sekundär ist demnach auf allen drei Säulen die Durchflutung J_3 örtlich magnetisch vollkommen frei.

Die Folge ist bekannt. Es entsteht ein einphasiges Feld, allen drei Säulen gemeinsam, das alle drei Säulen in gleicher Richtung durchfließt und sich durch die Luft schließen muß, ganz genau so wie im Falle der einphasig belasteten Stern-Stern-Schaltung ohne primären Nulleiter. Dieses zusätzliche einphasige Feld ist die zweite unangenehme Erscheinung der V-Schaltung.

Die dritte Erschwerung zeigt sich beim Leerlaufstrom. Der dreiphasige Kraftfluß ist zwar auch nach dem Übergang von der Dreieckschaltung zur V-Schaltung unverändert, aber auf der beschädigten Säule fehlt der Magnetisierungsstrom, der ihn treibt. Offenbar müssen die Magnetisierungsströme der weiter arbeitenden Phasen verstärkt werden.

Es sieht zunächst ziemlich schwer aus, die Änderung der Magnetisierungsströme zu bestimmen. Die Sättigung des Eisens muß richtig berücksichtigt werden, deshalb kann nicht so gerechnet werden, als ob die Erregung der drei magnetischen Stromkreise des dreiphasigen Eisenkernes ein einfaches Summenbild ergeben müßte. Es gibt indessen doch eine Möglichkeit, das Problem ohne große Verwicklungen zu lösen.

Die beiden Phasen der V-Schaltung müssen zunächst genau so große Magnetisierungsströme aufnehmen, wie vorher in der Dreieckschaltung. Diese vorläufigen Ströme genügen zum Hindurchtreiben der beiden Phasenflüsse bis zum beiderseitigen magnetischen Nullpunkt. Die Erregung des Kraftflusses in der dritten Säule geht auch von den beiden Phasen aus, und zwar darf angenommen werden, daß beide Phasen gleich viel leisten. Die beiden zusätzlichen Magnetisierungsströme müssen offenbar in Gegenphase zum dritten Phasenfluß sein, denn, von den arbeitenden zwei Säulen aus gesehen, fließt dieser Fluß in verkehrter Richtung. Der zusätzliche Magnetisierungsstrom ist halb so groß wie der normale Magnetisierungsstrom. So entsteht das Vektorendiagramm der Abb. 41.

Es ist leicht zu berechnen, um wieviel wegen der V-Schaltung der Magnetisierungsstrom und gleichzeitig natürlich auch der ganze Leerlaufstrom größer wird. Offenbar:

$$\sqrt{1^2 + \left(\frac{1}{2}\right)^2 + 2 \cdot 1 \cdot \frac{1}{2} \cdot \cos 60^0} = 1{,}32 \text{ mal}.$$

Der Wert bzw. die Nachteile der V-Schaltung lassen sich nun schön übersehen. Zunächst muß der Umstand beachtet werden, daß die dreiphasige Belastung auf die zwei Primärphasen aufgeteilt wird. Wenn sekundär der volle zulässige Strom in den 3 Phasen fließt, sind primär die beiden Ströme $\sqrt{3}$ größer als bei normalem Betrieb. Natürlich ist das unzulässig. Die Rücksicht auf die zulässige Erwärmung des Transformators zwingt uns, auch primär die Ströme innerhalb der zulässigen Grenze zu halten. In V-Schaltung verträgt der Transformator nur noch:

$$\frac{1}{\sqrt{3}}\text{tel} = 58 \text{ vH}$$

seiner Nennleistung.

Das ist immerhin etwas, jedenfalls ist es weit mehr als gar nichts, und der Betriebsingenieur wird gerne nach einem schweren Unglücksfall den Betrieb um 40 vH einschränken, wenn er nur überhaupt ordentlich weiterarbeiten kann.

Die oben festgestellte Vergrößerung des Leerlaufstromes ist praktisch von geringer Bedeutung. Es ist für einen Notbetrieb ganz einerlei, ob der Leerlaufstrom 10 oder 13 vH ausmacht. Auch diese zweite Begleiterscheinung ist somit nicht imstande, die V-Schaltung zu entwerten.

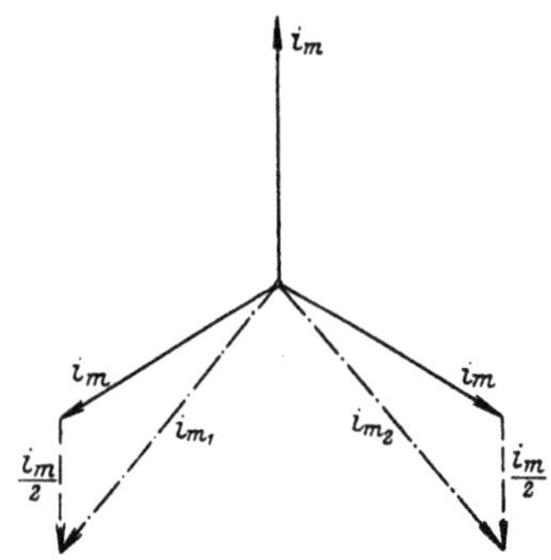

Abb. 41.

Es ist nach all dem klar, daß die Lebensfähigkeit der V-Schaltung nur von den Folgen des einphasigen Zusatzfeldes abhängt. Alle übrigen unangenehmen Eigenschaften sind im Notbetrieb zu ertragen. Die zweifellos notwendige Untersuchung dieses Zusatzflusses und seiner Folgeerscheinungen zeigt gleich am Beginn, daß größere Unannehmlichkeiten zu erwarten sind als bei der einphasigen Belastung des unbeschädigten, primär in Stern geschalteten Transformators ohne Nulleiter. Diesmal wird nämlich der Zusatzfluß vom vollen Belastungsstrom auf jeder Säule erregt. Zwar kann dieser Vollaststrom, wie bereits festgestellt wurde, nur etwa 60 vH des normalen Vollaststromes erreichen, aber immer bleibt noch eine Zusatzspannung als Folge, die fast doppelt so groß ist wie bei der einphasigen Lichtbelastung.

Schon deshalb möchte man, wenn man an das Spannungsbild der Abb. 15 denkt, die V-Schaltung als unbrauchbar beiseiteschieben. Aber dieses Spannungsbild ist für die V-Schaltung überhaupt nicht mehr maßgebend. Primär gibt es keinen Nullpunkt mehr, der sich verschieben könnte. Die Verhältnisse sind noch erheblich schlechter, als man nach oberflächlicher Betrachtung anzunehmen geneigt wäre.

Es empfiehlt sich, gleich den ungünstigsten Fall zu untersuchen, der bei rein induktiver, obwohl symmetrischer Belastung entsteht.

Da jene Sekundärphase über die Richtung des Zusatzspannungsvektors entscheidet, der auf der Primärseite keine Wicklung gegenübersteht, wird sich offenbar die Zusatzspannung auf der beschädigten Säule von der Phasenspannung direkt subtrahieren.

Das aufgedrückte Spannungsdreieck ABC der Abb. 42 bekommt aus der in V geschalteten Wicklung wohl eine Gegenspannung zu AB und zu CA, dagegen fehlt die Gegenspannung zu BC. Auf der beschädigten Säule, der die Dreieckseite BC entspricht, ist das elektrische Gleichgewicht weder nötig, noch möglich. Die Zusatzspannung hat voraussetzungsgemäß die Richtung CB.

Der aufgedrückten Spannung AB hält nun die vom Hauptkraftfluß erzeugte Innenspannung AD im Verein mit der Zusatzspannung DB das Gleichgewicht. Ebenso halten sich die aufgedrückte Spannung CA und die vom Hauptkraftfluß erzeugte Innenspannung EA unter Mitwirkung der Zusatzspannung CE die Wage.

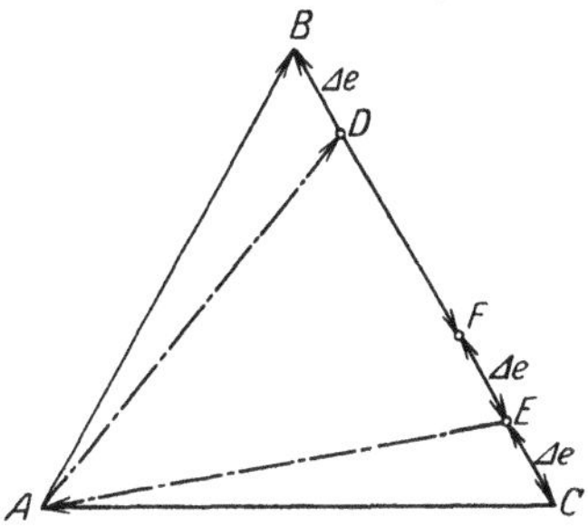

Abb. 42.

Wenn aber die Stärke des Hauptkraftflusses in der einen unbeschädigten Säule durch den Spannungsvektor AD, in der zweiten unbeschädigten Säule durch den Spannungsvektor EA bestimmt ist, muß, wegen der Sternschaltung der drei Phasenkraftflüsse, in der beschädigten Säule der Hauptkraftfluß durch den Vektor DE bestimmt sein.

Der Hauptkraftfluß erzeugt nach all dem die Phasenspannungen AD, DE und EA, und zwar primär und sekundär nach dem gleichen Gesetz. Der Zusatzfluß fügt außerdem auf jeder Säule, primär und sekundär, die Zusatzspannung hinzu. Die wirklichen, sekundär auftretenden Phasenspannungen werden demnach den Vektoren AB und CA entsprechen, auf der beschädigten Säule wird die vom Hauptkraftfluß induzierte Phasenspannung DE noch um die Zusatzspannung auf DF verkleinert.

Das gewiß überraschende Ergebnis der Untersuchung ist somit die Verkleinerung der sekundären Phasenspannung auf der beschädigten Säule, bei symmetrischer, rein induktiver Belastung um die dreifache Zusatzspannung. Die Phasenwinkel von 120^0 bleiben dabei unberührt.

Im elektrotechnischen Institut der Universität Ljubljana wurde der im Abschnitt 27 beschriebene 9 kVA-Transformator mit einem leerlaufenden Asynchronmotor mit annähernd 60 vH der Normalleistung in primärer V-Schaltung belastet. Da er bei dem im 27. Abschnitt angegebenen Versuch rund 30 vH Zusatzspannung zeigte, wenn sein einphasiger Zusatzfluß mit dem Vollaststrom erregt wurde, müßte er bei diesem zweiten Versuch in der einen Phase um rund:

$$3 \cdot 0{,}6 \cdot 30 = 54\%$$

abfallen.

Die Messung ergab die Phasenspannungen 131, 131 und 76,4 Volt. Die Belastung war eben nicht rein induktiv.

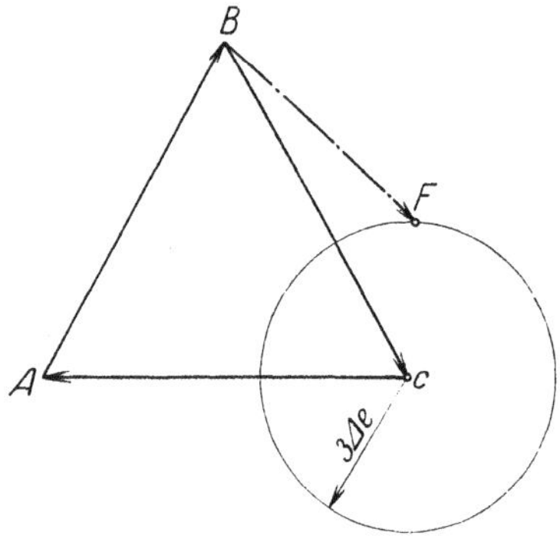

Abb. 43.

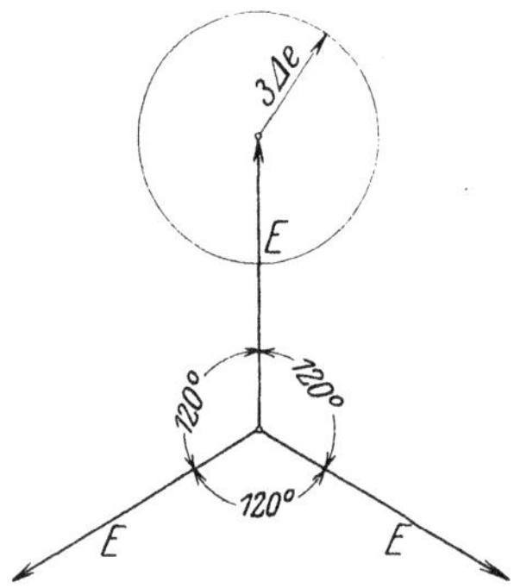

Abb. 44.

Unschwer kommt man auch zu einer allgemein gültigen Lösung des Problems der *V*-Schaltung. Bei verschiedenen Phasenwinkeln der Belastung bekommt der Vektor der Zusatzspannung verschiedene Richtungen. Beschreibt man um den Eckpunkt des Spannungsdreiecks *C* (Abb. 43) einen Kreis mit der dreifachen Zusatzspannung als Halbmesser, so bekommt man die sekundäre Phasenspannung der beschädigten Säule als Vektor, der von *B* ausgeht und auf dem Kreis endet. Die übrigen beiden Phasenspannungen sind in jedem Falle *AB* und *CA*. Man kann natürlich das Spannungsbild der *V*-Schaltung auch in die Form der Abb. 44 bringen, in der es am besten einen Überblick über das sekundäre Spannungssystem der *V*-Schaltung gibt.

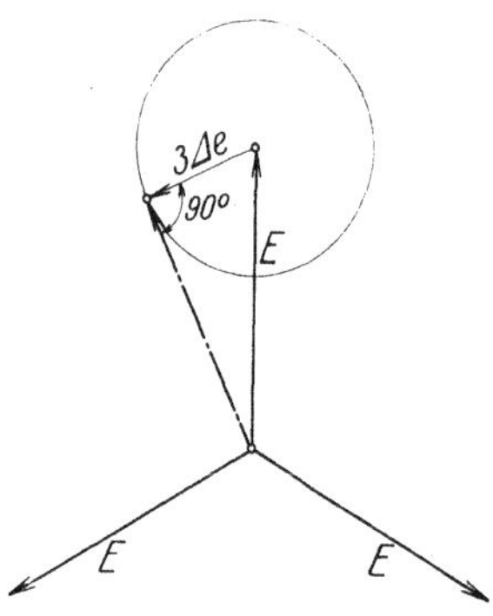

Abb. 45.

Es ist kein angenehmes Bild, und auch für den Notfall erscheint die *V*-Schaltung unbrauchbar. Wenn der Betriebsingenieur erwarten muß, daß auf der beschädigten Säule die Spannung um 50 vH fällt oder steigt, wird er sich schwer entschließen, mit der *V*-Schaltung in den Betrieb zu gehen.

Aber ganz so schrecklich, wie man es zunächst glaubt, ist die *V*-Schaltung doch nicht. Bei reiner Lichtbelastung z. B. muß die Zusatzspannung um 90^0 der Gesamtphasenspannung nacheilen. Abb. 45 entspricht diesem besonderen Fall. Nützt man den Transformator mit 60 vH seiner normalen Leistung aus und rechnet man mit einer Zusatzspannung von 30 vH, wenn das Zusatzfeld vom Vollaststrom erregt wird, so wird man auf der beschädigten Säule mit 54 vH als dreifacher Zusatzspannung rechnen müssen. Nach Abb. 45 wird dann die Phasenspannung der beschädigten Säule:

$$\sqrt{1-0{,}54^2} = 0{,}84\,,$$

d. h. 84 vH der normalen Phasenspannung betragen. Es handelt sich somit um einen Spannungsabfall von 16 vH. Mit wachsendem Phasenwinkel der Belastung verschlechtern sich natürlich die Verhältnisse. Allerdings nur in der Phase, die auf der beschädigten Säule sitzt.

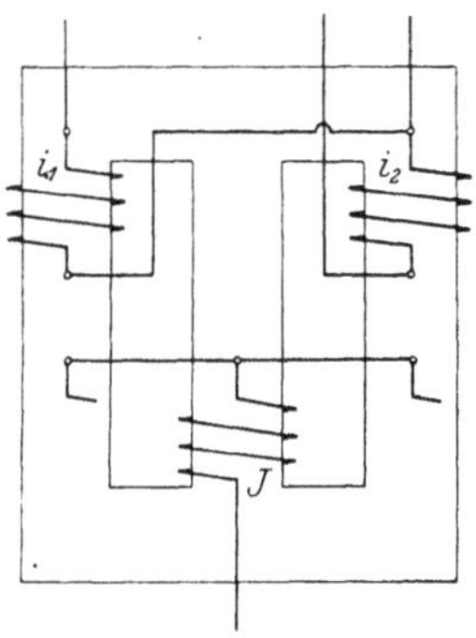

Abb. 46.

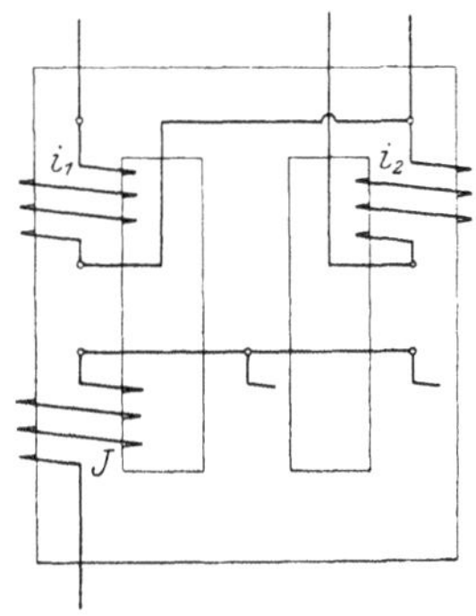

Abb. 47.

Das Bild der V-Schaltung kann noch verschönert werden. Man kann sich nämlich leicht überzeugen, daß der gewaltige einphasige Zusatzfluß der V-Schaltung bei symmetrischer sekundärer Belastung eigentlich nur dem sekundären Belastungsstrom der primär beschädigten Säule zuzuschreiben ist. Der Abb. 46, die der einphasigen Belastung der V-Schaltung, und zwar nur in der auf der beschädigten Säule sitzenden Phase entspricht, entnimmt man leicht die Gleichungen

$$J + i_1 = 0\,,$$
$$J + i_3 = 0\,,$$
$$i_1 - i_3 = 0\,,$$

des magnetischen Gleichgewichtes in den drei geschlossenen Eisenstromkreisen. Es ist somit:

$$i_1 = i_3 = -J$$

und es entsteht ein Zusatzfeld von gleicher Größe wie bei symmetrischer Vollast.

Zum Überfluß zeigt Abb. 47, die der einphasigen Belastung einer unbeschädigten Säule entspricht, die Gleichgewichtsbedingungen:

$$\begin{aligned} J - i_1 + i_3 &= 0\,, \\ J - i_1 &= 0\,, \\ i_3 &= 0\,, \end{aligned}$$

aus denen sofort:

$$\begin{aligned} i_1 &= J\,, \\ i_3 &= 0 \end{aligned}$$

folgt. Diesmal entsteht kein Zusatzfeld.

Klar folgt daraus, daß man durch Ermäßigung der Belastung jener Phase, die auf der beschädigten Säule sitzt, die Nachteile der V-Schaltung beliebig verkleinern kann. Schaltet man diese Phase überhaupt ab, so hat man in den beiden anderen einen tadellosen Betrieb, wobei man sekundär den vollen Nennstrom erreichen darf.

Die V-Schaltung ist demnach keine minderwertige Notschaltung. Wenn nach dem Wegräumen der beschädigten primären Phasenwicklung der Betrieb in zwei Phasen wieder voll möglich ist, hat der Betriebsingenieur erhebliches gewonnen. Es ist außerdem gar nicht notwendig, die dritte Phase ganz abzuschalten. Die wichtigsten Anschlüsse kann sie ruhig weiterversorgen.

Unerfreulich ist immerhin für die V-Schaltung der Kraftbetrieb. Aber die Motoren bleiben nicht stehen. Wenigstens die wichtigsten Antriebe können weiterlaufen. Im Notbetrieb schaut man weder auf die Verluste im Transformator noch auf die Verluste in den Motoren.

32. Vergleich der Lichtschaltungen.

Die Schaltung des dreiphasigen Transformators ist von großer Bedeutung für den Betrieb, das geht aus den vorangehenden Untersuchungen ganz klar hervor. Ganz besonders zwingt der etwas — theoretisch gesprochen — gekünstelte Aufbau des europäischen Drehstromtransformators zur Vorsicht.

Der Krafttransformator hat allerdings mit symmetrisch aufgeteilter Belastung der drei Phasen zu rechnen. Er wird mit der einfachen, billigen Stern-Stern-Schaltung auskommen. Er ist somit nicht nur wirtschaftlich, sondern auch elektrisch die einfachere, durchsichtigere Bauart.

Lichttransformatoren haben zwischen der Dreieck-Stern und der Stern-Zick-Zack-Schaltung zu wählen. Kein ordentlicher Betrieb wird mit der billigeren Stern-Stern-Schaltung Lichtbelastungen aufnehmen, außer er hat auch hochspannungsseitig den Nulleiter zur Verfügung.

Die Wahl fällt dem Betriebsingenieur nicht leicht. Es scheint, daß die Transformatorenerzeuger das Bestreben haben, die Zick-Zack-Schaltung den Betrieben aufzudrängen. Mit Recht können sie darauf hinweisen, daß die Zick-Zack-Schaltung nicht teurer ist als die Dreieckschaltung und daß sie elektrisch ihre Aufgabe ebenso schön bewältigt wie die Dreieckschaltung. Es ist in der Tat für den normalen Betrieb ganz einerlei, welche der beiden Schaltungen verwirklicht wird.

Der Konstrukteur, der die Zick-Zack-Schaltung an die erste Stelle schiebt, hat indessen einen Hintergedanken. Er hat immer eine möglichste Vereinheitlichung der Konstruktionen vor Augen, und er will sich von dem Umstand, daß neben der normalen Verbrauchsspannung von 380/220 Volt auch noch die Verbrauchsspannung 220/125 Volt häufig vorkommt, nicht allzusehr stören lassen.

Die Zick-Zack-Schaltung verlangt nun in allen Phasen zwei Wicklungshälften, die jede für sich 220 Volt, in Serie aber, wie bekannt, 380 Volt geben. Wenn daher die Zick-Zack-Schaltung aufgelöst wird, und auf jeder Säule die beiden Niederspannungswicklungshälften parallel geschaltet werden, ist die Niederspannungswicklung in einfacher Sternschaltung sofort für 220/125 Volt verwendbar.

Der Betriebsingenieur hat für diese Umschaltungsmöglichkeit gewöhnlich kein Verständnis und kein Interesse. Aber er hat, wenn er die Schaltung wählt, ebenfalls seinen Hintergedanken. Er will nicht vor jedem Durchschlag in der Hochspannungswicklung sofort die Waffen strecken, er will auch in Fällen der Not den Betrieb weiterführen. Er muß an die V-Schaltung denken.

Die beiden Standpunkte stehen sich um so schroffer gegenüber, weil auch noch die Frage der Wiederinstandsetzung offen ist. Große Elektrizitätswerke reparieren sich ihre kleineren Transformatoren selbst. So heftig sich die liefernde Firma zuweilen der Selbsthilfe widersetzt, so wichtig ist es für den Betriebsingenieur, daß er nicht allzulange zu warten hat und außerdem mehr oder weniger willkürlich hoch bemessene Reparaturkosten bezahlen muß.

Ganz entschieden ist für den Betrieb die Dreieck-Stern-Schaltung die bessere Lichtschaltung. Abnormale Niederspannungen verdienen abnormale Preise. Notbetriebe sind wichtig. Außerdem beseitigt die Dreieckschaltung auch noch die Nachteile der europäischen Bauart, die sich schon beim Leerlauf zeigen.

Wenn der Konstrukteur daran denkt, daß er im letzten Jahrzehnt mit der Sättigung im Eisen zurückgegangen ist, nicht etwa unter dem Druck des Betriebsingenieurs, nicht etwa deshalb, weil ihm der Leerlaufstrom Schwierigkeiten machte und auch nicht deshalb, weil sonst die Leerlaufsverluste nicht zu halten waren, sondern wegen des einphasigen Zusatzflusses der dritten Oberwelle des Magnetisierungsstromes, so wird er dem Vorschlag zugänglicher werden, die Dreieck-Stern-Schaltung der Stern-Zick-Zack-Schaltung vorzuziehen. Die primäre

Sternschaltung ist für die europäische Bauart ein Hemmschuh. Sie beschränkt die Sättigung im Eisen, nicht der Magnetisierungsstrom.

Junge Elektrizitätswerke müssen zuweilen daran denken, daß sie in absehbarer Zeit die Übertragungsspannung erhöhen werden. Sie werden deshalb auch für den Kraftbetrieb Transformatoren in Dreieckschaltung bestellen, um später das Dreieck in den Stern umzuwandeln und so die Spannung um 73 vH erhöhen zu können. Auch dies spricht für die Dreieckschaltung als Schaltung des Einheitstransformators europäischer Bauart.

33. Amerikanische Schaltungen.

In Amerika pflegt man dreiphasige Transformatoren einfach aus drei einphasigen Einheiten aufzubauen, man transformiert demnach jede Phase in einem selbständigen, einphasigen Transformator. Die Schaltungsfrage ist damit nicht aus der Welt geschafft. Es ist selbstverständlich, daß man die Trennung der Phasen nicht auch auf das Netz ausdehnen kann.

Wenn aber die drei Hochspannungswicklungen der drei Phasentransformatoren entweder im Dreieck oder im Stern zusammengeschlossen werden sollen, wenn die drei Transformatoren elektrisch eine Einheit bilden, nachdem sie magnetisch selbständig geworden sind, entsteht sofort das Schaltungsproblem.

Niederspannungsseitig gibt es über die anzuwendende Schaltung in Amerika ebensowenig einen Zweifel wie in Europa. Für den Kraftbetrieb braucht man wohl nur das Spannungsdreieck, für den Lichtbetrieb ist auch noch der Nullpunkt und der Nulleiter notwendig. Es bleibt demnach wieder die Frage der Primärschaltung.

Der magnetische Zwang der europäischen Bauart hat seine Nachteile, aber die vollständige magnetische Freiheit schließt andererseits die gegenseitige Unterstützung der Phasen aus. Die Belastung einer Phase muß primär von derselben Phase bewältigt werden, richtiger gesagt, die Belastung eines der drei Phasentransformatoren ist eine Angelegenheit, die nur ihn allein angeht.

Deshalb ist für den amerikanischen dreiphasigen Lichttransformator primär die Sternschaltung ohne Nulleiter unmöglich. Der einphasige primäre Belastungsstrom müßte, da er sonst keinen anderen Weg hätte, über den Nullpunkt in die Wicklung des zweiten Phasentransformators fließen und dort — ohne Gegenstrom — das magnetische Gleichgewicht vollkommen zerstören. Nur die Dreieckschaltung gestattet dem einphasigen Transformator den Zutritt zu zwei Phasenleitern des Netzes ohne Zuhilfenahme der Wicklungen der anderen zwei Phasentransformatoren.

Aber die primäre Sternschaltung ist für die amerikanische Bauart auch im Lichtbetrieb sofort möglich, wenn der Nulleiter gezogen wird. Sie ist dann sogar eine sehr gute Lichtschaltung. Sie entspricht dem Wesen des zusammengesetzten Drehstromtransformators besser als die Dreieckschaltung, weil sie auch noch elektrisch die vollständige Freiheit herstellt, nachdem magnetisch jeder Zwang beseitigt worden ist.

Es ist leicht einzusehen, daß selbst im Kraftbetrieb die primäre Sternschaltung ohne Nulleiter bedenklich ist, sobald drei selbständige einphasige Transformatoren die einzelnen Phasen bedienen. Ungleichheiten, so klein sie auch sein mögen, sind immer möglich. Auf keinen der möglichen elektrischen Übergriffe können dagegen die Phasentransformatoren magnetisch antworten, ohne schwere Störungen zu bringen.

In der Tat ist es in Amerika üblich, mit dem Nulleiter auch auf der Hochspannungsseite zu arbeiten. Die Schaltungsfrage wird auf diese Weise ganz wesentlich vereinfacht. Die Stern-Stern-Schaltung mit beiderseitigem Nulleiter ist eine ebenso einfache wie billige Lösung, sie wäre die einfachste Lösung auch für die europäische Bauart, wenn in unseren Anlagen der Nulleiter zur Verfügung wäre.

Die magnetische Freiheit zieht sofort die elektrische Freiheit nach sich. Verwickelte Schaltungen sind am amerikanischen, zusammengesetzten Drehstromtransformator unmöglich. Sein Schaltproblem ist einfach. Das ist wohl ein Vorteil, den der europäische Drehstromtransformator nicht aufweisen kann.

V. Überströme.

34. Der Überstromschutz und seine Probleme.

Der Transformator verträgt im Dauerbetrieb eine genau bestimmte Spannung und einen genau bestimmten Belastungsstrom. Hätten wir ideale Baustoffe zur Verfügung, hätte das Kupfer keinen elektrischen Widerstand, hätte das Eisen keinen magnetischen und keinen elektrischen Widerstand, keine Hysteresisverluste, könnte man jeden Transformator beliebig belasten.

Die Verlustwärme des Kupfers und des Eisens erzwingt Belastungsgrenzen. Wir bauen die Transformatoren eigentlich nicht für die Leistung, sondern für die Verluste. Das Isolationsmaterial, vor allem die Baumwolle, darf nicht zu warm werden. Von 110^0 C an geht die Baumwollhülle der Drähte rasch zugrunde.

Der Konstrukteur wacht sorgfältig darüber, daß die Temperaturgrenze bei der Höchstleistung eingehalten wird. Er wird sich beim Bau der Transformatoren gewissenhaft nach den Erwärmungsvorschriften richten. Er gibt auf dem Leistungsschild jene zulässige Dauerbelastung an, bei der die Erwärmung gerade noch zulässig ist.

In den Betrieben wird die Spannung nur geringen Änderungen ausgesetzt sein. Der Strom allein ist ein Maß für die Belastung. Deshalb rechnet der Betriebsingenieur nicht mit der zulässigen Leistung, sondern mit dem zulässigen Belastungsstrom. Das Leistungsschild gibt ihn ebenso an, wie die zulässige Leistung.

Mit diesem Stand der Dinge erachtet der Konstrukteur seine Pflicht als erfüllt. Er hat für alles gesorgt, wenn er für den schlimmsten Fall gebaut hat, nämlich für den Fall dauernder Vollbelastung und wenn er den Betriebsingenieur vor Übergriffen gewarnt hat. Aber für den Betriebsingenieur ist die Frage des zulässigen Höchststromes damit noch nicht erledigt. Er will und er muß alle Vorteile der Konstruktion ausnützen. Er muß sie deshalb auch kennen. Er will und muß auch höhere Belastungsströme als sie das Leistungsschild gestattet — Überströme — zulassen. Das Problem der Überströme ist demnach auch ein Problem, und nicht das unwichtigste, der Betriebslehre.

Überströme sind in der Tat zulässig. Das Problem des Lichttransformators, das im 2. Kapitel behandelt wurde, zeigt bereits, daß ohne Gefahr mit erheblichen Überströmen gearbeitet werden kann. Sie dürfen nur nicht dauernd auftreten. Der Konstrukteur baut sozusagen für die Ewigkeit, der Betriebsingenieur belastet für kürzere oder längere Zeitabschnitte.

Der Nennstrom des Transformators ist demnach nur ein besonderer Fall des zulässigen Belastungsstromes. Man sieht ohne Schwierigkeit ein, daß der wirkliche zulässige Belastungsstrom eine Funktion der Belastungsdauer ist. Der Nennstrom ist der kleinste zulässige Belastungsstrom, weil er für die größte Belastungsdauer bestimmt ist. Das Problem der Überströme ist nach all dem theoretisch das Problem der Abhängigkeit des Belastungsstromes von der Belastungsdauer.

Zunächst sieht es nun aus, als wäre mit der Erledigung der Eigenheiten des Lichtbetriebes praktisch das Problem der Überströme erschöpft. Aber es gibt auch Kraftbetriebe, die zu ähnlichen Untersuchungen drängen, wie der Lichtbetrieb. Besonders die Walzwerkantriebe zeigen eine große theoretische Ähnlichkeit mit dem Lichtbetrieb. Sie lassen ebenfalls einer Belastungsperiode regelmäßig den Leerlauf folgen, nur wechseln sie Belastung und Entlastung viel rascher. Das Überstromproblem des aussetzenden Betriebes ist dem Überstromproblem des Lichtbetriebes unbedingt an die Seite zu stellen.

Unerwünschte, aber unvermeidliche Überströme bringt außerdem jeder Betrieb. Stromstöße kommen auch bei der besten Einrichtung vor. Sie dauern nur kurze Zeit, aber es muß auf sie Rücksicht genommen werden. Es ist bekannt, daß beim Einschalten eines Stromkreises mit dem doppelten Dauerstrom gerechnet werden muß. Die zulässige Dauerleistung ist ohne vorübergehende Überströme praktisch unerreichbar.

Schließlich gibt es Unfälle, die nicht einfach Unglücksfälle werden dürfen. Der Kurzschluß soll nicht vorkommen, aber er kommt vor. Der Kurzschlußstrom ist der größte Belastungsstrom, er muß der größte zulässige Belastungsstrom sein, er darf den Transformator nicht zerstören.

Natürlich denkt auch der Konstrukteur an alle möglichen Überströme, er denkt auch an den Kurzschluß. Aber, wenn die Verständigung mit dem Betriebsingenieur fehlt, wenn der Betriebsingenieur nicht weiß, was dem Transformator alles zugemutet werden kann, wird auch die tadellose Konstruktion ständig in Gefahr sein. Alles hängt praktisch eben davon ab, wie im Betrieb der Transformator abgesichert wird.

Uralt ist in der Elektrotechnik die Sicherung, jenes künstlich geschwächte Stück des Stromkreises, das unter der Stromwärme des Überstromes zuerst zusammenbricht, bevor noch die eigentliche Leitung und der Transformator in Verbrennungsgefahr kommen. Lange indessen ist schon die einfache Schmelzsicherung unzulänglich. Sie sichert den Transformator verläßlich, aber zu verläßlich. Sie arbeitet zu schnell. Überströme sind unvermeidlich, sie müssen zugelassen werden, sie dürfen nur nicht zu lange dauern. Die richtige Sicherung muß erst nach einer gewissen Zeit ansprechen, sie muß dem Überstrom die Möglichkeit bieten, zu verschwinden, abzuklingen, zu gehen, wie er gekommen ist.

Nichts ist in der Tat störender als das fortwährende Abschalten des Betriebes bei jedem halbwegs bedeutenden Überstrom. Es schützt gewiß den Transformator, aber es macht die Arbeit einfach unmöglich. Die Schmelzsicherung ist der unwissende Betriebsaufseher, der Überstrom-Zeit-Automat der wissende. Dasselbe Bild würde man erhalten, wenn man zum ungesicherten Transformator einmal einen ungebildeten, einfachen Mann, das andere Mal einen Ingenieur stellen würde, die beide nach dem Ausschlag des Stromzeigers handeln würden.

Vom Standpunkt der Betriebslehre zerfällt das Problem der Überströme auf mehrere Teilprobleme. Das erste ist natürlich das Feststellen der möglichen Überströme und der ihnen entsprechenden, zulässigen Dauer. Das zweite ist die Untersuchung der Verwendbarkeit der Schmelzsicherung, das dritte die richtige Verwendung der Überstromzeitautomaten.

Es unterliegt gar keinem Zweifel, daß noch immer in der Praxis schwere Mißgriffe bei der Stromsicherung der Transformatoren vorkommen. Noch viel zu oft findet man die einfache Schmelzsicherung in den Transformatorenstationen. Sie wird gerade wegen ihrer Unzulänglichkeit fast immer zu einer großen Gefahr. Der Wärter verstärkt sie, bis sie Ruhe gibt. Sie erfüllt dann ihre Aufgabe überhaupt nicht mehr.

Auch die Zeitrelais werden vielfach noch ganz willkürlich eingestellt. Die Rücksicht auf das ruhige Leben verschuldet immer wieder erschreckende Fehler. Nicht dadurch wird das Problem der Überströme gelöst, daß man sich vor der Gefahr versteckt, sondern der Betriebsingenieur muß im Verein mit dem Konstrukteur die Notwendigkeiten des Betriebes genau festlegen, damit ihnen der Aufbau des Transformators nötigenfalls angepaßt werden kann.

35. Die Auslösezeit des Selbstschalters.

Es bedarf keiner Mühe, sowohl den Konstrukteur, als auch den Betriebsingenieur zu überzeugen, daß die Auslösezeit der Sicherung oder des Selbstschalters des Transformators nicht länger sein darf als die zulässige Dauer der Belastung mit dem höchsten, überhaupt möglichen Strom, und daß andererseits der Auslösestrom nicht kleiner sein soll als der kleinste im ordentlichen Betrieb benötigte Überstrom.

Dieser ganz natürliche Standpunkt, der die Notwendigkeiten des Betriebes und die Eigenschaften der Konstruktion berücksichtigt, enthält eine klare Lösung des Überstromproblems. Aber die Lösung ist damit noch nicht gesichert. Die Betriebslehre hat noch die Aufgabe, nachzusehen, ob sie überhaupt möglich ist.

Zunächst allerdings erscheint sie vollständig hoffnungslos. Überströme, vor allem Kurzschlüsse, können jederzeit auftreten, also auch dann, wenn der Transformator schon seine zulässige Temperatur erreicht hat. Jeder Überstrom, der den voll belasteten Transformator trifft, muß daher eigentlich als unzulässig betrachtet werden, weil er die Isolierstoffe der Wicklung über das erlaubte Maß erwärmt.

Nun, die zulässige Temperatur ist auch ein dehnbarer Begriff. Unzulässig ist auf die Dauer jede Temperatur über 105° C, weil sie die Baumwollumspinnung der Wicklungsdrähte verhältnismäßig rasch zerstört. Aber die Zeit spielt doch eine wichtige Rolle. Was nach 100 Stunden gefährlich wird, ist nach 10 Sekunden noch kaum angedeutet. Ein ganz anderer Maßstab muß demnach vom Standpunkt des Überstromproblems aus an die Frage der zulässigen Erwärmung des Transformators gelegt werden.

Beim größten Überstrom, im Kurzschluß, wird man ohne weiteres bis an die äußerste Grenze gehen, bis zur Verbrennungs-, bis zur Entflammungstemperatur. Es ist wichtig, sich diese Grenztemperatur ein wenig genauer anzusehen.

Baumwolle und Papier, die hauptsächlichsten festen Isolierstoffe des modernen Transformators verkohlen oberhalb 200° C. Bei 175° C beginnt die Baumwolle gelb zu werden, ein Zeichen, daß bleibende, schwere Schädigungen kommen. Hartpapierzylinder halten 150° C noch anstandslos aus, auch im Dauerbetrieb, man kann ihnen somit mindestens soviel zumuten wie der Baumwolle.

Das Öl ist empfindlicher. Der Entflammungspunkt des Transformatorenöls liegt bei etwa 170° C. Selbstverständlich kann man die Gefahr eines Ölbrandes nicht zulassen, ohne den ganzen Transformator zugrunde gehen zu lassen.

Im normalen Betrieb erreicht die Wicklung des Transformators an ihrer Oberfläche, wo sie das Öl berührt, 60 bis 65° C über Luft, bei einer Lufttemperatur von 35° C somit 95 bis 100° C. Sie darf sich im äußersten Falle noch um rund 60° C erwärmen, ohne das Ölbad in Gefahr zu bringen. Dies wäre ein Ausgangspunkt für die praktische Behandlung des Überstromproblems.

Es ist klar, daß bei der nach Sekunden zählenden Dauer der Überstrombelastung, die Wärmeabgabe der Wicklung an das Öl, bzw. an die Luft kaum eine Rolle spielt. Es handelt sich lediglich um die Wärmeaufnahmefähigkeit des Wicklungskörpers.

Die Rechnung ist nach all dem verhältnismäßig einfach. Die Stromwärme der Wicklung wächst mit dem Quadrat des Belastungsstromes. Sie wird bei einem Überstrom J' der:

$$k = \frac{J'}{J} \text{ mal}$$

den Nennstrom übersteigt, k^2-mal größer sein als bei der Nennleistung, bei der sie V_k Watt erreicht. Die Wärmeaufnahmefähigkeit der Wicklung kann, wie bereits auf S. 36 erwähnt, so berechnet werden, als ob die Wicklung nur aus Kupfer bestände. Mit den äußeren Abmessungen der isolierten Spulen ergibt sich demnach ein scheinbares Kupfergewicht der Wicklung G_k', das selbstverständlich größer ist als das tatsächliche Kupfergewicht G_k. Das Verhältnis

$$\frac{G_k}{G_k'}$$

ist ein Maß für die Raumausnützung des Kupfers.

Die spezifische Wärmeaufnahmefähigkeit des Kupfers beträgt:

$$c_k = 390 \frac{\text{Wattsek}}{\text{kg} \cdot {}^0\text{C}},$$

die Temperatur der Wicklung wird demnach in

$$t_w = \frac{390 \cdot G_k' \cdot 60}{k^2 \cdot V_k} \text{ Sekunden}$$

um die, wie oben festgestellt, gerade noch kurzzeitig zulässigen 60° C steigen.

Es empfiehlt sich auch diesmal, die Stromwärme bei der Nennleistung durch das Kupfergewicht und durch die normale Stromdichte i [A/mm²] auszudrücken:

$$V_k = 2{,}5 \cdot G_k \cdot i^2 ,$$

so daß man für die Auslösezeit t_w den Ausdruck:

$$t_w = \frac{G_k}{G_k} \cdot \frac{10^4}{k^2 \cdot i^2} \tag{20}$$

bekommt.

Gl. (20) als Ergebnis der Berechnung der zulässigen Auslösezeit enthält neben Konstruktionsgrößen G'_k, G_k und i, den Überstromfaktor k. Er ist für die Lösung des Überstromproblems entscheidend. Notwendig erscheint es demnach, sich in erster Linie mit ihm zu beschäftigen.

36. Auslösezeit und Kurzschlußstrom.

Der gefährlichste Überstrom des Transformators ist ohne Zweifel der Kurzschlußstrom. Wenn an den Sekundärklemmen eine widerstandslose Verbindung von Phase zu Phase oder zur Erde hergestellt wird, fällt auf den Transformator die größte denkbare Belastung. Der Kurzschluß an den Sekundärklemmen muß demnach für die Bestimmung der Auslösezeit entscheidend sein.

Der Kurzschlußstrom des Transformators wäre unendlich groß, wenn nicht die Wicklung ihren eigenen Ohmschen und induktiven Widerstand hätte. In Wirklichkeit verbraucht er gerade die volle Betriebsspannung in den beiden Widerständen.

Das Leistungsschild des Transformators gibt Aufschluß über die Größe des dauernden Kurzschlußstromes. Es enthält die sogenannte Kurzschlußspannung, die in Hundertsteln der Betriebsspannung angegeben wird. Die Kurzschlußspannung genügt für das Auftreten des Nennstromes im Kurzschluß der Sekundärklemmen. Offenbar ist demnach der wirklich zu erwartende Kurzschlußstrom sovielmal größer als der Nennstrom, wievielmal die Betriebsspannung größer ist als die Kurzschlußspannung.

Bezeichnet man mit:

e_k die Kurzschlußspannung in Hundertsteln der vollen Nennspannung,

J den Nennstrom (A),

J_k den dauernden Kurzschlußstrom,

so ist:

$$J_k = J \frac{100}{e_k}. \tag{21}$$

Sofort ergibt sich daraus der entscheidende Überstromfaktor:

$$k = \frac{J_k}{J} = \frac{100}{e_k}.$$

Verbindet man nun die beiden Gleichungen (20) und (21), so kommt man zu einem neuen, überaus anschaulichen Ausdruck für die höchste noch zulässige Auslösezeit:

$$t_w = \frac{G'_k}{G} \cdot \left(\frac{e_k}{i}\right)^2 \text{ Sekunden}. \tag{20a}$$

Sie beträgt nur einige wenige Sekunden, immerhin aber immer mehr als eine Sekunde. Das Verhältnis:

$$\frac{G_k}{G_k}$$

ist immer größer als Eins, denn es ist gleich dem Verhältnis des von der isolierten Spule eingenommenen Raumes zu dem Raum, den das Kupfer der Spule einnimmt. Es ist von der Größe des Transformators, aber auch von der Bauart abhängig. Am größten wird es zweifellos bei Trockentransformatoren, die mit einem ziemlichen Aufwand an Isolationsmaterial aufgebaut werden müssen. Öltransformatoren kleinerer und mittlerer Leistungen bringen außerdem ebenfalls ein größeres Ersatzkupfergewicht auf als Großtransformatoren, die mit ihren Flachdrähten den Raum gut ausfüllen. Der Raumfüllfaktor der Spule wird nach all dem im allgemeinen mit der Größe der Leistung langsam steigen, etwa in den Grenzen:

$$4 > \frac{G'_k}{G_k} > 1{,}2\,.$$

Das Verhältnis der Kurzschlußspannung e_k zur Stromdichte i im Kupfer bei normaler Leistung fällt ebenfalls mit der Leistung, wenigstens bei kleinen und mittelgroßen Transformatoren. Trockentransformatoren werden kaum über 2 A/mm² zu bringen sein und haben meist weniger als 4 vH Kurzschlußspannung. Öltransformatoren arbeiten mit Stromdichten von 2,5 bis 3 A/mm² und haben nur wenig höhere Kurzschlußspannungen als die Trockentransformatoren.

Großtransformatoren mit Wasserkühlung können das Kupfer bis 5 A/mm² belasten, werden aber selten mit mehr als 7 vH Kurzschlußspannung gebaut. Es liegt demnach das Quadrat des Verhältnisses der Kurzschlußspannung zur Stromdichte in den Grenzen:

$$4 > \left(\frac{e_k}{i}\right)^2 > 2\,.$$

Für die noch zulässigen Auslösezeiten ergeben sich nach all dem die Grenzwerte:

$$16 > t_w > 2{,}4 \text{ Sekunden},$$

wobei der Umstand von hoher Bedeutung ist, daß zu kleinen Leistungen große Auslösezeiten gehören und umgekehrt.

Das Ergebnis kann den Betriebsingenieur nicht befriedigen. Der festgestellte Zusammenhang der zulässigen Auslösezeit mit der Leistung des Transformators widerspricht den Notwendigkeiten des Betriebes vollständig. Von großer Wichtigkeit ist nämlich für jeden größeren Betrieb der selektive Überstromschutz. Er ist nur dann in zufriedenstellender Weise gesichert, wenn die Auslösezeiten mit der Entfernung von der Zentrale abnehmen.

Gerade die großen Transformatoren aber stehen in der größten Nähe der Zentrale, denn die erzeugte und abgegebene Leistung wird immer mehr zersplittert, je weiter das Netz von der Erzeugungsstelle rückt. Die kleinen Transformatoren stehen gewöhnlich weit draußen, wo sie die Niederspannungsortsnetze versorgen.

Die Erfahrung lehrt, daß es notwendig ist, die Auslösezeiten von 2 zu 2 Sekunden von der Erzeugungsstelle aus abzustufen. Bei zweimaliger Transformation würden sich auf diese Weise etwa die Auslösezeiten 1,5 und 3,5 Sekunden ergeben, bei dreimaliger Transformation die Auslösezeiten 1,5, 3,5 und 5,5 Sekunden. Es ist nicht empfehlenswert, mit der kleinsten Auslösezeit erheblich unter den Wert von 2 Sekunden zu gehen.

37. Auslösezeit und Kurzschlußspannung.

Die Schwierigkeit des Überstromproblems erscheint größer als sie tatsächlich ist. Der Trockentransformator, mit seiner verhältnismäßig großen Unempfindlichkeit für den Kurzschluß, stört das Bild. Man kann ihn gerade deshalb, weil er nicht leicht in Gefahr kommt, vollständig beiseite schieben und nur noch Öltransformatoren mit und ohne Wasserkühlung weiter untersuchen. Es muß sich ein Weg finden, der zur Erfüllung der Notwendigkeiten des Betriebes führt, ohne die Sicherheit des Transformators zu verfehlen.

Kleinere Öltransformatoren bis etwa 100 kVA-Leistung werden durchwegs mit etwa 4 vH Kurzschlußspannung gebaut. Bei den möglichen Stromdichten bis 3 A/mm^2 ist diese Kurzschlußspannung groß genug, um eine Auslösezeit von 2 Sekunden zu gestatten. Der Großtransformator müßte bis 6 Sekunden im Kurzschluß aushalten können, damit bei dreifacher Transformation die richtige Abstufung der Auslösezeiten möglich wäre.

Das Überstromproblem drängt sich auf diese Weise auf die kalorische Kurzschlußsicherheit des Großtransformators zusammen. Es ist lösbar. Nicht etwa durch Ermäßigung der Stromdichte. Die Wasserkühlung hat doch nur dann einen Sinn, wenn sie durch höhere Beanspruchungen im Kupfer bezahlt werden kann. Es bleibt nur noch eine Möglichkeit — die Kurzschlußspannung des Großtransformators muß genügend groß gemacht werden.

Mit einer Kurzschlußspannung von etwa 10 vH würde auch der Großtransformator mit Wasserkühlung keine Betriebsschwierigkeiten mehr machen. Mit etwa 4,5 A/mm^2 belastet, würde er rund 6 Sekunden aushalten, wenn ihn der große Unfall des Kurzschlusses treffen würde. Großtransformatoren ohne Wasserkühlung machen überhaupt keine Schwierigkeiten, weil sie das Kupfer nur bescheidener beanspruchen können.

Mit Freude wird jeder Konstrukteur diese Ordnung der Dinge annehmen. Er braucht ohnehin bei hohen Spannungen erhebliche Ölabstände und muß sich zuweilen sehr plagen, wenn er eine kleine Kurzschlußspannung herausbringen muß. Vor allem aber wird ihm die Lösung der wichtigen Frage der mechanischen Kurzschlußsicherheit durch Erhöhung der Kurzschlußspannung, wie wir noch sehen werden, ganz erheblich erleichtert.

Es ist richtig, daß die Kurzschlußspannung einen empfindlichen Spannungsabfall verursachen kann. Es ist auch richtig, daß gerade der große Transformator, durch den die ganze Leistung der Anlage geht, in erster Linie den Spannungsabfall verursacht. Aber die Betriebssicherheit ist doch noch wichtiger. Man muß den Großtransformator, der an der Erzeugungsstelle steht, sichern, man muß ihm eine hohe Kurzschlußspannung geben. Am Ende der Fernleitung kann man schon eine kleinere Kurzschlußspannung durchsetzen.

Der Konstrukteur drängt seit jeher zu höheren Kurzschlußspannungen, der Betriebsingenieur zu kleineren. Der Konstrukteur denkt vor allem an die mechanische Kurzschlußsicherheit, der Betriebsingenieur an den Spannungsabfall. Das Überstromproblem ist der Schiedsrichter.

Über 4 vH Kurzschlußspannung soll der kleinere Öltransformator nicht mehr gehen. Die Einheitstransformatoren sind bereits richtig aufgebaut. Bei Großtransformatoren darf der Betriebsingenieur nicht engherzig sein. Er muß sich bei Angeboten auch die Kurzschlußspannung ansehen und an die Notwendigkeiten seines Betriebes denken. Wenn er sich in solchen Fällen das Kupfergewicht angeben läßt, ist er ausnahmsweise einmal im Recht. Denn aus den bekannten Verlusten im Kupfer kann er sich mit Hilfe des Kupfergewichtes die Stromdichte berechnen und hat dann an Hand der Gl. (20a) einen verläßlichen Einblick über die elektrische Kurzschlußsicherheit des Transformators.

Beispiel: Ein Großtransformator für 16000 kVA Leistung werde mit 134 kW Verlusten im Kupfer, d. h. mit 0,84 vH Spannungsabfall bei Vollast und $\cos\varphi = 1$ und mit einer Kurzschlußspannung von 5,6 vH angeboten. Auf Anfrage werde noch mitgeteilt, daß die Wicklung 2515 kg Kupfer enthalte.

Aus den Verlusten im Kupfer und aus dem Kupfergewicht ergibt sich, da bei 1 A/mm² ein Kilogramm Kupfer rund 2,5 Watt Stromwärme entwickelt, eine mittlere Stromdichte von:

$$i = \sqrt{\frac{134\,000}{2{,}5 \cdot 2515}} = 4{,}62\ \mathrm{A/mm^2}.$$

Der Transformator verträgt demnach eine Auslösezeit, die nur wenig mehr als:

$$\left(\frac{5,6}{4,62}\right)^2 = 1,5 \text{ Sekunden}$$

beträgt.

Es ist klar, daß der Transformator auf jeden Fall eine zu kleine Kurzschlußspannung hat. Selbst bei nur zweifacher Transformation müßte sie auf etwa 9 vH erhöht werden.

38. Abhängige Zeitauslösung. Windungsschluß.

Die vorläufige Lösung der Auslösezeitfrage muß noch gegen eine Reihe von möglichen Einwendungen verteidigt werden. Sowohl der Betriebsingenieur als auch der Konstrukteur werden noch manches vorzubringen haben, was auf jeden Fall berücksichtigt und besprochen werden muß.

Der Betriebsingenieur wird zunächst darauf hinweisen, daß der Bestimmung der größten noch zulässigen Auslösezeit die Rücksicht auf die Entflammungstemperatur des Öls zugrunde gelegt wurde, daß aber ohne Luftzutritt das Öl nicht brennen kann, somit die Vorsicht übertrieben erscheint.

Das Öl brennt tatsächlich nur dann, wenn genügend Luft dazu kommt. Mit Sicherheit weiß man nie, ob es zum Entflammen kommt oder nicht, außer man bleibt unterhalb des Entflammungspunktes. Aber erheblich über 170 ° C kann man auch mit Rücksicht auf die Baumwolle nicht gehen. So selten der Kurzschluß auch kommen mag, verkohlen darf die Drahthülle nicht, auch nicht andeutungsweise.

Eine weitere Einwendung kann gegen die unabhängige Zeiteinstellung gemacht werden. Es gibt in der Tat auch Selbstschalter, deren Auslösezeit um so kleiner ist, je größer der Überstrom wird. Der Konstrukteur hat gegen die abhängige Zeiteinstellung nichts einzuwenden und wird sogar gestatten, daß die Auslösezeit dem Quadrat des Überstromes umgekehrt proportional gemacht wird. Aber vorderhand ist es lediglich der Betriebsingenieur, den solche Selbstschalter nicht befriedigen. Die abhängige Zeiteinstellung verträgt sich mit der Forderung nach selektivem Überstromschutz nicht in zufriedenstellender Weise.

Auf Unkenntnis der Sache läßt der Einwand schließen, der sehr oft gemacht wird, daß es nämlich gegen das Verbrennen des Transformators infolge des Kurzschlusses ohnehin keinen Schutz gibt, daß Transformatoren immer wieder, auch bei richtiger Zeiteinstellung, zugrunde gehen und daß es deshalb überflüssig ist, große Kurzschlußspannungen zu verlangen.

Der bisher behandelte Kurzschluß an den Sekundärklemmen des Transformators, oder unmittelbar daran, ist ganz etwas anderes als der innere Kurzschluß, vor allem also der Windungsschluß. Gegen den Windungsschluß versagen allerdings oft alle Hilfsmittel des Überstromschutzes. Es ist notwendig, dies klarzustellen.

Die kurz geschlossene Windung, einerlei wo sie liegt, ob sie der Primär- oder der Sekundärwicklung angehört, wird im Augenblick des Schlusses zu einer selbständigen Sekundärwicklung. Der Kurzschlußstrom, der in ihr fließt, muß unbedingt von der Primärwicklung magnetisch unschädlich gemacht werden, denn der Transformator arbeitet weiter — bis die kurzgeschlossene Windung verbrennt oder bis der Transformator ausgeschaltet wird.

Das Unglück liegt darin, daß der Kurzschlußstrom der Windung doch nur eine Windung durchfließt, so daß der Gegenstrom, den die Primärwicklung sofort aufnimmt und der natürlich alle Windungen der Primärwicklung durchfließt, sovielmal kleiner ist als die Primärwicklung Windungen hat. Außerhalb des Transformators kann sich demnach der Windungsschluß unter Umständen nur durch einen ganz unbedeutenden Überstrom verraten.

Beispiel: Ein Öltransformator für 75 kVA, 35000/400/231 Volt, 50 Perioden habe in beiderseitiger Sternschaltung primär 5000, sekundär 57 Windungen. Seine Kurzschlußspannung betrage 4 vH.

Bei der Nennleistung ist der Belastungsstrom primär:

$$\frac{75000}{\sqrt{3}\cdot 35000} = 1{,}25\ \mathrm{A}\,,$$

sekundär:

$$\frac{75000}{\sqrt{3}\cdot 380} = 113{,}5\ \mathrm{A}\,.$$

Bekommt die Primärwicklung einen Windungsschluß, so wird in der verunglückten Windung der Strom auf ungefähr:

$$1{,}25\cdot\frac{100}{4} = 31{,}3\ \mathrm{A}\,,$$

steigen. Die unversehrt gebliebenen 4999 Windungen der Primärwicklung halten diesen inneren Kurzschlußstrom mit einem Gegenstrom von:

$$\frac{31{,}3}{4999} = 0{,}00625\ \mathrm{A}$$

magnetisch nieder.

Der Primärstrom des Transformators steigt kaum um 5 Tausendstel, keine Überstromschutzeinrichtung kann bemerken, daß im Ölkessel ein großes Unglück geschehen ist, die Windung brennt ganz ungestört aus.

Es ist selbstverständlich, daß infolge des Windungsschlusses die Nachbarwindungen ebenfalls in Brand geraten. Der Kurzschlußstrom greift allmählich um sich, befällt immer mehr Windungen, steigert dabei den Gegenstrom im unversehrten Teil der Wicklung, bis der Selbstschalter den Unfall doch bemerkt.

Je kleiner der Transformator und je höher seine Primärspannung ist, um so gefährlicher sind seine Windungsschlüsse. Aber selbst bei Großtransformatoren ist der innere Kurzschluß fast immer verderbenbringend. Es gibt keinen Schutz gegen Windungsschlüsse.

Das Überstromproblem kann sich überhaupt nur mit Betriebsunfällen beschäftigen, die möglich, zulässig und unvermeidlich sind. Windungsschlüsse entstehen aus Unzulänglichkeit der Konstruktion. Es wäre gefährlich, dem Konstrukteur einen Freibrief für mangelhafte Konstruktionen in die Hand zu geben, selbst wenn es möglich wäre. Es ist gut so, daß der Windungsschluß den Transformator zugrunde richtet. Trifft er eine sonst tadellose, aber verbrauchte Konstruktion, war er auch am Platze.

Neben den Einwendungen gegen die strenge Regelung des Überstromproblems, die der Betriebsingenieur vorbringen kann, wird auch noch der Konstrukteur seine Bedenken äußern müssen. In Sorge um die Sicherheit seiner Konstruktion wird er darauf hinweisen, daß der dauernde Kurzschlußstrom nicht das Ärgste ist, daß auch noch die Ausgleichserscheinungen des plötzlich auftretenden Kurzschlusses berücksichtigt werden müssen.

Damit wird nun erst eigentlich das ganze Kurzschlußproblem aufgerollt und eine eingehende Untersuchung aller Einzelheiten des Kurzschlusses erscheint unerläßlich. Für den Konstrukteur und für den Betriebsingenieur ist es von gleicher Wichtigkeit, einen klaren Einblick in die Erscheinungen dieses gefürchteten Betriebsfalles zu gewinnen.

Die mechanische Kurzschlußsicherheit großer Transformatoren ist für jeden Betriebsingenieur von großer Bedeutung. Man kauft große Maschinen nicht einfach auf Grund eines gewöhnlichen Kostenanschlages, sondern läßt sich auch Zeichnungen vorlegen. Nur zu oft hat nun der Konstrukteur einen schweren Stand, wenn er einem Käufer die mechanische Kurzschlußsicherheit nachweisen soll, der die Kurzschlußerscheinungen nicht genügend kennt.

Das Kurzschlußproblem läßt sich glücklicherweise ohne viel Rechnung sehr anschaulich erledigen. Dabei läßt es sich nachweisen, daß die Gefahren des plötzlichen Kurzschlusses des Transformators bei weitem nicht so groß sind als sie ungenaue Theorien darstellen. Es ist eine dankbare Aufgabe der Betriebslehre, die Einrichtungen gegen die elektrischen und gegen die mechanischen Folgen des Kurzschlusses des Transformators auf ein vernünftiges Maß zurückzuführen.

39. Der dauernde und der plötzliche Kurzschluß.

Bei der Beschreibung der Kurzschlußerscheinungen des Transformators erscheint es empfehlenswert, zunächst mit dem einfacheren Bild des dauernden Kurzschlusses zu beginnen. Der plötzliche Kurzschluß bringt dann nur noch zusätzliche Erscheinungen, die beim Übergang in den dauernden Kurzschluß ausklingen.

Auch im dauernden Kurzschluß wird der Transformator einerseits das elektrische Gleichgewicht der Spannungen, andererseits das magnetische Gleichgewicht der Ströme jederzeit bedingungslos zeigen. In der Sekundärwicklung reicht die vom Hauptfluß erzeugte Wicklungsspannung gerade aus, um den Kurzschlußstrom über den Ohmschen und über den induktiven Widerstand der Wicklung zu treiben: Wicklungsspannung und Gesamtabfallspannung stehen somit in der Sekundärwicklung im Gleichgewicht.

Der Primärwicklung wird, wie sonst, die volle Netzspannung auch im dauernden Kurzschluß aufgedrückt. Sie muß beim Hindurchtreiben des Kurzschlußstromes nicht nur den Ohmschen und den induktiven Widerstand der Wicklung überwinden, auch noch die vom Hauptfluß erzeugte Wicklungsspannung setzt sich ihr entgegen. Primär steht demnach die aufgedrückte Spannung im Gleichgewicht mit der von der Gesamtabfallspannung unterstützten Wicklungsspannung.

Das magnetische Gleichgewicht verlangt auch im dauernden Kurzschluß Gleichheit der Durchflutungen der primären und der sekundären Wicklung. Der Hauptfluß wird auch im dauernden Kurzschluß nur vom Magnetisierungsstrom erregt, den die Primärwicklung neben dem Kurzschlußstrom aus dem Netz zieht.

Der Hauptfluß ist nun im dauernden Kurzschluß sehr geschwächt. Bei einem Übersetzungsverhältnis 1 : 1 sind die vom Hauptfluß erzeugten Wicklungsspannungen primär und sekundär gleich groß. Auch die Abfallspannungen sind bei gleicher Windungszahl primär und sekundär ungefähr gleich groß. Wenn nun sekundär die Differenz der Wicklungsspannung und der Gesamtabfallspannung gleich null, primär aber deren Summe gleich der aufgedrückten Spannung ist, muß offenbar der Hauptfluß nur die Hälfte der aufgedrückten Spannung als Wicklungsspannung hervorbringen.

Bei normalem Betrieb beträgt der Gesamtspannungsabfall der Primärwicklung nur einige wenige Hundertstel der aufgedrückten Spannung. Ihr muß demnach die Wicklungsspannung fast gleich sein. Im dauernden Kurzschluß sinkt nach all dem der Hauptfluß fast auf die Hälfte der normalen Linienzahl herunter. Dafür sind die beiden Streuflüsse stark angewachsen. Sie haben ungefähr je die gleiche Linienzahl, wie der Hauptfluß, wenn die Ohmschen Spannungsabfälle der beiden Wicklungen gegenüber den induktiven Spannungsabfällen, wie gewöhnlich, stark zurücktreten.

Das wäre das Bild des dauernden Kurzschlusses, wie es auch dem Betriebsingenieur bekannt sein muß und wie es bisher den Untersuchungen des Überstromproblems zugrunde gelegt wurde. Die aufgedrückte Spannung verbraucht sich zur Hälfte in der Primärwicklung, zur anderen Hälfte in der Sekundärwicklung, lediglich in den Ohmschen und induktiven Widerständen.

Der plötzliche Kurzschluß bringt nun große Verwicklungen und merkwürdige Zusatzerscheinungen. Sie lassen sich am einfachsten beschreiben und am klarsten überblicken, wenn zunächst der Ohmsche Widerstand der Wicklungen vernachlässigt wird.

Der plötzliche Kurzschluß kann in einem beliebigen Augenblick den Transformator befallen. Es ist aber nicht einerlei, wie groß in dem Augenblick des Kurzschlusses die Linienzahl des Hauptflusses ist. Die ungünstigsten Folgen ergeben sich, wenn der Hauptfluß gerade seinen Höchstwert erreicht hat.

Vom Augenblick des Kurzschlusses an, darf bei fehlendem Ohmschen Widerstand die Gesamtlinienzahl, die mit der Sekundärwicklung verkettet ist, nicht um eine Linie geändert werden. Hauptfeld und Streufeld müssen zusammen in der Sekundärwicklung die Spannung null erzeugen, sonst wird der Kurzschlußstrom unendlich groß. Wenn nun der Kurzschluß gerade den Höchstwert des Hauptflusses vorfand, während natürlich, wie immer im normalen Betrieb, der sekundäre Streufluß nur einige wenige Hundertstel des Hauptflusses ausmachen konnte, muß vom Augenblick des Kurzschlusses an die Summe der Hauptfluß- und der sekundären Streuflußlinien ungefähr der Höchstlinienzahl des Hauptflusses dauernd gleich bleiben.

Das gleiche merkwürdige Bild erhält man natürlich auch, wenn man davon ausgeht, daß, bei fehlendem Ohmschen Widerstand, vom Eintritt des Kurzschlusses an, die sekundäre Wicklungsspannung der sekundären Streuspannung das Gleichgewicht halten muß. Hauptfluß und Streufluß müssen demnach gleich stark und in Gegenphase sein.

Nun kann im Kurzschluß das Hauptfeld nicht mehr in seiner vollen Größe weiterbestehen. Es muß auf die halbe Stärke zurücksinken, wie es die Untersuchung des dauernden Kurzschlusses gezeigt hat. Nur auf diese Weise kann das elektrische Gleichgewicht überall erhalten bleiben. Der Hauptfluß, der im Augenblick des Kurzschlusses mit seinem normalen Höchstwert begann, wird nur noch mit der halben Geschwindigkeit abnehmen, er erreicht als Mindestwert die Linienzahl null, er schwingt weiter nach einer Sinuslinie, aber nur noch zwischen dem ursprünglichen Höchstwert und null, somit nicht mehr zwischen jenem positiven Höchstwert und einem gleich großen negativen Höchstwert (Abb. 48). Genau so, aber um 180^0 phasenverschoben, schwingt der sekundäre Streufluß. Der primäre Streufluß dagegen zeigt in jedem Augenblick die gleiche Höhe wie der Hauptfluß.

Es bereitet keine Schwierigkeit, die Zusatzerscheinungen des plötzlichen Kurzschlusses von den bereits bekannten Erscheinungen des dauernden Kurzschlusses zu trennen. Der Abb. 48 entnimmt man ohne weiteres die Tatsache, daß sowohl der Hauptfluß, als auch die beiden Streuflüsse durch gleichbleibende Zusatzflüsse verstärkt werden, und zwar ganz in Abhängigkeit vom Anfangswert des Hauptflusses im Augenblick des plötzlich auftretenden Kurzschlusses. Die drei Zusatzflüsse sind in dem betrachteten ungünstigsten Falle von gleicher Stärke wie die normalen Flüsse des dauernden Kurzschlusses in ihrem Höchstwert.

Die Zusatzflüsse müssen natürlich erregt werden. Der zusätzliche Hauptfluß ist beim Eintritt des Kurzschlusses bereits vorhanden. Die zusätzlichen Streuflüsse müssen erst erregt werden. Die Kurzschlußströme müssen primär und sekundär durch Gleichströme verstärkt sein. Der plötzlich auftretende Kurzschlußstrom des Transformators muß nach all dem höher sein als der dauernde Kurzschluß, im oben untersuchten ungünstigsten Falle wird er durch den zusätzlichen Gleichstrom auf die doppelte Höhe gebracht.

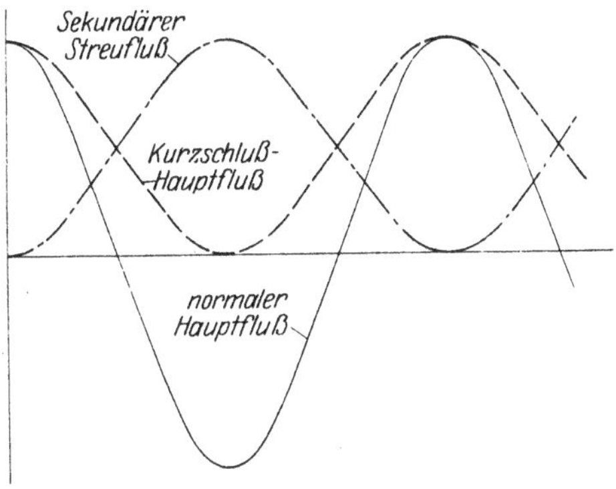

Abb. 48.

Nur dann bringt der plötzliche Kurzschluß keine Zusatzerscheinungen, wenn er im Augenblick des Nulldurchganges des Hauptflusses einsetzt. Mit diesem Glücksfall kann nicht gerechnet werden. Es muß sogar mit der ungünstigsten Möglichkeit gerechnet werden. Der Konstrukteur hat demnach recht, wenn er behauptet, daß das Überstromproblem mit der alleinigen Berücksichtigung des dauernden Kurzschlußstromes gar nicht vorsichtig genug gelöst ist. Es erscheint notwendig, der Sache auf den Grund zu gehen.

40. Plötzlicher Kurzschluß und Auslösezeit.

Die Auslösezeit wurde für den Selbstschalter des Transformators mit Rücksicht auf die Stromwärme des dauernden Kurzschlußstromes bestimmt. Der zusätzliche Kurzschlußstrom kann im unglücklichsten Falle dem Höchstwert des dauernden Kurzschlußstromes erreichen. Er droht somit mit der Verdreifachung der Stromwärme, da er als Gleichstrom die doppelte Stromwärme erzeugt als der Wechselstrom mit dem gleichen Höchstwert.

Jede Stromwärme setzt nun einen Ohmschen Widerstand voraus, und gerade die Ohmschen Widerstände der Wicklungen berücksichtigt die Untersuchung des vorangehenden Abschnittes in keiner Weise. Aber ihre Ergebnisse werden dadurch nicht sehr stark entstellt. Der sekundäre Streufluß darf zwar bei Vorhandensein eines Wicklungswiderstandes schwächer sein als der Hauptfluß, aber nicht bedeutend schwächer.

Immer muß die vom Hauptfluß in der Sekundärwicklung erzeugte Wicklungsspannung der Selbstinduktionsspannung zusammen mit der Ohmschen Abfallspannung gleich sein. Das Vektorenbild der Abb. 49 klärt die Größenverhältnisse sofort auf. Mit wachsender Leistung des Transformators nähert sich das tatsächliche Bild des plötzlichen Kurzschlusses immer mehr dem oben entworfenen Idealbild.

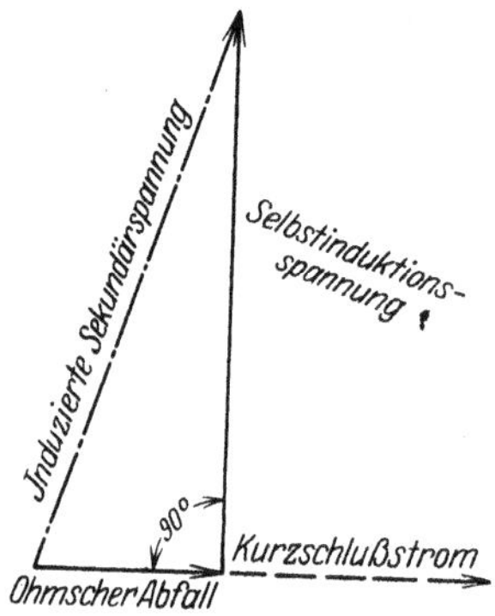

Abb. 49.

Wenn nun gerade große Transformatoren fast mit der Verdoppelung des dauernden Kurzschlußstromes und außerdem zunächst mit der Verdreifachung der Kurzschlußstromwärme rechnen müssen, erscheint die Auslösezeitfrage riesig verschoben. Die schlimmsten Befürchtungen werden wach. Es erscheint sogar notwendig, zu begründen, warum nicht mit der Vervierfachung der Kurzschlußstromwärme zu rechnen ist, da sich doch der Strom verdoppeln kann.

Der dauernde Kurzschlußstrom und der zusätzliche Gleichstrom sind natürlich Ströme verschiedener Periodenzahl. Sie erzeugen bekanntlich deshalb ihre Stromwärme so, als ob sie voneinander unabhängig auftreten würden. Dies ergibt sich übrigens aus dem Ansatz:

$$\frac{1}{2\pi}\int_0^{2\pi}[J_k + J_k \sin\omega t]^2 r\, d(\omega t) = J_k^2 r + \frac{J_k^2 r}{2},$$

in dem natürlich:

J_k der Höchstwert des dauernden Kurzschlußstromes und damit der Gleichstrom des plötzlichen ungünstigsten Kurzschlusses,

r der Wicklungswiderstand ist.

Die scheinbar so furchtbare Stromwärme des zusätzlichen Kurzschlußgleichstromes ist glücklicherweise weit weniger gefährlich als sie aussieht. Sie hat einen klar vorgeschriebenen Grenzwert. Sie kann nicht mehr Energie verbrauchen als im zusätzlichen Streufeld aufgestapelt ist.

Der Kurzschlußgleichstrom kann in der Tat nicht auf seiner ursprünglichen Höhe bleiben. Es fehlt die Spannung, die ihn über den Wicklungswiderstand treibt. Er fällt ab, mit ihm sinkt die Linienzahl des Streufeldes. Gerade durch die Verkleinerung der Linienzahl des Streufeldes aber wird jene Spannung induziert, die den Kurzschlußgleichstrom aufrechterhält.

Durch das Abfallen des Kurzschlußgleichstromes fällt das Streugleichfeld. Dieses sich verkleinernde Streugleichfeld gibt seine Energie für die Erzeugung der Stromwärme des Kurzschlußgleichstromes her. Verschwindet das Streugleichfeld, so gibt es auch keine zusätzliche Kurzschlußstromwärme mehr.

Es ist gar nicht schwer, die magnetische Energie des Streugleichfeldes zu berechnen. Sie ist durch den Selbstinduktionskoeffizienten L der Wicklung und den Kurzschlußgleichstrom zu Beginn der Erscheinung J_{gl} bestimmt. Sie beträgt:

$$\frac{L J_{gl}^2}{2} \text{ Wattsek}.$$

Nun ist wohl bei Transformatoren durchwegs der induktive Widerstand der Wicklung $2\pi\nu L$, wenn ν die Periodenzahl ist, erheblich größer als der Ohmsche Widerstand r. Aber bestimmt ist, wenn der Kurzschluß t_k Sekunden dauert

$$\frac{L}{2} J_{gl}^2 \text{ vielmals kleiner als } r \cdot J_{gl}^2 \cdot t_k .$$

Selbst wenn z. B.:

$$2\,\pi\nu L = 4r$$

ist und die Auslösezeit auf nur 2 Sekunden festgelegt wird, ergibt sich ein Verhältnis:

$$\frac{L}{2} J_{gl}^2 = \frac{4r}{4\pi\nu} J_{gl}^2 = \frac{1}{2\pi\nu} \cdot r \cdot J_{gl}^2 \cdot 2 .$$

Die Stromwärme des Gleichstromgliedes des Kurzschlußstromes kommt überhaupt nicht in Betracht. So bedrohlich der zusätzliche Gleichstrom ausgesehen hat, so unscheinbar sind seine Folgen. Das Streufeld hat eben eine verhältnismäßig geringe Energie, während die Stromwärme des Kurzschlusses sehr groß ist.

Die magnetische Energie der Transformatorflüsse wird meist ganz erheblich überschätzt. Noch viel kleiner als die Energie des Streuflusses ist die Energie des Hauptflusses im Kurzschluß. Es hat die gleiche Linienzahl wie der Streufluß, wird aber von einem Strom erzeugt, der nur einige Hundertstel des Nennstromes des Transformators beträgt, während den Streufluß der Kurzschlußstrom erregt, der 20 bis 30mal größer ist als der Nennstrom. Die Induktivität des Hauptflusses ist demnach wohl, sagen wir, 50mal größer als die des Streuflusses, da aber gleichzeitig sein Strom 50 mal kleiner ist, wird seine magnetische Energie 50 mal kleiner sein als die Energie des Streufeldes.

Durch das Aufbrauchen der magnetischen Energie der zusätzlichen Gleichstromflüsse gleitet der plötzliche Kurzschlußstrom rasch in den dauernden Kurzschlußstrom über. Auch der zusätzliche Gleichhauptfluß verschwindet allmählich. Er muß in beiden Wicklungen die ihn erhaltenden Magnetisierungsgleichströme über die Ohmschen Widerstände treiben und verbraucht sich in deren Stromwärme.

Das wichtige Ergebnis der Untersuchung ist die Feststellung, daß für den Überstromschutz des Transformators die Zusatzerscheinungen des plötzlichen Kurzschlusses bedeutungslos sind. Damit sind unklare Vorstellungen über die Gefahren des Kurzschlusses zunächst vom Standpunkt des Überstromproblems auf das richtige Maß zurückgeführt. Die Auslösezeitfrage ist damit endgültig erledigt. Bevor aber noch der zweite Teil des Problems, die Auslösestromfrage in Angriff genommen wird, empfiehlt es sich, zwischendurch das Problem der mechanischen Kurzschlußsicherheit zu besprechen, da es die soeben entworfenen Bilder der Kurzschlußerscheinungen mitbenützen muß.

41. Die Kurzschlußstromkraft.

Die gewaltige Stromwärme ist nicht die einzige Gefahr des Kurzschlusses des Transformators. Mindestens von der gleichen Bedeutung sind die im Kurzschluß auftretenden riesigen Abstoßungskräfte, die, unbewacht, die Konstruktion unfehlbar zertrümmern. Der Betriebsingenieur muß sie kennen, ebenso wie er die Stromwärme des Kurzschlusses kennt.

Es ist bekannt, daß zwei parallele stromdurchflossene Leiter aufeinander Anziehungs- bzw. Abstoßungskräfte ausüben, je nachdem ob sie gleich oder entgegengesetzt gerichtete Ströme führen. Diese mechanischen Kräfte sind gewöhnlich klein. Starke Ströme bringen die Erscheinung erst praktisch zum Ausdruck.

In jedem Transformator bilden nun die Windungen einer der beiden Wicklungen lauter parallele Leiter, die alle gleiche und gleichgerichtete Ströme führen. Sie ziehen sich bekanntlich an. So bildet jede Wicklung einen Körper mit inneren Kräften, die ihn zusammenhalten. In jedem Transformator bilden andererseits die Windungen, die einerseits der Primärwicklung, andererseits der Sekundärwicklung angehören, parallele Leiter, die entgegengesetzt gerichtete Ströme führen. Sie stoßen sich ab.

Es ist leicht verständlich, warum sich immer die Primärwicklung von der Sekundärwicklung zu entfernen sucht. Die beiden Streufelder müssen sich durch den Zwischenraum zwischen den beiden Wicklungen hindurchzwängen (Abb. 50). Sie suchen einen möglichst bequemen Weg und drängen auf Vergrößerung des Wicklungsabstandes. Die in den Streufeldern angehäufte Energie ist jederzeit bereit, die notwendige Verschiebungsarbeit zu leisten.

Es empfiehlt sich, den überaus einfachen Fall zweier paralleler Leiter, die von entgegengesetzt gerichteten Strömen durchflossen werden, genauer anzusehen. Wohl muß man annehmen, wenn man exakt rechnen will, daß diese beiden Leiter unendlich lang sind, kann sich aber dann auf die Länge l [cm] beschränken und nur das so entstehende Teilbild untersuchen (Abb. 51).

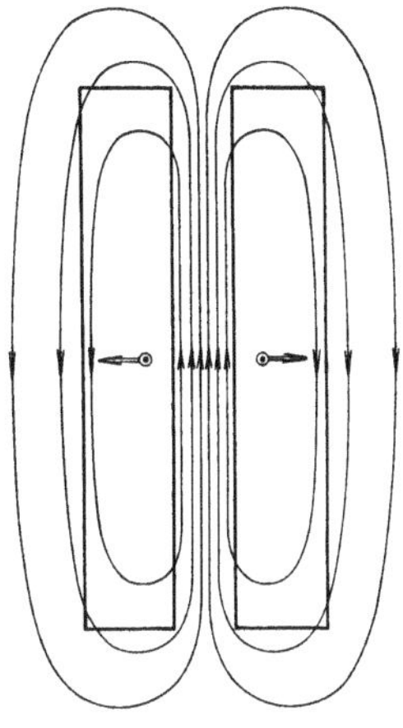

Abb. 50.

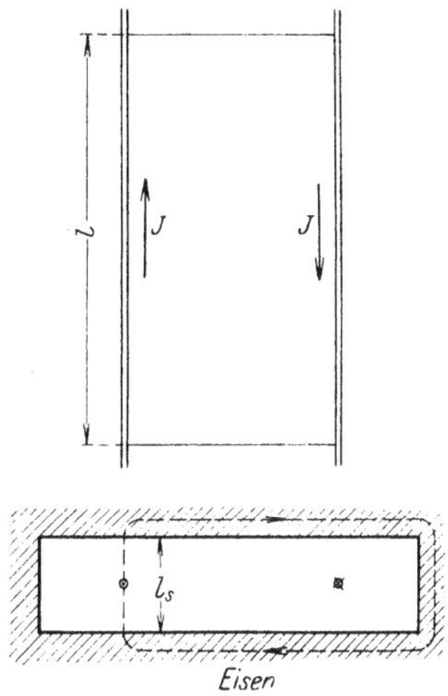

Abb. 51.

Der Strom J [Amp.] erzeugt an der Stelle, wo der zweite Leiter liegt, ein magnetisches Feld von der Liniendichte:

$$\mathfrak{B} = \frac{4\pi}{10} \cdot \frac{J}{l_s},$$

wenn l_s [cm] die Länge der Kraftlinie ist, die gerade den zweiten Leiter schneidet. Die Abstoßungskraft für die Leiterlänge l ist dann bekanntlich:

$$S = \mathfrak{B} \cdot l \cdot J \cdot 10^{-1} = 4\pi \cdot J^2 \cdot \frac{l}{l_s} \cdot 10^{-2}\,\text{Dyn} = \frac{4\pi}{9{,}81} \cdot J^2 \cdot \frac{l}{l_s} \cdot 10^{-7}\,\text{kg}.$$

Das Ergebnis läßt sich ohne weiteres auf den Fall der Kurzschlußstromkraft des Transformators übertragen. Jede der beiden sich abstoßenden Wicklungen kann als ein einziger Leiter betrachtet werden, der von einem Strom durchflossen wird, der der gesamten Kurzschlußdurchflutung der Wicklung gleichkommt. Da immer die beiden Wicklungsdurchflutungen gleich groß sind, ist die Voraussetzung der oben durchgeführten Rechnung erfüllt.

Natürlich muß man mit dem größten Augenblickswert des Stromes rechnen. Nicht der Effektivwert des dauernden Kurzschlußstromes J_k kommt somit in Betracht, auch nicht sein Höchstwert, sondern der doppelte Höchstwert, weil beim plötzlichen Kurzschluß und verschwindend kleinem Ohmschen Widerstand der Wicklung dies der höchste Strom werden kann. So bekommt man für die Durchflutung der Wicklung mit w Windungen:

$$2 \cdot J_k \cdot \sqrt{2} \cdot w \text{ Amper}$$

Für die Leiterlänge ist die mittlere Windungslänge U_m [cm] der beiden Wicklungen einzuführen, für die Streulinienlänge l_s bei Transformatoren ungefähr die Säulenlänge (Abb. 52), wenn die Wicklungen konzentrisch sind, oder die radiale Wicklungshöhe (Abb. 53) bei der Scheibenspulenwicklung.

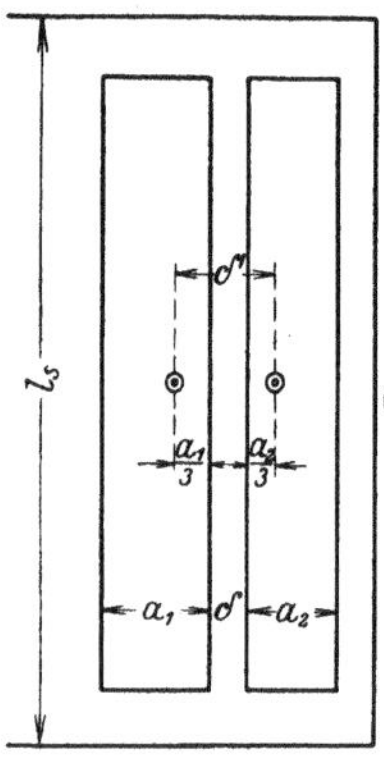

Abb. 52.

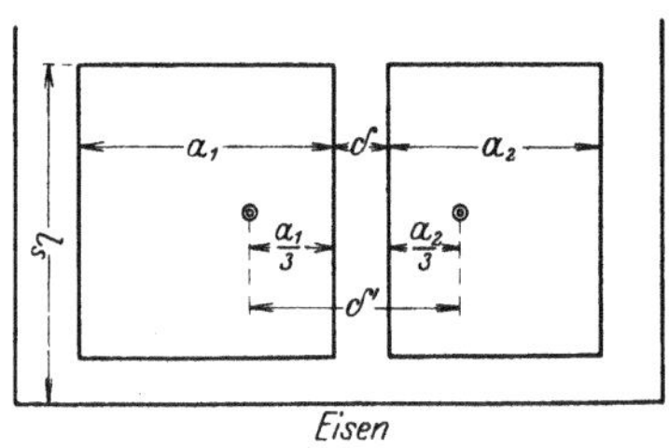

Abb. 53.

So erhält man für die gefürchtete Kurzschlußstromkraft den Ausdruck

$$S = 8 \cdot 4\pi \cdot w^2 \cdot J_k^2 \frac{U_m}{l_s} \cdot 10^{-8} \text{ kg}.$$

Es ist aus den Untersuchungen der Streufelder bekannt, daß man sich die primäre und die sekundäre Wicklung durch je eine Windung ersetzt denken kann, die die volle Wicklungsdurchflutung führt, aber nicht einfach nur durch den Wicklungsabstand voneinander getrennt, sondern beiderseits noch um je ein Drittel der Wicklungsbreite (Abb. 52 und 53). Die beiden Streuflüsse des dauernden Kurzschlusses haben demnach an der engsten Stelle den Querschnitt

$$\delta' \cdot U$$

gemeinsam zur Verfügung und benützen ihn wohl je zur Hälfte. Sie erreichen auf diese Weise je:

$$N_s = \frac{4\pi}{10} \cdot J_k \cdot \sqrt{2} \cdot \frac{w}{l_s} \cdot U_m \cdot \frac{\delta'}{2} \text{ Kraftlinien}.$$

Ebensoviel Kraftlinien erreicht der zusätzliche Gleichfluß des ungünstigsten plötzlichen Kurzschlusses.

Der Streufluß des dauernden Kurzschlusses induziert die Selbstinduktionsspannung von:

$$\frac{2\pi}{\sqrt{2}}\cdot N_s \cdot w \cdot \nu \cdot 10^{-8} \text{ effektiven V},$$

die, wie festgestellt, der halben Betriebsspannung E (Volt) gleichkommt. Die höchste Kurzschlußstromkraft läßt sich demnach auch durch den Ausdruck:

$$S = 12{,}6 \frac{E \cdot J_k}{\nu \cdot \delta'} \text{ kg}$$

bestimmen.

Der dauernde Kurzschlußstrom ist nun durch den normalen Vollaststrom J [Amp.] und die bezogene Kurzschlußspannung e_k (Hundertstel) zu:

$$J_h = J \cdot \frac{100}{e_k}$$

bestimmt, so daß man auch schreiben kann:

$$S = 1{,}26 \frac{E J \cdot 10^3}{\nu \cdot \delta' \cdot e_k} \text{ kg}. \qquad (22)$$

In dieser Schlußgleichung ist:

EJ die Nennleistung einer Säule des Transformators [VA],
ν die Periodenzahl [$\sec^{-1}$],
δ' der ideelle Wicklungsabstand [cm],
e_k die Kurzschlußspannung [vH].

Beispiel: Ein dreiphasiger Transformator für eine Leistung von 16000 kVA bei 50 ~ hatte eine Kurzschlußspannung von 5,6 vH und einen ideellen Luftspalt von 5,4 cm. Beim plötzlichen Kurzschluß kann er einer Stromkraft von:

$$S = 1{,}26 \cdot \frac{16\,000\,000 \cdot 10^3}{3 \cdot 50 \cdot 5{,}4 \cdot 5{,}6} = 4{,}44 \cdot 10^6 \text{ kg}$$

ausgesetzt sein. Über 4000 Tonnen!

Wenn man solche Zahlen sieht, muß man die Frage der mechanischen Kurzschlußsicherheit ernst, sehr ernst sogar, nehmen. Man wird es dem Konstrukteur nicht verübeln, wenn er sich bemüht, zunächst die mögliche Stromkraft durch konstruktive Hilfsmittel herunterzusetzen, bevor er beginnt, sich gegen sie zu verteidigen. Er hat, wie Gl. (22) zeigt, vor allem die Möglichkeit, durch Erhöhung der Kurzschlußspannung e_k eine Erleichterung zu schaffen. Das Mittel ist sehr ausgiebig, denn die größere Kurzschlußspannung setzt einen vergrößerten, ideellen Wicklungsabstand δ' voraus. Durch Verdoppelung der Kurzschlußspannung sinkt somit die Stromkraft sofort auf ein Viertel des ursprünglichen Wertes.

Das Überstromproblem drängt sowohl mit Rücksicht auf die kalorische, als auch mit Rücksicht auf die mechanische Kurzschlußsicherheit zu großen Werten der Kurzschlußspannung. Der Betriebsingenieur, dem die Betriebssicherheit über alles geht, kann dem doppelten Druck nicht widerstehen. Er kann nicht unmögliches verlangen. Eine genügend große Kurzschlußspannung ist eine so dringende Notwendigkeit, daß der erhöhte Spannungsabfall weit zurücktreten muß. Die Gefahr der Kurzschlußstromkraft fällt ohnehin mit der Leistung, da die beanspruchten Querschnitte nur mit der Quadratwurzel aus der Leistung abnehmen, während die Kraft selbst mit der Leistung sinkt, vorausgesetzt, daß man zugibt, daß, wie im 3. Abschnitt ermittelt, die Leistung in einer Typenreihe mit der vierten Potenz der linearen Abmessungen wächst. Je kleiner ein Transformator, um so kleiner darf seine Kurzschlußspannung sein, ganz im Einklang mit den Bedingungen der kalorischen Kurzschlußsicherheit.

42. Einschränkung der Kurzschlußstromkraft.

Unter dem Druck des Betriebsingenieurs hat der Konstrukteur auch noch andere Wege gefunden, um die Größe der Stromkraft zu beschränken, obwohl keine ganz unbedenklichen. Wenn die Kurzschlußspannung e_k nicht vergrößert werden darf, somit auch nicht der ideelle Wicklungsabstand δ', dann bleibt, wie Gl. (22) zeigt, kein anderer Weg mehr als die Verkleinerung der Nennleistung EJ einer Säule.

Zunächst erscheint allerdings die Maßregel unmöglich und sinnlos. Die Leistung muß der Transformator doch zu allererst haben. Aber es ist nicht notwendig, den Transformator vollständig in zwei Transformatoren zu zerlegen, die Leistung kann in einer Konstruktion zerteilt werden.

Macht man z. B. statt der einfachen, konzentrischen Wicklung nach Abb. 54 eine doppelt konzentrische, so ist in der Tat die Stromkrafterscheinung in zwei Hälften zerlegt. Gleichzeitig wird allerdings, wenn der Luftspalt nicht vergrößert wird, die Kurzschlußspannung fast auf die Hälfte heruntergedrückt, da der Streufluß nun in jedem der beiden Wicklungszwischenräume nur noch von der halben Wicklungsdurchflutung erregt wird. Genau das gleiche Ergebnis bringt die Scheibenspulenwicklung (Abb. 55), die aber von vornherein im Nachteil ist, weil sie weit kürzere Streulinien hat als die konzentrische Wicklung.

Die Bestimmungsgleichung (22) läßt sich leicht für den allgemeinen Fall erweitern, daß nicht nur ein Spulenzwischenraum, sondern mehrere, allgemein n vorhanden sind. Sie lautet dann:

$$S = 1{,}26\,\frac{E \cdot J \cdot 10^3}{n \cdot \nu \cdot \delta' \cdot e_k}\,\mathrm{kg}. \tag{23}$$

Die Zerlegung der Wicklung ist eine sehr wirksame Maßregel, aber sie darf nicht mißbraucht werden. Es nützt nichts, die Stromkraft durch mehrere Wicklungszwischenräume herunterzusetzen, um die Kurzschlußspannung dadurch im gleichen Maße zu verkleinern, wenn gleichzeitig die Gefahr des Verbrennens im Kurzschluß furchtbar steigt. Ein Transformator von 2000 kVA Leistung und 3 vH Kurzschlußspannung ist eine Fehlkonstruktion. Der Betriebsingenieur darf sie nicht erzwingen, der Konstrukteur darf sie nicht bauen. Der Transformator darf im Kurzschluß weder explodieren noch verbrennen.

Die Zerlegung der konzentrischen Wicklung ist nötig, wenn die Leistung sehr groß wird. 60000 kVA wird man nicht mehr mit einem einzigen Wicklungszwischenraum bewältigen können. Bei der Scheibenspulenwicklung ist die Zerlegung normal, weil die weit kürzeren Streulinien zu große Kurzschlußspannungen verursachen würden, wenn nur ein Wicklungszwischenraum vorhanden wäre.

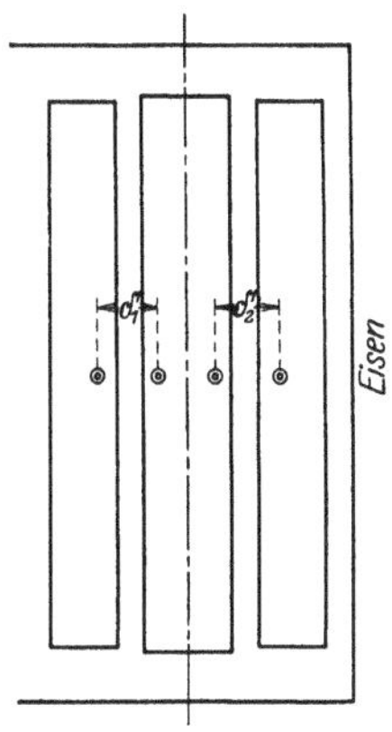

Abb. 54.

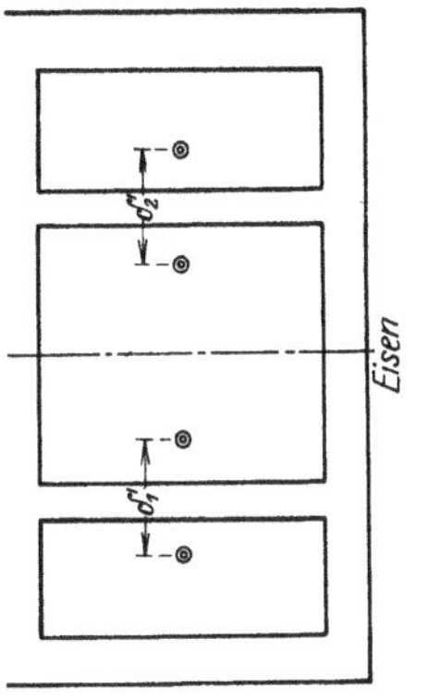

Abb. 55.

Das Problem der mechanischen Kurzschlußsicherheit bringt eine weitere wichtige prinzipielle Entscheidung, die sowohl dem Konstrukteur als auch dem Betriebsingenieur bekannt sein muß. Es ist ein großer Unterschied zwischen der konzentrischen und der Scheibenspulenwicklung. Bei der Scheibenspulenwicklung versucht es die Stromkraft, die Spulen auseinanderzuschieben und eine eigene Tragkonstruktion muß die Wicklung in axialer Richtung zusammenhalten. Bei der konzentrischen Wicklung beansprucht die Stromkraft den äußeren Wicklungszylinder, wie der Dampfdruck die Kesselwand. Hier fällt die mechanische Last auf das Wicklungskupfer, dort auf die Tragkonstruktion.

Es ist nicht die Ersparnis an Baustoffen allein, die der konzentrischen Wicklung den Vorzug gibt. Der tragende Kupferquerschnitt ist sehr groß, er verträgt etwas, die Tragkonstruktion kann nicht leicht mit genügend großen Querschnitten auftreten. Bei großen Leistungen mit ihren großen Kurzschlußstromkräften ist die konzentrische Wicklung die richtige Lösung.

Es entstehen immerhin ganz gewaltige Beanspruchungen im Kupfer. Ein Rechnungsbeispiel gibt auch diesbezüglich den besten Einblick.

Beispiel: Der Transformator für 16000 kVA, dessen Stromkraft oben berechnet wurde, hatte eine äußere Wicklung von 540 Windungen. Der Kupferquerschnitt einer Windung betrug 0,48 cm².

Die ungünstigste Kurzschlußstromkraft, die zu $4{,}44 \cdot 10^6$ kg berechnet wurde, belastet im Durchschnitt jede Windung mit:

$$\frac{4{,}44 \cdot 10^6}{540} = 8220 \text{ kg}.$$

Der gleichmäßig verteilte innere Druck entspricht bekanntlich einer Zugbeanspruchung, die π-mal kleiner ist und zwei Windungsquerschnitte angreift. So ergibt sich eine Zugbeanspruchung des Kupfers von

$$k_2 = \frac{8220}{2 \cdot \pi \cdot 0{,}48} = 2720 \text{ kg/cm}^2.$$

Man sieht, daß das Kupfer auch mechanisch voll ausgenützt ist. Die konzentrische Wicklung ist eine einfache und geradezu ideale Lösung des Problems der mechanischen Kurzschlußsicherheit, aber die berechnete Zugbeanspruchung stellt noch einmal die Gefahren des Kurzschlusses in das volle Licht. Es ist nicht überflüssig, noch einmal das physikalische Bild der Kurzschlußerscheinung durchzusehen, denn der Großtransformatorenbau bringt bereits schwere Tragkonstruktionen auch bei der konzentrischen Wicklungsanordnung. Sind sie wirklich notwendig?

43. Die Stromkraft im plötzlichen Kurzschluß.

Das in den vorangehenden Abschnitten entworfene Bild der Kurzschlußstromkraft entspricht den üblichen Anschauungen. Es enthält das Äußerste, das Schrecklichste, was überhaupt denkbar ist. Natürlich wird der Betriebsingenieur sofort verlangen, daß der mechanische Schutz gegen den Kurzschluß mit den berechneten Kräften rechnet. Noch mehr. Er wird sie als Stoßkräfte behandelt sehen wollen. Außerdem wird er eine mehrfache Sicherheit verlangen, kurz, der Konstrukteur wird kein leichtes Leben haben.

Es ist weniger der übertriebene Aufwand an Konstruktionsmaterial als die Gefahr, daß der Konstrukteur zu unnötiger, mitunter gefährlicher Zerlegung der Wicklung gedrängt wird, die der Betriebslehre die Aufgabe auferlegt, doch noch etwas genauer zuzusehen. Ist es denn wahr, daß der zusätzliche Kurzschlußgleichstrom die zu erwartende Kraft vervierfacht? Ist es wahr, daß die Kurzschlußstromkraft eine Stoßkraft ist? Ist es wahr, daß sich die mechanische Seite des Problems mit der Feststellung der Zulässigkeit der Zugbeanspruchung im Kupfer erschöpft?

Nicht nur praktisch wichtige Ergebnisse erhält man, wenn man die erste Halbperiode des Kurzschlusses unter die Lupe nimmt. Das wirkliche, verfeinerte physikalische Bild ist auch theoretisch von hohem

Wert. Es gibt ein richtiges Maß für die tatsächliche Gefahr der Kurzschlußstromkraft, die ganz erheblich kleiner und doch wieder größer ist, als sie nach den bisherigen Untersuchungen erscheint.

Für die Höhe des dauernden Kurzschlußstromes ist der Ohmsche Widerstand der Wicklung von untergeordneter Bedeutung. Er wurde deshalb mit Recht vernachlässigt. Die Ohmsche Abfallspannung macht zwar selbst bei sehr großen Transformatoren mehr als 10 vH der induktiven Abfallspannung aus, aber der Phasenwinkel von 90^0 macht die Ohmsche Abfallspannung tatsächlich bedeutungslos.

Der Ohmsche Widerstand der Wicklung hat indessen eine ganz erhebliche Bedeutung für die Schnelligkeit des Abklingens des zusätzlichen Kurzschlußgleichstromes und damit für die Höhe des höchsten Gesamtstromes im plötzlichen Kurzschluß.

Es ist bereits festgestellt worden, daß im ungünstigsten Falle des plötzlichen Kurzschlusses neben dem dauernden Kurzschlußstrom auch noch ein Kurzschlußgleichstrom auftritt, der mit dem Höchstwert des dauernden Kurzschlußstromes einsetzt. Der zusätzliche Gleichstreufluß hat demnach die Stärke des dauernden Kurzschlußstreuflusses.

Dieser zusätzliche Gleichfluß klingt mit der Zeit ab. Er induziert dabei eine Spannung, die gerade ausreicht, um jeweils den zusätzlichen Gleichstrom über den Widerstand der Wicklung zu treiben. Bezeichnet man also mit:

Φ_{gl} den Augenblickswert des Gleichflusses zur Zeit t,
w die Windungszahl der Wicklung,
J_{gl} den Augenblickswert des Gleichstromes zur Zeit t,
r den Ohmschen Widerstand der Wicklung,

so bekommt man den Ansatz:

$$-\frac{d\Phi_{gl}}{dt}\cdot 10^{-8}\cdot w = J_{gl}\cdot r\,.$$

Strom und Fluß sind immer einander proportional. Mit den Anfangswerten Φ_0 und J_0 ist demnach die Lösung:

$$\Phi_{gl} = \Phi_0\,\varepsilon^{-\frac{t}{T}}\,,$$

$$J_{gl} = J_0\,\varepsilon^{-\frac{t}{T}}$$

möglich, wenn T die Zeitkonstante der Erscheinung ist. Sie läßt sich leicht zu:

$$T = \frac{\Phi_0\cdot w\cdot 10^{-8}}{J_0 r}\ \text{Sekunden}$$

bestimmen.

Nun ist offenbar:

$$\frac{\Phi_0}{J_0}$$

das Streufeld, das von einem Amper erregt wird, somit:

$$\frac{\Phi_0 w \cdot 10^{-8}}{J_0} = L$$

der Selbstinduktionskoeffizient der Wicklung. Die Zeitkonstante des Kurzschlußgleichstromes ist somit:

$$T = \frac{L}{r} = \frac{2\pi\nu L}{r} \cdot \frac{1}{2\pi\nu} \text{ Sekunden},$$

Sie hängt vom Verhältnis des induktiven und des Ohmschen Spannungsabfalles der Wicklung

$$\frac{2\pi\nu L}{r}$$

ab und liegt bei Transformatoren etwa zwischen den Grenzwerten:

$$\frac{1}{30} > T > \frac{1}{300} \text{ Sekunden},$$

wobei die größeren Werte für größere Leistungen in Betracht kommen. Immerhin sieht man, daß selbst bei Großtransformatoren die Zeitkonstante des Kurzschlußgleichstromes die Dauer zweier Perioden nicht erreicht, und nach höchstens 8 Perioden wird der Gleichstrom praktisch verschwunden sein.

Rechnet man sicherheitshalber mit dem großen Wert

$$T = \frac{1}{25} \text{ Sekunden},$$

so bekommt man das Bild der Abb. 56. Der Gleichstrom ist nach der ersten Halbperiode bereits auf $^3/_4$ seiner ursprünglichen Höhe abgefallen und der Gesamtstrom des plötzlichen Kurzschlusses ist nicht mehr auf den doppelten Wert des Dauerhöchststromes gestiegen, sondern nur noch auf den 1,75fachen. Die Stromkraft geht mit dem Quadrat des Stromes. Sie wurde somit oben sicher im Verhältnis 4 : 3 zu hoch berechnet.

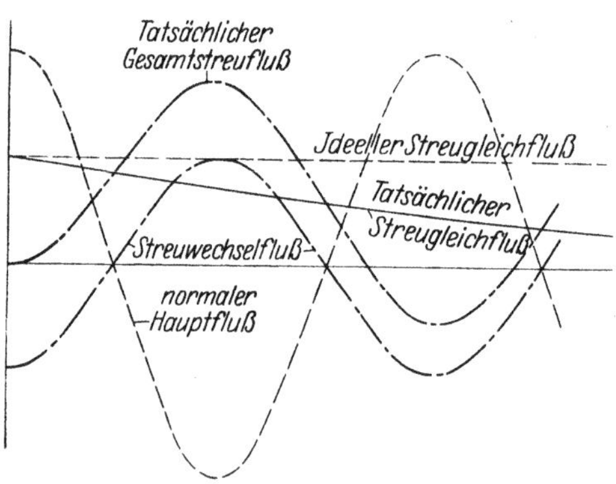

Abb. 56.

Abb. 56 zeigt außerdem sofort, daß von einem Stoß keine Rede ist. Der Kurzschlußstrom fängt mit dem Augenblickswert null an und mit ihm die Stromkraft. Sie wachsen beide während der ersten Halbperiode, fallen dann wieder ab, kommen in der zweiten

Periode nicht mehr so hoch — der zweite „Stromkraftstoß“ ist ungefähr halb so groß wie der erste und klingen rasch auf die Dauerwerte ab.

Diese einfache Betrachtung nimmt der Kurzschlußstromkraft einen erheblichen Teil ihrer Schrecklichkeit weg. Aber das ist noch nicht alles. Ein wichtiger Umstand ist immer noch nicht berücksichtigt worden. Unter dem Einfluß der Kräfte gibt das Material nach, es dehnt sich, die Wicklungsabstände vergrößern sich, der induktive Widerstand der Wicklung wächst, der Kurzschlußstrom muß auch noch durch das mechanische Kräftespiel kleiner werden und mit ihm die Stromkraft. Die Elastizität der Baustoffe, bei der konzentrischen Wicklung des Kupfers muß noch berücksichtigt werden.

44. Stromkraft und Formänderung der Wicklung.

Es ist in der Tat merkwürdig, daß bisher die Theorie der Kurzschlußstromkräfte an der Elastizität der tragenden Stoffe einfach vorbeigegangen ist. Nicht die Kräfte sind das Wesentliche, sondern die Energien. Die Kraft ohne Energievorrat ist ein Schreckmittel, aber kein Schrecken.

Das Bild verschiebt sich sehr erheblich, sobald auch die Formänderungen des Wicklungskörpers berücksichtigt werden, sobald neben der magnetischen Energie auch noch die Formänderungsarbeit ihre volle Rolle einnimmt. Dabei ergeben sich bei der Nachrechnung nicht die geringsten Schwierigkeiten. Die Theorie der Kurzschlußstromkraft läßt sich auch dann ganz einfach durchführen, wenn auch die elastischen Formänderungen mitgenommen werden.

Wesentlich für die Behandlung des erweiterten Kurzschlußkraftproblems ist die Erkenntnis, daß in jedem Falle das Hauptfeld des Transformators der Sekundärwicklung die halbe Betriebsspannung aufdrückt. Dabei wird angenommen, daß die bezogenen induktiven und Ohmschen Spannungsabfälle primär und sekundär gleich groß sind.

Die der Sekundärwicklung vom Hauptkraftfluß im Kurzschluß aufgedrückte Spannung schwingt natürlich mit der normalen Periodenzahl und fängt im ungünstigsten Falle des plötzlichen Kurzschlusses mit dem Augenblickswert null an, weil eben damals der Hauptkraftfluß durch seinen Höchstwert geht. Sie ist t Sekunden später auf der Höhe:

$$E_t = \frac{E}{2} \cdot \sqrt{2} \sin \omega t ,$$

wenn E der Effektivwert der normalen Betriebsspannung der Wicklung und

$$\omega = 2 \pi \nu$$

die elektrische Winkelgeschwindigkeit der Netzspannung ist.

Dieser vom Hauptkraftfluß induzierten Spannung muß jederzeit die vom Gesamtstreufluß N_s erzeugte Gegenspannung das Gleichgewicht halten, wenn, was wieder angenommen werden soll, die Ohmsche Abfallspannung keine Rolle spielt. Hat die Wicklung w Windungen, muß somit:

$$E_t = \frac{d N_s}{d t} \cdot w \cdot 10^{-8}$$

sein.

Der Streufluß N_s ist jederzeit dem Kurzschlußstrom J proportional. Er hat die Höhe:

$$\frac{N_s}{J},$$

wenn nur 1 Ampere die Wicklung durchfließt.

Folglich ist:

$$\frac{N_s}{J} \cdot w \cdot 10^{-8} = L$$

der Selbstinduktionskoeffizient der Wicklung, so daß auch der Ansatz:

$$\frac{E}{2} \cdot \sqrt{2} \sin \omega t = \frac{d(LJ)}{dt}$$

richtig ist.

Die Berücksichtigung möglicher Formänderung des Wicklungskörpers zwingt uns, L als veränderlich anzusehen. Die Wicklung hat selbstverständlich, wenn keine Formänderungen vorhanden sind, ihre normale Induktivität L_0 und der Höchstwert des dauernden Kurzschlußstromes J_k wurde bisher einfach nach der Gleichung

$$2 \pi \nu \cdot L_0 \cdot J_k = \frac{E}{2} \sqrt{2}$$

berechnet.

Führt man nun die ursprüngliche Induktivität L_0 in die Rechnung ein, so bekommt man:

$$- L_0 J_k d(\cos \omega t) = d(LJ)$$

und damit sofort die Lösung:

$$- L_0 J_k \cos \omega t = LJ + C .$$

Die Integrationskonstante C ist leicht zu bestimmen Für

$$t = 0$$

muß natürlich

$$J = 0$$

sein, es ist somit

$$C = - L_0 \cdot J_k ,$$

was endgültig:

$$J_k (1 - \cos \omega t) = J \frac{L}{L_0} \tag{24}$$

gibt.

Gl. (24) entspricht vollständig dem Ergebnis des 39. Abschnittes, wenn Formänderungen vernachlässigt werden, wenn also:

$$L = L_0$$

gesetzt wird. Der Kurzschlußstrom J zerfällt wieder in den Gleichstrom J_k und den Wechselstrom:

$$-J_k \cos \omega t\,.$$

Das vollständige Bild erhält man demnach sofort, wenn die Abhängigkeit des Selbstinduktionskoeffizienten L vom Strom J, bzw. von der Stromkraft des Stromes J ermittelt ist.

Wenn wir an die einfache konzentrische Wicklung nach Abb. 52 denken, so finden wir gleich die Zusammenhänge. Die Stromkraft vergrößert den ursprünglichen ideellen Wicklungsabstand δ_0 nach zwei Richtungen. Sie dehnt als Zugkraft die äußere Wicklung, vergrößert somit ihren Halbmesser um x Zentimeter und drückt die innere Wicklung zusammen, so daß ihr Halbmesser um x Zentimeter kleiner wird. Es handelt sich in beiden Wicklungen um eine verhältnismäßige Längenänderung

$$\frac{2\pi x}{U_m},$$

wenn U_m die mittlere Windungslänge ist.

Mit der Vergrößerung des ideellen Wicklungsabstandes wächst die Vergrößerung der Induktivität proportional. Sowohl die Streulinienlänge als auch die mittlere Windungslänge der ganzen Wicklung ist ja unverändert geblieben. Es ist somit:

$$\frac{L}{L_0} = \frac{\delta_0 + 2x}{\delta_0} = 1 + \frac{2x}{\delta_0}\,.$$

Ist so nach der einen Seite der Anschluß an die elektrischen Größen gewonnen, bietet der Anschluß an die mechanischen Größen keine neuen Schwierigkeiten. Innerhalb der Elastizitätsgrenze ist die bezogene Dehnung bzw. Zusammendrückung der mechanischen Spannung σ (kg/cm²) proportional. Es ist:

$$\frac{2\pi x}{U_m} = \frac{\sigma}{\mathfrak{E}},$$

wenn $\mathfrak{E}$ der Elastizitätsmodul (kg/cm²) des beanspruchten Materials ist.

Bereits im 42. Abschnitt wurde die Spannung σ durch die Stromkraft S (kg) und den Kupferquerschnitt F_k (cm²) der einen Wicklung zu:

$$\sigma = \frac{S}{2\pi \cdot F_k}$$

bestimmt. Die jeweilige Stromkraft S ist weiter nur vom Quadrat des Stromes abhängig, weil sich auch bei Formänderungen die Streulinienlänge und die mittlere Windungslänge der Gesamtwicklung nicht ändert.

Es ist zunächst:

$$x = \frac{U_m}{2\pi\mathfrak{E}} \cdot \frac{S}{2\pi F_x}$$

und endlich

$$x = \frac{U_m}{2\pi\mathfrak{E}} \cdot \frac{S_i}{2\pi F_x} \cdot \left(\frac{J}{2J_k}\right)^2, \tag{25}$$

wenn S_i die im 42. Abschnitt durch Gl. (23) bestimmte ideelle, denkbar höchste Kurzschlußstromkraft ist.

So erhält man für den tatsächlichen Kurzschlußstrom unter vollständiger Vernachlässigung des Ohmschen Widerstandes und unter Berücksichtigung der Formänderungen die Bestimmungsgleichung:

$$J_k(1 - \cos\omega t) = J\left(1 + \frac{U_m}{\pi\cdot\mathfrak{E}} \cdot \frac{S_i}{2\pi F_k} \cdot \frac{J^2}{2J_k^2}\right).$$

Weiter läßt sich die Vergrößerung des ideellen Wicklungsabstandes aus der Gl. (25) sehr einfach berechnen, da

$$\frac{S_i}{2\pi F_k}$$

die bereits im Abschnitt 42 erwähnte ideelle Zugbeanspruchung der äußeren Wicklung ist.

Beispiel: Der Transformator der Beispiele des 41. und 42. Abschnittes hatte folgende Werte:

$U_m = 220$ cm,
$\mathfrak{E} = 1150000$ kg/cm²,
$k_z = 2720$ kg/cm²,

somit hätte er eine Vergrößerung des ideellen Wicklungsabstandes von

$$2x = \frac{2\cdot 220}{\pi\cdot 1{,}15\cdot 10^6}\cdot 2720 = 0{,}33\ \text{cm},$$

d. h.

$$\frac{0{,}33\cdot 100}{5{,}4} = 6\ \text{vH}$$

zu erwarten, wenn er vom doppelten Höchstwert des dauernden Kurzschlußstromes beansprucht wäre. Deshalb kann auch der höchste Augenblickswert des Kurzschlußstromes nicht mehr doppelt so groß sein wie im Dauerzustand, sondern fast um 6 vH kleiner, wobei immer noch das Abklingen des Kurzschlußgleichstromes unberücksichtigt bleibt.

45. Formänderung der Wicklung und Kurzschlußsicherheit.

Die Berücksichtigung der Formänderung der Wicklung im Kurzschluß ergab eine weitere Erleichterung des Problems der Kurzschlußsicherheit, aber ihr eigentlicher praktischer Wert muß erst herausgeschält werden. Er zeigt sich sofort, wenn man den Energiebewegungen nachgeht.

Der Kurzschlußstrom eilt der dem Transformator aufgedrückten Spannung fast um volle 90^0 nach. Hätte die Wicklung keinen Ohmschen Widerstand, würde die Phasenverschiebung genau eine Viertelperiode ausmachen. Das Netz liefert im Kurzschluß nur die Energie, die in der Form der Stromwärme verbraucht wird.

Diese Verlustenergie, so wichtig sie auch für die elektrische Kurzschlußsicherheit sein mag, interessiert weiter nicht mehr, sie ist durch die Bestimmung der zulässigen Auslösezeit hinreichend berücksichtigt worden. Sie ist auch nicht die einzige Energie, die den kurzgeschlossenen Transformator gefährdet.

Innerhalb einer ganzen Periode und damit auf die Dauer, ist nun kein anderer Energiezufluß sichtbar. Betrachtet man aber einmal eine Halbperiode, am besten die erste nach Eintritt des Kurzschlusses, so entdeckt man plötzlich eine ganz gewaltige Energielieferung des Netzes. In dieser ersten Halbperiode des ungünstigsten Kurzschlußfalles steigt z. B. sekundär die vom Hauptfluß erzeugte Spannung, die von außen aufgezwungene Spannung also, von null bis auf ihren Höchstwert, um wieder auf null herunterzusinken. Gleichzeitig erhebt sich der Kurzschlußstrom von null bis auf seinen höchsten Wert. Innerhalb der ganzen Halbperiode ist das Produkt der aufgezwungenen Spannung und des Kurzschlußstromes positiv — es wird vom Netz eine bedeutende Energiemenge zugeführt (Abb. 57).

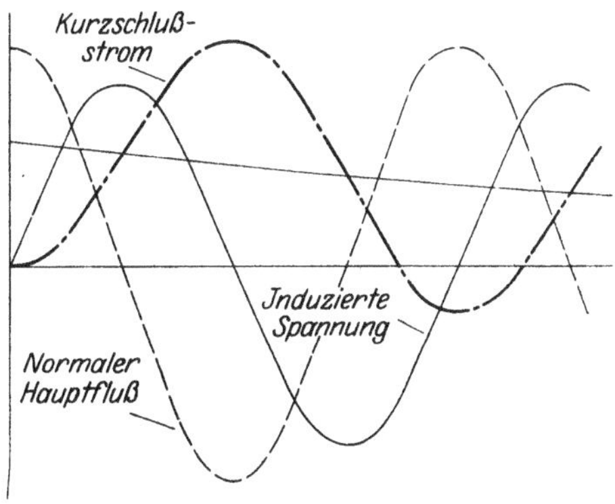

Abb. 57.

Wohin geht diese Energie? Sie wird selbstverständlich im Streufeld als magnetische Energie aufgespeichert. Allerdings nicht dauernd. In der folgenden Halbperiode sinkt der Kurzschlußstrom wieder, mit ihm die Streufeldenergie, die aufgedrückte Spannung ist negativ, der Transformator liefert die Energie wieder ans Netz ab. Genau dasselbe Energiespiel zeigt die Primärwicklung.

Das ist allerdings ein Bild, das auf die Formänderungen der Wicklung keine Rücksicht nimmt, deshalb auch nicht die Formänderungsarbeit enthält. Nur aus Rücksicht auf die Formänderungsarbeit aber hat es überhaupt einen praktischen Wert, die Energiebewegung im Kurzschluß weiter zu verfolgen.

Durch die Vergrößerung des Wicklungsabstandes wird, wie im vorangehenden Abschnitt nachgewiesen, der Kurzschlußstrom gedrosselt (Abb. 58).

Er wird im Verhältnis $\left(1+\frac{2x}{\delta_0}\right):1$ kleiner. Die dem Streufeld innerhalb der ersten Halbperiode zugeführte Energie ist demnach zweifellos nur noch ein:

$$\frac{1}{\left(1+\frac{2\,x}{\delta_0}\right)^2}\text{tel}$$

jener Energie, die bei fehlender Formänderung aufgespeichert wird.

Aber die Energiezufuhr vom Netz ist zu gleicher Zeit nicht im gleichen Verhältnis kleiner geworden. Die aufgedrückte Spannung hat sich nicht geändert. Nur der Strom ist im angegebenen Verhältnis

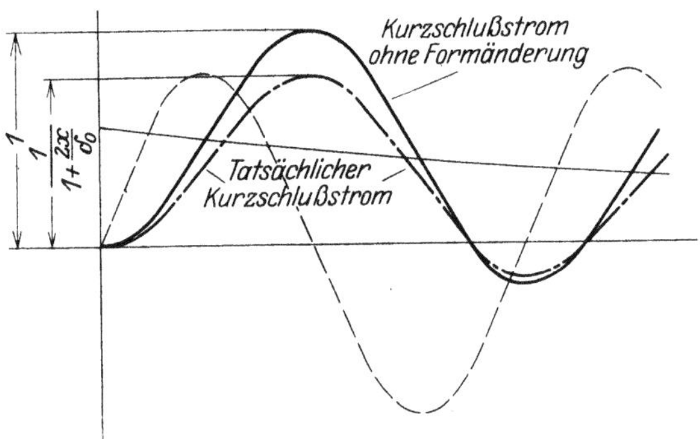

Abb. 58.

kleiner. Etwas ungenau, aber immerhin zufriedenstellend, kann man sagen, daß die Energiezufuhr ein

$$\frac{1}{1+\frac{2\,x}{\delta_0}}\text{tel}$$

beträgt.

Die Energierechnung zeigt einen Fehlbetrag:

$$\frac{1}{1+\frac{2\,x}{\delta_0}}-\frac{1}{\left(1+\frac{2\,x}{\delta_0}\right)^2}=\frac{\frac{2\,x}{\delta_0}}{\left(1+\frac{2\,x}{\delta_0}\right)^2},$$

der selbstverständlich der Formänderungsarbeit, auf die ideale Streufeldenergie bezogen, entspricht.

Obwohl ungenau, ist diese Rechnung von großer Bedeutung. Sie zeigt zunächst, daß nur das Streufeld mit seiner magnetischen Energie den Transformator mechanisch bedroht. Sie zeigt außerdem, daß nur ein Teil dieser Energie für Formänderungsarbeiten zur Verfügung steht.

Der schlimmste Fall ist natürlich derjenige, in dem

$$\frac{\frac{2\,x}{\delta_0}}{\left(1+\frac{2\,x}{\delta_0}\right)^2}$$

seinen höchsten möglichen Wert erreicht. Er ist durch die Formänderung:

$$2x = \delta_0$$

gekennzeichnet. Er stellt die größte Zerstörungsarbeit in Aussicht.

Es ist nützlich, sich den Fall genauer anzusehen. Der Höchstwert des Kurzschlußstromes ist auf die Hälfte heruntergedrückt. Das Streufeld enthält nur noch ein Viertel der Energie, die es bei fehlender Formänderung der Wicklung zugeführt bekommt. Ebenso groß ist die geleistete Formänderungsarbeit.

Nun steht plötzlich das Problem der mechanischen Kurzschlußsicherheit ganz klar. Der Transformator ist explosionssicher, wenn die für die Formänderung verfügbare Energie kleiner ist als die Zerreißarbeit der äußeren Wicklung. Er ist deshalb noch nicht kurzschlußsicher. Die Wicklung kann eine dauernde Dehnung erfahren, ohne deshalb zu zerreißen. Der Transformator ist erst dann wirklich kurzschlußsicher gebaut, wenn die Formänderungen elastisch sind, wenn sich nach jeder Halbperiode der ursprüngliche Wicklungsabstand wieder einstellt, wenn das Netz auch die Formänderungsarbeit immer wieder zurückbekommt.

Sowohl der Konstrukteur als auch der Betriebsingenieur werden darin einig sein, daß der Kurzschluß bleibende Formänderungen nicht bringen darf. Die auftretenden Kräfte müssen innerhalb der sogenannten Proportionalitätsgrenze liegen. Es ist gänzlich verfehlt, die Stromkraft nur einfach der Festigkeitsgrenze des beanspruchten Materials anzupassen. Für die Explosionssicherheit ist damit zuviel getan, für die Kurzschlußsicherheit zuwenig.

Die Explosionssicherheit läßt sich so einfach berechnen, daß es ein Fehler wäre, diese Rechnung hier nicht durchzuführen. Der dauernde Kurzschlußstrom von J'_k effektiven Ampere wird durch die halbe Betriebsspannung von E effektiven Volt und den induktiven Widerstand L_0 der nicht entstellten Wicklung zu:

$$J'_k = \frac{E}{2 \cdot 2\pi\nu L_0}$$

bestimmt. Sein Höchstwert wird beim plötzlichen Kurzschluß theoretisch um 100 vH, in Wirklichkeit um 75 vH, wie im 43. Abschnitt berechnet wurde, überschritten. Der Höchstwert der magnetischen Energie, die das Streufeld aufnehmen kann, ist somit:

$$(\sqrt{2} \cdot 1{,}75 \cdot J'_k)^2 \cdot \frac{L_0}{2},$$

und ein Viertel davon ist höchstens für die Formänderungsarbeit zur Verfügung.

Rechnet man mit dem normalen Vollaststrom J und der bezogenen Kurzschlußspannung e_k (vH), so daß

$$J_k' = \frac{100\,J}{e_k}$$

wird, bekommt man leicht die verfügbare Zerstörungsenergie zu:

$$\frac{6\,EJ}{\nu \cdot e_k} \text{ Wattsek}$$

in Abhängigkeit von der Nennleistung EJ einer Säule des Transformators.

Diese Zerstörungsenergie darf nicht 8000 Wattsekunden für je ein Kilogramm Kupfer der äußeren Wicklung erreichen, sonst explodiert der Transformator. Hat somit diese äußere Wicklung G_k Kilogramm Kupfer, so muß:

$$G_k > \frac{0{,}75 \cdot E \cdot J \cdot 10^{-3}}{\nu \cdot e_k}.$$

Beispiel: Der bereits öfters untersuchte Transformator für 16000 kVA bei 50 Perioden und 5,6 vH Kurzschlußspannung müßte in der äußeren Wicklung mindestens:

$$\frac{0{,}75 \cdot 16\,000}{3 \cdot 50 \cdot 5{,}6} = 14 \text{ kg Kupfer}$$

haben. Er ist offenbar sehr explosionssicher gebaut, hat aber bereits eine bedeutende Zugbeanspruchung im Kupfer.

46. Die wirkliche Stromkraftgefahr.

Das Rechnungsbeispiel des letzten Abschnittes gibt ein sehr überraschendes Ergebnis. Die verfügbare Zerstörungsarbeit reicht kaum für $^1/_{40}$ des Wicklungskupfers aus. Andere praktische Fälle werden kaum ein wesentlich anderes Bild geben: die Explosionsgefahr ist bei Transformatoren mit konzentrischer Wicklung praktisch gar nicht vorhanden.

Diese umstürzlerische Behauptung wird durch die Erfahrungstatsachen nicht widerlegt. Dem Verfasser ist kein einziger Fall bekannt, daß ein Transformator mit konzentrischer Wicklung im Kurzschluß zerrissen worden wäre. Heftige Ölbewegungen, Entstellungen des Ölkessels, Vergrößerungen des Wicklungsabstandes sind möglich, die Wicklung zerreißt nicht.

Was anderes ist es mit der Scheibenspulenwicklung, die nur mit Schraubenbolzen zusammengehalten wird. Da ist eine viel kleinere Zerstörungsenergie notwendig und mitunter auch vorhanden. Aber man baut eben große Transformatoren fast ausschließlich mit konzentrischer Wicklung.

Die im Kurzschluß explodierende Wicklung rückt ins Land der Märchen und die mechanische Kurzschlußgefahr scheint ins Nichts zusammenzusinken. Aber die Natur ist voller Tücken. Was die Kurzschlußkraft auf der einen Seite an Bedeutung verliert, gewinnt sie auf der anderen Seite wieder. Sie kann die Wicklung nicht zerreißen, aber sie kann sie stark entstellen.

Wenn die Stromkraft vom Wicklungskupfer aufgenommen wird, bringt sie in den Windungen der äußeren Wicklung Zugspannungen hervor. Diese Zugspannungen, ohne Rücksicht auf die Formänderungen berechnet, können, wie jetzt feststeht, die Zugfestigkeit des Kupfers erreichen und überschreiten, ohne die Wicklung zu zerreißen. Aber sie bringen dauernde Dehnungen, wenn sie nicht unterhalb der Proportionalitätsgrenze bleiben.

Das Unglück will es, daß, strenggenommen, das Kupfer überhaupt keine Proportionalitätsgrenze hat. Schon bei geringen Belastungen entstehen bleibende Dehnungen. Geht man weniger streng zu Werke, so wird man die Proportionalitätsgrenze mit 500 kg/cm² ansetzen, denn sie fällt mit der Temperatur.

Sehr viele neuzeitige Großtransformatoren sind gar nicht mechanisch kurzschlußsicher. Auch der Transformator unserer Beispiele nicht. Sie beanspruchen das Kupfer viel zu hoch. Wohl muß die Bestimmungsgleichung (23) im Hinblick auf das rasche Abklingen des Kurzschlußgleichstromes in die praktisch genügende Form:

$$S = \frac{E \cdot J \cdot 10^3}{n \cdot v \cdot \delta' \cdot e_k} \tag{23a}$$

gebracht werden. Aber das mechanische Kurzschlußproblem steht trotzdem sehr ernst.

Wenn dem Kupfer im Kurzschluß mehr als 500 kg/cm² zugemutet werden, bleibt kein anderer Ausweg, als starke Bandagen der äußeren Wicklung, die einen erheblichen Teil der Stromkraft zu übernehmen imstande sind. Bleibende Formänderungen müssen eben um jeden Preis vermieden werden.

Die innere Wicklung steht bei konzentrischer Anordnung unter Druck. Sie muß sehr verläßlich gegen das Säuleneisen abgestützt werden, sonst wird sie ebenfalls entstellt. Je weniger aber die innere Wicklung nachgeben kann, um so mehr ist die äußere Wicklung in Gefahr.

Großtransformatoren werden in neuerer Zeit verständigerweise mit starken Bandagen der äußeren Wicklung gebaut. Man findet sogar kräftige Eisenkonstruktionen, die die äußere Wicklung wie in einem Käfig festhalten.

Besser als bekämpfen ist indessen vorbeugen. Die Kurzschlußspannung muß genügend groß gemacht werden. Immer wieder tritt diese Forderung auf. Sie muß vom Betriebsingenieur gehört und berücksichtigt werden.

Ganz besonders rächt sich ein zu kleiner ideeller Wicklungsabstand bei kleinen Verschiebungen der beiden konzentrischen Wicklungen gegeneinander, und zwar in der Richtung der Säulenachse (Abb. 59). Die Stromkraft bekommt dann eine axiale Komponente, die wenig Widerstand findet. Sie ist verhältnismäßig um so bedeutender, je kleiner der Wicklungsabstand ist.

Strenge Symmetrie, gleiche axiale Länge beider Wicklungen sind ein dringendes Gebot. Nun kommen aber axial gleich lange Wicklungen leicht in Gefahr, ungleich lang zu werden, wenn Anzapfungen vorhanden sind. Eine Anzapfung schaltet ein Ende der Wicklung ab.

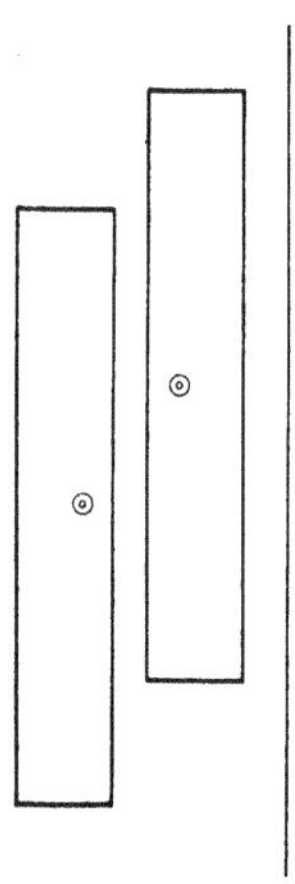

Abb. 59.

Große Transformatoren sollen deshalb die Anzapfungen in der Säulenmitte haben. Abgeschaltete Wicklungsteile dürfen die Symmetrie um den Wicklungszwischenraum nicht stören.

Es ist eine große Erleichterung für den Großtransformatorenbau, daß sehr große Einheiten mit dem sie versorgenden Generator eine elektrisch selbständige Gruppe bilden. Große Generatoren werden erst auf der Sekundärseite ihrer Transformatoren parallel geschaltet. Wenn daher ihr Transformator kurzgeschlossen wird, geraten sie gleichzeitig selbst in den Kurzschluß.

Natürlich läßt der mittelbar kurzgeschlossene Generator nach und hält auf der Primärseite des Transformators nicht mehr die Betriebsspannung. Dadurch wird die Kurzschlußerscheinung stark gedämpft und die Gefahr erheblich verkleinert. Je größer überhaupt ein Transformator, um so schwerer legt er sich im Kurzschluß auf das Netz. Das nimmt dem Kurzschlußproblem immerhin einen Teil des Schreckens.

47. Einphasiger Kurzschluß.

Bisher wurde durchwegs nur der dreiphasige Kurzschluß des Drehstromtransformators untersucht. Aber dreiphasige Kurzschlüsse sind selten. Der häufigste Fall ist der einphasige Kurzschluß, also der Erdschluß.

Es wäre verfehlt, einfach den Kurzschluß sein zu lassen, ohne sich zu überzeugen, wie die Verhältnisse tatsächlich liegen. Eins fällt beim einphasigen Kurzschluß sofort auf. Die kurzgeschlossene Säule müßte nur noch ungefähr den halben Kraftfluß führen, was unmöglich ist. Die drei Säulenflüsse sind eben in Sternschaltung zusammengefügt.

Eigentlich ist der einphasige Kurzschluß nur ein besonderer Fall der im 27. Abschnitt behandelten einphasigen Belastung. Der dauernde einphasige Kurzschlußstrom belastet primär alle drei Phasen. Nach Abb. 10 zeigt die betroffene Säule primär $^2/_3$ der sekundären Kurzschlußdurchflutung.

Man denke sich nun neben diesen $^4/_6$ der Kurzschlußdurchflutung noch ein weiteres positives und gleichzeitig ein weiteres negatives Sechstel. Das letzte Sechstel ist mit der Sekundärdurchflutung gleichgerichtet, schafft mit ihr also eine anziehende Stromkraft. Die abstoßende Stromkraft wird beiderseits von je $^5/_6$ der Sekundärdurchflutung genährt. Im ganzen ergibt sich eine abstoßende Stromkraft entsprechend

$$\left(\frac{5}{6}\right)^2 - \left(\frac{1}{6}\right)^2 = \frac{2}{3}$$

der Kraft des dreiphasigen Kurzschlusses.

Das einfache Bild, dem wir das merkwürdige Ergebnis, daß der einphasige Kurzschluß um ein Drittel weniger gefährlich ist als der dreiphasige, entnommen haben, ist ziemlich roh. Es berücksichtigt weder das starke einphasige magnetische Zusatzfeld, das wir von der Untersuchung einphasiger Belastungen her kennen, noch die Aufteilung des primären Spannungsabfalles auf alle drei Säulen, das im 27. Abschnitt beschrieben worden ist.

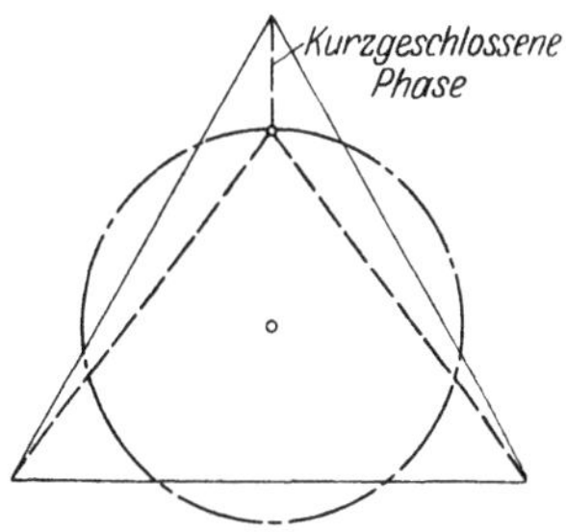

Abb. 60.

Die Abb. 15 entspricht einer induktionsfreien einphasigen Belastung, wenn der Transformator beiderseits in Stern geschaltet ist. Der Kurzschluß ist eine fast rein induktive Belastung. Ihm entspricht somit ein Vektorenbild nach Abb. 60. Die Phasenspannung der kurzgeschlossenen Säule wird unmittelbar verkleinert, die beiden anderen Phasenspannungen vergrößert. Aber die Entstellung des Spannungssystems muß sogar sehr stark sein, denn schon der Nennstrom bringt ein beachtenswertes Zusatzfeld hervor.

Es sieht zunächst überhaupt so aus, als würde die Phasenspannung der kurzgeschlossenen Säule einfach verschwinden, so stark muß der einphasige Zusatzfluß des normalen Kurzschlußstromes angenommen werden. Aber mit der Spannung sinkt natürlich auch der Kurzschlußstrom und damit wieder der zusätzliche Spannungsabfall. Schließlich muß in der Abb. 60 der Nullpunktkreis jedenfalls innerhalb der Ecken des Spannungsdreieckes bleiben.

Die Erscheinung läßt sich rechnerisch nicht verläßlich verfolgen. Sicher ist es, daß bei der Stern-Stern-Schaltung der einphasige Kurzschluß fast bedeutungslos wird. Seine Stromkraft wird vielleicht nur noch etwa 30 vH jenes Wertes erreichen, mit der der dreiphasige Kurzschluß droht, und im gleichen Verhältnis ist die Stromwärme kleiner geworden.

Die Stern-Stern-Schaltung ohne primären Nulleiter ist auf diese Weise ein Segen für den einphasig kurzgeschlossenen Transformator, während sie bei Lichtbelastungen ein Fluch werden konnte. Gerade deshalb aber ist die Dreieck-Stern-Schaltung im einphasigen Kurzschluß nachteilig, weil sie ihn auf eine einzige Säule zusammendrängt, so daß er ungefähr die gleichen Folgeerscheinungen bringt wie der dreiphasige Kurzschluß.

Der einphasige Kurzschluß hängt merkwürdigerweise nach all dem innig mit der Lichtbelastung zusammen, und es ist gewiß nützlich, ein gemeinsames Bild mit einigen wenigen Strichen zu zeichnen. Dieses gemeinsame Bild ist für den Betriebsingenieur schon deshalb wichtig, weil er schon beim Ankauf des Transformators an alles denken muß.

Jede einseitige Belastung, die einphasige Lichtbelastung vor allem, bringt ein zusätzliches einphasiges magnetisches Feld hervor, das in unangenehmer Weise das Spannungssystem entstellt. In den Abschnitten 27 und 28 sind die Folgeerscheinungen des Zusatzfeldes eingehend untersucht worden. Der Betriebsingenieur will ihnen im normalen Betrieb selbstverständlich entgehen, deshalb wählt er für den Lichtbetrieb die Dreieck-Stern- oder die Stern-Zick-Zack-Schaltung.

Reine einphasige Belastungen sind selbst im ausschließlichen Lichtbetrieb selten. Sie werden um so seltener, je größer das vom Transformator versorgte Netz oder Netzteil ist. Sie verlieren noch mehr an Bedeutung, wenn neben Lampen auch Motoren im Netz auftreten. Ganz allgemein wächst demnach, schon nach den Gesetzen der Wahrscheinlichkeit, die Gleichmäßigkeit der Lastaufteilung auf die drei Phasen mit zunehmender Leistung des Transformators.

Auf der anderen Seite wächst mit zunehmender Leistung die Kurzschlußgefahr in ihrer kalorischen und mechanischen Doppelgestalt. Die Rücksicht auf ungleichmäßige Belastung weicht beim Wachsen des Transformators allmählich der Rücksicht auf die Kurzschlußsicherheit. Das muß sich praktisch so ausdrücken, daß für große Leistungen die Stern-Stern-Schaltung ohne primären Nulleiter die gegebene Schaltung ist, für kleinere Leistungen die Lichtschaltungen. Das muß dem Betriebsingenieur immer vor den Augen stehen, wenn ein Transformator angeschafft werden soll.

Die weitaus größere Häufigkeit einphasiger Kurzschlüsse gegenüber dreiphasigen Kurzschlüssen ist ein wertvoller Schutz großer Transformatoren, der es erklärlich macht, daß verhältnismäßig wenig Kurzschlußbeschädigungen vorkommen, obwohl noch vielfach unzulänglich konstruiert und gesichert wird. Sie nimmt überhaupt dem Kurzschlußproblem einen großen Teil seiner Schärfe.

Bedenklich erscheint, wenigstens auf den ersten Blick, eine noch nicht erwähnte Folgeerscheinung des einphasigen Kurzschlusses, die der Abb. 60 ohne weiteres abgelesen werden kann. Die Phasenspannungen der vom Kurzschluß direkt nicht betroffenen Säulen wachsen nicht unerheblich. Sie könnten schwere Schädigungen der Verbrauchsapparate bringen, wenn sie bleiben würden. Aber der Kurzschluß wird nach einigen Sekunden ohnehin unterbrochen. Praktisch dürfte daher die Spannungserhöhung wenig bedeuten.

Gegenüber den Folgen des im einphasigen Kurzschluß auftretenden zusätzlichen einphasigen Flusses tritt die oben erwähnte zweite Begleiterscheinung, das Aufteilen des primären Spannungsabfalles auf der betroffenen Säule, wie sie im 27. Abschnitt beschrieben wurde, mehr in den Hintergrund. Immerhin ist es erwähnenswert, daß sie den Kurzschlußstrom unterstützt. Sie arbeitet gewissermaßen dem Zusatzfluß entgegen. Sie schwächt aber gleichzeitig die Spannungserhöhung in den gesunden Phasen, was gewiß auch ein Vorteil ist.

Das Gesamtbild bringt trotzdem eine ganz erhebliche Dämpfung des Kurzschlusses als Ergebnis. Der Transformator entzieht, wie aus Selbsterhaltungstrieb, der verunglückten Phase die treibende Spannung. Er schützt sich selbst viel wirksamer als ihn irgendein Schutzapparat sichern könnte. Übrigens ist ja auch im dreiphasigen Kurzschluß die Formänderung der Wicklungsanordnung ein Akt des Selbstschutzes. Ein fesselndes Bild.

48. Zweiphasiger Kurzschluß.

Dem einphasigen Kurzschluß nimmt ein ausgezeichneter Schutzapparat einen weiteren Teil seiner Schärfe, der gar nicht als Überstromschutz gedacht ist, trotzdem aber hier erwähnt werden muß: die Erdschlußdrosselspule. Ihre eigentliche Aufgabe erfüllt sie Überspannungen gegenüber, sie soll auch deshalb an einer späteren Stelle genauer untersucht und geprüft werden.

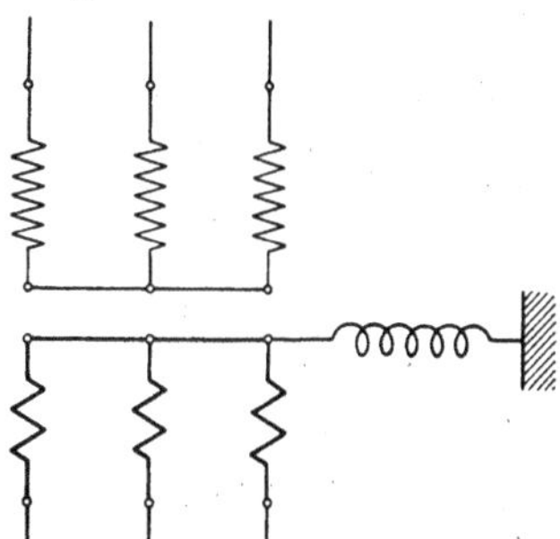
Abb. 61.

Die Erdschlußspule wird nach Abb. 61 zwischen den Nullpunkt der Wicklung und Erde eingebaut und stört im normalen Betrieb in keiner Weise. Tritt nun in irgendeiner Phase Erdschluß auf, springt sie sofort helfend herbei, sie vergrößert die Induktivität der kurzgeschlossenen Phase.

Die Folgen sind so durchsichtig, daß es gar nicht notwendig ist, sie ausdrücklich zu beschreiben. Jede Vergrößerung der Induktivität der Wicklung ist willkommen, weil sie die Höhe des Kurzschlußstromes herunterdrückt. Ganz besonders angenehm ist aber eine Vergrößerung der Induktivität, die nur im Kurzschluß, nur im Bedarfsfalle auftritt, ohne gefährliche Entstellungen der Wicklungsanordnung zu bringen, die im normalen Betrieb den Spannungsabfall des Transformators nicht vergrößert.

Die Erdschlußspule hat als Überstromschutzapparat allerdings nur dann einen wirklichen praktischen Wert, wenn ihre Induktivität von der Größenordnung der Induktivität der Transformatorwicklung ist. Diese eine Forderung soll beim Entwurf der Erdschlußspule berücksichtigt werden, wenn es möglich ist. Entscheidend kann diese Forderung nicht sein, denn, wie bereits erwähnt, die eigentliche Aufgabe der Spule liegt anderswo. Aber die Forderung soll bei der Lösung dieser Hauptaufgabe mitberücksichtigt werden.

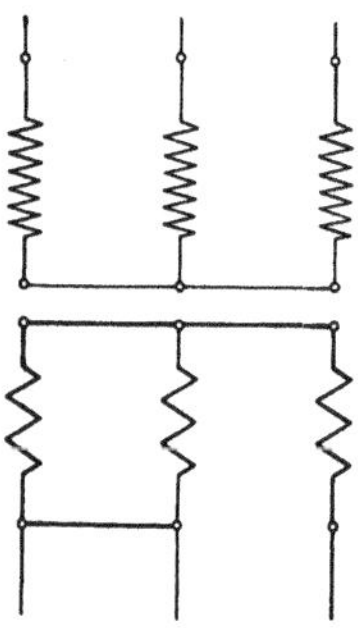

Abb. 62.

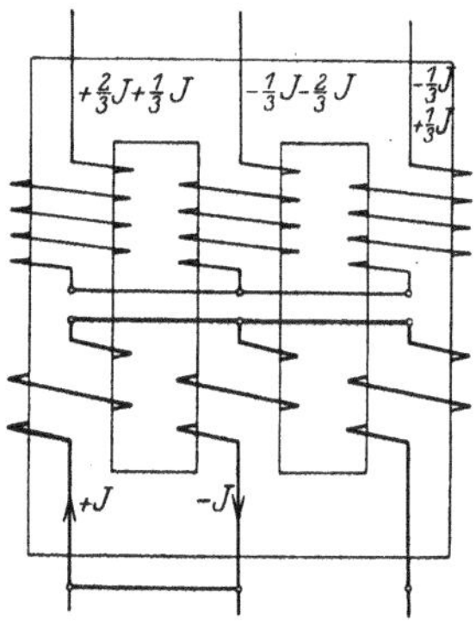

Abb. 63.

Neben dem einphasigen Kurzschluß, der hiermit erledigt ist, kommt noch der zweiphasige nach Abb. 62 sehr in Betracht. Auch er verdient es, genauer angesehen zu werden. Der Untersuchung bringt er keine besonderen Schwierigkeiten, denn man kann ihn einfach auf zwei einphasige Kurzschlüsse zurückführen.

Natürlich sind beim zweiphasigen direkten Kurzschluß nach Abb. 63 die beiden Phasenströme gleich groß und in Gegenphase. In zwei einphasige Kurzschlüsse aufgelöst, ergibt der zweiphasige Kurzschluß die Stromverteilung nach Abb. 63, die unter Zuhilfenahme der Abb. 10 leicht verständlich ist.

Der zweiphasige Kurzschluß an den Sekundärklemmen läßt die dritte Phase offenbar unberührt. Trotzdem ist er nicht ebenso gefährlich wie der dreiphasige Kurzschluß, denn nun sind die induktiven Widerstände beider Phasenwicklungen in Serie geschaltet, während die Spannungen natürlich nicht in Phase sind. An Stelle der doppelten Phasenspannung tritt die verkettete Spannung.

Der Kurzschlußstrom des zweiphasigen Klemmenkurzschlusses ist offenbar im Verhältnis:

$$1 : \frac{\sqrt{3}}{2}$$

kleiner als der Kurzschlußstrom des dreiphasigen Kurzschlusses. Sowohl die Stromwärme als auch die Stromkraft betragen somit nur noch 75 vH jener Werte, die uns von der Untersuchung des dreiphasigen Kurzschlusses her bekannt sind.

Weniger wahrscheinlich, aber immerhin möglich, ist der zweiphasige Erdschluß, der ein etwas anderes Bild ergibt als der zweiphasige Klemmenkurzschluß. Ihm entspricht die Abb. 64. Diesmal sind natürlich die beiden Kurzschlußströme noch immer in Gegenphase, hinzugekommen ist lediglich der Verbindungswiderstand der Erde.

Man kann diese zweite Art des zweiphasigen Kurzschlusses nicht anders einschätzen als den direkten zweiphasigen Klemmenkurzschluß. Der Widerstand der Erde ist eine sehr unverläßliche Größe, mit der man nicht rechnen kann.

Der Gesamtüberblick über die verschiedenen Kurzschlußfälle ergibt das bemerkenswerte Ergebnis, daß eine Art Gerechtigkeit auch dieses rein materielle Gebiet beherrscht. Einphasige Kurzschlüsse sind im Betrieb unvermeidlich. Die sorgfältigste Betriebsführung ist Erdschlüssen gegenüber machtlos. Sie werden nicht sehr schwer bestraft, die Natur hilft selbst, weil sie das Unglück meist selbst verschuldet hat.

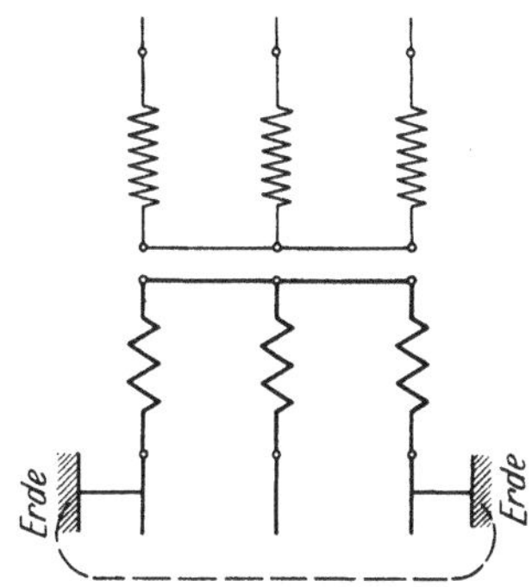

Abb. 64.

Der zweiphasige Kurzschluß ist in überwiegenden Fällen die Folge der Unachtsamkeit oder der Ungeschicklichkeit. Fehlschaltungen sind bei genügender Sorgfalt vermeidlich, somit unnötig. Sie werden ernst geahndet, die Folgen zweiphasiger Kurzschlüsse sind ganz erheblich schwerer als die Folgen einphasiger Schlüsse.

Der dreiphasige Kurzschluß ist und kann nur eine Seltenheit sein. Es gehört eigentlich schon Bosheit oder aber ein ganz besonderes Maß von Ungeschick, allerdings auch ein wenig wahrscheinliches Zusammentreffen von unglücklichen Zerfällen dazu, um einen Transformator dreiphasig kurzzuschließen.

Der dreiphasige Kurzschluß ist gerechterweise der schlimmste Kurzschluß. Wenn der gewissenhafte Betriebsingenieur gegen diesen unangenehmsten Kurzschluß gerade zur Not gerüstet ist, hat er seine Pflicht voll erfüllt, er wird dann damit rechnen dürfen, daß seine Transformatoren mit genügender Sicherheit arbeiten und nicht so bald in Gefahr kommen, von einem Betriebskurzschluß beschädigt zu werden.

49. Der Einschaltstrom.

Der Kurzschlußstrom, der in den vorangehenden Abschnitten studiert wurde, ist der höchste mögliche dauernde Betriebsstrom des Transformators, er bestimmt die Auslösezeit der Überstromschutzapparate.

Er drängt auf sehr kurze Auslösezeiten. Aber man kann den Überstromschutz nicht so einrichten, daß jeder gefährliche Strom praktisch sofort abgeschaltet wird. Ganz abgesehen von immer wieder vorkommenden, mäßigen, unvermeidlichen Stromstößen des Betriebes gibt es vor allem eine merkwürdige Art von Überstrom, der auch den vollständig unbelasteten Transformator treffen kann und zwar im Augenblicke des Anschaltens an das primäre Netz.

Es ist natürlich der Magnetisierungsstrom, der ausarten kann, ein anderer Strom ist bei fehlender Belastung unmöglich. Überraschend ist es, daß dieser sonst bescheidene Strom, der normal kaum 10 vH des Vollaststromes des Transformators erreicht, unter Umständen in der ersten Periode nach dem Einschalten den Vollaststrom weit übersteigen, ja sogar den gefürchteten Kurzschlußstrom übertreffen kann.

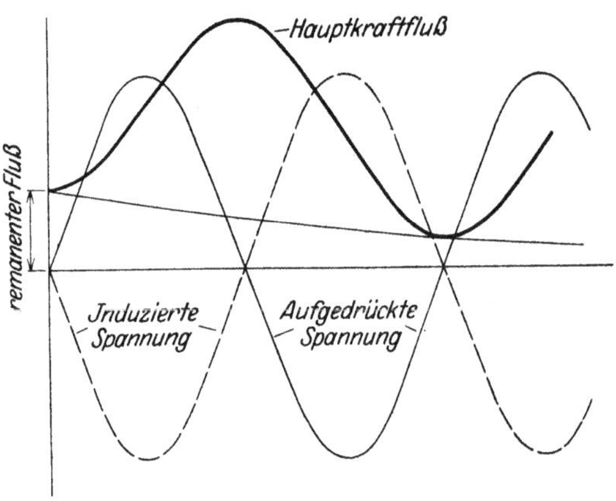

Abb. 65.

Man kann dem Einschaltstrom nicht einfach mit dem gewöhnlichen Überstromschutz zuleibe gehen. Man schaltet den Transformator nicht deshalb ein, damit ihn der Schutzapparat wieder ausschaltet. Der Transformator muß eingeschaltet bleiben. Es ist zwar richtig, daß die Höhe des Einschaltstromes vom Zufall abhängt. Wir werden sehen, daß der Augenblickswert der beim Einschalten der Primärwicklung aufgezwungenen Spannung die Größe der Schwierigkeiten bestimmt. Aber es geht nicht an, einfach so oft das Einschalten zu versuchen, bis man Glück hat. Das Einschaltproblem ist entschieden ein Überstromproblem, das ordentlich erledigt werden muß.

Es ist nun nicht schwer nachzuweisen, daß sich im Einschaltaugenblick tatsächlich große Schwierigkeiten ergeben können. Ein besonders einfaches Bild ergibt sich, wenn vorläufig der Ohmsche Widerstand der Primärwicklung vernachlässigt wird.

Merkwürdigerweise ist es am gefährlichsten, wenn die Netzspannung im Augenblick des Einschaltens gerade durch null geht. Dieser Fall soll deshalb zuerst untersucht werden. Die aufgedrückte Spannung soll vom Einschaltaugenblick an wachsen.

Der aufgedrückten Spannung muß in der Primärwicklung jederzeit die vom Kraftfluß induzierte Gegenspannung das Gleichgewicht halten.

Diese Gegenspannung muß somit ebenfalls mit dem Wert null beginnen und in der ersten Viertelperiode dem negativen Höchstwert zustreben. Der sie erzeugende Kraftfluß müßte ihr um eine Viertelperiode voreilen, er müßte mit seinem negativen Höchstwert beginnen und in der ersten Viertelperiode auf den Wert null abnehmen.

Im Einschaltaugenblick ist kein Kraftfluß vorhanden, außer der des remanenten Magnetismus. Wie dieser von früher her vorhandene Fluß ist, hängt ganz vom Zufall ab. Er kann dem benötigten sogar entgegengesetzt sein.

Nichtsdestoweniger ist die zeitliche Änderung der Kraftlinienzahl des Kraftflusses durch das elektrische Gleichgewicht streng vorgeschrieben. Die Höhe des Kraftflusses im Einschaltaugenblick ist für dieses Gleichgewicht nebensächlich, die Geschwindigkeit der Zunahme der Kraftlinienzahl ist die Hauptsache. So entsteht das einzige mögliche Zeitbild der Abb. 65.

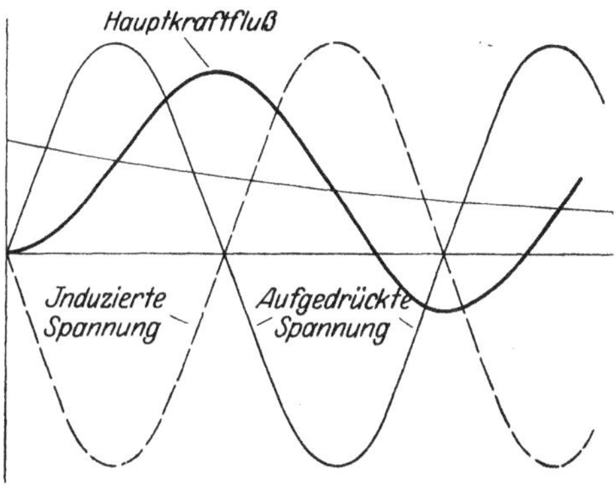

Abb. 66.

Ohne remanenten Magnetismus ergäbe sich die einfachere Abb. 66, die sofort erkennen läßt, daß im Eisenkern mit der doppelten Liniendichte gerechnet werden muß. Der remanente Magnetismus kann im schlimmsten Falle die Liniendichte bis zur dreifachen Höhe des normalen Betriebes treiben.

Nun ist es verständlich, daß der Magnetisierungsstrom fruchtbar ausarten kann. Schon der doppelten Liniendichte entspricht eine derartige Vergrößerung des notwendigen Magnetisierungsstromes, daß das Schlimmste zu erwarten ist. Der Magnetisierungsstrom muß aber die erzwungenen Kraftflußwerte hervorbringen, sonst bricht das elektrische Gleichgewicht zusammen.

Man kann sich leicht davon überzeugen, daß der Zufall eine sehr große Rolle spielt, wenn man sich auch den Fall ansieht, daß der Spannungshöchstwert aufgeschaltet wird. Natürlich muß in diesem Falle auch die induzierte Gegenspannung der Primärwicklung mit ihrem Höchstwert beginnen. Das hat nun zur Folge, daß der Kraftfluß im Einschaltaugenblick durch null gehen muß.

Ist diesmal kein remanenter Magnetismus vorhanden, entsteht sofort das geordnete physikalische Spiel des Dauerbetriebes (Abb. 67). Die Liniendichte erreicht ihre gewöhnliche Höhe, der Magnetisierungsstrom bleibt der bescheidene Magnetisierungsstrom, wie wir ihn kennen.

Der remanente Magnetismus kann auch diesmal störend eingreifen. Er erzwingt das Schwingen der Kraftlinienzahl um einen von null verschiedenen Wert. Im ungünstigsten Falle kann es, wie Abb. 68 zeigt, auch in diesem günstigsten Fall zur doppelten Liniendichte gegenüber dem normalen Betrieb kommen.

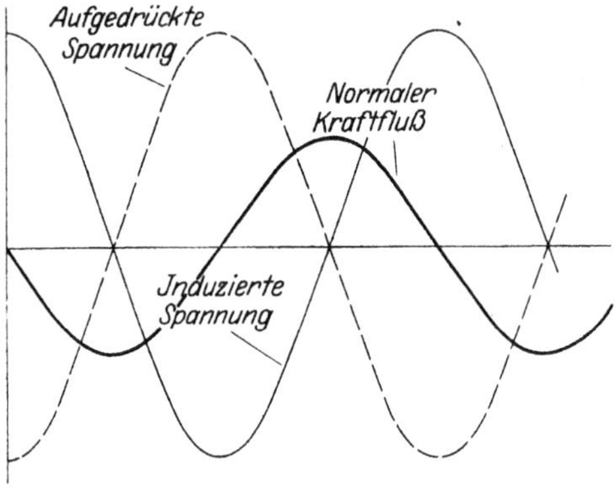

Abb. 67.

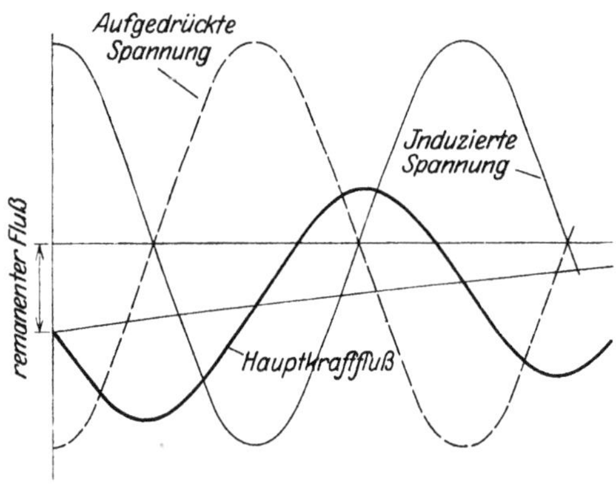

Abb. 68.

Die Erscheinung des Einschaltstromes wäre unerträglich, wenn der bisher vernachlässigte Ohmsche Widerstand der Primärwicklung nicht doch eingreifen würde. Er spielt keine Rolle, solange der Magnetisierungsstrom seine gewöhnliche Höhe hat. Er ist unbedeutend, wenn der Magnetisierungsstrom die Höhe des Vollaststromes erreicht, er wird aber sofort wichtig, wenn der Einschaltstrom 10mal oder gar 50mal den normalen Vollaststrom zu übersteigen droht.

50. Berechnung des Einschaltstromes.

Es ist nicht leicht, dem Einschaltproblem mit mathematischen Hilfsmitteln beizukommen. Der Magnetisierungsstrom ist mit dem von ihm erzeugten Kraftfluß phasengleich, aber er ist ihm leider nicht proportional. Die Magnetisierungskurve des Eisens bringt in jede, selbst ungenaue Rechnung schwere Verwicklungen.

Es ist natürlich möglich, unter Berücksichtigung des Ohmschen Widerstandes der Primärwicklung den Höchstwert des Einschaltstromes in einzelnen Fällen zu berechnen. Nach einigen Versuchen wird man rasch ein ungefähres Ergebnis erreichen. Aber das Überstromproblem ist nicht allein an dem Höchstwert des Einschaltstromes interessiert. Daß er gefährlich ist, leuchtet auch ohne Rechnung ein. Wichtiger ist das Abklingen des Überstromes, die Dauer der Erscheinung. Der Einschaltstrom darf die mühsam errungenen Ergebnisse des Kurzschlußproblems nicht stören.

Die Erkenntnis, daß neben dem normalen Kraftfluß im ungünstigsten Falle auch noch ein Gleichfluß von der doppelten Höhe auftreten kann, hilft bei der Untersuchung des Einschaltproblems wenig. Die Permeabilität des Eisens stört immer wieder. Der jeweilige Gesamtfluß bestimmt die Permeabilität und damit erst den Augenblickswert des Magnetisierungsstromes.

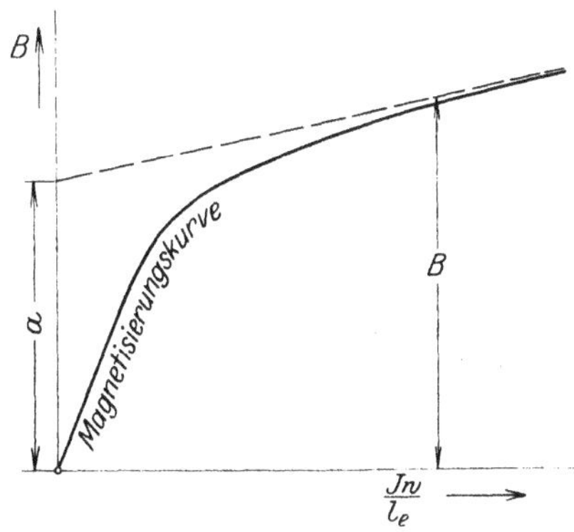

Abb. 69.

Man muß sich mit einer Näherungsrechnung begnügen. Da es auf möglichste Sicherheit vor allem ankommt und deshalb mit ungünstigstem remanenten Magnetismus gerechnet werden muß, kann ganz gut die Magnetisierungskurve durch eine Gerade nach Abb. 69 ersetzt werden, die nun in einfacher Form die jeweilige Liniendichte $\mathfrak{B}$ (Kraftlinien/cm²) von den magnetisierenden Amperwindungen $J \cdot w$ und der Länge l_e [cm] des Kraftflußweges im Eisen in Abhängigkeit bringt:

$$\mathfrak{B} = a + b \frac{J w}{l_e} .$$

Nun sind die Schwierigkeiten gering. Die aufgedrückte Spannung hat t Sekunden nach dem Einschalten die Höhe

$$E \sin (\alpha + \omega t) ,$$

wenn ihr Höchstwert E Volt ist und sie mit der elektrischen Winkelgeschwindigkeit:

$$\omega = 2 \pi \nu$$

entsprechend ν Perioden in der Sekunde schwingt. Hat nun die Primärwicklung einen Ohmschen Widerstand r (Ohm), der Eisenkern einen Querschnitt F_e (cm²), so muß:

$$E \sin (\alpha + \omega t) = w \cdot F_e \cdot \frac{d \mathfrak{B}}{dt} \cdot 10^{-8} + J r .$$

Der Ansatz rechnet mit einem beliebigen Einschaltaugenblickswert der Spannung, weil er den Anfangszeitwinkel α mitführt. Er geht bei Anwendung der oben angenommenen Näherungsgleichung für die

Magnetisierungskurve in die Form:

$$E \sin(\alpha + \omega t) = \frac{w^2 \cdot F_e \cdot 10^{-8} \cdot b}{l_e} \cdot \frac{dJ}{dt} + Jr$$

über, worin noch

$$\frac{w^2 \cdot F_e \cdot 10^{-8}}{l_e} \cdot b = L$$

gesetzt werden kann, so daß sich der Ansatz auf:

$$L \frac{dJ}{dt} + Jr = E \sin(\alpha + \omega t) \tag{26}$$

vereinfacht. Es ist bemerkenswert, daß bei sehr hohen Liniendichten die Permeabilität dem Grenzwert 1 zustrebt, so daß für b:

$$b = \frac{4\pi}{10}$$

der Grenzwert ist. L hat demnach ganz den Charakter eines Selbstinduktionskoeffizienten, und wenn im normalen Betrieb das Eisen beim Kraftflußhöchstwert die Permeabilität μ aufweist, hat die Primärwicklung eine normale Induktivität μL. Für die Verwertung der Ergebnisse unserer Rechnung hat diese Feststellung einen erheblichen Wert.

Die Lösung der Differentialgleichung (26) ist bekannt. Sie lautet:

$$J = \frac{E}{\sqrt{r^2 + \omega^2 L^2}} [\varepsilon^{-\frac{r}{L}t} \cos \cdot \gamma - \cos(\gamma + \omega t)],$$

wobei

$$\operatorname{tg}(\gamma - \alpha) = \frac{r}{\omega L}$$

ist.

Man kann auch mit dem hier allerdings praktisch wertlosen Phasenverschiebungswinkel φ zwischen Strom und Spannung rechnen, der bekanntlich durch

$$\operatorname{tg} \varphi = \frac{\omega L}{r}$$

gegeben ist. Die Lösung lautet dann:

$$J = \frac{E}{\sqrt{r^2 + \omega^2 L^2}} [\sin(\omega t + \alpha - \varphi) - \varepsilon^{-\frac{r}{L}t} \sin(\alpha - \varphi)]. \tag{27}$$

Der Einschaltstrom zerfällt demnach in den Wechselstrom:

$$J' = \frac{E}{\sqrt{r^2 + \omega^2 L^2}} \sin(\omega t + \alpha - \varphi)$$

und in den Gleichstrom:

$$J'' = -\frac{E}{\sqrt{r^2 + \omega^2 L^2}} \sin(\alpha - \varphi)\, \varepsilon^{-\frac{r}{L}t},$$

der nach einer Exponentialkurve mit der Zeitkonstanten

$$T = \frac{L}{r}$$

abklingt.

Den Gleichstrom versorgt der Gleichfluß mit Energie. Gleichzeitig mit dem Gleichstrom erschöpft sich auch der Gleichfluß und der Transformator lenkt allmählich in den normalen Betrieb ein.

Das Ergebnis der Näherungsberechnung des Einschaltstromes ist nur mit Vorsicht verwertbar. Immer wieder muß daran gedacht werden, daß L keine feste Größe ist. Aber eins sieht man ziemlich klar, der Einschaltstrom wird um so gefährlicher, je kleiner L ist.

Ein Blick auf Abb. 65 bestätigt noch einmal, daß kleine Werte von α die Induktivität L am meisten heruntersetzen. Den ungünstigsten Stromwert wird man demnach mit dem Ansatz

$$\alpha = 0$$

suchen müssen und erhält dann:

$$J = \frac{E}{\sqrt{r^2 + \omega^2 L^2}} \left[\sin(\omega t - \varphi) + \sin\varphi \cdot \varepsilon^{-\frac{r}{L}t}\right]. \tag{27a}$$

Es ist nun weiter leicht festzustellen, daß im äußersten Falle L nicht so weit fallen kann, daß nicht ωL doch noch immer von der Größenordnung des Ohmschen Widerstandes bliebe. Ein 100 kVA Transformator z. B. erzeugt mit weniger als 10 vH des Vollaststromes die volle Betriebsspannung, indem er den Kraftfluß im Eisenkern hervorbringt, aber erst der 100fache Vollaststrom ist etwa erst imstande, die Betriebsspannung im Ohmschen Widerstand der Primärwicklung zu verbrauchen. Bei der üblichen Kraftliniendichte hat nun die Permeabilität die Größenordnung 1000. Sinkt die Permeabilität im äußersten Falle auf den Wert Eins, werden der Ohmsche und der induktive Widerstand ungefähr gleich groß.

So weit kann es indessen nicht kommen. Die Zeitkonstante des Einschaltgleichstromes

$$T = \frac{L}{r} = \frac{\omega L}{\omega r}$$

wäre dann so klein, daß dieser Gleichstrom schon in einem Bruchteil der Periode fast verschwinden würde und mit ihm der Gleichfluß, der eine Vorbedingung kleiner Werte von L ist. Man kann somit den Phasenwinkel φ:

$$\varphi = \operatorname{arctg} \frac{\omega L}{r}$$

nicht sehr viel kleiner als 90^0 annehmen.

Damit ist nun eine weitere Klärung gesichert. Der Einschaltstromhöchstwert ist unbedingt bei ungefähr:

$$\omega t - \varphi = \frac{\pi}{2}$$

zu erwarten, d. h. ziemlich knapp vor Ende der ersten Halbperiode. Er wird ungefähr
$$J_{\max} = \frac{E}{\sqrt{r^2 + \omega^2 L^2}} (1 + \varepsilon^{-\frac{r}{L} t}) \text{ Amper} \tag{27b}$$
betragen.

Daß die durchgeführte Überlegung richtig ist, zeigt auch folgende Rechnung. Der Einschaltstrom nach Gl. (27) ist von α abhängig. Er wird jeweils am größten, wenn:
$$\operatorname{tg}(\alpha - \varphi) = \frac{\cos(\omega t) - \varepsilon^{-\frac{r}{L} t}}{\sin \omega t}$$
ist. Setzt man diesen Wert in Gl. (27) ein, so bekommt man:
$$J = \frac{E}{\sqrt{r^2 + \omega^2 L^2}} \cdot \sqrt{1 - 2\varepsilon^{-\frac{r}{L} t} \cos \omega t + \varepsilon^{-\frac{2r}{L} t}}.$$

Wiederum muß man den Höchstwert des Stromes bei ungefähr
$$\omega t = \pi$$
suchen und erhält dann sofort die Bestimmungsgleichung (27b). Abb. 66 zeigt deutlich, daß die Rechnung richtig geführt wurde.

Ein verläßlicher, praktisch brauchbarer Grenzwert für den Einschaltstrom ist mit
$$\omega L = r,$$
$$J_{\max} = \frac{E}{\sqrt{2} \cdot r},$$
d. h. Betriebsspannung in effektiven Volt dividiert durch den Ohmschen Widerstand der Primärwicklung. Dieser Grenzwert ist wegen seiner Durchsichtigkeit gerade für das Überstromproblem von großer Bedeutung. Er liegt aber gewiß zu hoch, und es empfiehlt sich, den genaueren Ausdruck:
$$J_{\max} = \frac{E}{r} \cdot \frac{1 + \varepsilon^{-\frac{r}{L} t}}{\sqrt{1 + \left(\frac{\omega L}{r}\right)^2}} \tag{28}$$
eingehender zu untersuchen.

Im vorangehenden Abschnitt wurde die Einschaltinduktivität L durch den Ausdruck:
$$L = \frac{w^2 \cdot F_e \cdot 10^{-8}}{l_e} \cdot b$$
eingeführt, wobei:

w die Windungszahl der Primärwicklung,
F_e der Eisenquerschnitt der Säule [cm²],
l_e die Kraftlinienlänge im Eisen [cm]

und $b = \frac{4\pi}{10} \mu_0$ mit der Einschaltpermeabilität μ_0 war.

Den Ohmschen Widerstand der Primärwicklung kann man mit Vorteil durch die Windungszahl w, ferner durch:

λ die Leitfähigkeit des Kupfers $\left[\frac{\mathrm{m}}{\mathrm{mm \cdot Ohm}}\right]$,
l_k die mittlere Windungslänge [cm] und
F_k den Gesamtquerschnitt der Primärwicklung [cm²]

zu:

$$r = \frac{1}{\lambda} \cdot \frac{w^2 l_k}{F_e} \cdot 10^{-4}$$

ausdrücken.

Man erhält dann:

$$\frac{\omega L}{r} = 2\pi\nu \cdot \frac{4\pi \cdot F_e \cdot F_k}{l_e \cdot l_k} \mu_0 \cdot \lambda \cdot 10^{-5}$$

und

$$T = \frac{L}{r} = 4\pi \cdot \frac{F_e \cdot F_k}{l_e \cdot l_k} \mu_0 \cdot \lambda \cdot 10^{-5}. \tag{29}$$

Beispiel: Ein kleiner 10 kVA-Transformator hatte ungefähr folgende Abmessungen:

$F_e = 70$ cm²,
$F_k = 10$ cm²
$l_e = 50$ cm,
$l_k = 50$ cm,

somit war

$$\frac{\omega L}{r} = 2 \cdot \pi \cdot 50 \cdot \frac{4 \cdot \pi \cdot 70 \cdot 10}{50 \cdot 50} \mu_0 \lambda \cdot 10^{-5} = 1105\, \mu_0 \lambda \cdot 10^{-5}.$$

Mit

$$\lambda = 57 \quad \text{und} \quad \mu_0 = 1$$

wäre:

$$\frac{\omega L}{r} = 0{,}63 \quad \text{und} \quad \frac{L}{r} = 2 \cdot 10^{-3} \text{ Sekunden.}$$

Die außerordentlich kleine Zeitkonstante zeigt, daß es wohl nicht angeht, mit dem Kleinstwert der Permeabilität zu rechnen, um so mehr, als so kleine Transformatoren ohnehin mit mäßigen Sättigungen arbeiten.

Ein großer Transformator für 16000 kVA Leistung bei 50 Perioden hatte:

$F_e = 2000$ cm²,
$F_k = 180$ cm²,
$l_e = 300$ cm,
$l_k = 250$ cm,

somit ein:

$$\frac{\omega L}{r} = 2 \cdot \pi \cdot 50 \cdot \frac{4 \cdot \pi \cdot 2000 \cdot 180}{300 \cdot 250} \cdot 1 \cdot 57 \cdot 10^{-5} = 3{,}2$$

und eine Abklingungszeitkonstante

$$T = \frac{3{,}2}{2 \cdot \pi \cdot 50} = 10^{-2} \text{ Sekunden.}$$

Man sieht, daß sich die Verhältnisse mit wachsender Leistung sehr verschieben. Der kleine 10 kVA-Transformator hatte einen Ohmschen Spannungsabfall in der Primärwicklung von 1,1 vH, der Grenzwert für seinen Einschaltstrom lag demnach beim

$$\frac{100 \cdot \sqrt{2} \cdot (1 + \varepsilon^{-50})}{1{,}1 \cdot \sqrt{1 + 0{,}63^2}} = 108 \text{fachen}$$

Vollaststrom.

Der große 16000 kVA-Transformator hatte nur 0,35 vH Ohmschen Spannungsabfall in der Primärwicklung, er hatte demnach im Grenzfalle den

$$\frac{100 \cdot \sqrt{2}}{0{,}35 \cdot \sqrt{1 + 3{,}2^2}} (1 + \varepsilon^{-1}) = 120 \text{fachen}$$

Vollaststrom zu erwarten.

Rechnet man beide Fälle mit:

$$\mu_0 = 3 ,$$

so erhält man einmal den

$$\frac{100 \cdot \sqrt{2}}{1{,}1 \cdot \sqrt{1 + 1{,}89^2}} (1 + \varepsilon^{-\frac{5}{3}}) = 63 \text{fachen} ,$$

das andere Mal den

$$\frac{100 \cdot \sqrt{2}}{0{,}35 \cdot \sqrt{1 + 9{,}6^2}} (1 + \varepsilon^{-\frac{1}{3}}) = 72 \text{fachen}$$

Vollaststrom.

Das Rechnungsbeispiel zeigt, daß der Einschaltstrom bei kleinen und bei großen Leistungen sehr hoch anschwellen kann, daß aber trotzdem wichtige Unterschiede bestehen. Bei großen Leistungen kommt der Einschaltgleichstrom stärker zur Geltung. Er klingt offenbar um so langsamer ab, je größer der Transformator ist.

Gl. (28) bestätigt das. Die Abklingungszeitkonstante ist dem Produkt zweier Querschnitte direkt und dem Produkt zweier Längen umgekehrt proportional. Vergrößert man alle Abmessungen des Transformators x-mal und behält die Beanspruchungen des Eisens und des Kupfers bei, wächst bekanntlich die Leistung mit x^4, die Zeitkonstante des Einschaltstromes mit x^2. In einer Typenreihe wird demnach die Zeitkonstante des Einschaltgleichstromes mit der Wurzel aus der Leistung zunehmen.

Trotzdem klingt auch bei sehr großen Transformatoren der Einschaltgleichstrom sehr rasch, nämlich schon nach einigen Perioden ab, und mit ihm verschwinden alle Unannehmlichkeiten. Denn sobald der Gleichfluß aufgezehrt ist, steigt auch die Permeabilität auf ihre normale Höhe. Es klingt auch der Einschaltwechselstrom auf die Höhe des normalen Magnetisierungsstromes ab, weniger rasch zwar als der Gleichstrom, aber doch in kurzer Zeit.

Kleine Reste des Einschaltgleichflusses verlangen noch verhältnismäßig erhebliche Verstärkungen des Magnetisierungsstromes. Deshalb ist das Abklingen des Einschaltwechselstromes länger sichtbar als das Abklingen des Einschaltgleichstromes. In der Natur des magnetisierten Eisens liegt es aber, daß nur die erste Periode einen sehr hohen Einschaltstrom bringt. Aus demselben Grunde liegt auch während der ganzen Einschalterscheinung die Stromwelle fast ganz oberhalb der Zeitachse (Abb. 70).

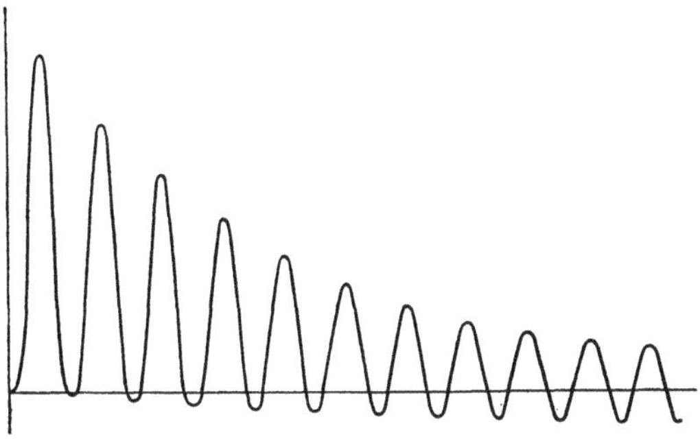

Abb. 70.

Der Einschaltstrom kann erheblich höher werden als der Kurzschlußstrom. Aber diese Tatsache ist unwichtig. Mechanische Folgeerscheinungen kann der Einschaltstrom nicht bringen, dazu fehlt ihm der Gegenstrom. Viel bedeutsamer ist die Tatsache, daß nur die erste Periode einen starken Strom hervorbringt. Der Überstromschutz, der für den Kurzschluß eingerichtet ist, genügt vollauf auch für den Einschaltstrom.

Aber die kurze Dauer der Einschaltstromerscheinung hat doch auch ihre Unannehmlichkeiten. Der hohe Einschaltstrom der ersten Periode kann den Transformator nicht verbrennen. Er schmilzt aber sicher jede Schmelzsicherung durch. Versuche haben ergeben, daß Schmelzsicherungen sehr hohe Ströme in Tausendsteln von Sekunden abschalten. Wenn demnach ein kleiner Transformator nur mit Schmelzsicherungen primär abgesichert ist, wird er zuweilen beim Einschalten große Schwierigkeiten verursachen.

Es ist ein erheblicher Unterschied in solchen Fällen zwischen dem Kurzschluß und dem Einschalten. In beiden Fällen spricht die Schmelzsicherung an. Im Kurzschluß s o l l die Sicherung schmelzen, beim Einschalten d a r f sie nicht schmelzen. Ein Zeitselbstschalter ist offenbar der Schmelzsicherung weit überlegen, aber er ist für kleine Transformatoren zuweilen zu teuer.

51. Einschränkung des Einschaltstromes.

Der Einschaltstrom für sich allein braucht eigentlich, wie im vorangehenden Abschnitt festgestellt wurde, keinen anderen Schutz als einen Zeitselbstschalter, der für den Kurzschlußstrom eingerichtet ist. Aber seine rechnerisch schwer faßbare Höhe wirkt unangenehm. Dazu kommt noch der Umstand, daß sich der Einschaltstrom mit dem Kurzschlußstrom vereinigen kann.

In der Tat sind Fälle, daß auf Kurzschluß geschaltet wird, ziemlich häufig. Wenn der Selbstschalter infolge Kurzschlusses ausgeschaltet hat, weiß der Wärter den wahren Grund des Ansprechens sehr oft nicht sofort. Er schaltet deshalb wieder ein.

Die Erscheinung des Einschaltens eines belasteten Transformators bringt nichts wesentlich neues. Das elektrische Gleichgewicht der Primärwicklung verlangt immer dieselben Kraftflußänderungen und damit denselben Anstieg des Magnetisierungsstromes. Aber der sekundäre Belastungsstrom muß außerdem magnetisch unwirksam gemacht werden, er verlangt sofort einen primären Gegenstrom.

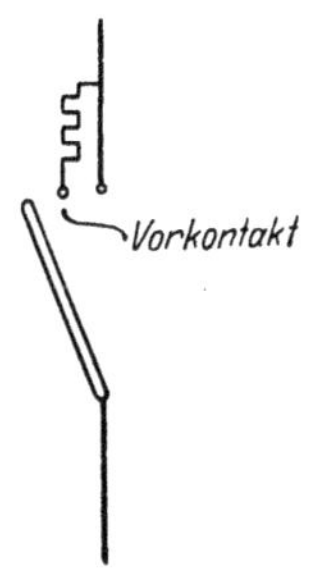

Abb. 71.

Der Kurzschlußstrom und der Einschaltstrom lagern sich übereinander. Das gibt unangenehme Gesamtströme, allerdings wiederum nur in der ersten Periode. Der Einschaltstrom erhält dadurch eine erhöhte Bedeutung, und ganz natürlich ist es, daß man doch daran denkt, durch besondere Einrichtungen den Einschaltstrom herunterzusetzen.

Gl. (28) zeigt sofort den richtigen Weg. Es ist offenbar am leichtesten, dem Einschaltstrom beizukommen, wenn man den Ohmschen Widerstand der Primärwicklung erhöht. Natürlich darf der Zusatzwiderstand nicht dauernd den Betrieb belasten, nach dem Abklingen der Einschalterscheinung muß auch der Hilfswiderstand wieder entfernt werden.

Ein Ohmscher Zusatzwiderstand verkleinert nicht nur unmittelbar den Einschaltstrom, sondern verkürzt auch die Zeitkonstante des Einschaltgleichstromes. Er muß nur, um praktisch wirklich wirksam zu sein, die Größenordnung des scheinbaren Einschaltwiderstandes der Primärwicklung haben. Wenn man ihn, wie üblich, 4 bis 5mal größer macht als die Impedanz der Primärwicklung, wird er seine Aufgabe vorzüglich erfüllen.

Die Forderung, daß der Zusatzwiderstand sofort nach dem Einschalten des Transformators wieder entfernt wird, läßt sich leicht erfüllen. Man braucht nur den Schalter, mit dem der Transformator ans Netz gelegt wird, mit Vorkontakten auszurüsten, etwa nach Abb. 71 und zwischen den Vorkontakt und den Hauptkontakt den Zusatzwiderstand zu legen.

Der Zusatzwiderstand braucht nicht sehr reichlich bemessen zu sein. Er kommt nicht leicht in Verbrennungsgefahr. Er verkleinert den Einschaltstrom und schadet sich deshalb mit einem zu großen Leiterquerschnitt selbst. Bei gegebener Länge l des Widerstandsleiters ist sein Widerstand dem Querschnitt umgekehrt proportional. Der Strom, der ihn in der ersten Einschalthalbperiode durchfließt, ist nun dem dem Widerstand umgekehrt proportional. Die Stromwärme wächst daher mit dem Querschnitt.

Es gibt noch ein anderes, weniger bequemes Mittel für die Einschränkung des Einschaltstromes. Die Höhe der Aufschaltspannung bestimmt ihn unmittelbar. Wenn man sie verkleinert, sinkt auch der Strom, und zwar schneller als sie, weil die Permeabilität des Eisens rasch wächst.

Stufenschalter, die die Betriebsspannung in Stufen aufdrücken, sind also ein wirksamer Überstromschutz für die Einschaltstromerscheinung. Sie sind nur meist eine umständliche Einrichtung. Zweifellos ist der Schalter mit Zusatzwiderstand das einfachere Hilfsmittel.

Die Unannehmlichkeiten des Einschaltens sind meist eine Überraschung für den Betriebsingenieur. Hauptsächlich in kleinen Transformatorenstationen, die ohne Selbstschalter arbeiten, können sie unter Umständen viel Schaden anrichten. Die Hochspannungssicherungen sind nicht billig, und wenn sie beim Einschalten explodieren, bereiten sie großen Ärger. Ganz besonders, wenn es der Zufall will, daß einige Male hintereinander ungünstige Einschaltaugenblicke gewählt werden.

Kleine Transformatoren sollen aus diesem Grunde mit recht mäßigen Sättigungen im Eisen ausgeführt werden.

52. Der Auslösestrom des Selbstschalters.

Das Überstromproblem läßt sich nun, nachdem die gefährlichsten Überströme bekannt sind, schon recht gut übersehen. Ganz ohne Rücksicht auf den normalen Betrieb, der auch Stromstöße bringt, kann schon auf Grund der Untersuchung der Kurzschluß- und der Einschalterscheinung gesagt werden, daß Überströme erst nach einer gewissen Zeit ausgeschaltet werden sollen, daß aber die Zeitverzögerung des Ausschaltens nur einige wenige Sekunden betragen darf.

Mit diesen wenigen Sekunden, durch die der Transformator den Kurzschluß aushält, ohne beschädigt zu werden, kommt er über die Einschalterscheinungen hinweg. Nun entsteht natürlich noch die Frage, wie der normale Betrieb mit der aufgezwungenen Zeitverzögerung auskommt. Die Lösung dieser Frage bringt auch den Abschluß des Überstromproblems.

Wenn einmal die Auslösezeit des Selbstschalters festgelegt ist, kann noch — unabhängige Zeitauslösung vorausgesetzt — der Auslösestrom mit Rücksicht auf die Betriebsnotwendigkeiten beliebig eingestellt werden. Jedenfalls muß zunächst der Auslösestrom verläßlich unterhalb des Kurzschlußstromes liegen.

Man wird sehr leicht entdecken, daß die Einstellung des Auslösestromes seine Schwierigkeiten enthält. Der Selbstschalter spricht selbstverständlich nur auf Ströme an, die den Auslösestrom übersteigen. Kleinere, auch nur unbedeutend kleinere Ströme können dauernd vom Transformator aufgenommen werden, ohne vom Selbstschalter beachtet zu werden.

Das führt zu der Folgerung, daß der Auslösestrom nicht merklich vom Vollaststrom des Transformators abweichen soll. Aber die Erfüllung dieser eigentlich selbstverständlichen Forderung führt meist zu ganz unmöglichen Betriebsverhältnissen.

Ein ganz unvermeidlicher Betriebsüberstrom stellt sich zunächst beim Zuschalten jedes neuen Stromkreises, also jedes Verbrauchers, jeder Belastung an den Transformator. Bekanntlich muß mit dem doppelten Strom gerechnet werden. Der Überstrom klingt ab, meist sogar sehr rasch, aber er kann nach Ablauf der Auslösezeit noch bemerkbar sein.

Diese Überströme sind indessen weit weniger unangenehm als die Anlaufströme der Motoren. Auch die Motoren haben ihre Einschaltströme, die rasch abklingen und deshalb weniger stören. Sie haben aber vor allem Anfaufströme, die zwar von den Anlassern gedämpft werden, immer aber Überströme sind. Die sich drehenden Massen müssen beim Anlauf beschleunigt werden.

Der Anlauf ist nicht in 2, auch nicht in 6 Sekunden fertig: Es ist ganz unmöglich, ihn in die durch die Kurzschlußerscheinung vorgeschriebene Zeit zusammenzudrängen. Es bleibt demnach kein anderer Ausweg, als den Auslösestrom des Transformators, der den Motor versorgt, über den Vollaststrom einzustellen.

Das ist noch nicht alles. Der bereits laufende Motor ist immer Überströmen ausgesetzt. Er darf nicht einfach abfallen, wenn die mechanische Last ein wenig über das normale Maß hinaus steigt. Der Motor muß durchziehen. Er muß dem doppelten Drehmoment wenigstens gewachsen sein.

Die Anpassungsfähigkeit des Motors an rasch vorübergehende, aber immerhin einige Sekunden dauernde Überlasten, darf nicht durch den Selbstschalter des Transformators vernichtet werden. Wieder gibt es keinen anderen Weg, als ein Auslösestrom, der den Vollaststrom übersteigt.

Jeder Betriebsingenieur macht leicht die Erfahrung, daß er mit einem auf den Vollaststrom des Transformators eingestellten Selbstschalter nicht arbeiten kann. Fortwährende Störungen sind die selbstverständliche Folge zu großer Vorsicht. Er stellt deshalb den Auslösestrom höher. Wie hoch? Bis er im Betrieb Ruhe hat.

In der Tat hat jeder Transformator einen bestimmten richtigen Auslösestrom oder, besser gesagt, ein bestimmtes richtiges Verhältnis des Auslösestromes zum Nennstrom. Dieses Verhältnis richtet sich ausschließlich nach den Verbrauchern des angeschlossenen Sekundärnetzes und ändert sich mit jeder Änderung, also jeder Erweiterung des Abnehmerkreises, vor allem mit jeder Änderung der angeschlossenen Kraftbetriebe.

Der ungünstigste Fall ist die Versorgung eines einzigen großen Motors. In diesem Falle wird man kaum mit einem Auslösestrom auskommen, der den Vollaststrom um 100 vH übersteigt. Viel günstiger ist schon ein Kraftbetrieb mit mehreren Motoren. Je größer die Motorenzahl, um so mehr gleichen sich die Stromstöße zeitlich aus, um so unbedeutender sind sie für den alle Motoren versorgenden Transformator. Gemischte Betriebe bringen eine weitere ganz erhebliche Erleichterung und reine Lichtbetriebe sind ohne Zweifel mit dem kleinsten Auslösestrom bedienbar. Die Lichtlast wird in so kleinen Stufen aufgelegt, daß praktisch von Überströmen kaum gesprochen werden kann.

Die Größe des Transformators hat begreiflicherweise einen bedeutenden Einfluß auf die Höhe des Auslösestromes. Je größer der Transformator, um so größer die Zahl seiner Energieverbraucher, um so größer die Wahrscheinlichkeit des zeitlichen Ausgleiches der Stromstöße, die einzeln verhältnismäßig unbedeutender geworden sind.

53. Notwendigkeit von Strommessern in Transformatorenstationen.

Wenn es nun feststeht, daß der Auslösestrom des Selbstschalters unter Umständen 100 vH, meist 30 vH oberhalb des zulässigen Vollaststromes des Transformators liegen muß, ja selbst, wenn der Unterschied nur 10 vH ausmacht, erscheint der Transformator doch dauernd in großer Gefahr, und der Selbstschalter scheint das Überstromproblem nicht zu lösen.

Nun, auch die Schmelzsicherung bietet nicht mehr. Überströme sind unvermeidlich, sie müssen zugelassen werden, sie dürfen nur nicht dauernd fließen. Es macht nichts, wenn der doppelte Vollaststrom einige Minuten bleibt, es ist kein Unglück, wenn ein geringer Überstrom durch Stunden die Wicklung heizt. Wichtig ist es lediglich, daß unzulässige, dauernde Überströme in einiger Zeit, nach einigen Stunden bemerkt werden.

Diese Aufgabe kann vom Selbstschalter ebensowenig erledigt werden, wie von der Schmelzsicherung, sie kann aber verläßlich durch Strom- und Leistungsmesser gelöst werden. So genügsam der Transformator im Betrieb sein mag, ganz unbeaufsichtigt kann man ihn doch nicht lassen.

Transformatoren, die in der unmittelbaren Nähe der Zentrale liegen, stehen dauernd unter Aufsicht und kommen mit Strommessern aus. Der Wärter sieht jederzeit, wie der Transformator belastet ist. Auch Lichttransformatoren, die wenig besucht werden, sind durch Strommesser genügend geschützt, vorausgesetzt natürlich, daß die Kontrollgänge in den Nachmittags- und Abendstunden stattfinden. Transformatorenstationen ohne Strommesser und ohne Leistungsmesser sind kaum zulässig. Man spart nicht, wenn man ein so wichtiges Schutzmittel wegläßt.

Registrierende Leistungsmesser oder Strommesser sind für Lichttransformatoren der beste Schutz. Sie erzählen dem Betriebsingenieur restlos alles, was der Transformator während des Tages durchgemacht hat.

Für Krafttransformatoren ist der Leistungsmesser selbstverständlich kein verläßlicher Schutz. Nicht für die Leistung ist der Transformator in Wirklichkeit gebaut, sondern für eine gewisse Spannung und für einen gewissen Strom. Besser als der Leistungsmesser ist demnach der Strommesser oder aber der Voltampermesser.

Natürlich sind auch für Krafttransformatoren registrierende Instrumente die beste Ausstattung. Sie allein schalten die Unverläßlichkeit des Wärters vollkommen aus. Ohne Wärter und ohne registrierende Instrumente ist auch eine Krafttransformatorstation ganz und gar unzulässig.

Es gibt noch einen wirksameren Überstromschutz für den Strombereich zwischen dem Auslösestrom und dem zulässigen Vollaststrom. Er kontrolliert am besten unmittelbar, nämlich die Temperatur des Öls.

Ein Transformator ist bei kleinen Überströmen nur dann in Gefahr, wenn er anfängt, sich unzulässig zu erwärmen. Einen anderen Schaden können geringe Überströme nicht anrichten. Er braucht, wie wir bereits wissen, zunächst Zeit, um das Öl mit Wärme zu sättigen, bevor er unzulässig warm wird. Die Öltemperatur ist aber leicht meßbar. Ein einfaches Thermometer, ins Öl getaucht, genügt.

Halbwegs größere Transformatoren werden regelmäßig mit Ölthermometern ausgestattet. Sie sind gute Überstromschutzapparate, sie sind eigentlich besser als die Strommesser. Sie allein wachen auch über der Güte des Ölbades und über der ganzen Kühleinrichtung des Transformators.

Die steigende Quecksilbersäule des Ölthermometers kann einen Hilfsstromkreis schließen, wenn sie eine gewisse Höhe erreicht. Der Strom des Hilfsstromkreises kann ein Warnungssignal in Gang setzen, er kann noch besser den Selbstschalter zum Ansprechen bringen, unter Umständen beides.

Es ist leicht ersichtlich, daß auch das Ölthermometer nur mit einer Auslösetemperatur arbeiten kann, die oberhalb der zulässigen Betriebstemperatur liegt. Aber der Unterschied kann viel kleiner sein als zwischen dem Auslösestrom und dem Vollaststrom, weil das Ölbad den Belastungen langsam folgt.

Es ist kein Wunder, wenn kleine Transformatoren viel häufiger verunglücken als große. Ohne Wärter, ohne Strommesser, ohne Ölthermometer, ohne Aufsicht also, sind sie schonungslos den Schwierigkeiten des Betriebes ausgesetzt. Wie der Konstrukteur dabei abschneidet, liegt auf der Hand. Wenn außerdem für den kleinen Transformator auch noch der Selbstschalter zu teuer ist und die ganze Sicherheit des Transformators auf den Hochspannungssicherungen ruht, muß in den Augen des Betriebsingenieurs die Konstruktion schlecht sein.

Es ist eine vornehme Aufgabe der Betriebslehre, darauf zu dringen, daß auch kleine Transformatoren ordentlich ausgestattet werden. Es ist zweifellos immer noch billiger, den Transformator sachgemäß zu schützen, als ihn immer wieder in Reparatur zu senden. Es ist nicht zu leugnen, daß er verhältnismäßig größeren Gefahren ausgesetzt ist als ein Großtransformator. Schon aus diesem Grunde sollte er mindestens ebensogut versorgt werden.

Leider findet man immer wieder, auch in gut gehaltenen Betrieben, kleine Transformatoren ohne ausreichenden Überstromschutz. Masttransformatoren sind eigentlich am schlimmsten daran. Aber bei Masttransformatoren weiß der Konstrukteur wenigstens im voraus, womit er rechnen muß. Er wird reichlich bauen. Bei normalen Kleintransformatoren muß er das Äußerste aus dem Material herausholen, um konkurrenzfähig zu bleiben und kann deshalb auf den ordentlichen Überstromschutz nicht verzichten.

54. Die Schmelzsicherung.

Die Schmelzsicherung erwies sich schon bei der Untersuchung der Einschalterscheinung als unzureichend. Sie schaltet nur dann den kaum eingeschalteten Transformator nicht gleich wieder aus, wenn der Einschaltstrom mäßig ist, was bei niedrigen Liniendichten, etwa bei 10000 Kraftlinien/cm^2 im Säuleneisen möglich wird.

Nur kleine Transformatoren können ohne Materialverschwendung mit so geringen Beanspruchungen im Eisen gebaut werden, weil sie auf den normalen Magnetisierungsstrom Rücksicht nehmen müssen. Die Schmelzsicherung wird damit auf das Gebiet der kleinen Leistungen, etwa bis 30 kVA, eingeschränkt. Bei kleinen Leistungen wird außerdem der Selbstschalter verhältnismäßig teuer, so daß ihn der Betriebsingenieur gerne durch die billige Schmelzsicherung ersetzt.

Die Schmelzsicherung ist eigentlich ein Selbstschalter mit abhängiger Zeitauslösung. Die Abhängigkeit der Auslösezeit von der Höhe des Auslösestroms ist leicht feststellbar. Es ist nützlich, diese Abhängigkeit kurz zu untersuchen.

Der Schmelzdraht der Sicherung hat einen gewissen Querschnitt und eine gewisse Länge. Er enthält eine gegebene Menge Metall und hat einen gegebenen Widerstand. Die Metallmenge bestimmt die Wärmeaufnahmefähigkeit, die bei hohen Belastungsströmen für die Temperaturerhöhung durch die zugeführte Stromwärme allein maßgebend ist. Der Schmelzdraht braucht eine gewisse Schmelzwärme. Seine Schmelzzeit ist zweifellos der Stromwärme umgekehrt proportional. Die Schmelzzeit, die gleichbedeutend ist mit der Auslösezeit, wird bei starken Überströmen dem Quadrat des Belastungsstromes umgekehrt proportional sein.

Die Schmelzzeit steigt indessen erheblich rascher als das Stromquadrat fällt, denn bei niedriger Belastung macht die Wärmeabfuhr an die Umgebung viel aus. Beim gerade noch zulässigen Belastungsstrom wird überhaupt die ganze Stromwärme an die Umgebung abgegeben.

Es ist nach all dem verständlich, daß der Kurzschlußstrom des Transformators die Schmelzsicherung in Tausendsteln einer Sekunde durchschmilzt. Ebenso muß ihr der Einschaltstrom gefährlich werden. Geringe Überströme werden eine Minute und mehr brauchen, um die Schmelzsicherung zum Ansprechen zu bringen.

Die Abhängigkeit der Auslösezeit der Schmelzsicherung von der Stromstärke ist keine schlechte Eigenschaft. Sie berücksichtigt sogar die Verbrennungsgefahr der Wicklung sehr gut. Trotzdem hat auch diese vorteilhafte Verquickung der Belastungshöhe und der Belastungsdauer ihre Nachteile, nicht für den Transformator selbst, sondern für die allgemeine Betriebsführung. Selbstschalter mit abhängiger Zeitauslösung, die mehrfach bereits gebaut wurden, sind aus den gleichen Gründen wieder aufgelassen worden.

Die Auslösezeit muß im allgemeinen von den äußeren Teilen des Versorgungsgebiets gegen die Zentrale zu stufenweise zunehmen. Den Forderungen des selektiven Stromschutzes in elektrischen Anlagen muß sich das Überstromproblem des Transformators unterordnen. Auch aus diesem Grunde ist die Schmelzsicherung bei halbwegs größeren Leistungen unmöglich.

Der schwerste Fehler der Schmelzsicherung liegt indessen ganz anderswo. Der Schmelzdraht schmilzt, wenn der Strom seinen Höchstwert erklommen hat, bestimmt aber bei hohen Augenblickswerten des Belastungsstromes. Er unterbricht den Stromkreis in einem Augenblick, in dem die magnetische Energie in bedeutender Menge vorhanden ist. Die Schmelzsicherung leitet damit unangenehme Ausgleichserscheinungen ein, die nach Möglichkeit unterdrückt werden müssen.

Der Ölschalter vermeidet diese Ausgleichserscheinungen. Wie dies möglich ist, gehört nicht mehr hierher. Das folgende Kapitel, das sich mit dem Überspannungsproblem beschäftigt, hat die Unterschiede zwischen der Schmelzsicherung und dem selbsttätigen Ölschalter weiter zu untersuchen.

VI. Überspannungen.

55. Das Überspannungsproblem.

Überströme sind dem Betriebsingenieur weit weniger unangenehm als Überspannungen und das Überspannungsproblem erscheint sowohl dem Betriebsingenieur als auch dem Konstrukteur erheblich wichtiger als das Überstromproblem. Es ist zweifellos auch schwieriger. Gegen Überströme kann man den Transformator verläßlich schützen. Eine Ausnahme bilden nur die Überströme kurzgeschlossener Windungen. Gegen Überspannungen gibt es vorderhand noch keinen wirklich erschöpfenden Schutz.

Woher kommt das? Es ist eigentlich nicht schwer, die Ursache der ungeheueren Schwierigkeit des Überspannungsproblems aufzudecken. Überströme entstehen in der Anlage und werden nur mit den Energiemengen der Anlage erzeugt. Überspannungen rühren nur zum Teil von den Vorgängen im Netz und in den Maschinen. Sie kommen zu einem wichtigen Teil von außen. Die magnetischen Felder unserer elektrischen Anlagen sind eine ausschließliche Angelegenheit der Anlage, die elektrischen Felder werden durch das Erdfeld wirksam und verhängnisvoll ergänzt.

Das elektrische Feld der Erde, in dem die ganze Anlage liegt, war den elektrischen Eigenfeldern der ersten bescheidenen Anlagen gegenüber übermächtig. Es übertönte mit seinen Schwankungen alle inneren Ausgleichsvorgänge. Mit steigender Betriebsspannung verschiebt sich das Verhältnis und der Einfluß des Erdfeldes sinkt. Aber noch ist er mächtig genug, um uns schwere Sorgen zu bereiten und um das Überspannungsproblem zum Hauptproblem des Transformators zu machen.

Aber die größte Schwierigkeit des Überspannungsproblems liegt doch noch anderswo. Das Erdfeld mag gefährlich, es mag überwältigend sein. Es mag unberechenbar anwachsen und große Unsicherheiten bringen, es läßt sich doch meistern. Die Spannungswellen, die durch Schaltvorgänge, durch Betriebsunfälle oder durch atmosphärische Ereignisse ausgelöst werden, lassen sich auf eine bekannte Höhe beschränken. Sie sind demnach der Rechnung zugänglich. Die Rechnungsergebnisse aber waren bis in die allerletzte Zeit der Nachprüfung durch Messung unzugänglich.

Das war die wirkliche Schwierigkeit des Überspannungsproblems. Die Wellentheorie ist sehr verwickelt. Ganz besonders umständlich wurde sie, als sie anfing, die Eigenschwingungen der bedrohten Maschinenwicklungen und außerdem der Überspannungsschutzeinrichtungen mit zu berücksichtigen. Diese Schwingungen klingen in unglaublich kurzen Zeiträumen ab, Periodenzahlen von 100000 in der Sekunde und mehr sind nichts ungewöhnliches. Mit wachsender Undurchsichtigkeit der Wellentheorie stieg das Bedürfnis nach Überprüfung durch den Versuch.

Nun haben wir seit kurzer Zeit das so lange vermißte Meßmittel. Der Kathodenoszillograph ist imstande, den rasend schnell verlaufenden Überspannungsschwingungen messend zu folgen und endlich zu entscheiden, ob unsere Wellentheorie stimmt bzw. welche Erscheinungen für den Überspannungsschutz in erster Linie maßgebend sind.

Wir nähern uns dem ausreichenden Überspannungsschutz. Es ist auch höchste Zeit. Seit Jahren kommen in ausgedehnten Überlandnetzen immer wieder zahlreiche Durchschläge an Transformatoren vor. Betriebe stehen, weil der Überspannungsschutz versagt, die Betriebsschäden kosten Geld. Die Sicherheitsvorschriften legen dem Transformator immer härtere Pflichten auf. Der Konstrukteur kann sich auf den Schutzapparatebau nicht verlassen und steht hilflos vor unlösbaren Problemen.

In vielen Werken machte man mit Schutzdrosselspulen, dem einzigen, wirklich in Betracht kommenden Schutz gegen einfallende Wellen, derart schlechte Erfahrungen, daß man sie kurz entschlossen hinauswarf. Man stellte fest, daß es ohne Drosselspulen besser ging — gut allerdings trotzdem nicht.

Die versagende Drosselspule ist ein schlagender Beweis, daß eine unzulängliche Überspannungstheorie auch schaden kann, statt zu nützen. Jede Theorie ist aber eigentlich unzulänglich, solange sie nicht die Nachprüfung durch Messung bestanden hat.

Die Betriebslehre muß den Konstrukteur schützen, der den Transformator einfach nicht so bauen kann, daß er ohne Überspannungsschutz leben könnte. Sie muß den Betriebsingenieur aufklären. Sie muß ihm den richtigen Weg zeigen, der zu sicherem Betrieb und gleichzeitig zu Transformatorenkonstruktionen führt, die durch Verzweiflungsvorschriften nicht unnötig verteuert sind.

Die Betriebsingenieure findet man zu oft im Zustand hilfloser Ergebenheit. Sie widmen der Ausstattung ihrer Transformatorenstationen durch den Überspannungsschutz überhaupt keine Aufmerksamkeit mehr, da sie, durch schlimme Erfahrungen belehrt, kein Geld für Schutzsymbole hinauswerfen wollen. Das muß anders werden. Eine Verständigung des Konstrukteurs mit dem Betriebsingenieur ist sonst unmöglich.

56. Wanderwellen und ihr Entstehen.

Jeder Leiter einer elektrischen Anlage, sei es der Leiter des Netzes oder der Wicklung des Transformators, muß im Betrieb eine gewisse Spannung gegen benachbarte Leiter, zu denen auch unvermeidlicherweise die Erde zählt, haben. Es gibt keine Spannung zwischen zwei benachbarten Leitern ohne eine gewisse Elektrizitätsmenge auf jedem der beiden. Wie groß diese aufgespeicherte Elektrizitätsmenge im einzelnen Falle sein muß, entscheidet die Kapazität der aus den zwei Leitern und dem sie umgebenden Dïelektrikum gebildeten Anordnung.

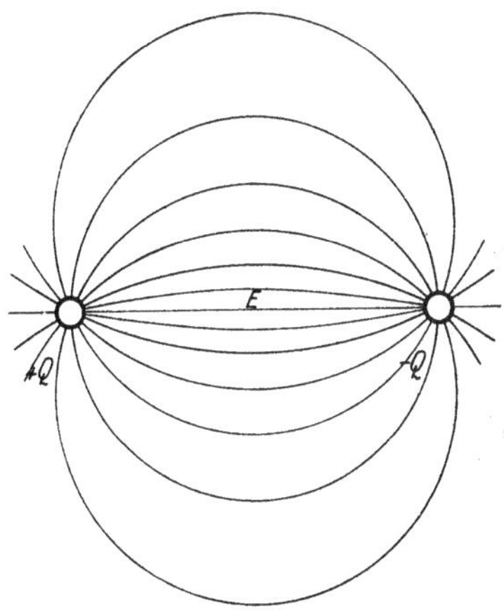

Abb. 72.

Im Gleichgewichtszustande sind die notwendigen auf den Leitern angesammelten, durch die Spannung gebundenen Elektrizitätsmengen Erzeuger eines elektrischen Feldes, dessen Kraftlinien von Leiter zu Leiter verlaufen (Abb. 72). Dieses elektrische Feld ist geradeso Träger einer gewissen Energiemenge, wie das magnetische Feld des Leiters.

Ist Q $[Cb]$ die gebundene Elektrizitätsmenge, E die Spannung [Volt], C die Kapazität der Leiteranordnung $[F]$, so ist jederzeit:

$$Q = C \cdot E$$

und die Energie des elektrischen Feldes:

$$\frac{C E^2}{2} \text{ Wattsekunden.}$$

In Wechselstromanlagen schwingt die Spannung fortwährend, mit ihr muß auch die gebundene Elektrizitätsmenge mitschwingen. Es gibt ein fortwährendes Zu- und Abfließen der Elektrizität. Das sind die kapazitiven Ströme des Betriebes. Auch die elektrische Energie schwingt ganz ebenso wie die magnetische Energie.

Diese Schwingungen, dieses Zu- und Abfließen der frei werdenden Elektrizitätsmengen und Energiemengen, ist natürlich und ungefährlich. Es ist mit der Natur der Wechselströme und Wechselspannungen untrennbar verbunden. Es verläuft sanft nach dem Sinusgesetze in Zeiträumen, die für unsere Begriffe zwar sehr kurz sind, in Wirklichkeit aber sehr lang werden, sobald man neben sie unerwünschte Schwingungen des Überspannungsproblems stellt.

Ein Betrieb, in dem dauernd die Spannungsverhältnisse in allen Teilen der Anlage unverändert bleiben, ein Netz, in dem sich die Spannungen nur nach dem Sinuszeitgesetz ändern, ist undenkbar und unmöglich. Immer wieder gibt es Schaltvorgänge, die an gewissen Stellen die Spannung plötzlich ändern. Ein Transformator ist vor dem Einschalten spannungslos. Plötzlich wird ihm durch den Schalter eine Spannung aufgedrückt. Ein Fernleitungsleiter bekommt Erdschluß. Plötzlich hat er an der Unfallstelle keine Spannung gegen die Erde mehr.

Plötzliche Spannungsänderungen verlangen plötzliche Änderungen der vorher gebundenen Elektrizitätsmengen. Immer wieder werden im Netz Elektrizitätsmengen frei, die sich nun mit Lichtgeschwindigkeit nach allen Seiten fortbewegen. Sie sind am Orte der Spannungsänderung überflüssig, ja unmöglich geworden. Dort wo sie hinfließen, sind sie natürlich auch überflüssig, sie bringen unerwünschte Spannungsänderungen, sie sind die Ursache der gefürchteten Überspannungen.

Es ist nicht die Spannungserhöhung allein, die die frei gewordenen Elektrizitätsmengen so störend macht. Da sie nach der Änderung im Zustande des Netzes nirgends mehr notwendig sind, eilen sie vom einen Ende des Netzes bis zum anderen ruhelos hin und her. Sie bringen alle schwingungsfähigen Stromkreise zum Schwingen. Sie kommen in regelmäßigen Zwischenräumen immer wieder zurück, immer wieder mit einem neuen Stoß. Resonanzerscheinungen sind demnach immer möglich.

Schaltvorgänge, Erdschlüsse, Kurzschlüsse und nicht zuletzt atmosphärische Entladungen lösen dauernd Wanderwellen aus. Wenn infolge Blitzschlages das Erdfeld plötzlich durchgreifend geändert wird, ändert sich die Spannung des Leiters zur Erde und damit die vom Erdfeld vorher auf den Leitern gebundene Elektrizitätsmenge.

Das Überspannungsproblem zerfällt nach dieser allgemeinen Übersicht in zwei Teile. Die Höhe der Überspannung ist die erste Frage, die gelöst werden muß. Es ist klar, daß unbegrenzte Überspannungen nicht zugelassen werden dürfen. Der Überspannungsschutz hat demnach zunächst die Höhe der Spannungsstöße zu überwachen.

Der zweite Teil des Überspannungsproblems hat sich mit den von den Wanderwellen ausgelösten Eigenschwingungen des Wicklungsstromkreises, ebenso aber auch mit den Eigenschwingungen jener Stromkreise zu beschäftigen, die noch in den Machtbereich des Transformators fallen.

Unzweifelhaft gewinnt für alle diese Untersuchungen eine Größe des Transformators eine ganz hervorragende Bedeutung, die allgemein wenig beachtet wird und im normalen Betrieb kaum eine Rolle spielt — die Kapazität der Wicklung. Die Energie des elektrischen Feldes ist von ihr abhängig. Ganz besonders wichtig wird sie aber deshalb, weil sie die Eigenschwingungszahl des Wicklungsstromkreises bestimmt.

Die folgenden Untersuchungen können nur durchgeführt werden, wenn einige der bereits lange bekannten Ergebnisse der Wanderwellentheorie mitbenützt werden können. Sie müssen aber zum Teil über den Rahmen des Transformatorenbaues hinausgreifen. Das ist natürlich. Die Gefahr kommt von außen. Auch der Transformatorenbauer muß wissen, was eigentlich draußen im Netz geschieht.

57. Störungen des Erdfeldes. Erdableiter.

Sommermonate sind die schwere Zeit des Betriebsingenieurs. Sie bringen Gewitter. Mit Sorge sieht er schwere Wolken aufziehen, aber er sieht sie mit dem Auge des Fachmannes, der wirklich weiß, was vorgeht.

Zwischen Erdoberfläche und Wolke entstehen elektrische Felder. Beiderseits sammeln sich Elektrizitätsmengen an. Daß dabei sehr hohe Spannungen vorhanden sein müssen, zeigt der Blitz, dieser gewaltige Durchschlag über weite Strecken.

Im elektrischen Erdfeld liegen die Leiter der Fernleitung, die naturgemäß eine gewisse Zusatzspannung gegen Erde einnehmen. Diese Spannung hängt ganz von der Stärke des Erdfeldes ab, sie bildet einen Bruchteil der Spannung zwischen Erde und Wolke.

Wenn knapp vor dem Durchschlag des Erdfeldes durch den Blitz das Erdfeld seine höchste Stärke erreicht, wird die Spannung der Leiter gegen Erde, obwohl ein kleiner Bruchteil der Gesamtspannung des Erdfeldes, für unsere Anlagen doch sehr hoch.

Es ist ein Glück, daß sich das Erdfeld beim Heraufziehen eines Gewitters langsam verstärkt. Die Spannung der Leiter der Fernleitung gegen Erde wächst allmählich an und die von der Erde auf den Leitern gebundene Elektrizitätsmenge sammelt sich langsam an. Man hat deshalb Zeit, vorzusorgen, daß die Erscheinung über eine gewisse Höhe nicht hinauskommt.

Ungezwungen kommt man zum ersten Ergebnis des Überspannungsproblems. Es darf offenbar in keiner Transformatorenstation die Einrichtung fehlen, die dafür sorgt, daß die Spannung gegen Erde der zu den Transformatorklemmen führenden Leiter eine gewisse Höhe nicht überschreitet.

Dies läßt sich mit verhältnismäßig einfachen Mitteln erreichen. Legt man zwischen Leiter und Erde knapp vor dem Transformator eine Funkenstrecke, so bemessen, daß sie bei dem gewünschten Spannungshöchstwert durchschlägt, ist eine weitere Spannungserhöhung gewiß unmöglich.

Es ist bekannt, daß man diese Funkenstrecke gewöhnlich in die Form eines Hörnerableiters bringt. Die Eigenschaften dieses Apparates sind bekannt. Für kleine Anlagen hat der Hörnerableiter die wichtige vorteilhafte Seite, daß er außerordentlich billig ist. Er ist deshalb ungemein häufig anzutreffen.

Es ist keine Frage, daß die Funkenstrecke erst auf Spannungen ansprechen darf, die erheblich höher liegen müssen als die normale Spannung des Transformators gegen Erde, d. h. als die Phasenspannung. Wenn bei Hochspannungsanlagen eine Phase Erdschluß bekommt, steigt selbstverständlich in den beiden anderen Phasen die Spannung gegen Erde auf die Höhe der verketteten Spannung. Deshalb darf der Ableiter noch nicht ansprechen. Die Funkenstrecke wird somit bestimmt mindestens auf die doppelte Phasenspannung einzustellen sein.

Es gibt noch eine Menge anderer Hilfsmittel für die Überwachung der Einflüsse des Erdfeldes. Man kann, statt die Spannung einzugrenzen, auch der vom Erdfeld gebundenen Elektrizitätsmenge einen den Betrieb nicht schädigenden Ausgleichsweg zur Erde öffnen. Man verbindet z. B. jeden Leiter über einen großen Widerstand mit der Erde. Die Wasserstrahlerdung verwirklicht diese Idee mit einem flüssigen Widerstand. Selbstverständlich geht es auch mit festen Ohmschen Widerständen, ja auch mit induktiven Widerständen.

Der Funkenableiter dürfte die einfachste und die billigste Lösung bleiben. Er hat seine Nachteile, wie auch alle anderen Einrichtungen ihre Nachteile haben. Sie sollen später untersucht werden. Zunächst soll hier nur das Problem des Erdfeldes erledigt werden.

Die Spannung der Leiter einer Anlage gegen Erde ließe sich am einfachsten wohl überwachen, wenn das Hochspannungsnetz einen geerdeten Nulleiter hätte. In Europa erden wir den Hochspannungsleiter nicht gern, führen ihn deshalb auch nicht aus. Ein Ersatz ist das Erden des Nullpunktes des Generators, selbstverständlich über einen gewissen, genügend großen Widerstand. Auch den Nullpunkt des Transformators kann man mit Erfolg über einen Widerstand erden. Aber der Transformator hat nicht immer einen erreichbaren Nullpunkt, die Dreieckschaltung, die man sehr oft wählen muß, macht das Vorhaben unmöglich.

Jedenfalls sieht man, daß das Erdfeld beherrscht werden kann. Es kann keine beliebig hohen Überspannungen bringen, aber ganz ohne Überspannungen geht es doch nicht. Es ist so wie mit den Selbstschaltern, die jeden Überstrom abschalten könnten, aber nicht dürfen. Auch die Erdableiter lösen nur einen Teil des Problems.

Je höher die Betriebsspannung der Anlage und damit des Transformators ist, um so geringer ist die Gefahr, daß die vom Erdfeld heraufbeschworene Spannungserhöhung der Anlage gefährlich werden könnte.

Der große Transformator arbeitet gewöhnlich auch mit hoher Spannung. Die kleinen Transformatoren stehen im Mittelspannungsnetz und haben fast immer einen gefährlicheren Betrieb als die Großtransformatoren. Für sie ist der Erdableiter wichtiger.

Es ist ohne weiteres klar, daß auch Niederspannungsnetze vom Erdfeld gerade so bedroht sind, wie die Hochspannungsnetze. Auf der Niederspannungsseite braucht der Transformator ebenfalls seinen Ableiter. Aber gewöhnlich hat das Niederspannungsnetz ohnehin seinen geerdeten Nulleiter. Krafttransformatoren andererseits liegen ganz nahe bei ihren Motoren. So löst sich das Erdfeldproblem niederspannungsseitig leicht.

58. Der Funkenableiter.

Alle Erdableiter, mit Ausnahme des Funkenableiters, haben den sofort ersichtlichen Nachteil, daß sie dauernd Energie verbrauchen. Der flüssige, wie der feste Widerstand, die den Leiter mit der Erde verbinden, lassen auch bei normaler Betriebsspannung einen Strom durch, der seine Stromwärme entwickelt.

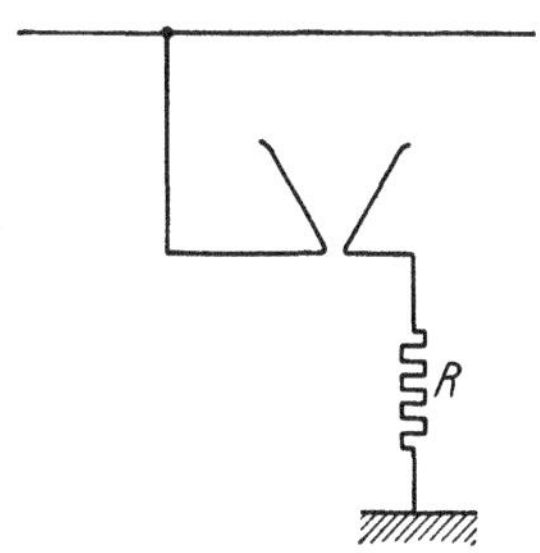

Abb. 73.

Der Funkenableiter läßt nur beim Ansprechen Strom durch und er soll ihn auch durchlassen. Er muß die vom Erdfeld gebundene Elektrizitätsmenge abführen, damit die Spannung gegen Erde sinken kann. Aber er beschränkt sich nicht darauf. In der leitend gewordenen Luftbahn hat auch noch die Betriebsspannung Kraft genug, um ihren Strom nachzutreiben.

Schließlich reißt der Lichtbogen des Hörnerableiters ab. Er ist gerade deshalb so gebaut, daß die erwärmte Luft den Lichtbogen in die Höhe treibt und dadurch immer länger werden läßt. Aber die Höhe des Stromes muß überwacht werden. Es bleibt nichts anderes übrig, als auch Funkenableiter mit entsprechend großen Ohmschen Widerständen in Reihe zu schalten (Abb. 73).

Dieser Ableitungswiderstand hat nicht nur den Zweck, den Ableiter vor zu großen Strömen zu schützen. Er muß noch eine andere wichtige Aufgabe erfüllen. Mit der Überbrückung der Funkenstrecke verschwindet die vorher vorhandene Spannung. Der Brückenkopf in der Anlage bekommt plötzlich das Potential der Erde, und nun läuft eine Welle ins Netz hinein, begleitet von der unvermeidlichen Begleitwelle in der Erde.

Die Überwachung des Erdfeldes durch Funkenableiter vermeidet große Überspannung, bringt aber unweigerlich Wanderwellen und damit eine neue Gefahr. Die Wanderwelle hat die volle Spannung, die vor dem Ansprechen des Ableiters gegen Erde bestanden hat, sie enthält die ganze vorher durch das Erdfeld gebundene Elektrizitätsmenge, wenn kein Widerstand der Funkenstrecke vorgeschaltet war.

Wenn schon die Wanderwelle, die beim Durchschlag der Funkenstrecke entsteht, unvermeidlich ist, so soll sie nicht zu hohe Überspannungen bringen. Es ist sehr wichtig, daß sie sofort abgedämpft wird, bevor sie schaden kann. Wie man sie erfolgreich dämpft, ist offenbar ein wichtiges Überspannungsproblem, das gleich hier erledigt werden muß und das auch für andere Fragen von Bedeutung ist.

Jede Wanderwelle ist eigentlich ein Strom, der im Leiter auf einer Länge fließt, die durch die Länge der Wanderwelle gegeben ist. Der Rückstrom fließt in jenem Leiter, zu dem vorher die Kraftlinien des verschwundenen elektrischen Feldes zogen. An den beiden Enden der Wanderwelle schließt sich der Stromkreis durch den Verschiebungsstrom.

Wenn am Ende der sich bewegenden Welle die Ladung verschwindet, so wird sie offenbar von einem Strom i [Amp.] weggeführt. Mit der Ladung verschwindet die Spannung E [Volt]. Hat nun das Leiterpaar je Längeneinheit die Induktivität L (Henry) und die Kapazität C (Farad), so entsteht am Wellenende fortwährend die magnetische Energie

$$\frac{i^2 L}{2},$$

während gleichzeitig die elektrische Energie

$$\frac{E^2 C}{2}$$

verschwindet.

Nur eins ist möglich. Die elektrische Energie der Wanderwelle muß der magnetischen gleich sein. Strom und Spannung stehen dann im einfachen Verhältnis:

$$E = i \cdot \sqrt{\frac{L}{C}}.$$

Dies ist das bekannte Ohmsche Gesetz der Wanderwellen. Der sogenannte Wellenwiderstand:

$$Z = \sqrt{\frac{L}{C}}$$

ist offenbar ein echter Widerstand und spielt die gleiche Rolle wie z. B. ein Ohmscher Widerstand.

Gleich hier möge festgestellt werden, daß der Wellenwiderstand von Freileitungen ungefähr 500 Ohm beträgt, daß aber der Wellenwiderstand der Transformatorwicklung aus leicht erkennbaren Gründen erheblich höher liegt. Kabelleitungen verfügen über Wellenwiderstände, die nur einen Bruchteil des Freileitungswiderstandes ausmachen.

Mit diesen einfachen Hilfsmitteln der Wellentheorie läßt sich bereits das Problem des Dämpfungswiderstandes der Ableitungsfunkenstrecke erledigen. Abb. 74 zeigt zunächst den Zustand der beiden hintereinander geschalteten Leiter, nämlich der Fernleitung mit dem Wellenwiderstand Z_1 und der Transformatorwicklung mit dem Wellenwiderstand Z_2 unmittelbar vor dem Ansprechen der Funkenstrecke. Beide stehen unter der Spannung E zur Erde.

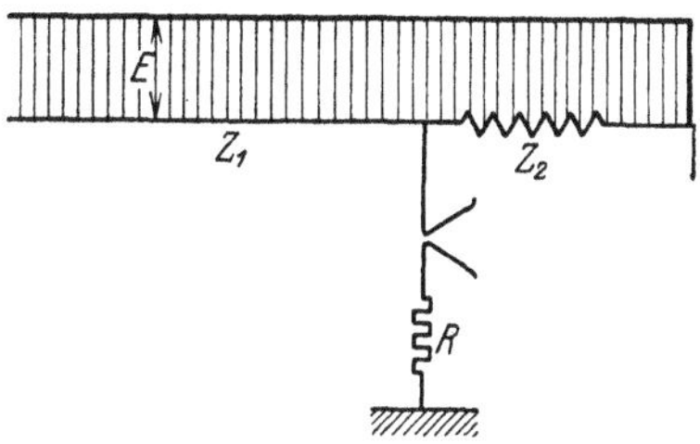

Abb. 74.

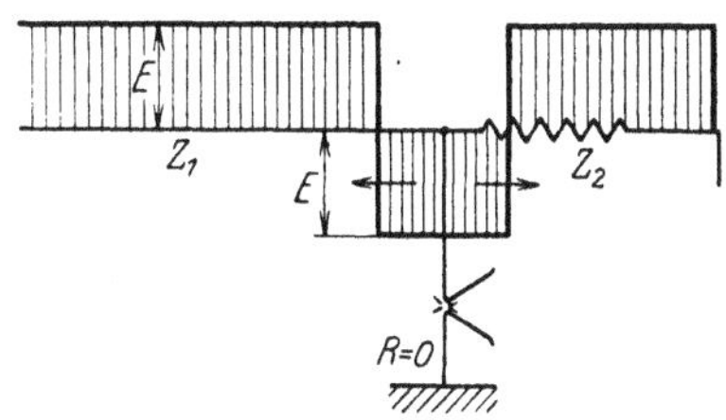

Abb. 75.

Wäre der Dämpfungswiderstand R verschwindend klein:

$$R = 0\,,$$

so würde beim Ansprechen der Funkenstrecke im Treffpunkt der drei Stromzweige die Spannung auf null sinken, und eine Wanderwelle von der vollen Spannung E würde einerseits in die Wicklung, andererseits in die Fernleitung laufen (Abb. 75).

Aus der Transformatorwicklung müßte der Wellenstrom:

$$i_2 = \frac{E}{Z_2}\,,$$

aus der Fernleitung der Wellenstrom:

$$i_1 = \frac{E}{Z_1}$$

kommen. Beide müssen vereinigt zur Erde abfließen. Der Ableitungsstrom der Funkenstrecke beträgt dann:

$$i_a = i_1 + i_2 = E \cdot \frac{Z_1 + Z_2}{Z_1 \cdot Z_2} \text{ Amp.}$$

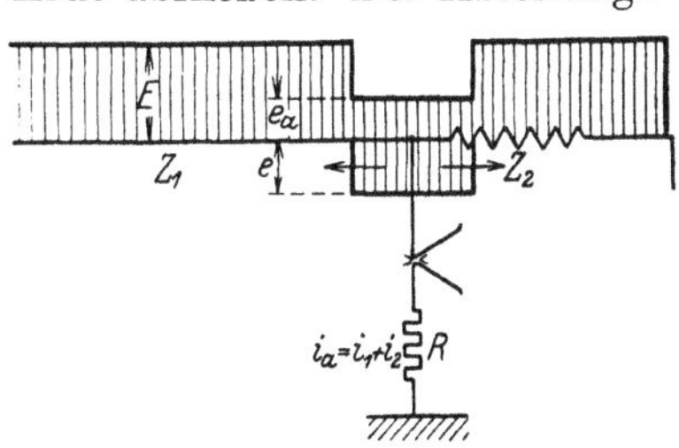

Abb. 76.

Wenn nun ein Dämpfungswiderstand R vorhanden ist, verbraucht zweifellos der Ableitungsstrom der Funkenstrecke i_a eine Spannung:

$$e_a = i_a \cdot R\,.$$

Der Knotenpunkt der Anordnung nach Abb. 76 behält somit nach dem Ansprechen der Funkenstrecke diese Spannung gegen Erde. Die Welle, die jetzt in die Fernleitung und in die Transformatorwicklung läuft, hat nur noch die Höhe:

$$E - e_a = e\,,$$

es ergibt sich das Wellenbild der Abb. 76.

Diesmal entstehen die Wellenströme:

$$i_2 = \frac{E - e_a}{Z_2}\,,$$

$$i_1 = \frac{E - e_a}{Z_1}$$

und der Ableitungsstrom:

$$i_a = i_1 + i_2 = (E - e_a)\,\frac{Z_1 + Z_2}{Z_2 \cdot Z_1}\,.$$

Setzt man den Wert $R \cdot i_a$ für e_a ein, so bekommt man schließlich:

$$i_a = \frac{E}{R + \dfrac{Z_1 \cdot Z_2}{Z_1 + Z_2}}\,.$$

Die Wanderwelle hat dabei die Spannung:

$$e = \frac{E}{1 + R\,\dfrac{Z_1 + Z_2}{Z_1 + Z_2}}\,.$$

Den beiden soeben entwickelten Gleichungen entnimmt man ohne Schwierigkeit die Tatsache, daß sich die Spannungswelle, die beim Ansprechen des Funkenableiters entsteht, beliebig verkleinern läßt. Je größer der Ableitungswiderstand R, um so ungefährlicher die Welle. Der Widerstand verkleinert auch den Ableitungsstrom.

Aber gerade darin liegt auch die Gefahr zu hoher Ableitungswiderstände. Die vorher in der Anlage gebundene Ladung soll zur Erde abgeführt werden. Solange der Überschlagsfunke besteht, solange er höher und höher auf den Hörnern klettert, ist Gelegenheit für die Entladung. Je kleiner nun der Ableitungsstrom gemacht wird, um so kleiner werden die abgeleiteten Elektrizitätsmengen.

Zwischen den beiden Notwendigkeiten, der Dämpfung der Wellenhöhe und der Entladung der Anlage, muß die Lösung des Problems gesucht werden. Sie wird um so besser und um so leichter, je besser die Fernleitung außerhalb der Transformatorstation mit Ableitern ausgestattet ist. Wenn man sich darauf verlassen kann, daß auch an anderen Stellen in der Nähe des Transformators die Ladungen abfließen können, wird man den Ableitungswiderstand in der Transformatorstation höher einstellen können.

Im Notfall kann man damit einverstanden sein, daß die Entladewelle die halbe Spannung des Funkenstrecke behält. Sie läuft dann ungefähr mit der Betriebsspannung. Der Dämpfungswiderstand wird dann dem sogenannten Verzweigungswiderstand:

$$\frac{Z_1 \cdot Z_2}{Z_1 + Z_2}$$

gleich zu machen sein. Ein Beispiel soll die Feinheiten des Ableitungsproblems beleuchten.

Beispiel: Ein Transformator, dessen Hochspannungswicklung den Wellenwiderstand von 3000 Ohm hat, wurde an eine Fernleitung von 500 Ohm Wellenwiderstand angeschlossen. Die Betriebsspannung betrage 20000 Volt, die Funkenstrecke werde auf 30000 Volt eingestellt.

Es ist somit:

$E = 30000$ Volt,

$Z_1 = 500$ Ohm,

$Z_2 = 3000$ Ohm.

Ohne Ableitungswiderstand würde beim Ansprechen der Funkenstrecke ein Strom von:

$$i_a = 30000 \cdot \frac{500 + 3000}{500 \cdot 3000} = 70 \text{ Amp.}$$

zur Erde abfließen und eine Entladewelle von 30000 Volt Spannung würde entstehen.

Der Verzweigungswiderstand beträgt:

$$\frac{500 \cdot 3000}{500 + 3000} = 428 \text{ Ohm},$$

man müßte demnach einen Ableitungswiderstand:

$$R = 428 \text{ Ohm}$$

einbauen, um die Entladewellenspannung auf 15000 Volt herunterzusetzen. Damit würde man den Entladestrom auf 35 Ampere herunterdrücken.

Weiß man nun, daß in der Nähe der Transformatorstation noch zwei gute Funkenableiter bestehen, so kann man den Entladestrom eines jeden Ableiters auf ein Drittel beschränken. Der Ableitungswiderstand darf dann ganz erheblich verstärkt werden, mit dem Erfolg, daß die Spannung der Entladewelle stark sinkt.

Jeder Betriebsingenieur hat es somit in der Hand, die Meisterung des Erdfeldes und seiner Überspannungen so einzurichten, daß der Betrieb wenig unter der Ableitung der statischen Ladungen leidet. Das erste Überspannungsproblem erweist sich nach all dem als eine Frage der Ausstattung der Anlage. Es ist mit dieser Feststellung indessen noch keineswegs erledigt.

Vor allem muß der Vollständigkeit wegen noch der Fall berücksichtigt werden, daß der Transformator nicht an eine Freileitung, sondern an ein Kabel angeschlossen wird. Der weitaus kleinere Wellenwiderstand der Kabelleitung führt natürlich auch zu viel kleineren Ableitungswiderständen. Aber bei Kabelleitungen gibt es überhaupt keine Aufladungen durch das Erdfeld. Wenn demnach Erdableiter nicht aus anderen Gründen als nur mit Rücksicht auf die Ladungen des Erdfeldes eingebaut werden, braucht der Transformator im Kabelnetz überhaupt keinen Erdableiter.

Das Problem des Funkenableiters hat indessen noch einen sehr wichtigen, bisher unerledigten Teil. Es genügt nicht, lediglich das Ansprechen der Funkenstrecke zu untersuchen, sehr wichtig ist auch noch die Frage, wie die Erscheinung endet. Der Funke reißt in kurzer Zeit wieder ab, und die Verbindung mit der Erde ist damit wieder unterbrochen.

Der Funkenableiter hat nicht schon dann seine Aufgabe voll erledigt, wenn er die Erdfeldspannung auf das gewünschte Maß heruntergedrückt hat, er darf außerdem beim Abreißen des Funkens nicht wieder neue Schwierigkeiten bringen. Der plötzlich unterbrochene Strom bringt zweifellos plötzliche Änderungen im Spannungszustand hervor, denn seine magnetische Energie kann nicht einfach verschwinden.

Die Frage, die hiermit aufgestellt wird, ist für die Betriebslehre des Transformators von mehrfacher Bedeutung. Sie erledigt nicht allein die Stromunterbrechung der Funkenstrecke, sondern gleichzeitig auch gewollte Betriebsstromunterbrechungen, die unvermeidlich sind.

59. Der Lichtbogen des Funkenableiters.

Jede plötzliche Stromunterbrechung ist genau so gefährlich wie eine unvermittelte Unterbrechung der Bewegung einer Masse. Hier muß die Bewegungsenergie, dort die magnetische Energie des abgeschnittenen Stromes zum Vorschein kommen. Hier sind Zertrümmerungen, die Formänderungsarbeit beanspruchen, nur zu oft die Folge, dort Verstärkungen des elektrischen Feldes und unter Umständen der Durchbruch des Dielektrikums. Induktivität ist Masse, Kapazität ist Elastizität.

Eine Wanderwelle ist elektrischer Strom. Kommt sie an einen Punkt, wo sie nicht mehr weiter kann, so wird der Wellenstrom offenbar unterbrochen. Die magnetische Energie:

$$\frac{i^2 L}{2}$$

verschwindet plötzlich, sie muß als elektrische Energie:

$$\frac{E^2 C}{2}$$

wiedererscheinen. Es entsteht eine Spannung:

$$E = i\sqrt{\frac{L}{C}}\,,$$

die sich zur bereits vorhandenen gleich großen Wellenspannung E addiert. So ergibt sich das bekannte Bild einer zurückgeworfenen Welle (Abb. 77).

Scheinbar ist die Energiebilanz nicht in Ordnung. Vorher war die magnetische Energie gleich der elektrischen, die Gesamtenergie somit:

$$E^2 C \text{ Wattsek.}$$

Nachher, bei verdoppelter Spannung, gibt es keine magnetische Energie, weil sich der Strom der ankommenden und der zurückgehenden Welle aufheben. Aber die elektrische Energie beträgt jetzt:

$$\frac{(2E)^2 \cdot C}{2} \text{ Wattsek.}$$

Je Längeneinheit natürlich! Die Länge der gerade zur Hälfte zurückgeworfenen Welle ist nun um die Hälfte kleiner als vorher. Auf diese Weise bleibt die Gesamtenergie unverändert (Abb. 78).

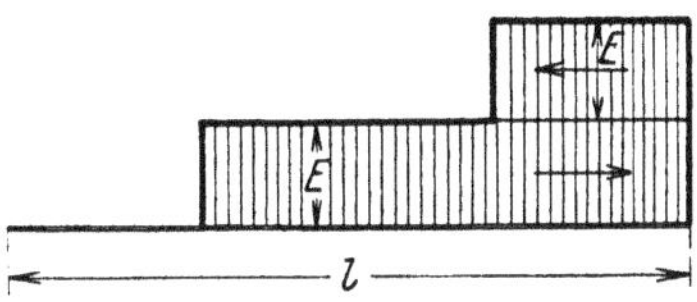

Abb. 77.

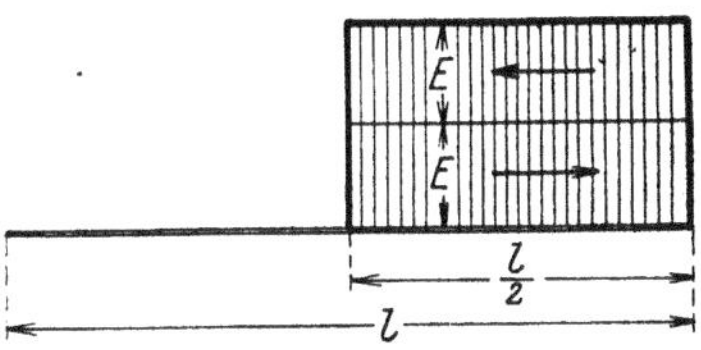

Abb. 78.

Was für Wanderwellenströme gilt, gilt natürlich für jeden anderen Strom. Unterbrechen wir plötzlich i Ampere, so müssen wir damit rechnen, daß eine Spannung von

$$E = i\sqrt{\frac{L}{C}} \text{ Volt}$$

entsteht, daß somit eine Abschaltwelle dieser Spannung nach allen Seiten ins Netz hineinläuft.

Man kommt nach dieser Rechnung zu erheblichen Überspannungen. Bei Freileitungen entspricht jedem plötzlich unterbrochenem Amper ungefähr 500 Volt Überspannung, bei Kabelleitungen viel weniger, bei Wicklungen erheblich mehr. Der abreißende Lichtbogen der Funkenstrecke ist demnach keine ganz harmlose Erscheinung.

Ungezwungen kommt man zunächst zur Folgerung, daß es nützlich sein muß, den Ableitungsstrom der Funkenstrecke möglichst niedrig einzustellen, den Erdungswiderstand also möglichst hoch zu wählen. Außerdem würde man von der sofort einsetzenden, im vorigen Abschnitt beschriebenen Verkleinerung der Spannung an der Funkenstrecke, die von der Ableitungswanderwelle ausgeht, erwarten, daß sie den kaum eingeleiteten Strom sofort wieder unterbricht.

In Wirklichkeit liegen die Verhältnisse ganz anders. Die Stromstärke des Lichtbogens ist der treibenden Spannung nicht proportional. Die Abhängigkeit entspricht vielmehr der Abb. 79. Mit wachsender Stromstärke wird die benötigte Bogenspannung immer kleiner. Die Erwärmung der Elektroden und die Ionisierung der Luft spielen dabei ihre Rollen. Dazu kommt die Selbstinduktionsspannung des Stromes, die als Unterbrechungsspannung den Lichtbogen zu erhalten sucht. Kurz, der Ableitungsfunke behauptet sich sehr hartnäckig.

Die treibende Spannung muß dem Bogen ausgiebig entzogen werden, damit er abreißt. Dies besorgt nun die Ableitungswelle in kürzester Zeit, was leicht nachzuweisen ist.

Wird im einfachsten Fall der Ableitungswiderstand dem Verzweigungswiderstand der Leitung gleich gemacht:

$$R = \frac{Z_1 \cdot Z_2}{L_1 + Z_2},$$

so hat, wie oben nachgewiesen, die Ableitungswelle die halbe Spannung der ursprünglichen Entladung.

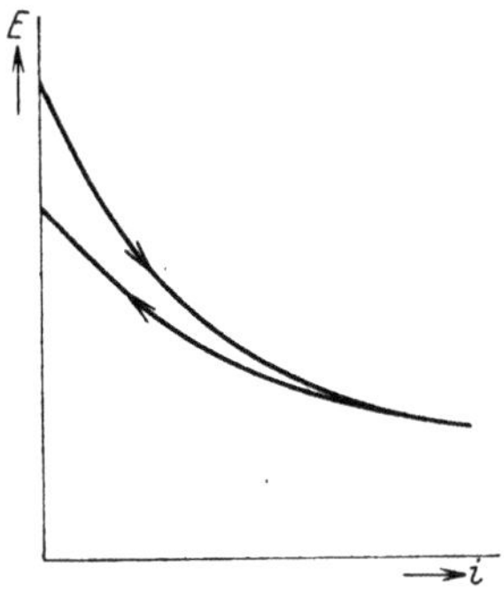

Abb. 79.

Angenommen nun, die Ableitungswelle werde beiderseits vollständig zurückgeworfen, wenn sie an den beiden Enden der Leitung anlangt, und komme gleichzeitig am Verzweigungspunkt wieder an, so hat sie damit auch die zweite Hälfte der Erdladung aufgebraucht, und nun verschwindet die Spannung des Erdfeldes vollkommen (Abb. 80). Der Ableitungsstrom sinkt von selbst auf null, der ganze Vorgang ist beendet, der Lichtbogen braucht gar nicht abgerissen zu werden.

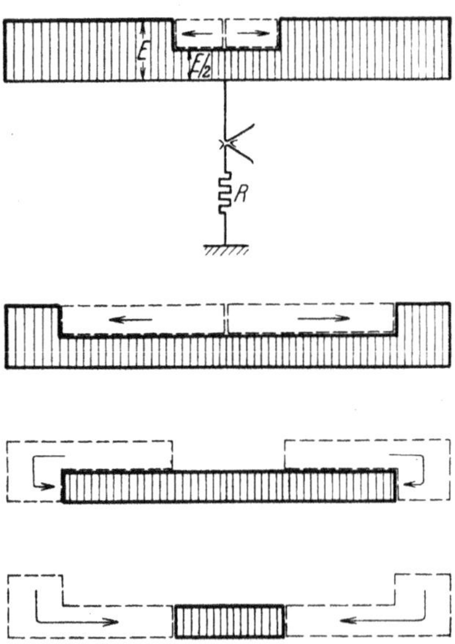

Abb. 80.

Unter den gemachten Annahmen genügt es, nur die Fernleitung nachzuprüfen. Sie habe die Länge l, die von der Ableitungswelle mit Lichtgeschwindigkeit v durcheilt werden muß, worauf die Welle, zurückgeworfen, noch einmal den Weg l zurücklegen muß. Die Zeit für den Hin- und den Rückweg beträgt:

$$T = \frac{2\,l}{v}\ \text{Sekunden}.$$

Sie entspricht gerade einer Schwingung der Wanderwelle, die natürlich im Verzweigungspunkt wieder nach beiden Seiten zurückgeworfen werden würde, wenn sie eben nicht verschwinden würde. Es ist bemerkenswert, daß auch für Wanderwellen das gleiche Gesetz für die Eigenschwingungszahl gilt wie für Sinusschwingungen.

Der Dämpfungswiderstand:

$$R = \frac{Z_1 \cdot Z_2}{Z_1 + Z_2}$$

erweist sich nach all dem als ungemein zweckentsprechend. Er verspricht die vollständige Abfuhr der Erdladung in einer ungeheuer kurzen Zeitspanne, der gegenüber die Zeit des Bestehens des Lichtbogens sehr lang ist. Die Sorge, der Lichtbogen hätte keine Zeit für die Entladung, ist ganz unbegründet.

Trotzdem hat der Funkenableiter seine Schwierigkeit. Die Spannung des Erdfeldes, die den Durchschlag einleitet, ist leicht beseitigt, wie wir gesehen haben. Aber dem einmal entstandenen Lichtbogen genügt unter Umständen auch die normale Betriebsspannung gegen Erde, die unfehlbar ihren Strom unerwünschterweise dem Ableitungsstrom nachsenden wird. Zwar schwingt die Spannung nach dem Sinusgesetz und verschwindet deshalb immer wieder. Aber wenn sie wieder ansteigt, kann sie abermals einen Lichtbogen bilden, da die Funkenstrecke geschwächt ist.

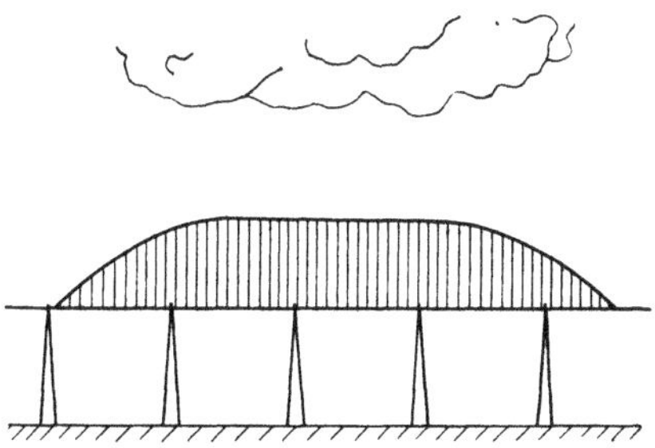

Abb. 81.

Der Hörnerableiter ist kein idealer Apparat. Er ist gleichwohl kaum zu umgehen. Auf je höhere Spannung er eingestellt wird, um so besser wird er dienen, da er der normalen Betriebsspannung gegen Erde Nachzündungen erschwert. Der Ableitungswiderstand wird außerdem mit Vorteil höher gewählt als entsprechend dem oben angegebenen Idealwert, damit er dem Nachfolgen des Betriebsstromes den Weg erschwert.

Gegen langsame, statische Aufladungen in der nächsten Umgebung des Transformators ist der Hörnerableiter ein genügender Schutz, weil er sofort in Tätigkeit tritt, wenn das Erdfeld eine gewisse Stärke erreicht hat. Aber wenn weit draußen auf der Fernleitung örtlich ein starkes Erdfeld entsteht, können dort sehr hohe Spannungen gegen Erde vorhanden sein (Abb. 81), die dem Überspannungsschutz in der Transformatorstation erst dann bemerkbar werden, wenn durch einen Blitzschlag das örtliche Feld verschwindet und die plötzlich frei gewordenen Ladungen bis zum Transformator vordringen. Dann hilft der Hörnerableiter wenig. Die atmosphärischen Gefahren können nicht in der Transformatorstation selbst abgewehrt werden. Die Fernleitung braucht selbst in angemessenen Abständen Ableiter. Der Wachdienst muß über die ganze Fernleitungsstrecke verteilt werden, sonst bleiben die Sommermonate immer wieder die schwere Zeit des Betriebes und die gefährliche Zeit für die Transformatoren.

60. Stromunterbrechungen.

Stromunterbrechungen sind Betriebserscheinungen, die unvermeidlich sind. Für das Überspannungsproblem sind aber Überstromunterbrechungen wichtiger. Der Transformator muß so ausgestattet werden, daß er nicht nur jedem unzulässigen Überstrom sofort entzogen wird, er darf durch das Abschalten nicht einer neuen Gefahr ausgesetzt werden,

Es wäre nun voreilig, das Unterbrechen des Stromes im Transformator einfach so zu beurteilen, wie das Unterbrechen eines Leitungsstromes. Die elektromagnetische Verkettung der Hochspannungs- und der Niederspannungswicklung bringt Verwicklungen, die unbedingt untersucht werden müssen.

An der Unterbrechungsstelle zerfällt natürlich die Anlage in zweite Teile. Wird z. B. primär abgeschaltet, so entstehen einerseits auf der zum Transformator führenden Leitung, auf der anderen Seite in der Primärwicklung Abschalterscheinungen. Die Verkettung der Wicklungen bewirkt dann Abschalterscheinungen auch in der Sekundärwicklung und damit im angeschlossenen Sekundärnetz.

Wichtiger ist der Fall der Stromunterbrechung auf der Primärseite des Transformators, weil damit auch auf den schlimmsten Fall, den Klemmenkurzschluß, Rücksicht genommen werden kann. Der höchste Strom läßt, plötzlich unterbrochen, auch die höchste Abschaltspannung erwarten.

Der Überstromschutz sorgt für das Abschalten des Kurzschlußstromes. Der Selbstschalter spricht nach einigen wenigen Sekunden an, die Schmelzsicherung greift noch weit schneller ein. Es ist aber gerade vom Standpunkt des Überspannungsschutzes gar nicht erwünscht, daß zu schnell abgeschaltet wird. Das Gleichstromglied des Kurzschlußstromes soll vollständig abgeklungen sein, bevor der Kurzschlußstrom unterbrochen wird. Die Schmelzsicherung bringt deshalb große Gefahren.

Der Selbstschalter sorgt in verläßlicher Weise dafür, daß in jedem Falle nur der dauernde Kurzschlußstrom abzuschalten ist. Aus dem vorangehenden Kapitel ist es bekannt, daß der zusätzliche Gleichstrom des Kurzschlusses nach einigen wenigen Perioden abgeklungen ist. Die Auslösezeit des Selbstschalters beträgt aber wohl mindestens eine Sekunde.

Die Schmelzsicherung verträgt den Kurzschlußstrom nur einige Tausendstel Sekunde. Sie wird schon in der ersten Halbperiode des Kurzschlusses den Stromkreis unterbrechen und deshalb bestimmt auch noch den Kurzschlußgleichstrom treffen. Es ist schon jetzt klar, daß die Schmelzsicherung wohl dem Überstromproblem genügt, das Überspannungsproblem dagegen sehr erschwert.

Man sollte in Transformatorenstationen unbedingt die Hochspannungssicherungen durch Selbstschalter ersetzen. Halbwegs größere Transformatoren werden ohnehin durchwegs mit Selbstölschaltern ausgestattet. Aber man findet noch immer kleine Stationen ohne Selbstschalter. Die Kostenfrage läßt sie leben. Es ist aber ein Sparen am unrechten Ort.

Es soll nun untersucht werden, wie sich das Abschalten des dauernden Kurzschlußstromes abspielt. Natürlich ist zunächst noch der Fall am wichtigsten, daß gerade der Höchstwert des dauernden Kurzschlußstromes unterbrochen wird. In diesem ungünstigsten Falle müßten eigentlich drei magnetische Felder: das Hauptfeld und die beiden Streufelder plötzlich verschwinden.

Aus den Untersuchungen des 39. Abschnittes ist es bekannt, daß diese drei magnetischen Felder im dauernden Kurzschluß ungefähr gleich stark sind. Hätten die Wicklungen keine Ohmschen Widerstände, wären sie sogar genau gleich stark. Wird der Kurzschlußstrom gerade in seinem Höchstwert unterbrochen, müßte die größte magnetische Energie der drei Felder verschwinden.

Ganz so schlimm ist es glücklicherweise nicht. Hauptfeld und sekundäres Streufeld sind auch nach der Unterbrechung des primären Stromkreises noch immer mit dem geschlossenen, besser gesagt, mit dem kurzgeschlossenen sekundären Stromkreis verkettet. Sie werden beide langsam abnehmen und sich durch den abklingenden Sekundärkurzschlußstrom zu erhalten suchen. Ihre magnetische Energie wird in den Widerständen des sekundären Stromkreises allmählich aufgezehrt.

Aber das primäre Streufeld verschwindet doch gleichzeitig mit dem Primärstrom. Seine magnetische Energie muß in elektrische Energie umgewandelt werden. Der Wellenwiderstand der Primärwicklung bestimmt demnach die Abschaltspannung, die dem unterbrochenen Strom proportional ist. Ganz gewaltige Überspannungen können demnach beim Abschalten des primären Kurzschlußstromes entstehen.

Nur einen einzigen Weg gibt es, wenn die Abschaltspannung null sein soll — der Kurzschlußstrom müßte in jenem Augenblick unterbrochen werden, wenn er gerade durch Null geht. Man schreibt dem Ölschalter gewöhnlich die unschätzbare Eigenschaft zu, daß er den Strom in diesem günstigsten Augenblick abschaltet.

Der Ölschalter ist dem Luftschalter weit überlegen und für Unterbrechungen der Kurzschlußströme kommen Luftschalter überhaupt nicht in Betracht. Aber es ist nicht immer wahr, daß der Ölschalter auf den Nulldurchgang des Stromes wartet. Ganz besonders zweifelhaft ist der Abschaltvorgang beim Kurzschlußstrom. Es ist bekannt, daß der Kurzschlußstrom des Transformators der Netzspannung um fast 90° nacheilt. Er geht demnach durch null, wenn die Spannung gerade ihren Höchstwert erreicht hat. Es ist mehr als wahrscheinlich, daß in diesem Augenblick der Stromkreis nicht unterbrochen wird.

Das Abschalten des Kurzschlußstromes bleibt nach all dem ein schweres Überspannungsproblem. Glücklicherweise beansprucht der Schaltvorgang immerhin eine gewisse Zeit, so daß ein erheblicher Teil der magnetischen Energie entweichen kann. Rückzündungen sind mit Sicherheit zu erwarten. Erst nach einigen Perioden ist der Kurzschlußstrom endgültig unterbrochen.

61. Einschränkung der Überspannungen bei Unterbrechungen des Kurzschlußstromes.

Es ist unmöglich, sich mit diesem Stand der Dinge zu begnügen. Gefährliche Überspannungen müssen beim Abschalten des Kurzschlußstromes erwartet werden, wenn nicht ein besonderer Überspannungsschutz zu Hilfe kommt. Nicht nur das. Jedes Abschalten des Transformators unter Last ist gefährlich, wenn nicht der Strom im Augenblick des Nulldurchganges unterbrochen wird.

Es gibt Mittel zur Verkleinerung der Überspannungsgefahr im Abschaltmoment. Der Schalter mit Vorkontakt und Vorschaltwiderstand, wie er bereits im 51. Abschnitt erwähnt wurde, bringt den Vorteil, daß auch nach dem Abreißen des Lichtbogens noch eine Bahn für den Strom bleibt. Der Vorschaltwiderstand ist gewöhnlich erheblich größer als der Widerstand der Wicklung. Die Abklingungszeitkonstante des Primärstroms wird deshalb sehr klein, so daß die Vorstufe nur kurze Zeit eingeschaltet bleiben muß.

Es habe die Primärwicklung einen Ohmschen Widerstand r (Ohm) und eine Induktivität L (Henry), der Vorschaltwiderstand betrage R (Ohm). Wird nun der dauernde Kurzschlußstrom J_k in seinem Höchstwert plötzlich unterbrochen, so zwar, daß an Stelle des Lichtbogens der Vorschaltwiderstand allein die Verbindung mit dem Netz aufrechterhält, so taucht plötzlich eine neue Widerstandsspannung JR auf. Sie sucht den Strom herunterzudrücken, der sich mit der Selbstinduktionsspannung wehrt. Für unsere Zwecke genügend genau ist der Ansatz:

$$-L\frac{dJ}{dt} = JR\,,$$

der zu:

$$J = J_k \varepsilon^{-\frac{R}{L}t}$$

führt.

Es ist somit tatsächlich empfehlenswert, den Vorschaltwiderstand R groß zu machen, ganz im Einklang mit den Notwendigkeiten der Einschaltstromerscheinung, die im 51. Abschnitt beschrieben wurden.

Wenn die Vorstufe den Kurzschlußstrom heruntergedrückt hat, ist die Gefahr einer hohen Abschaltspannung auch kleiner geworden. Außerdem gleitet der Kurzschlußstrom während der Einschaltdauer der Vorstufe von selbst vom Höchstwert herunter. Jedenfalls aber soll die Vorstufe sehr schnell wieder abgeschaltet werden.

Auch die Vorstufe läßt Unsicherheiten weiterbestehen, obwohl sie die Gefahren mildert. Hohe Abschaltspannungen können nur dann ganz vermieden werden, wenn man auch der magnetischen Energie des primären Streufeldes die Möglichkeit bietet, sich in Stromwärme umzuwandeln. Die Primärwicklung müßte somit vor dem Abschalten irgendwie in sich geschlossen werden.

Unwillkürlich denkt man an die Dreieckschaltung, die ein in sich geschlossenes Wicklungsdreieck bildet. Bei oberflächlicher Betrachtung vermutet man leicht Vorteile gegenüber der Sternschaltung. Aber die Dreieckschaltung hilft leider nicht. Im Wicklungsdreieck kann nach dem Abschalten kein Strom fließen. Wie immer man die Richtung dieses Stromes annimmt, in einer der drei Phasenwicklungen müßte er die Richtung des Streufeldes plötzlich umkehren. Das wäre ärger als das Verschwinden des betreffenden Streufeldes.

Es bleibt somit das Kurzschließen der Primärwicklung, selbstverständlich bevor noch der Transformator vom Netz abgeschaltet wird. Dies ist gewiß ein sehr merkwürdiges Auskunftsmittel, denn es versucht den Kurzschluß mit einem neuen Kurzschluß zu heilen. Überspannungen vermeidet es nun, zunächst in der Transformatorwicklung, mit Bestimmtheit, denn die magnetischen Felder können jetzt alle abklingen.

Man darf die Gefahr nicht einfach vom Transformator ins Netz abschieben. Für das Netz hat der Kurzschluß des Transformators selbstverständlich weit geringere Ströme zur Folge als ein unmittelbarer Kurzschluß vor dem Transformator. Aber dem kann abgeholfen werden. Der Transformator kann primär kurzgeschlossen werden, solange der Widerstand der Vorstufe des Schalters noch eingeschaltet ist, außerdem kann man die Primärwicklung auch über Widerstände kurzschließen. Die Vorstufe wird abgeschaltet. Will man somit überhaupt die Idee des Kurzschließens der Primärwicklung verwerten, bleibt nichts anderes übrig als Widerstände, Ohmsche oder induktive in der künstlichen Kurzschlußverbindung einzubauen.

Die skizzierte Idee ist, nach Wissen des Verfassers, neu und deshalb noch nicht erprobt. Sie soll eine Möglichkeit der Verbesserung des Überspannungsschutzes zeigen. Jedenfalls bringt sie eine neue, nicht unerhebliche Verteuerung des Ölschalters.

Der Betriebsingenieur wehrt sich meist schon gegen den Ölschalter mit Vorstufe, weil er teuer ist. Er wird sicherlich noch weniger bereit sein, eine zusätzliche Kurzschlußvorrichtung zu bezahlen. Er hat eben kein richtiges Vertrauen zu all den Einrichtungen des Überspannungsschutzes, weil ihm die Transformatoren doch immer wieder durchschlagen.

Es ist indessen doch billiger, den Transformator ordentlich gegen Überspannungen zu schützen, als ihn immer wieder durchschlagen zu lassen. Nicht die Beschädigungen allein kosten Geld. Weit unangenehmer sind die Betriebsstörungen. Eine ausgiebige Reserve in jeder Transformatorenstation ist sehr teuer, teurer jedenfalls als eine ordentliche Überspannungseinrichtung.

Mit der Erledigung der Frage des Abschaltens des Kurzschlußstromes ist das Abschaltproblem in seinem ganzen Umfange erledigt. Je kleiner der abzuschaltende Strom, um so geringer die Überspannungsgefahr. Aber selbst bescheidene Ströme können unter Umständen unangenehme Überspannungen bringen, wenn gar nichts unternommen wird. Der Ölschalter mit Vorstufe, mit einem ausgiebigen Vorstufen-Widerstand, wird jedenfalls mit der Zeit unentbehrlich werden.

62. Einschaltüberspannungen. Die Einschaltwelle.

Das Einschalten des Transformators ist ein Betriebsereignis, das seine bedeutenden Überspannungsgefahren bringt. Das Netz ist vor dem Einschalten betriebsmäßig geladen und kann gerade im Einschaltaugenblick die höchste Betriebsspannung, die ohne entsprechende Ladung gar nicht möglich ist, bereit halten. Über den Schalter dringt dann eine Einschaltwelle bis zum Transformator und in die Primärwicklung des Transformators vor.

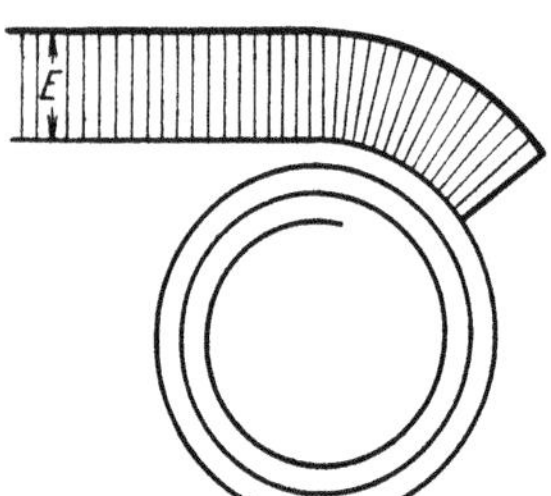

Abb. 82.

Selbst wenn es weiter keine Verwicklungen geben würde, müßte die Einschaltwelle sehr gefährlich werden. Sie läuft unbeaufsichtigt mit steiler Stirne in die erste Windung hinein. Es muß sich zweifellos zwischen der ersten und der zweiten Windung die volle Betriebsspannung zeigen (Abb. 82).

Die Erscheinung wird in Wirklichkeit gerade an den Klemmen des Transformators noch verschlimmert. Der Wellenwiderstand der Wicklung ist erheblich höher als der Wellenwiderstand der Zuleitung. Der Wellenstrom der Zuleitung, der durch die Wellenspannung E und den Wellenwiderstand Z_1 zu:

$$i_1 = \frac{E}{Z_1}$$

gegeben ist, kann nicht in voller Höhe in die Primärwicklung, die einen Wellenwiderstand Z_2 hat, hineinfließen. Sie läßt ja nur:

$$i_2 = \frac{E}{Z_2}$$

hinein. Es kommt zu Stauungen, ein Teil der Welle kehrt an den Transformatorklemmen um, gleichzeitig erhöht sich die Spannung an den Klemmen (Abb. 83) um ΔE Volt.

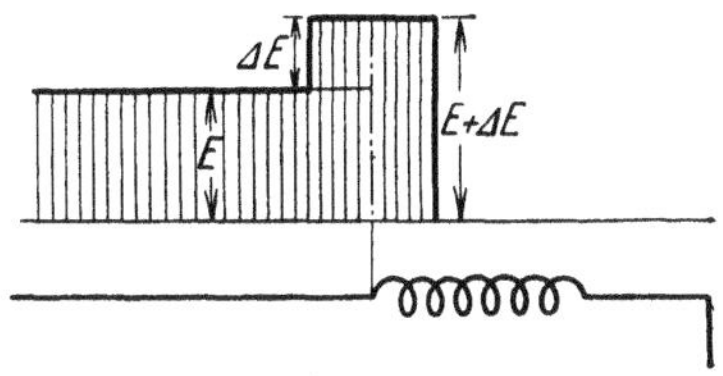

Abb. 83.

In die Wicklung läuft nach all dem eine Welle mit der Spannung $E + \Delta E$. Sie treibt einen Wellenstrom:

$$\frac{E + \Delta E}{Z_2}.$$

Vom Knotenpunkt weg fließt außerdem der zurückgeworfene Wellenstrom

$$\frac{\Delta E}{Z_1}.$$

Beide zusammen müssen dem zufließenden Wellenstrom:

$$\frac{E}{Z_1}$$

gleich sein, so daß sich der Ansatz:

$$\frac{E}{Z_1} = \frac{\Delta E}{Z_1} + \frac{E + \Delta E}{Z_2}$$

ergibt, aus dem die Spannungserhöhung leicht zu:

$$\Delta E = E \frac{Z_2 - Z_1}{Z_2 + Z_1}$$

berechnet werden kann.

Es kann leicht fast zur Verdoppelung der Spannung kommen. Ist z. B.:

$Z_1 = 500$ Ohm,
$Z_2 = 3000$ Ohm,
so wird:

$$\Delta E = 0{,}7\ \mathrm{E}.$$

Das Einschaltproblem muß indessen noch erweitert werden. Nicht die Herstellung der leitenden Verbindung zwischen Transformator und Netz ist das Wesentliche des Einschaltproblems, sondern das Vordringen von Wellen aus dem Netz in die Wicklung. Der Transformator kann schon eingeschaltet sein und doch von Wellen getroffen werden, die vom Netz kommen. Jeder Betriebsvorgang im Netz löst schließlich eine Welle aus, die bis zu den Klemmen des Transformators vordringt und sich ganz ebenso auswirkt wie die Einschaltwelle.

Abb. 84 trifft den Kern des Problems. Die Höhe der anlangenden Welle ist gewiß wichtig. Wichtiger ist die Form der Wellenstirne. Je steiler sie ist, um so gefährlicher wird sie. Sorgt man dafür, daß betriebsmäßig keine zu hohen Spannungen auftreten, so bleibt nur noch die Sorge um die Wellenstirne. Die Wellenspannung muß sanft ansteigen, so daß sich das Bild der Abb. 85 ergibt. Nur dann sind unerlaubte Spannungen zwischen den ersten Windungen unmöglich.

Das Überspannungsproblem läßt sich hier zum ersten Male voll übersehen. Ein Netz, das in seiner Nähe keinen anderen fremden Leiter hätte, vor allem nicht die Erde, kommt im Betrieb zunächst nur bis zur normalen Betriebsspannung, ein dreiphasiges Netz somit bis zur normalen, verketteten Spannung, wenn es gegen Abschaltspannungen richtig ge-

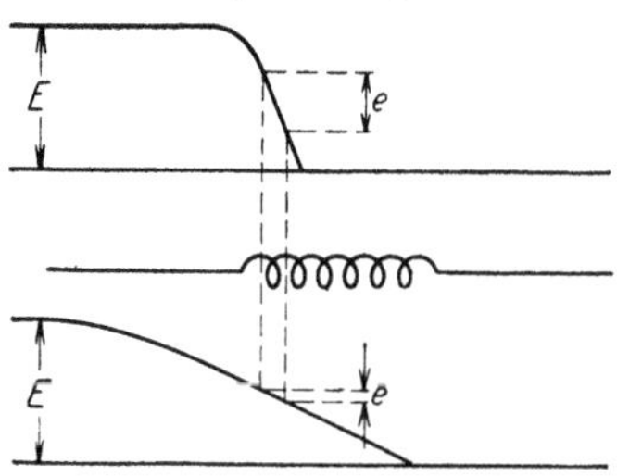

Abb. 84.

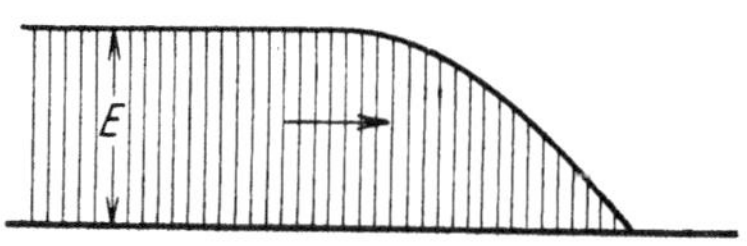

Abb. 85.

schützt ist. Einschaltvorgänge erhöhen die Spannung an den Transformatorklemmen, theoretisch bis zur doppelten Höhe, praktisch etwas weniger hoch. Dieser erhöhten Spannung muß die Wicklung des Transformators gewachsen sein, sie darf demnach bei der erhöhten Spannung nicht von Phase zu Phase durchschlagen.

Das Erdfeld bringt statische Aufladungen und damit Spannungen gegen Erde. Man kann diese zusätzlichen Spannungen, wie wir gesehen haben, beschränken, ganz beseitigen kann man sie nicht. Zwischen zwei Phasen kommen nun normal diese zusätzlichen Spannungen nicht zum Ausdruck. Erst wenn eine Phase geerdet wird, kommt zwischen Phase und Phase, aber auch zwischen Wicklung und Erde die verkettete Spannung, vermehrt um die zusätzliche Spannung des Erdfeldes, zum Vorschein.

Der Eisenkern des Transformators ist Erde, weil er gewöhnlich geerdet wird. Aber auch die Niederspannungswicklung des Transformators ist praktisch Erde. Die Hochspannungswicklung einer Phase muß demnach gegen Eisenkern und Niederspannungswicklung, aber auch gegen die Hochspannungswicklung einer anderen Phase, die um etwas weniger als 100 vH erhöhte verkettete Betriebsspannung vermehrt um die zugelassene Zusatzspannung gegen Erde aushalten. Verständlich wird nun die Prüfvorschrift des VDE:

$$1{,}75\,E + 15000 \text{ Volt}\,.$$

Der eine Teil des Überspannungsproblems ist mit dieser Vorschrift, die dem Konstrukteur die weitere Sorge um die Höhe der Spannung überläßt, erledigt. Es ist unbedingt nötig, daß dieser erste Teil des Überspannungsproblems, der sich nur mit der Höhe der Einschaltwellen beschäftigt, vom Konstrukteur allein gelöst wird. Er sträubt sich auch nicht dagegen. Er sieht, daß es nicht anders gehen kann.

Aber der zweite Teil des Überspannungsproblems, der sich mit der Form der Wellen beschäftigt, der die Wellenstirne keineswegs als etwas gegebenes betrachten will, ist nicht Sache des Transformatorenkonstrukteurs allein. Ja, es ist überhaupt nicht sein Problem. Es ist ein Problem der Betriebslehre, es ist mehr, heute ist es das Überspannungsproblem des Transformators.

Der Sprungwellenprobe der neuesten Prüfvorschriften des VDE. steht der Transformatorenkonstrukteur fassungslos gegenüber. Er hat die Pflicht, dem Betriebsingenieur zu sagen, daß es unsinnig ist, den Transformatoren Einschaltwellen mit steiler Stirne zuzumuten. Die Wicklung schleift die Wellenstirne ab, das ist sicher. Je tiefer die Welle in die Wicklung eindringt, um so flacher wird die Wellenstirne. Aber die Wicklung kann nur eine Welle umformen, die schon eingetreten ist, die eintretende Welle mit ihrer schroffen Stirne ist nicht in ihrer Gewalt. Zwischen den Eingangswindungen müssen unzulässige Spannungen entstehen, wenn nicht außerhalb des Transformators die Wellenstirne abgeschliffen wird.

Man kann bei sehr großen Konstruktionen auch die Eingangswindungen für die volle Betriebsspannung, wenn es sein muß, auch für die doppelte Betriebsspannung voneinander isolieren. Bei mittleren und kleinen Leistungen ist das undenkbar. Die Sprungwellenprobe wird dann eben die Wicklung schon „punktieren", bevor sie in den Betrieb kommt. Ein paar Durchstiche mehr oder weniger — was tut es. In sein Schicksal ergeben, sieht der Konstrukteur dem merkwürdigen Spiel zu.

Es ist bekannt, daß Einschaltwellen sehr oft die Isolation zwischen Windung und Windung durchstechen können, bevor ein Windungsschluß zustande kommt. Eingangsspulen sind meist mit solchen Stichen übersät. Aber schließlich kommt doch eine derartige Erweiterung des Stichkanals zum Vorschein, daß die Betriebsspannung, die reichlich Zeit zur Verfügung hat, nachfolgen kann.

Wenn es nach all dem feststeht, daß die steile Wellenstirne der Einschaltwelle theoretisch und praktisch unzulässig ist, wenn die immer wieder vorkommenden Überschläge zwischen den Eingangswindungen vermieden werden sollen, bleibt nichts anderes übrig, als den Überspannungsschutz des Transformators so auszubauen, daß jede vom Netz kommende Welle gründlich abgeschliffen wird, bevor sie die Klemmen des Transformators erreicht.

Damit ist allerdings der Konstrukteur noch nicht der Pflicht enthoben, die Windungsisolation möglichst zu verstärken. Wenn damit gerechnet werden kann, daß die Wicklung selbst die eindringende Welle mehr und mehr abflacht, je weiter sie sich vorwagt, muß die Windungsisolation gegen die Klemmen zu stärker und stärker werden. Praktisch ergibt sich so die Forderung nach Eingangsspulen mit verstärkter Windungs- und Lagenisolation. Wie weit die Verstärkung gehen kann, entscheidet meist die Größe des Transformators. Je kleiner der Transformator, um so schwieriger ist das konstruktive Problem der Windungsisolation, um so wahrscheinlicher der Windungsschluß. Gerade für kleine Transformatoren ist demnach das Abschleifen der Wellen in entsprechenden Einrichtungen am wichtigsten.

63. Abschleifen der eindringenden Wellenstirne. Die Schutzdrosselspule.

Ein ausgezeichnetes Mittel zum Abschleifen der Wellenstirne ist die Drosselspule, die zwischen Transformator und Zuleitung eingeschaltet wird. Sie kann als konzentrierte Induktivität betrachtet werden. Ihre Wirkungsweise läßt sich an Hand der Abb. 86 leicht verfolgen.

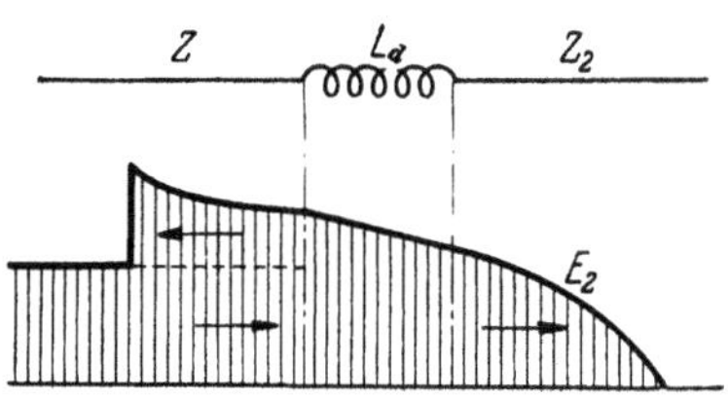

Abb. 86.

Aus dem Netz mit dem Wellenwiderstand Z_1 komme eine Welle mit der Spannung E und treffe auf die konzentrierte Induktivität L_d [Henry]. Da sich der Wellenwiderstand zweifellos ändert, wird es bestimmt zu einer Spannungserhöhung um ΔE Volt kommen, die Welle wird zum Teil zurückgeworfen. Der Wellenstrom i_2 nun, der in die Drosselspule eintritt, erzeugt eine Selbstinduktionsspannung:

$$-L_d \frac{d i_2}{d t},$$

er fließt über den Knotenpunkt, in dem die Induktivität konzentriert ist, in die Transformatorwicklung hinein. Die Spannung der Welle an den Transformatorklemmen E_2 hält nun zusammen mit der Selbstinduktionsspannung der Spannung vor der Drosselspule das Gleichgewicht. Es ist also:

$$E + \Delta E = L_d \frac{d i_2}{d t} + E_2 .$$

Aus dem Netz fließt ein Wellenstrom:

$$\frac{E}{Z_1};$$

zurückgeworfen wird der Strom:

$$\frac{\varDelta E}{Z_1},$$

in die Wicklung fließt noch der Wellenstrom:

$$i_2 = \frac{E_2}{Z_2},$$

es ist also:

$$E - \varDelta E = E_2 \frac{Z_1}{Z_2}.$$

Andererseits ist nun:

$$E + \varDelta E = E_2 + \frac{L_d}{Z_2} \frac{d E_2}{dt};$$

es entsteht nach all dem der Ansatz:

$$\frac{d E_2}{dt} + \frac{Z_1 + Z_2}{L_d} E_2 - 2 \frac{Z_2}{L_d} E = 0.$$

Für eine Einschaltwelle mit steiler Stirne ist für:

$$t = 0 \quad E = 0,$$

dann aber

$$E = \text{konstant}.$$

Die Lösung der Differentialgleichung lautet in diesem Falle einfach:

$$E_2 = \frac{2 Z_2}{Z_1 + Z_2} E \left[1 - \varepsilon^{-\frac{Z_1 + Z_2}{L_d}}\right].$$

Die Spannung E_2 an der Klemme des Transformators verändert sich mit der Zeit, sie fängt mit dem Wert null an und wächst nach einer Exponentialfunktion bis zum Endwert:

$$\frac{2 Z_2}{Z_1 + Z_2} E,$$

jedenfalls also nicht bis zur doppelten Spannung der Einschaltwelle Die Zeitkonstante des Anwachsens der Spannung:

$$T = \frac{L_d}{Z_1 + Z_2}$$

kann durch die Wahl der Induktivität L_d der Drosselspule beliebig geändert werden.

Selbstverständlich entspricht der zeitlichen Änderung der Spannung am Eingang der Wicklung E_2 die örtliche Änderung der Spannung der Welle vollkommen. Die Wellenstirne wird somit tatsächlich abgeschliffen und die Form der abgeschliffenen Wellenstirne läßt sich unschwer berechnen.

Die Welle läuft mit der Geschwindigkeit v [cm/sek]. Sie legt in der Zeit t (Sekunden) einen Weg von $v \cdot t$ Zentimetern zurück. Die räumliche Form der Wellenstirne, dargestellt in der Abb. 87, die die Spannung der Welle in Abhängigkeit von der Entfernung von der Wellenspitze bringt, ist dieselbe wie die Form der zeitlichen Änderung der Spannung der der Klemmen der Wicklung (Abb. 86). So kommt man zum Begriff der „Raumkonstanten" der abgeschliffenen Wellenstirne:

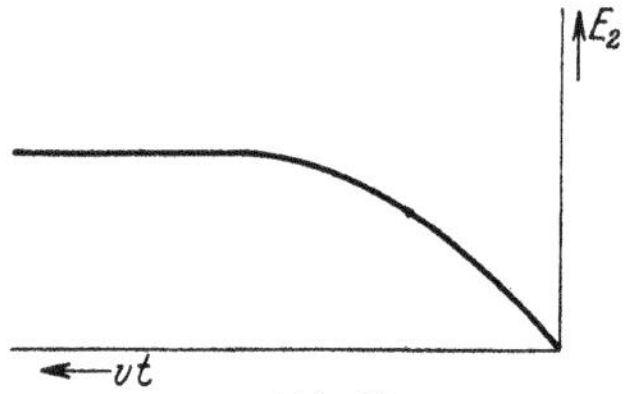

Abb. 87.

$$R = T \cdot v = \frac{v \cdot L_d}{Z_1 + Z_2} \text{ Zentimeter}.$$

Die Raumkonstante gibt uns die Strecke, den Wicklungsleiter entlang gemessen, an, auf der die Spannung der Wellenstirne von null den Endwert:

$$\frac{2 Z_2}{Z_1 + Z_2} E \tag{30}$$

erreichen würde, wenn ihr der anfängliche geradlinige Anstieg erhalten bliebe. Sie kann dazu benutzt werden, die Spannung zwischen zwei Punkten des Wicklungsleiters zu bestimmen, die um die Längeneinheit, also um einen Zentimeter, voneinander entfernt sind. Dieses Spannungsgefälle beträgt offenbar

$$\frac{2 Z_2}{v \cdot L_d} E \text{ Volt/cm}.$$

Zwischen zwei benachbarten Windungen der Wicklung, die U Zentimeter lang sind, entsteht nach all dem beim Eindringen der abgeschliffenen Welle eine Spannung von:

$$\Delta e_w = \frac{2 Z_2 \cdot U}{v \cdot L_d} E \text{ Volt}.$$

Damit ist eine Bestimmungsgleichung für die notwendige Induktivität der Drosselspule gewonnen.

64. Bemessung der Schutzdrosselspule.

Die richtige Bemessung der Schutzdrosselspule des Transformators ist eine so wichtige Aufgabe der Betriebslehre, daß nun, nachdem die Bestimmungsgleichung (30) feststeht, die Berechnung des Wellenwiderstandes der Wicklung des Transformators nicht mehr aufgeschoben werden kann.

Es muß gleich gesagt werden, daß eine genaue Berechnung kaum möglich ist. Man muß sich mit ziemlich rohen Näherungswerten begnügen. Aber die ganze Theorie der Überspannungserscheinungen ist ungenau und es hätte keinen Sinn, gerade in einem Punkte mehr zu verlangen.

Der Wellenwiderstand ist, wie bekannt, durch die Induktivität und durch die Kapazität des Leiterpaares bestimmt, für das er berechnet werden soll. Zwei parallele, frei ausgespannte Leiter bereiten keine

Schwierigkeit. Wenn aber die beiden Leiter sich zu zwei Phasenwicklungen des Transformators winden, wird die Rechnung schwierig.

Bei einfachen Anordnungen beschränkt man sich auf ein kurzes Längenstück des Leiterpaares, am besten wohl auf die Längeneinheit. Bei der Berechnung des Wellenwiderstandes der Transformatorenwicklung bestimmt man am einfachsten die Induktivität und die Kapazität eines ganzen Phasenwicklungspaares. Es ist nachher immer noch ganz leicht, den Wellenwiderstand für die Längeneinheit der Wicklungsleiter anzugeben.

Im Transformator ergeben sich gegenüber der Freileitung zahlreiche Verwicklungen. Die Permeabilität sowohl wie die dielektrische Konstante erscheinen geändert. Die Anwesenheit des Eisens bewirkt die eine Änderung, die Verwendung des Öls, des Papiers und anderer Isolierstoffe die andere Änderung. Schließlich ist auch noch der eine Umstand von erheblicher Bedeutung, daß von den Klemmen des Transformators bis zum Nullpunkt der Wicklung, wo die beiden Phasenleiter aufeinanderstoßen, die Spannung zwischen den beiden Phasenleitern vom Vollwert bis auf null sinkt. Es bleibt kein anderer Ausweg, als mit einem Spannungsmittelwert zu rechnen.

Schließlich darf nicht vergessen werden, daß die Wanderwellen mit riesiger Geschwindigkeit die Leiter durcheilen, so daß es bei den vergleichsweise kleinen Leiterlängen zu sehr schnellem Wechsel der Wellenrichtung, mit anderen Worten zu hohen Periodenzahlen des Wellenstromes kommt. Wenn eine Freileitung z. B. 300 km lang ist, wird sie von der Welle in einem Tausendstel Sekunde durcheilt, und zurückgeworfen erscheint sie am Ausgangspunkt nach zwei Tausendsteln Sekunden wieder in gleicher Bewegungsrichtung. Das gibt 500 Perioden in der Sekunde. Bei so hohen Periodenzahlen ist der Eisenkern schon recht schwach magnetisch durchlässig.

Es kommt, wie wir später sehen werden, zu noch weitaus höheren Periodenzahlen bei den Schwingungen der Transformatorwicklung. Das Eisen ist dann so gut wie nicht vorhanden. Die Induktivität der Wicklung wird deshalb einfach so zu berechnen sein, als ob es sich um eine Drosselspule ohne Eisenkern handeln würde.

Wenn nun die Berechnung der Kapazität der Wicklungsleiter in Angriff genommen wird, ist es am durchsichtigsten, anzunehmen, daß auf jedem der beiden Wicklungsphasenleiter eine Ladung Q, selbstverständlich eine positive $+Q$ auf dem einen, eine negative $-Q$ auf dem anderen, von der Welle untergebracht wurde, und zwar bei einer verketteten Klemmenspannung E. Wenn diese Spannung gleichmäßig gegen den Nullpunkt abnimmt, herrscht im Mittel eine Spannung $\frac{E}{2}$ zwischen den beiden Wicklungsleitern.

Bei Wellenerscheinungen, die aus Schaltvorgängen entstehen, entspricht die Annahme dem in der Abb. 88 festgehaltenen Augenblick, in dem die dritte Phase gerade spannungslos wird. Die Spannung beider Wicklungsleiter gegen Erde und gegen den Leiter der dritten Phase ist dann an den Klemmen $\frac{E}{2}$, im Mittel $\frac{E}{4}$.

Die Ladung $+Q$ ist mit der Gegenladung $-Q$ nicht in voller Höhe durch die direkte Kapazität einer Phasenwicklung zur anderen gebunden. Eine Teilladung wird auf die Erde, d. h. auf den Eisenkern geworfen. Eine zweite Teilladung übernimmt die dritte Phasenwicklung, die im betrachteten Augenblick eigentlich auch Erde ist. Die Abb. 89 zeigt die Verteilung der Ladungen.

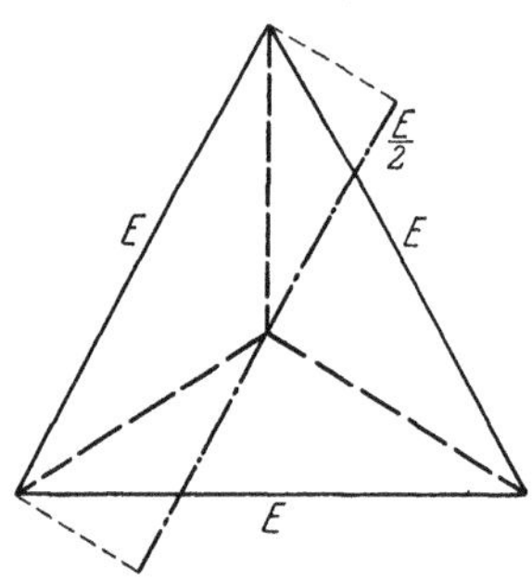

Abb. 88.

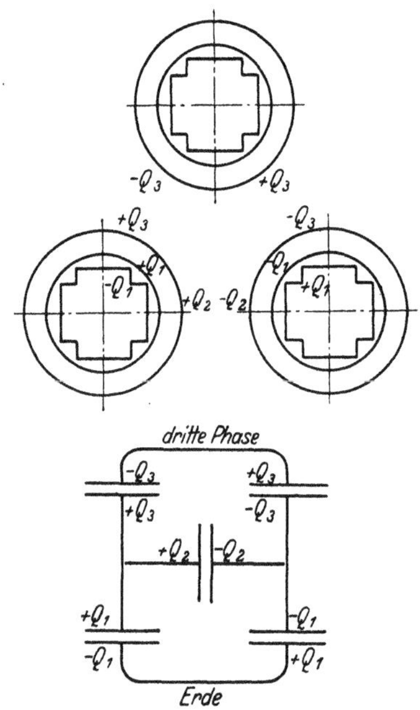

Abb. 89.

Wenn nun die direkte Kapazität zweier Phasenwicklungen C_1 Farad beträgt, die Erdkapazität einer Phasenwicklung dagegen C_0 Farad, so ergibt sich offenbar folgende Rechnung. Unmittelbar wird von Phasenwicklung zu Phasenwicklung die Teilladung

$$\frac{E}{2} \cdot C_1$$

untergebracht, weil mit einer mittleren Spannung $\frac{E}{2}$ gerechnet werden muß. Die Erde vermittelt die Teilladung

$$\frac{E}{4} C_0 ,$$

die dritte, spannungslose Phasenwicklung die Teilladung

$$\frac{E}{4} C_1 .$$

Für die gesamte Ladung Q erhält man so den Ansatz:

$$Q = \frac{E}{4}[3C_1 + C_0]$$

und damit, auf die mittlere Spannung $\frac{E}{2}$ zwischen den beiden Wicklungsphasenleitern bezogen, die Gesamtkapazität zwischen zwei Phasenwicklungen:

$$C = \frac{3C_1 + C_0}{2}.$$

Die Teilkapazitäten lassen sich für eine konzentrische Wicklungsanordnung, die wohl hauptsächlich in Betracht kommt, annähernd leicht bestimmen. Die innere, die Niederspannungswicklung, ist so gut wie Erde. Die Erdkapazität einer Phasenwicklung kann demnach als Kapazität zweier konzentrischer Zylinder berechnet werden, mit dem Innendurchmesser der Hochspannungswicklung einerseits, mit dem Außendurchmesser der Niederspannungswicklung andererseits, somit in dem Abstand voneinander, wie ihn der tatsächliche Wicklungszwischenraum angibt (Abb. 90). Man erhält auf diese Weise einen etwas zu hohen Wert.

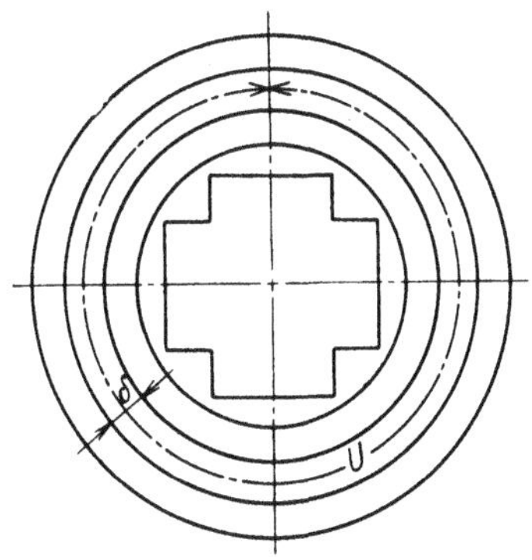

Abb. 90.

Bezeichnet man mit:

U die mittlere Windungslänge des Transformators [cm],

l_s die axiale Länge der Wicklung [cm],

ε die Dielektrizitätskonstante des Isolierstoffes im Wicklungszwischenraum,

δ die Breite des Wicklungszwischenraumes [cm],

so kann man einfach:

$$C_0 = \frac{\varepsilon \cdot U \cdot l_s}{4\pi \cdot \delta \cdot 9 \cdot 10^{11}} \text{ Farad}$$

setzen.

Etwas schwerer hat man es mit der direkten Kapazität zwischen zwei Phasenwicklungen. Bei der gebräuchlichen Form des dreiphasigen Eisenkernes sind nicht alle drei Phasenwicklungen in der gleichen Lage gegenüber den restlichen zwei Phasenwicklungen. Statt der zuerst vorausgesetzten Anordnung nach Abb. 89 entsteht die Anordnung nach Abb. 91. Immer wird die dritte Phasenwicklung abgeschirmt.

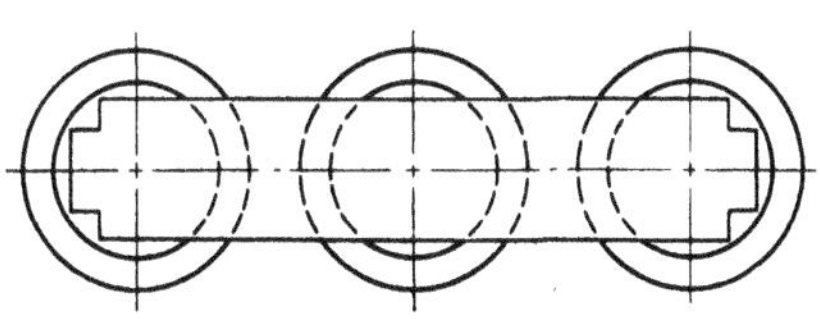
Abb. 91.

Es ist zudem ziemlich schwer, die Kapazität zweier nebeneinander liegenden Phasenwicklungszylinder verläßlich zu bestimmen, weil der Achsenabstand nur wenig größer ist als der äußere Wicklungsdurchmesser. Es muß offenbar der Umstand berücksichtigt werden, daß die elektrischen Achsen nicht mehr mit den geometrischen Achsen der Zylinder zusammenfallen.

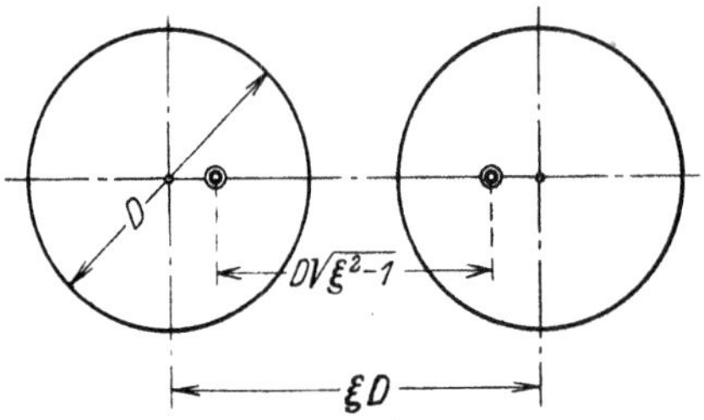

Abb. 92.

Wenn der geometrische Abstand der Säulenachse ξ-mal größer ist als der äußere Wicklungsdurchmesser D, liegen die beiden elektrischen Achsen nur noch im Abstand:

$$D\cdot\sqrt{\xi^2-1}\,,$$

(Abb. 92) und es ergibt sich

$$C_1=\frac{\varepsilon\cdot l_s}{4\cdot 9\cdot 10^{11}\cdot \ln\dfrac{\sqrt{\xi^2-1}+(\xi-1)}{\sqrt{\xi^2-1}-(\xi-1)}}\ \text{Farad}\,.$$

Bei den üblichen Bauformen liegt jedenfalls ξ zwischen 1,05 und 1,2. Es ist dann:

$$1<4\ln\frac{\sqrt{\xi^2-1}+(\xi-1)}{\sqrt{\xi^2-1}-(\xi-1)}<2{,}5\,.$$

Wenn somit einfach:

$$C_1=\frac{\varepsilon\cdot l_s}{9\cdot 10^{11}}\ \text{Farad}$$

gesetzt wird, ist ein zu großer Näherungswert gewonnen, so daß, unter Berücksichtigung der elektrischen Abschirmung des dritten Wicklungszylinders, auch noch der Wert:

$$C=\frac{\varepsilon\, l_s}{9\cdot 10^{11}}\left[1+\frac{U}{8\pi\delta}\right]\text{Farad} \tag{31}$$

etwas zu groß ist, ganz abgesehen davon, daß die Zwischenräume zwischen den einzelnen Spulen der Wicklung, als nicht vorhanden, vernachlässigt wurden.

Die Bestimmungsgleichung (31) für die Gesamtkapazität zweier Phasenwicklungen zeigt zunächst, daß die übliche zylindrische Wicklungsanordnung der Teilkapazität gegen Erde ein merkliches Übergewicht gibt. Die mittlere Windungslänge U des Transformators ist wohl immer größer als der mit 8π multiplizierte Abstand der beiden konzentrischen Wicklungen einer Säule.

Bemerkenswert ist es ferner, daß der kleinste Zwischenraum zwischen den Wicklungszylindern zweier benachbarter Säulen, der sich doch ebenso nach der Spannung richten muß, wie der Abstand der Hochspannungswicklung von der Niederspannungswicklung, weit schwächer zum Ausdruck kommt als dieser. Mit wachsender Spannung wird somit die Teilkapazität gegen Erde an Einfluß verlieren.

Schließlich erscheint es notwendig, darauf aufmerksam zu machen, daß mit der berechneten Gesamtkapazität nach Gl. (31) nur dann gerechnet werden darf, wenn es sich um Wellen handelt, die aus Schaltvorgängen der Anlage entstehen. Wanderwellen, die vom Erdfeld ausgelöst werden, vereinigen alle drei Phasenleiter zu einem gemeinsamen Leiter, der seine Gegenladung auf die Erde wirft. Für diesen Fall kommt nur die Kapazität gegen Erde in Frage, und da es sich um drei Leiter handelt, offenbar die dreifache, oben berechnete Erdkapazität. So kommt man zum zweiten Ausdruck:

$$C' = \frac{\varepsilon\, l_s}{9\cdot 10^{11}}\,\frac{U}{1{,}33\,\pi\cdot\delta} \tag{32}$$

für die Gesamtkapazität. Er gibt erheblich höhere Werte als Gl. (31).

Für die Induktivität einer Drosselspule ohne Eisen, und als solche muß die Wicklung bei Hochfrequenzerscheinungen betrachtet werden, gibt M. Korndörfer[1]) eine sehr einfache Berechnungsformel, die hier verwendet werden soll. Sie lautet:

$$L = 10{,}5\cdot w^2\cdot D_m\cdot\sqrt[4]{\frac{D_m}{U_s}}\cdot 10^{-9}\ \text{Henry}, \tag{33}$$

wenn:

w die Windungszahl der Wicklung,
D_m den mittleren Windungsdurchmesser der Wicklung [cm],
U_s den Umfang des Wicklungsquerschnittes [cm]

bezeichnet.

Es ist nun U_s bei zylindrischer Wicklungsanordnung ziemlich genau der doppelten Säulenlänge gleich, D_m aber jedenfalls merklich kleiner als der doppelte Durchmesser des Säuleneisenquerschnittes. Bei dem üblichen Verhältnis der Länge und des Durchmessers der unbewickelten Säule, das zwischen 3 und 4 liegt, wird der Wurzelausdruck mit genügender Genauigkeit:

$$\sqrt[4]{\frac{D_m}{U_s}} = \frac{1}{1{,}5}$$

gesetzt werden können. Der mittlere Durchmesser der außen liegenden Hochspannungswicklung ist außerdem bestimmt größer als der mittlere Durchmesser der Gesamtwicklung, der die mittlere Windungslänge des Transformators U bestimmt. So kommt man zum Ausdruck:

$$L = 2{,}5\cdot w^2\cdot U\cdot 10^{-9}\ \text{Henry}$$

für die Induktivität einer Phasenwicklung.

---

[1]) ETZ 1917, S. 521.

Für den Wellenwiderstand kommt natürlich die Induktivität zweier Phasenwicklungen in Frage, wenn es sich um eine Schaltwelle handelt. Eine Wanderwelle des Erdfeldes hat mit allen drei Phasenwicklungen zu rechnen, außerdem ist noch die Induktivität der Strombahn in der Erde zu berücksichtigen.

Denkt man daran, daß oben für die Kapazitäten zu große Werte errechnet wurden, so wird man einsehen, daß es sich empfiehlt, die Gl. (31) durch:

$$C = \frac{\varepsilon l_s}{9 \cdot 10^{11}} \cdot \frac{U}{8 \pi \delta} \text{ Farad}$$

zu ersetzen und den Wellenwiderstand, da jetzt

$$L = 5 \cdot w^2 \cdot U \cdot 10^{-9} \text{ Henry} \tag{34}$$

ist, zu:

$$Z_2 = \sqrt{\frac{L}{C}} = 336\, w \sqrt{\frac{\delta}{\varepsilon l_s}} \tag{35}$$

anzusetzen.

Bei Öltransformatoren kommt die Dielektrizitätskonstante des Öls und des Papiers in Frage. Der Wurzelausdruck hat dann die Größenordnung 10^{-2}. So ergibt sich ein Schätzwert:

$$Z_2 = 30 \text{ bis } 40\, w\,. \tag{36}$$

Der Wellenwiderstand für atmosphärische Wanderwellen ist etwas kleiner. Auf jeden Fall aber ergeben sich aus unserer Rechnung weit höhere Wellenwiderstände als die üblichen Schätzungen sie vermuten lassen.

Außerordentlich wichtig ist außerdem die festgestellte Tatsache, daß der Wellenwiderstand der Wicklung hauptsächlich von der Windungszahl abhängig ist. Bei gegebener Leistung ist er offenbar der Nennspannung proportional. Bei gegebener Nennspannung fällt er mit der normalen Windungsspannung, von der man innerhalb einer Typenreihe annehmen kann, daß sie mit der Quadratwurzel aus der Leistung zunimmt.

65. Die Induktivität der Drosselspule in Abhängigkeit von der Leistung und von der Spannung.

Eine rohe Schätzung der erforderlichen Induktivität der Schutzdrosselspule ist nun möglich. Mit der Bestimmung des Wellenwiderstandes der Wicklung des Transformators ist die Gl. (30) verwertbar, sie muß nur in eine brauchbare Form gebracht werden.

Setzt man einfach

$$Z_2 = 40\, w\,,$$

um möglichst sicher zu gehen, so bekommt man die gesuchte Induktivität an Hand der Gl. (30) zu:

$$L_d = \frac{80 \cdot w \cdot U}{v \cdot \Delta e_m} \cdot E \text{ Henry}.$$

In diesem Ansatz bedeutet:

w die Windungszahl der zu schützenden Phasenwicklung,
U die mittlere Windungslänge des geschützten Transformators [cm],
E die Spannung der ankommenden, noch nicht zurückgeworfenen Welle [Volt],
v die Ausbreitungsgeschwindigkeit der Welle [cm/sek],
Δe_w die zulässige Spannung zwischen zwei benachbarten Windungen.

Aufgabe der Drosselspule ist der Abbau der steilen Wellenstirne. Was mit der abgeschliffenen Welle in der Wicklung des Transformators geschieht, ist ein Problem für sich. Die Betriebslehre muß einen vernünftigen Ausgleich zwischen den Forderungen des Konstrukteurs, der eine unnötige Verteuerung der Konstruktion vermeiden muß und den Wünschen des Betriebsingenieurs, der wieder teuere Drosselspulen ungern zuläßt, außerdem aber keinen merklichen zusätzlichen Spannungsabfall wegen der vorgeschalteten Drosselspule bekommen will, suchen.

Die Wicklung des Transformators baut die Welle selbst noch weiter ab. Um die Sicherheit der Eingangswindungen handelt es sich demnach zunächst. Eine besondere, wesentlich verstärkte Windungsisolation der Eingangswindungen, die vorteilhaft zu besonderen Eingangsspulen zusammengefaßt werden, kann und muß der Betriebsingenieur fordern, und der Konstrukteur kann sie nicht verweigern. Transformatoren ohne ordentliche Eingangsspulen, die wohl nur einen kleinen Teil der Wicklung ausmachen dürfen, sind unannehmbar.

Es ist möglich, ohne der Konstruktion Gewalt anzutun, die Eingangswindungen derart zu isolieren, daß sie etwa der 100fachen normalen Windungsspannung gewachsen ist. Ein Großtransformator für 15000 kVA Leistung wird z. B. mit einer normalen Windungsspannung von etwa 50 Volt gebaut. Die Eingangswindungen werden dann verhältnismäßig leicht für 5000 Volt isoliert. Ein 100 kVA-Transformator hat etwa 4 Volt Windungsspannung im normalen Betrieb. Er läßt sich ohne weiteres für 400 Volt von Windung zu Windung bauen.

Wohl ist ein wesentlicher Unterschied zwischen den Eingangsspulen eines Großtransformators und eines 100 kVA-Transformators. Dort sind die Spulen alle einreihig (Abb. 93), so daß jede Windung nur von der nächsten bzw. unmittelbar vorangehenden bedroht wird. Kleinere Konstruktionen haben mehrreihige Spulen. In einer Lage liegen mehrere Windungen, und zwischen zwei benachbarten Windungen liegen, wie Abb. 94 zeigt, mehrere Windungsspannungen. Eingangsspulen kleinerer Transformatoren brauchen daher neben einer verstärkten Windungsisolation auch noch eine ausgiebige Lagenisolation (Abb. 95).

Trotzdem wird man die Schutzdrosselspulen so bemessen dürfen, daß man von der 100fachen normalen Windungsspannung $100\, e_w$ [Volt] ausgeht. Für die Spannung der ankommenden Welle E wird man dann vorsichtshalber etwa die 2,5fache Phasenspannung des normalen Betriebes:

$$E = 2{,}5\, w \cdot e_w$$

einsetzen. Dann entsteht, wenn mit der Lichtgeschwindigkeit:

$$v = 3 \cdot 10^{10}\ \text{cm/sek}$$

gerechnet wird, der vereinfachte Ansatz:

$$L_d = 0{,}2 \left(\frac{w}{1000}\right)^2 \cdot \left(\frac{U}{3}\right)\ \text{Millihenry}. \qquad (37)$$

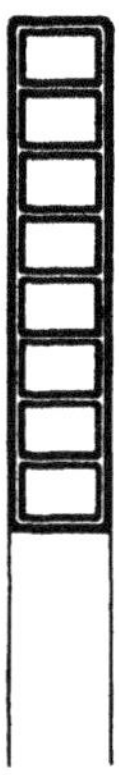

Abb. 93.

Abb. 94.

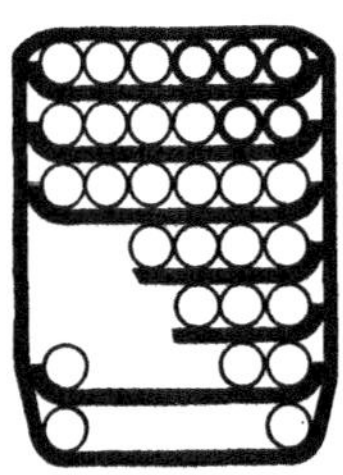

Abb. 95.

Die Bestimmungsgleichung ist mit Absicht in diese besondere Form gebracht. Offenbar ist der letzte Faktor etwas größer als der mittlere Windungsdurchmesser des Transformators, somit ziemlich genau gleich dem mittleren Durchmesser der bei zylindrischer Anordnung außen liegenden Hochspannungswicklung. Der Ausdruck erinnert sehr an die im vorigen Abschnitt angegebene Berechnungsformel für die Induktivität einer Drosselspule ohne Eisen. In der Tat geht Gl. (33) für

$$D_m = U_s$$

in Gleichung

$$L_d = 10{,}5 \cdot \left(\frac{w}{1000}\right)^2 \cdot D_m\ \text{Millihenry} \qquad (33\text{a})$$

über.

Die Schutzdrosselspulen werden meist tatsächlich so gebaut, daß der Umfang des Wicklungsquerschnittes ungefähr dem mittleren Durchmesser gleich wird. Die beiden Gl. (37) und (33a) lassen demnach einen guten Überblick über die Kosten der Schutzdrosselspule zu. Die Wicklung der Schutzdrosselspule beansprucht offenbar nur 2 vH des Aufwandes der geschützten Hochspannungswicklung. So sinken die Anschaffungskosten der Drosselspulen auf einen kleinen Bruchteil der Anschaffungskosten des Transformators. Gegen eine solche Lösung wird sicherlich auch der Betriebsingenieur nichts einzuwenden haben.

An Hand der Gl. (37) läßt sich auch ein ganz guter Überblick über die notwendige Größe der Schutzdrosselspule gewinnen. Bei gegebener Leistung wächst die Schutzinduktivität mit dem Quadrat der Spannung. Es ist zwar richtig, daß der gleiche Eisenkern für die gegebene Leistung nicht mehr ausreicht, wenn die Spannung größer wird. Aber der verstärkte Eisenkern verspricht nicht nur eine kleinere Windungszahl, sondern auch eine größere mittlere Windungslänge. Auf diese Weise ergibt sich ein Ausgleich, so daß man ganz gut nach der ursprünglichen Annahme rechnen kann.

Bei gegebener Spannung wächst die notwendige Schutzinduktivität mit der mittleren Windungslänge, somit innerhalb einer Typenreihe mit der vierten Wurzel aus der Leistung. Andererseits fällt sie mit dem Quadrat der normalen Windungsspannung, d. h. proportional mit der Leistung. Es ergeben sich somit folgende zwei Bemessungsgesetze:

Bei gegebener Leistung ist die benötigte Schutzinduktivität dem Quadrat der Spannung proportional.

Bei gegebener Spannung fällt die benötigte Schutzinduktivität mit der $^3/_4$ten Potenz der Leistung.

Nun ist es nur noch notwendig, für einen einzelnen Fall die notwendige Induktivität der Schutzdrosselspule zu bestimmen. Ein Öltransformator für 100 kVA und 10000 Volt wird ungefähr 4 Volt Windungsspannung im normalen Betrieb haben. Er braucht dann in jeder Wicklungsphase:

$$\frac{10\,000}{\sqrt{3}\cdot 4} = 1440 \text{ Windungen}.$$

Die mittlere Windungslänge kann mit etwa 70 cm geschätzt werden.

Nach Gl. (37) ist eine Schutzinduktivität von

$$L_d = 0{,}2 \cdot 1{,}44^2 \cdot \frac{70}{3} = 10 \text{ Millihenry}$$

erforderlich.

Folgende Zusammenstellung ergibt sich auf diese Weise für die Schutzinduktivitäten bei verschiedenen Leistungen und Spannungen in Millihenry:

Volt	10	25	50	100	200	500	1000 kVA
3000	5,1	2,5	1,5	0,9	0,53	0,27	0,16
6000	20,3	10	6	3,6	2,1	1,1	0,64
10000	56,5	28,3	16,8	10	6,0	3,0	1,8
20000	226	112	67	40	23,8	12	7,2
35000	705	353	210	125	74,5	37	22,1

Vergleicht man diese Zahlen, die gewiß nicht auf übertriebenen Forderungen aufgebaut sind, mit den Zahlen der heutigen Praxis, so entdeckt man zunächst, daß in den weitaus meisten Fällen Transformatoren so gut wie ohne Schutz arbeiten müssen. Schutzdrosselspulen mit einigen 20 Windungen verzieren noch sehr viele kleine Transformatorenstationen. Es sind Symbole von Schutzdrosselspulen, nicht mehr.

Seit einigen Jahren werden wohl ordentliche Induktivitäten angestrebt. Sie haben den Transformatorenschutz ausgiebig verbessert. Verfasser hat die besten Erfahrungen mit ihnen. Gleichwohl muß gesagt werden, daß immer noch vielzuwenig geschieht. Die Schutzdrosselspulen sind noch immer zu schwach. Es ist im gemeinsamen Interesse des Transformatorenkonstrukteurs und des Betriebsingenieurs, daß endlich einmal jeder Transformator seine richtig bemessene Schutzeinrichtung bekommt.

66. Überprüfung der Bestimmung der notwendigen Schutzinduktivität.

Gegen die im vorigen Abschnitt durchgeführte Berechnung der Schutzdrosselspule lassen sich Einwendungen vorbringen. Die Ungenauigkeiten, die teils unvermeidlich, teils mit Rücksicht auf die Einfachheit empfehlenswert waren, sind damit nicht gemeint. Schwerwiegende sachliche Bedenken steigen unwillkürlich gegen die Rechnung, obwohl sie den üblichen Anschauungen entspricht, auf.

Sie müssen besprochen werden. Es ist immer nützlich, die Voraussetzungen, die durch Gewohnheit sich befestigt haben, bei jeder Gelegenheit zu überprüfen. Ganz besonders nützlich ist eine Überprüfung im vorliegenden Falle, weil sie einen wertvollen Einblick in die Art und Weise gewährt, wie die Wanderwelle in die Wicklung eindringt.

Die Induktivität der Schutzdrosselspule ist nach Gl. (30) von der Ausbreitungsgeschwindigkeit v der Wanderwelle abhängig. Im vorangehenden Abschnitt wurde einfach v durch die Lichtgeschwindigkeit ersetzt. Es ist mehr als wahrscheinlich, daß in der Wicklung die Wellengeschwindigkeit kleiner ist als die Lichtgeschwindigkeit, und die Gefahr liegt zweifellos vor, daß deshalb die Schutzinduktivität zu niedrig berechnet wurde.

Die Wellengeschwindigkeit in der Transformatorwicklung läßt sich berechnen. Allerdings nur mit der Genauigkeit, mit der die bisherige Rechnung geführt wurde, aber diese Genauigkeit genügt und muß genügen. Die Wellengeschwindigkeit ist immer der Quadratwurzel aus dem Produkt der für die Längeneinheit des Leiters sich ergebenden Induktivität und Kapazität umgekehrt proportional. Die Induktivität und die Kapazität der ganzen Wicklung ist berechnet worden. Auf ein Zentimeter Leiterlänge entfällt offenbar je der $w \cdot U$-te Teil, denn es gibt w Windungen von je U Zentimeter Länge. So ergibt sich die Wellengeschwindigkeit:

$$v = \frac{1}{\sqrt{\frac{L}{U w} \cdot \frac{C}{U w}}} = 3 \cdot 10^{10} \cdot \sqrt{\frac{8 \pi \delta}{5 \varepsilon l_s}}.$$

Es ist nun:

$$\frac{8\pi}{5} \approx 5$$

und für Öltransformatoren:

$$\varepsilon = 2{,}5\,,$$

so daß man einfacher mit:

$$v = 3 \cdot 10^{10} \sqrt{\frac{2\,\delta}{l_s}}$$

rechnen kann.

Der Wicklungsabstand der beiden konzentrisch auf der Säule sitzenden Wicklungen δ ist klein im Vergleich mit der axialen Länge l_s des Wicklungszylinders. Wir haben bereits mit dem Wert:

$$\frac{l_s}{\delta} = 40$$

gerechnet. Die Wellengeschwindigkeit in der Transformatorwicklung ist nach all dem 4 bis 5mal kleiner als die Lichtgeschwindigkeit.

Natürlich bringt diese Feststellung eine schwere Erschütterung des Wertes der berechneten Schutzinduktivitäten, die alle 4 bis 5mal zu klein erscheinen. Aber glücklicherweise gibt es noch einen weiteren argen Fehler in der Voraussetzung, daß die Wicklung des Transformators einfach auch einen Leiter mit einer gewissen Induktivität und Kapazität, die gleichmäßig seiner Länge nach verteilt sind, vorstellt.

Es ist nicht wahr, daß der Wellenwiderstand des Wicklungsleiters von den Klemmen bis zum Nullpunkt unverändert bleibt, daß somit die eindringenden Wellen, einmal in die Wicklung eingedrungen, ungestört weitereilen können. Der Wellenwiderstand nimmt vielmehr von den Klemmen aus allmählich zu, er erreicht den vollen, oben berechneten Wert erst, wenn die Welle am Ende der Wicklung angelangt ist. Dies läßt sich leicht nachweisen.

Die Kapazität ist, roh betrachtet, ziemlich gleichmäßig über die Wicklung verteilt. Jede Spule der Wicklung hat ungefähr die gleiche Kapazität gegenüber der Erde, bzw. gegenüber der benachbarten Phasenwicklung. Nicht so die Induktivität.

Solange die Welle erst die erste Windung durcheilt, erregt sie ein magnetisches Feld, das nur vom Wellenstrom dieser ersten Windung bestimmt ist. Sobald nun der Wellenstrom auch in der zweiten Windung fließt, ist die magnetomotorische Kraft verdoppelt. Das gemeinsame magnetische Feld zweier benachbarter Windungen ist in erster Annäherung doppelt so stark als das Feld einer Windung.

In dieser ersten Annäherung würde somit die Induktivität treppenförmig nach Abb. 96 anwachsen, sie wäre, auf die Längeneinheit des Leiters bezogen, ungefähr der Windungszahl, von den Klemmen aus gezählt, proportional.

Nach dieser ersten, sehr rohen Einschätzung, würde sich eine riesige Erleichterung des Schutzinduktivitätsproblems ergeben. Aber das Bild muß wesentlich verfeinert werden. So günstig liegen die Verhältnisse bei weitem nicht.

Das gemeinsame magnetische Feld mehrerer Windungen ist zwar mehrfach erregt, es hat aber doch einen merklich größeren Widerstand zu überwinden. Die Kraftlinienlänge ist gewachsen. Sie wächst unausgesetzt mit dem Hinzukommen weiterer Windungen. Statt des Schaubildes der Abb. 96 wird sich somit ein neues Bild ergeben, etwa nach Abb. 97.

Aber auch in der zweiten Annäherung ist das Bild noch zu günstig. Es ist noch der Umstand zu berücksichtigen, daß die Welle abgeschliffen worden ist, daß ihr Wellenstrom erst nach und nach ansteigt, daß somit in der zweiten Windung erst ungefähr der halbe Strom der ersten Windung fließt, wenn die Welle noch nicht weiter gekommen ist. Die Induktivität wächst deshalb noch erheblich langsamer an.

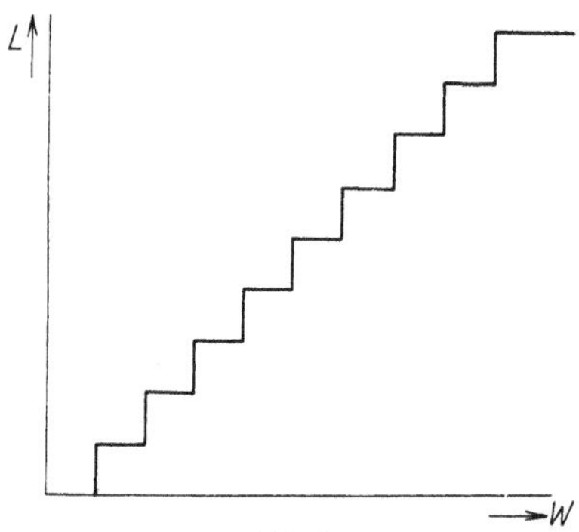

Abb. 96.

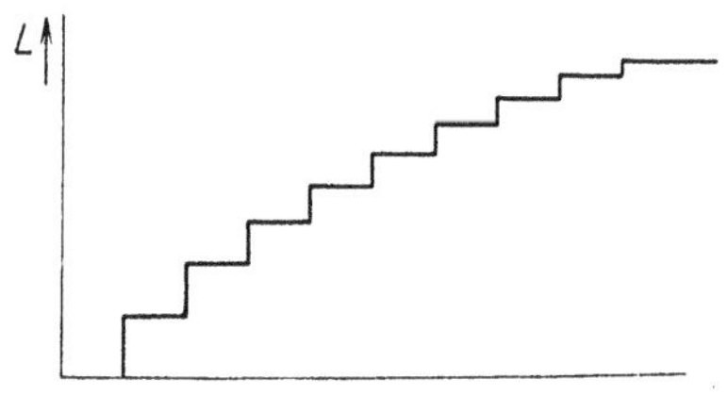

Abb. 97.

Allgemein ist die Induktivität eines Leiters durch das magnetische Feld bestimmt, das sich um den Leiter schließt, sobald ihn der Einheitsstrom von 1 Ampere Stärke durchfließt. Hier haben wir den absonderlichen Fall vor uns, daß die Stromstärke den Leiter entlang abnimmt. Wenn an den Klemmen ein Strom von 1 Ampere fließt, ist weiter vorn irgendwo der Strom auf Null gesunken.

Daraus folgt sofort, daß die Berechnung der Wicklungsinduktivität des 64. Abschnittes nur dann richtig ist, wenn sie eine Welle mit steiler Stirne voraussetzt. Für die Welle mit geradlinig abfallender Stirne ist die Induktivität nur halb so klein, denn es wird mit dem Wellenstrom an den Klemmen gerechnet.

Eine Nebeneinanderstellung des ursprünglichen rohen Bildes (Abb. 96) und des richtigeren zeigt, daß immer noch ein treppenförmiges Anwachsen der Induktivität bleibt. Dabei bleibt eine wertvolle Sicherheit in der von vornherein zu hoch angesetzten Gesamtinduktivität der

Wicklung, die fast 100 vH, in der Auswirkung vermittels des Wellenwiderstandes 41 vH beträgt.

Aber damit ist die Unstetigkeit der Induktivität des Wicklungsleiters noch nicht erschöpft. Wenn die Induktivität beim Vordringen der Welle allmählich anwächst, wird auch die Wellengeschwindigkeit allmählich kleiner. Gerade für die Bedrohung der ersten Windungen ist zunächst die größte Geschwindigkeit maßgebend.

Durch die ganze Betrachtung schimmert die Erkenntnis hindurch, daß die notwendige Schutzinduktivität mit genügender Sicherheit berechnet wurde. Selbstverständlich ist die weitere Erkenntnis nicht zu unterdrücken, daß es sich um sehr rohe Rechnungen handelt, die kaum die richtige Größenordnung bestimmen lassen, mehr jedoch bestimmt nicht. Die praktischen Ergebnisse müssen erst das endgültige Urteil bringen.

Verfasser würde empfehlen, bei den auf Seite 199 berechneten Werten der Schutzinduktivität zu bleiben und dabei, wie angenommen, vom Konstrukteur zu verlangen, daß er die Eingangswindungen ungefähr für die 100fache normale Windungsspannung isoliert.

Es lassen sich allerdings gegen die berechneten Schutzinduktivitäten auch betriebstechnische Einwendungen vorbringen, allgemeiner Natur zwar, aber deshalb doch erwähnenswert. Der Betriebsingenieur hat, wie bereits einmal erwähnt, nicht nur den berechtigten Wunsch, daß die Drosselspule nicht zuviel kostet, sondern daß sie auch keinen störenden Spannungsabfall bringt.

Für einen 100 kVA-Transformator wurde bei 10000 Volt verketteter Betriebsspannung eine Schutzinduktivität von 10 Millihenry als empfehlenswert gefunden. Der Nennstrom des Transformators ist:

$$\frac{100\,000}{\sqrt{3}\cdot 10\,000} = 6 \text{ Ampere}.$$

Er verbraucht in der Drosselspule:

$$6 \cdot 2 \cdot \pi \cdot 50 \cdot 10 \cdot 10^{-3} = 18 \text{ Volt},$$

was einem Spannungsabfall von

$$100 \frac{18 \cdot \sqrt{3}}{10\,000} = 0{,}3 \text{ vH}.$$

entspricht. Dagegen wäre vom betriebstechnischen Standpunkt aus wenig einzuwenden.

Bei festgehaltener Spannung fällt nun die notwendige Schutzinduktivität mit der $^3/_4$ten Potenz der Leistung. Der Nennstrom wächst natürlich proportional mit der Leistung. Der bezogene Spannungsabfall wird demnach in der Drosselspule mit der vierten Wurzel aus der Leistung steigen.

Der normale bezogene Ohmsche Spannungsabfall des Transformators wird mit steigender Leistung kleiner. Mit Bedenken wird der Betriebsingenieur den Spannungsverbrauch bei wachsender Leistung verfolgen. Er hat sich zwar überzeugt, daß mit größer werdender Leistung der Schutz durch Drosselspulen schwerer wird, aber er wird es nicht zulassen können, daß der Schutzapparat seinen Betrieb erheblich verschlechtert.

Der Ohmsche Spannungsabfall ist nun allerdings nicht maßgebend. Mit wachsender Leistung muß die Kurzschlußspannung des Transformators größer werden. Bei der Untersuchung der Kurzschlußsicherheit im V. Kapitel wurde immer wieder eine hohe Kurzschlußspannung nicht nur wünschenswert, sondern geradezu unentbehrlich gefunden. Der Gedanke liegt nahe, die Induktivität der Schutzdrosselspule mitzuverwenden und dadurch die Kurzschlußsicherheit des Transformators zu verbessern.

Dazu kommt noch der Umstand, daß der große Transformator vergleichsweise mehr für die Windungsisolation tun kann als der kleine. Es ist somit nicht nötig, die Schutzinduktivität tatsächlich nur mit der $^3/_4$ten Potenz der Leistung abnehmen zu lassen, wenn man nur die Eingangswindungen besser isolieren kann als für die 100fache normale Windungsspannung. Immerhin aber bleibt die Frage noch offen, wie bei sehr großen Leistungen die betriebstechnischen Schwierigkeiten der Schutzdrosselspule erledigt werden können.

Bei festgehaltener Leistung wächst andererseits die erforderliche Schutzinduktivität mit dem Quadrat der Spannung. Der Nennstrom fällt natürlich mit der Spannung. Der bezogene Spannungsabfall in der Drosselspule wird unverändert bleiben.

67. Schutzdrosselspule und Schutzkondensator.

Es ist auch bei sehr großen Leistungen nicht notwendig, die Drosselspule als Schutzapparat zu verwerfen. Sie wird zwar nach und nach mit ihrem Spannungsabfall immer unangenehmer. Aber der Transformator selbst hat, wie wir im V. Kapitel gesehen haben, immer schwerer gegen die Kurzschlußgefahren zu kämpfen. Die einfache konzentrische Wicklungsanordnung wird allmählich bei steigender Leistung undurchführbar, sie muß der doppelkonzentrischen Platz machen. Damit ändert sich aber sofort die notwendige Größe der Schutzinduktivität.

Bei der doppelkonzentrischen Wicklungsanordnung bekommt die Hochspannungswicklung zwei Fronten gegen die Niederspannungswicklung (Abb. 98), die Erdkapazität steigt auf den doppelten Wert. Die Gesamtkapazität wird fast im gleichen Verhältnis größer. Gleichzeitig wird die Induktivität der Wicklung unverändert erhalten bleiben. Der Wellenwiderstand der Wicklung verkleinert sich somit um 41 vH und mit ihm die notwendige Schutzinduktivität.

Es ist ferner berücksichtigenswert, daß der Wicklungsabstand δ doch nicht ebenso zunimmt wie die Säulenlänge. Er wird durch die Spannung bestimmt, wenn er einmal jene Größe überschritten hat, die mit Rücksicht auf die Kühlung vorhanden sein muß. Es ergibt sich somit eine weitere Erleichterung.

Wenn schließlich bei sehr großen Leistungen eine noch weitergehende Zerlegung der Wicklung notwendig wird, wenn auch noch die Hochspannungswicklung in zwei oder mehr Wicklungszylinder zerfällt, wird auch noch die Induktivität der Wicklung kleiner, bei zwei Hochspannungszylindern um die Hälfte.

Es ist nach all dem kein Grund vorhanden, die Drosselspule durch einen anderen Schutzapparat zu ersetzen. Wenn trotzdem noch untersucht werden soll, wie ein Schutzkondensator — einen anderen Weg zum Abbau der Wellenstirne gibt es nicht — dient, so geschieht es hauptsächlich zur Vervollständigung des Überblickes über dieses ungemein wichtige Überspannungsproblem.

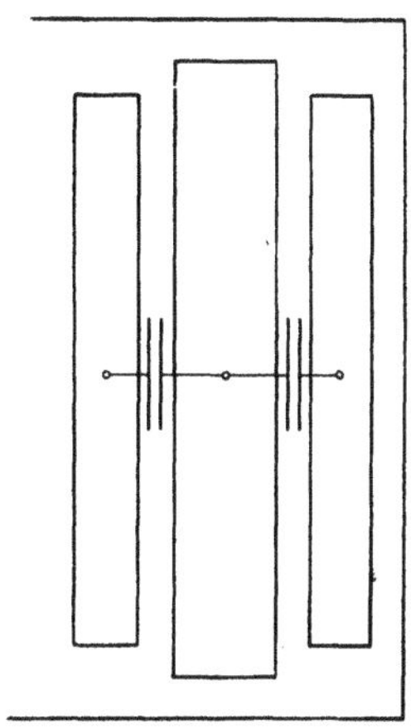

Abb. 98.

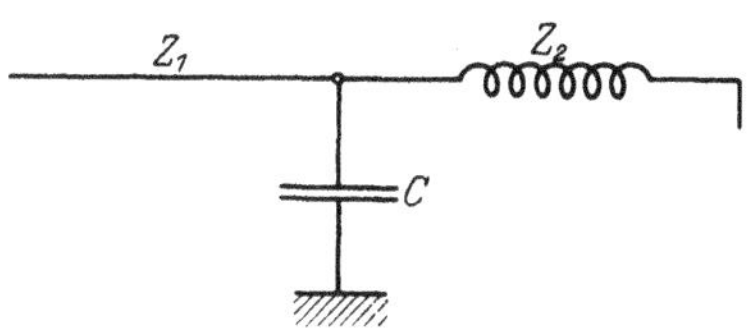

Abb. 99.

Es ist bekannt, daß man mit Kondensatoren die Wellen ebenso abschleifen kann wie mit Drosselspulen. Man muß nur den Kondensator parallel zu der zu schützenden Wicklung legen und nicht in Reihe, wie die Drosselspule. So entsteht die Schaltskizze der Abb. 99.

Kommt nun eine Welle mit schroffer Stirne am Knotenpunkt mit der Spannung E an, so wird sie zum Teil sicher zurückgeworfen. Es läßt sich zunächst nicht sagen, ob der zurückgeworfene Wellenteil eine positive oder negative Spannung ΔE hat. Dies muß erst die Rechnung zeigen. Man kann aber ohne weiteres mit einer wirklichen Spannungserhöhung um ΔE rechnen und darauf gefaßt sein, daß ΔE negativ wird.

An den Kondensatorklemmen herrscht nach all dem die Spannung $E + \Delta E$. An den Wicklungsklemmen muß selbstverständlich ebenfalls mit dieser Spannung gerechnet werden:

$$E_2 = E + \Delta E .$$

In den Kondensator fließt der Strom:

$$i = C \frac{dE_2}{dt},$$

in die Wicklung der Strom:

$$i_2 = \frac{E_2}{Z_2}.$$

Vom Knotenpunkt weg fließt außerdem noch der zurückgeworfene Wellenstrom:

$$\Delta i_1 = \frac{\Delta E}{Z_1},$$

während die Welle

$$i_1 = \frac{E}{Z_1} \text{ Ampere}$$

dem Knotenpunkt zuführt. Es ist offenbar:

$$\frac{E}{Z_1} = \frac{\Delta E}{Z_1} + \frac{E_2}{Z_2} = C\frac{dE_2}{dt},$$

somit:

$$E - \Delta E = \frac{Z_1}{Z_2} \cdot E_2 + C Z_1 \frac{dE_2}{dt}.$$

Da nun

$$E + \Delta E = E_2$$

war, entsteht der Ansatz

$$\frac{dE_2}{dt} + \frac{Z_1 + Z_2}{Z_1 Z_2 C} - 2\,\frac{Z_2}{Z_1 Z_2 C}\,E = 0\,.$$

Dieser Ansatz ist ganz genau gleich dem Ansatz des 63. Abschnittes, der die Wirkungsweise der Drosselspule beschreibt, unter der Voraussetzung natürlich, daß

$$Z_1 \cdot Z_2 \cdot C = L_d$$

ist.

Sofort folgt daraus die wichtige Erkenntnis, daß man genau denselben Wicklungsschutz statt mit einer Schutzinduktivität L_d auch mit einer Schutzkapazität:

$$C_k = \frac{L_d}{Z_1 Z_2}$$

erreichen kann.

Man darf wohl durchwegs:

$$Z_1 = 500 \text{ Ohm}$$

setzen. Außerdem ist es gestattet, mit dem Schätzwert für den Wellenwiderstand der Transformatorwicklung:

$$Z_2 = 40\,w$$

zu rechnen. An Hand der Gl. (37) erhält man sofort die notwendige Schutzkapazität zu:

$$C_k = \left(\frac{w}{1000}\right) \cdot \left(\frac{U}{3}\right) \cdot 10^{-5} \text{ Mikrofarad}\,.$$

Beispiel: Der 100 kVA-Transformator des letzten Beispieles hatte bei 10000 Volt Betriebsspannung eine Schutzinduktivität von rund

10 Millihenry nötig. Er kommt genau so gut mit einer Schutzkapazität von:

$$C_k = \left(\frac{1440}{1000}\right) \cdot \left(\frac{70}{3}\right) \cdot 10^{-5} = 0{,}33 \cdot 10^{-3} \text{ Mikrofarad}$$

durch.

An den Klemmen der geschützten Wicklung läßt der Kondensator die Spannung nach dem Zeitgesetz:

$$E_2 = \frac{2\,Z_2}{Z_1 + Z_2} E \left[1 - \varepsilon^{-\frac{Z_1 + Z_2}{Z_1 Z_2 C} t}\right]$$

ansteigen, wie ein Vergleich mit der entsprechenden Gleichung des 63. Abschnittes sofort zeigt. Die Spannung des zurückgeworfenen Wellenteiles ist nun:

$$\Delta E = E_2 - E$$

oder

$$\Delta E = E \left[\frac{Z_2 - Z_1}{Z_1 + Z_2}\right] - \frac{2\,Z_2}{Z_1 + Z_2} E \varepsilon^{-\frac{Z_1 + Z_2}{Z_1 Z_2 C} t} .$$

Im ersten Augenblick des Auftreffens der Welle auf den Knotenpunkt, d. h. für

$$t = 0 ,$$

ist

$$\Delta E = - E ,$$

die Welle wird in die ankommende Leitung hinein ganz abgebaut. Die Drosselspule hatte gerade die entgegengesetzte Wirkung, sie verdoppelte die Spannung auf der Leitung. Funkenableiter sprechen deshalb wohl bei der Drosselspule an, nicht aber beim Kondensator.

Man zieht mit Recht im allgemeinen die Drosselspule dem Kondensator als Überspannungsschutzapparat vor. Funkenableiter sind da, um unerwünschte Ladungen zu beseitigen. Man sieht aber, daß man bei dreiphasigen Anlagen nicht nur Ableiter zur Erde brauchen kann, die in Sternschaltung zusammenlaufen, sondern auch zwischen den Phasen in Dreieckschaltung.

Die Drosselspulen schleifen ebensogut die Wanderwellen, die durch Schaltvorgänge entstehen, wie die Wellen der atmosphärischen Erscheinungen. Der Kondensator, der zwischen den Wicklungsklemmen liegt, müßte bei Erdfeldwellen zwischen Klemme und Erde liegen.

Alle diese Umstände geben zweifellos der Drosselspule praktisch eine Überlegenheit, die nicht geleugnet werden kann. Sie hat sich mit Erfolg in unseren Transformatorenanlagen eingebürgert, sie muß nur noch richtig ausgebaut werden. Es gibt nämlich noch wichtige Zusatzerscheinungen beim Eingreifen der Schutzinduktivität, die unbedingt mitberücksichtigt werden müssen.

68. Das Abschleifen des Wanderwellenendes durch die Schutzinduktivität.

Man stößt beim Betriebsingenieur leicht auf eine merkwürdige Sorge, die in der Tat bei unvollständiger Beschreibung der Wirkungsweise der Drosselspule übrigbleiben muß. Die Wellenstirne wird von der Schutzinduktivität sehr schön abgeschliffen und die Gefahr großer Spannungen zwischen Windung und Windung der Transformatorwicklung beseitigt. Aber was geschieht, wenn das Wellenende am Knotenpunkt anlangt? Bringt es nicht alle Gefahren von neuem. Ist es nicht gerade so verhängnisvoll, wenn die Spannung auf einer kurzen Leiterstrecke plötzlich abfällt, wie wenn sie plötzlich ansteigt?

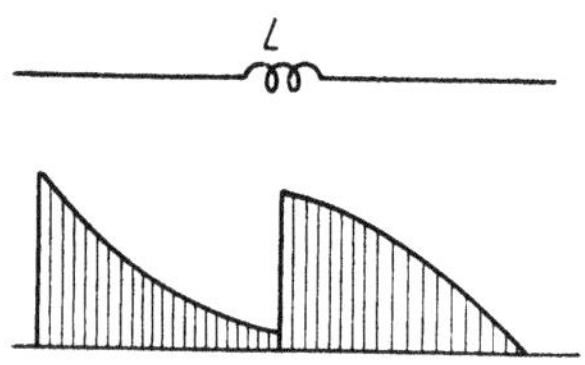

Abb. 100.

Diese Fragen liegen auf der Hand, sie müssen ordentlich erledigt werden. Die Forderung ist dringend, daß das Wellenende ebenso abgeschliffen wird wie der Wellenanfang, und zu untersuchen ist es, ob zur Erreichung dieses Zieles besondere Einrichtungen notwendig sind.

Wenn das Wellenende einer rechteckigen Wanderwelle an der konzentriert gedachten Schutzinduktivität angelangt ist, entsteht das Verteilungsbild der Abb. 100. Die in die Leitung zurückgehende Welle hat an der Induktivität nur noch eine geringe Spannung ΔE, die, zur ursprünglichen Spannung der ankommenden Welle E hinzugefügt, die Spannung E_2 für die in die Transformatorwicklung einziehende Welle an der Induktivität ergibt. Der Spannung

$$E_2 = E + \Delta E$$

proportional ist der Wellenstrom in der Drosselspule.

Aus der Abb. 100 ist klar ersichtlich, daß der Wellenstrom in der Induktivität vom Eintreffen der Welle an zunächst schnell ansteigt, um sich dann allmählich dem vorgeschriebenen Grenzwert zu nähern. Deshalb fällt die Drosselspulenspannung nach und nach.

Wenn aber nun das Einlangen des Wellenendes den Strom plötzlich zu unterbrechen sucht, tritt die schon fast unwirksam gewordene Induktivität neuerlich in Tätigkeit. Sie läßt das plötzliche Verschwinden des Wellenstromes i_2 nicht zu. Zweifellos kann i_2 im Zeitabschnitt dt unmittelbar nach dem Eintreffen des Wanderwellenendes nur so weit abfallen, daß eine Selbstinduktionsspannung von der Größe E_2 entsteht:

$$-L_d \frac{di_2}{dt} = E_2,$$

wobei nach wie vor

$$i_2 = \frac{E_2}{Z_2}$$

sein muß.

Das gibt den Ansatz:

$$i_2 Z_2 + L_d \frac{d i_2}{dt} = 0 ,$$

der sofort zeigt, daß der Wellenstrom nur nach einer Exponentialkurve von seinem Höchstwert $i_{2\max}$ abfallen kann:

$$i_2 = i_{2\max} \cdot \varepsilon^{-\frac{Z_2}{L_d} t} .$$

Das Gesetz gilt natürlich ebenso für die Spannung:

$$E_2 = E_{2\max} \cdot \varepsilon^{-\frac{Z_2}{L_d} t} .$$

Einige Zeit nach dem Eintreffen des Wellenendes wird sich das Wellenbild der Abb. 101 ergeben. Durch das Eingreifen der Drosselspule entsteht eine Zusatzwelle, die von der Drosselspule aus in beiden Richtungen der eigentlichen Welle folgt. Die Ladungen der beiden Zusatzwellenteile ergänzen sich selbstverständlich zu null, da sie von nirgends her zugeflossen sein können. Ebenso ergänzen sich natürlich auch die Ladungen der beiden eigentlichen Wellenteile zur Gesamtladung der ursprünglichen Welle, wie es Abb. 101 zeigt.

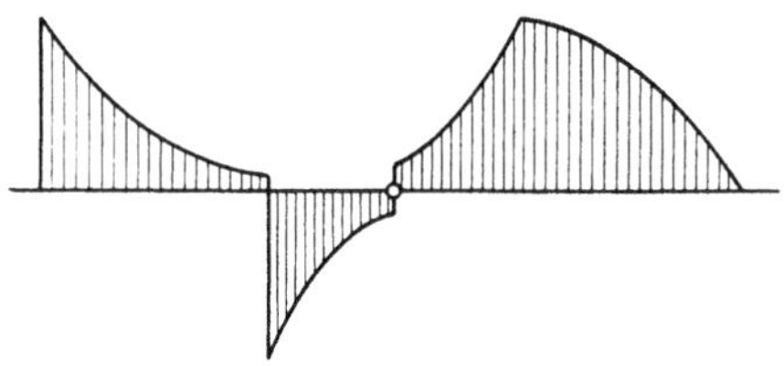

Abb. 101.

Die Befürchtungen wegen des schroffen Wellenendes sind offenbar unbegründet. Die Schutzinduktivität schleift das Wellenende nach demselben Gesetz ab, wie den Wellenanfang. Sie macht ganze Arbeit.

Es ist höchst beachtenswert, daß die von der Drosselspule zurückgeworfene Welle eine ganz andere Gestalt hat, als die ankommende. Sie erinnert ein wenig an eine Sinuswelle von der Länge einer ganzen Periode. In dieser Form kommt die Welle, wenn sie irgendwo in der Fernleitung wieder zurückgeworfen wird, an der Drosselspule neuerdings an. Wir werden sehen, daß dieser Umstand eine praktische Bedeutung bekommen kann.

Wichtiger ist entschieden die Tatsache, daß die Drosselspule neben ihrer Induktivität auch noch eine Kapazität haben wird, womit bisher gar nicht gerechnet wurde. Sie hat auch eine gewisse räumliche Ausdehnung, das auf sie entfallende Leiterstück hat eine beachtenswerte Länge. Die Frage ist kaum zu umgehen, ob diese Umstände nicht unangenehme Zusatzerscheinungen bringen können, die den Ergebnissen der vorangehenden Untersuchungen ihren Wert nehmen.

69. Berücksichtigung der räumlichen Ausdehnung der Drosselspule.

Die Theorie der Schutzdrosselspule kann ohne große Schwierigkeiten vertieft werden, so daß sie auch die räumliche Ausdehnung des Drosselspulenleiters und damit die zweifellos vorhandene, obwohl gar nicht benötigte Kapazität mitberücksichtigt. Es zeigt sich dabei, daß diese Vertiefung für die Betriebslehre des Transformators von großer Bedeutung ist. Sie macht auf mögliche, sehr gefährliche, aber leider noch immer oft genug vorkommende Fehlgriffe eindringlich aufmerksam.

Man kann selbstverständlich der Drosselspule einen beliebigen Wellenwiderstand zuschreiben und damit die Untersuchung ganz allgemein durchführen. Aber anschaulich wird die Darstellung erst, wenn zunächst angenommen wird, daß die Drosselspule mit einer genügend großen Induktivität ausgestattet ist.

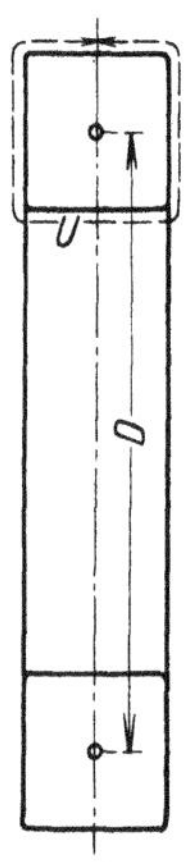

Abb. 102.

Im 65. Abschnitt wurde nicht nur die notwendige Induktivität der Drosselspule L_d berechnet, sondern auch nachgewiesen, daß ein bestimmter Bruchteil der zu schützenden Transformatorwicklung, als Drosselspule verwendet, diese Induktivität geben würde. Es liegt nahe, die Drosselspulenwicklung mit der Transformatorwicklung zu vergleichen, wenn der Vergleich der beiderseitigen Wellenwiderstände notwendig ist.

Es ist selbstverständlich, daß man der Drosselspulenwicklung einen ganz anderen Querschnitt geben wird, als der Transformatorwicklung. Man wird sie auch möglichst gedrängt bauen, das heißt, den Innendurchmesser möglichst verkleinern. Mit Vorteil macht man den mittleren Windungsdurchmesser dem Umfang des Wicklungsquerschnittes ungefähr gleich (Abb. 102). Das Fehlen des Eisenkernes bei der Drosselspule macht einen derartigen Aufbau ohne weiteres möglich. Gerade das Fehlen des Eisenkernes und außerdem das Fehlen einer Niederspannungswicklung macht aber die Kapazität der Drosselspule C_d viel kleiner als es die Kapazität der zu schützenden Transformatorwicklung ist.

Die Schutzinduktivität der Drosselspule ist im allgemeinen, auf die Längeneinheit des Leiters bezogen, kleiner als die Induktivität des Wicklungsleiters, ebenfalls auf die Längeneinheit bezogen, obwohl man die mittlere Windungslänge bei der Drosselspule kleiner wählt. Im 65. Abschnitt wurde nachgewiesen, daß die Transformatorwicklung, als Drosselspule verwendet, ungefähr 50mal größere Induktivität hatte als notwendig. Verkleinert man ihre Windungslänge auf ein Drittel, so kann man immer noch 4mal weniger Windungen für die notwendige Drosselspule nehmen. Die Drosselspule wird dann je Längeneinheit des Leiters ungefähr eine 4mal kleinere Induktivität aufweisen.

Sieht man die Berechnung der Kapazität der Transformatorwicklung durch, so wird man sofort finden, daß sich bei der Drosselspule sehr kleine Werte ergeben müssen. Nicht nur der fehlende Eisenkern und die fehlende Niederspannungswicklung sind maßgebend, sondern auch noch der Umstand, daß die Phasendrosselspulen viel weiter voneinander angeordnet werden als die Phasenwicklungen. Je Längeneinheit des Leiters berechnet, wird normal die Kapazität der Drosselspule nur einen ganz kleinen Bruchteil, gewiß aber viel weniger als ein Viertel der Kapazität der Wicklung ausmachen.

Es folgt daraus, daß der Wellenwiderstand der Drosselspule:

$$Z_d = \sqrt{\frac{L_d}{C_d}}$$

bei richtig bemessener Schutzinduktivität erheblich größer sein wird, als der Wellenwiderstand der geschützten Transformatorwicklung. In der ursprünglichen, idealisierten Untersuchung der Drosselspule war er unendlich groß. Daß er jedenfalls auch größer ist als der Wellenwiderstand der Anschlußleitung, liegt auf der Hand.

Es soll nun die Reihenschaltung der Fernleitung mit dem Wellenwiderstand Z_1, der Drosselspule mit dem Wellenwiderstand Z_d und der Transformatorwicklung mit dem Wellenwiderstand Z_2, unter der soeben begründeten Annahme:

$$Z_1 < Z_d > Z_2$$

untersucht werden.

Aus der Fernleitung komme eine rechteckige Wanderwelle mit schroffer Stirne mit der Spannung E. Beim Auftreffen auf den Drosselspulenanfang wird sie ohne Zweifel zum Teil zurückgeworfen, so daß eine Teilwelle mit der Spannung ΔE in die Leitung zurückläuft. An der Klemme der Drosselspule steigt die Spannung auf $E + \Delta E$ an.

Die ankommende Welle führt den Strom:

$$\frac{E}{Z_1}.$$

In die Drosselspule fließt der Wellenstrom

$$\frac{E + \Delta E}{Z_d},$$

der in die Leitung zurücklaufende Wellenstrom ist durch

$$\frac{\Delta E}{Z_1}$$

gegeben.

Der Ansatz: $$\frac{E}{Z_1} = \frac{E + \Delta E}{Z_d} + \frac{\Delta E}{Z_1}$$

gibt sofort den Zurückwerfungsfaktor:

$$\alpha = \frac{\Delta E}{E} = \frac{Z_d - Z_1}{Z_d + Z_1}$$

und den Brechungsfaktor:

$$\beta = \frac{E + \Delta E}{E} = \frac{2 Z_d}{Z_d + Z_1}.$$

Da Z_d gegenüber Z_1 normal sehr groß ist, kommt es fast zur Verdoppelung der Spannung an der Eingangsklemme der Drosselspule.

Die gebrochene Welle durchläuft nun mit der Spannung:

$$E + \Delta E = E \frac{2 Z_d}{Z_d + Z_1}$$

in die Drosselspule. An der Ausgangsklemme der Drosselspule angelangt, trifft sie auf den Wellenwiderstand Z_2 der Transformatorwicklung. Sie wird abermals gebrochen.

Diesmal ist der Zurückwerfungsfaktor:

$$\alpha_2 = \frac{Z_2 - Z_d}{Z_2 + Z_d}$$

negativ, weil angenommenermaßen

$$Z_d > Z_2$$

ist. Die in die Drosselspule zurückgeworfene Welle hat die negative Spannung:

$$\alpha_2 \cdot \beta \cdot E = -E \cdot \frac{2 Z_d}{Z_d + Z_1} \cdot \frac{Z_d - Z_2}{Z_d + Z_2}.$$

In die Transformatorwicklung dringt die gebrochene Welle, weil diesmal offenbar mit einem Brechungsfaktor:

$$\beta_2 = \frac{E_2}{E + \Delta E} = \frac{2 Z_2}{Z_2 + Z_d}$$

gerechnet werden muß, mit der Spannung:

$$E_2 = \beta_2 (E + \Delta E) = \beta \cdot \beta_2 E = \frac{4 Z_2 \cdot Z_d}{(Z_1 + Z_d)(Z_2 + Z_d)} E$$

hinein. Es entsteht somit die erste Stufe des Wellenbildes der Abb. 103.

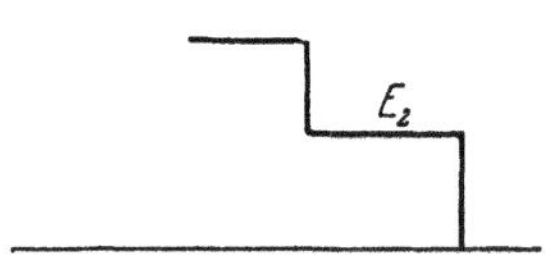

Abb. 103.

Aber damit ist die Erscheinung noch lange nicht erledigt. Die in die Drosselspule zurücklaufende Teilwelle muß weiter verfolgt werden. Sie trifft an der Eingangsklemme der Spule auf den Wellenwiderstand Z_1 der Fernleitung und wird gebrochen und zum Teil zurückgeworfen.

Wieder muß mit einem Zurückwerfungsfaktor:

$$\alpha_1 = \frac{Z_1 - Z_d}{Z_1 + Z_d},$$

der offenbar negativ ist, und mit einem Brechungsfaktor:

$$\beta_1 = \frac{2 Z_1}{Z_1 + Z_d}$$

gerechnet werden. In die Fernleitung fließt die gebrochene Teilwelle:

$$\beta_1 \cdot \alpha_2 \cdot \beta \cdot E\,,$$

in die Drosselspule wird die Teilwelle:

$$\alpha_1 \cdot \alpha_2 \cdot \beta \cdot E$$

zurückgeworfen, die wieder, weil α_1 und α_2 negativ sind, eine positive Spannung hat. Inzwischen läuft natürlich die gebrochene Grundwelle aus der Fernleitung durch die Drosselspule in die Transformatorwicklung ruhig und ungestört weiter.

Nur die in die Drosselspule zurückgeworfene Teilwelle ist für die Transformatorwicklung unmittelbar weiter von Belang. Sie kommt an der Wicklungsklemme an, wird neuerdings gebrochen und zurückgeworfen. Der Brechungs- und der Zurückwerfungsfaktor sind bereits bekannt. In die Wicklung zieht die gebrochene zweite Spannungswelle:

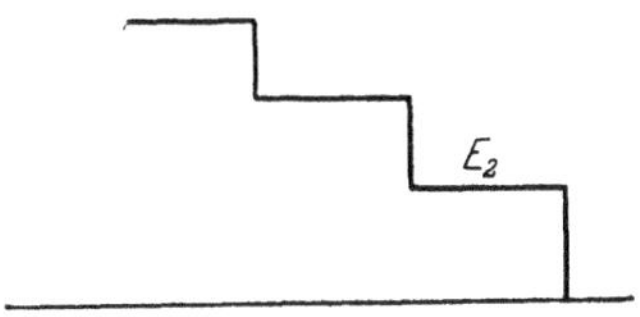

Abb. 104.

$$\alpha_1 \cdot \alpha_2 \cdot \beta \cdot \beta_2 \cdot E$$

ein, sie überlagert sich der gebrochenen Grundwelle, deren Kopf aber inzwischen schon um die doppelte Länge des Drosselspulenleiters vorgerückt ist, wenn sich in der Transformatorwicklung die Wellen mit der gleichen Geschwindigkeit ausbreiten wie in der Drosselspule. So entsteht die zweite Stufe des Spannungsbildes der Abb. 104.

Die in die Drosselspule an der Ausgangsklemme abermals zurückgeworfene Welle hat die negative Spannung

$$\alpha_1 \cdot \alpha_2^2 \cdot \beta \cdot E\,.$$

Sie wird an der Eingangsklemme wieder als Teilwelle mit der Spannung

$$\alpha_1^2 \cdot \alpha_2^2 \cdot \beta \cdot E$$

zurückgeworfen und, an der Ausgangsklemme angelangt, auf die Spannung

$$\alpha^2 \cdot \alpha_2^2 \cdot \beta \cdot \beta_2 E$$

umgebrochen, mit der sie in die Wicklung einzieht. Sie überlagert sich den beiden schon eingedrungenen Wellen, und ihr Kopf bleibt um dieselbe Strecke hinter dem Kopf der zweiten Welle zurück, wie dieser hinter dem Kopf der Grundwelle.

Man sieht, daß in der geschützten Wicklung die Spannung stufenförmig ansteigt (Abb. 105). Die Spannungen der einzelnen Stufen sind:

$$\beta \cdot \beta_2 E\,,$$
$$\beta \cdot \beta_2 E \alpha_1 \cdot \alpha_2\,,$$
$$\beta \cdot \beta_2 E\,(\alpha_1 \cdot \alpha_2)^2\,,$$
$$\beta \cdot \beta_2 E\,(\alpha_1 \cdot \alpha_2)^3\,,$$
$$\beta \cdot \beta_2 E\,(\alpha_1 \cdot \alpha_2)^{n-1}\,.$$

und die Gesamtspannung:

$$E_2 = \beta \cdot \beta_2 E \cdot [1 + \alpha_1 \cdot \alpha_2 + (\alpha_1 \alpha_2)^2 + \cdots (\alpha_1 \cdot \alpha_2)^{n-1}]$$
$$= \beta \cdot \beta_2 E \frac{1 - (\alpha_1 \cdot \alpha_2)^n}{1 - (\alpha_1 \cdot \alpha_2)} .$$

Nun ist, wie man sich leicht überzeugen kann:

$$\frac{\beta \cdot \beta_2}{1 - \alpha_1 \cdot \alpha_2} = \frac{2 Z_2}{Z_1 + Z_2},$$

somit ist die Gesamtspannung einer beliebigen Anzahl n der in die Wicklung eingezogenen Spannungsstufen:

$$E_2 = \frac{2 Z_2}{Z_1 + Z_2} E [1 - (\alpha_1 \cdot \alpha_2)^n] .$$

Der Grenzwert der Wellenspannung in der geschützten Wicklung ist

$$E_{2\max} = \frac{2 Z_2}{Z_1 + Z_2} E .$$

Genau so groß war aber auch der Grenzwert nach der Rechnung des 63. Abschnittes unter Annahme einer konzentrierten Schutzinduktivität

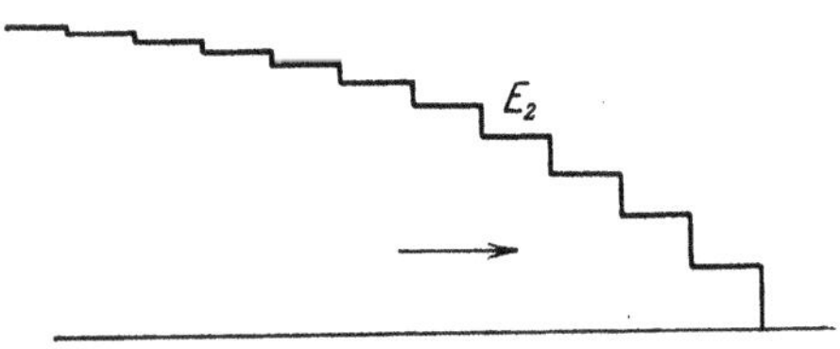

Abb. 105.

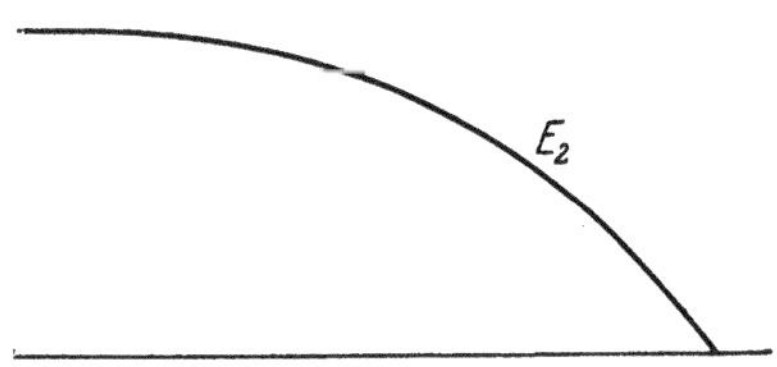

Abb. 106.

und unter Vernachlässigung der Kapazität der Drosselspule. Das Bild der abgeschliffenen Wellenstirne in der Transformatorwicklung nach Abb. 105 ist außerdem dem idealisierten Bild nach Abb. 86 durchaus ähnlich.

Man kann auch noch den örtlichen Spannungsanstieg in der abgeschliffenen Wellenstirne berechnen. Zu diesem Zwecke ersetzt man am besten die Treppenlinie der Abb. 105 durch eine Kurve, die die Treppenpunkte verbindet (Abb. 106). Den schärfsten Spannungsanstieg wird man dann, ebenso wie bei der idealisierten, abgeschliffenen Wellenstirne, unmittelbar am Wellenanfang zu erwarten haben. Nimmt man ferner, um die gleiche Vergleichsbasis zu haben, an, daß sich die Welle sowohl in der Wicklung als auch in der Drosselspule mit der Geschwindigkeit v bewegt, so wird man bei w_d Windungen in der Drosselspule mit einer mittleren Windungslänge U_d eine Stufenlänge von $2 w_d \cdot U_d$ Zentimeter erhalten.

Mit der ersten Stufenspannung:

$$\frac{4 Z_2 \cdot Z_d}{(Z_1 + Z_d)(Z_2 + Z_d)} E$$

erhält man so das Spannungsgefälle

$$\frac{2\,Z_2 \cdot E}{Z_d \cdot w_d \cdot U_d} \cdot \frac{1}{\left(1+\frac{Z_1}{Z_d}\right)\left(1+\frac{Z_2}{Z_d}\right)}$$

oder, da

$$Z_d = \sqrt{\frac{L_d}{C_d}} \quad \text{und} \quad v = \frac{w_d \cdot U_d}{\sqrt{L_d \cdot C_d}}$$

ist:

$$\frac{2\,Z_2 E}{L_d \cdot v} \cdot \frac{1}{\left(1+\frac{Z_1}{Z_d}\right)\left(1+\frac{Z_2}{Z_d}\right)} \text{ Volt/cm.}$$

Vergleicht man dieses Ergebnis mit dem Ergebnis des 63. Abschnittes, so findet man leicht, daß der Spannungsanstieg:

$$\frac{1}{\left(1+\frac{Z_1}{Z_d}\right)\left(1+\frac{Z_2}{Z_d}\right)} \text{ mal}$$

milder geworden ist.

Der Vorteil ist nicht so groß, weil der Wellenwiderstand Z_d stark überwiegt. Außerdem ist er nur scheinbar, weil die Spannungsstufen unvermittelt einsetzen und damit das Bild wieder verschlechtern. Immerhin ist es bemerkenswert, daß für

$$Z_d = \infty$$

jeder Unterschied verschwindet, was die Richtigkeit der Rechnung bestätigt, außerdem aber beweist, daß es sich in beiden Fällen um wesensgleiche Erscheinungen handelt.

Mit dieser Feststellung ist scheinbar die Untersuchung der Schutzdrosselspule erledigt. Aber noch eine sehr wichtige Tatsache darf nicht außeracht gelassen werden, nämlich die Tatsache, daß nur dann alles in Ordnung ist, wenn die Voraussetzung, die eingangs gemacht wurde:

$$Z_1 < Z_d > Z_2$$

tatsächlich erfüllt ist.

Es ändert sich zwar am Gang der Rechnung gar nichts, wenn die erwähnte Voraussetzung nicht erfüllt ist. Die berechneten Werte behalten ganz allgemein ihre Geltung. Schwerwiegende Gefahren für den Betrieb lassen sich aber sofort aus den gewonnenen Ergebnissen herauslesen und da sie vorkommen können, müssen sie auch herausgelesen werden.

Zunächst ist der Fall:

$$Z_1 < Z_d < Z_2$$

leicht möglich, denn die Wicklung des Transformators hat einen sehr hohen Wellenwiderstand im Vergleich mit der Fernleitung, so daß im vorhandenen Intervall alle möglichen Werte von Z_d untergebracht werden können. Wenn besonders unsachgemäße kleine Induktivitäten gewählt werden, ist das vorausgesetzte Größenverhältnis sofort erreicht.

Nun wird wohl α_1 negativ bleiben, der zweite Brechungsfaktor α_2 dagegen wird positiv und das Faktorenprodukt

$$\alpha_1 \cdot \alpha_2 = -\gamma$$

wird negativ.

Noch immer wird die Spannung der Wellenstirne in der Transformatorwicklung stufenweise aufgebaut werden. Die Gesamtspannung der in die Wicklung eindringenden Welle ist aber jetzt durch den Ausdruck:

$$E_2 = \frac{2 Z_2}{Z_1 + Z_2} E \left(1 - \gamma + \gamma^2 - \gamma^3 + \cdots\right)$$

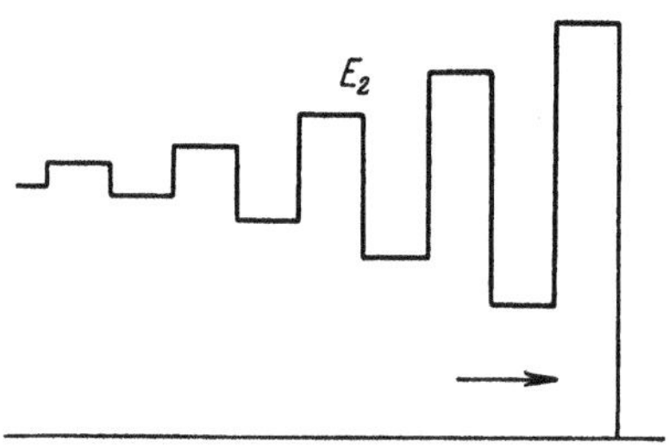

Abb. 107.

gegeben, sie steigt nicht mehr allmählich an, sondern schwingt um den Endwert

$$\frac{2 Z_2}{Z_1 + Z_2} E$$

nach Abb. 107 mit allmählich kleiner werdenden Anschlägen.

Die Gefahr sehr hoher Überspannungen ist nicht zu verkennen. Am gefährlichsten ist natürlich die erste Halbperiode der Schwingung, während der die Gesamtspannung in der Transformatorwicklung auf den Wert:

$$E_2 = \frac{4 Z_2 Z_d}{(Z_1 + Z_d)(Z_2 + Z_d)} E = 4 E \frac{\frac{Z_2}{Z_d}}{\left(1 + \frac{Z_1}{Z_d}\right)\left(1 + \frac{Z_2}{Z_d}\right)}$$

steigt. Diese Spannung war oben für

$$Z_1 < Z_d > Z_2$$

klein und sie war um so kleiner, je mehr der Wellenwiderstand der Drosselspule hervortrat. Hier wird sie ganz unzulässig hoch. Ist z. B.:

$$\frac{Z_2}{Z_d} = 2$$

und

$$\frac{Z_1}{Z_d} = \frac{1}{9},$$

so wird:

$$E_2 = 4 E \frac{2}{\frac{10}{9} \cdot 3} = 2{,}4 E,$$

die Welle zieht über die unzulängliche Drosselspule mit der 2,4fachen Spannung in die Transformatorwicklung ein.

Es zeigt sich, daß die Kapazität der Drosselspule eine sehr unerwünschte Beigabe ist. Es zeigt sich ferner, daß ganz kleine Schutzinduktivitäten schlechter sind als gar keine. Ohne Schutzdrosselspule muß die Transformatorwicklung mit der Verdoppelung der Wellenspannung rechnen, mit einer unzulänglichen Drosselspule erhöht sich die Wellenspannung, wie das obige Beispiel zeigt, noch stärker.

Der Überspannungsschutz des Transformators wurde sehr leichtsinnig behandelt. Man findet noch immer Schutzspulen, die aus einigen wenigen Windungen bestehen und dabei auch für den geschulten Blick viel harmloser aussehen als sie sind. Daß solche Apparate den Ruf der Schutzdrosselspule gründlich untergraben mußten, liegt auf der Hand.

Wenn demnach der Betriebsingenieur bei der Durchsicht seiner Transformatorenstationen zunächst alle diese sogenannten Drosselspulen, deren Induktivität nur nach Hundertsteln Millihenry zählt, einfach hinauswirft, hat er schon die Sicherheit der Anlage erhöht. Der zweite Schritt ist dann der Einbau ordentlicher Schutzinduktivitäten.

Wenn es ausgemacht ist, daß die Kapazität der Drosselspule auf jeden Fall stört, dann muß man bestrebt sein, sie möglichst herunterzusetzen. Der Konstrukteur und der Betriebsingenieur können beide wirksam eingreifen. Je weiter insbesondere der Betriebsingenieur die Drosselspulen der einzelnen Phasen auseinanderschiebt, je weiter er sie von den Wänden des Transformatorhäuschens rückt, um so besser werden sie wirken. Ein Blechgehäuse, daß die Drosselspule schützend umgibt und geerdet ist, vergrößert die Kapazität empfindlich.

70. Nachteile der Schutzdrosselspule. Der Eingangsschwingungskreis des Transformators. Dämpfung des Eingangsschwingungskreises.

Die Gefahren, die eine unzureichend bemessene Schutzinduktivität bringt, sind größer als sie aussehen. Die endgültige Spannung in der Transformatorwicklung baut sich bei ausreichend großem Wellenwiderstand der Schutzspule aperiodisch auf. Zu periodischen Schwingungen kommt es, wie wir gesehen haben, wenn die Schutzinduktivität zu klein ist. Jede periodische Schwingung ermöglicht aber unter Umständen noch gefährliche Resonanzerscheinungen.

In der Tat bleibt noch die Frage offen, ob mit der Meisterung der einmal ankommenden Welle die ganze Gefahr vorüber ist. Die in die Leitung zurückgeworfene Teilwelle kommt wieder. Sie kommt in regelmäßigen Zeitabständen wieder. Resonanzgefahren sind unzweifelhaft vorhanden.

Würde es sich um die Drosselspule allein handeln, so wäre das Problem nicht so wichtig. Die Eigenschwingungen der Drosselspule kann man, wie bewiesen wurde, dämpfen, so daß der Spannungsausgleich aperiodisch verläuft. Für die Betriebslehre wäre damit die Resonanzgefahr beseitigt. Aber auch die richtig bemessene Drosselspule ermöglicht im Verein mit der Transformatorwicklung noch Schwingungen, mit denen wir uns beschäftigen müssen, weil sie mit den Schwingungen der Wanderwelle auf der Fernleitung in Resonanz kommen können.

Die Drosselspule, richtig bemessen, hat eine große Induktivität und eine kleine Kapazität. Sie stellt in erster Annäherung eine konzentrierte Induktivität dar. Sie liegt in Reihe mit der Transformatorwicklung, von der scheinbar dasselbe gesagt werden kann.

Aber nur scheinbar. Erscheint eine Welle am Wicklungsanfang, sagen wir auf der ersten Windung, so treibt sie sofort einen Verschiebungsstrom quer von Windung zu Windung. Die ganze Wicklung kommt unter Spannung, die natürlich von den Klemmen bis zum Nullpunkt abnimmt. Jeder Wicklungsteil hat nun eine gewisse Spannung gegen Erde und schiebt deshalb eine Ladung auf die Erde.

Die Welle auf der ersten Windung hat schon fast die volle Kapazität der Wicklung zur Verfügung. Andererseits ist, wie im 66. Abschnitt nachgewiesen wurde, die Induktivität anfangs noch klein. Begreiflich wird dadurch die Erfahrungstatsache, daß an den Klemmen

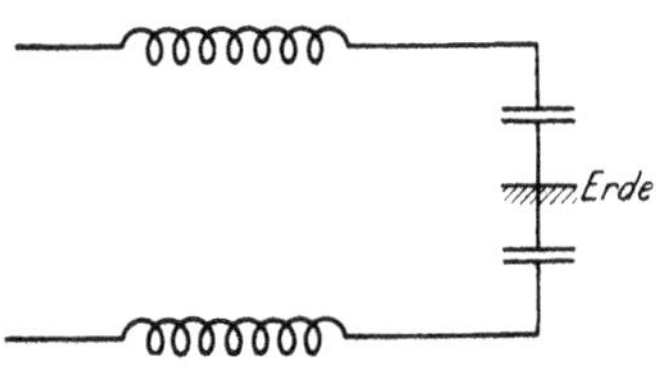

Abb. 109.

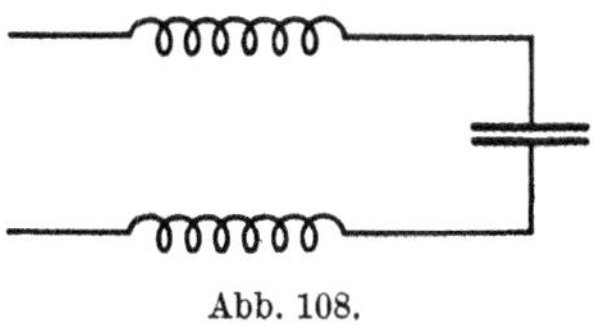

Abb. 108.

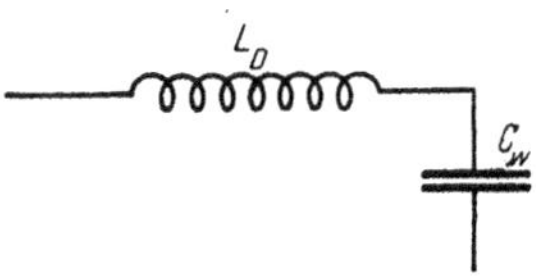

Abb. 110.

des Transformators nach dem Schaltbild der Abb. 108 eine Kapazität zum Vorschein kommt. Diese Kapazität enthält auch die Teilkapazität der Durchführungen durch den Ölkesseldeckel.

Nach all dem kann annähernd damit gerechnet werden, daß ein Stromkreis vorhanden ist, in dem die Drosselspuleninduktivität L_d in Reihe mit der Wicklungskapazität C_w liegt, so wie es Abb. 110 zeigt, vorausgesetzt, daß es sich um Vorgänge zwischen Phase und Phase handelt. Wenn Wanderwellen des Erdfeldes in Frage kommen, gilt das Schaltbild der Abb. 109. Allgemein entsteht somit tatsächlich das einfache Schaltbild der Abb. 110, worin nur C_w richtig bewertet werden muß.

Wir haben ein schwingungsfähiges Gebilde vor uns, das bestimmt von jedem Wanderwellenstoß in Schwingung versetzt wird. Wiederholen sich außerdem die Wanderwellenstöße in regelmäßigen Zeitabständen, so kann es zu Resonanzerscheinungen kommen. Damit ist das Problem bereits umrissen.

Es ist vom Standpunkt der Betriebslehre aus ein müßiges Beginnen, nachzuforschen, wie und wann Resonanzspannungen in dem beschriebenen Schwingungskreis entstehen können. Die Wanderwellen haben unbeherrschbare Formen, zerfallen daher nach Fourier in alle möglichen Teilwellen, die alle sinusförmig sind, die aber alle möglichen Periodenzahlen aufweisen. Irgendeine Teilwelle wird gefährlich werden müssen, wenn nicht gründlich vorgesorgt wird.

Nur einen verläßlichen Weg gibt es: der Schwingungskreis muß künstlich so gedämpft werden, daß er überhaupt nicht schwingen kann, daß alle Spannungsänderungen aperiodisch verlaufen. Damit ist erst eine vollständige Lösung des Überspannungsproblems erreicht, und erst auf diese Weise wird die Drosselspule ein einwandfreier Schutzapparat.

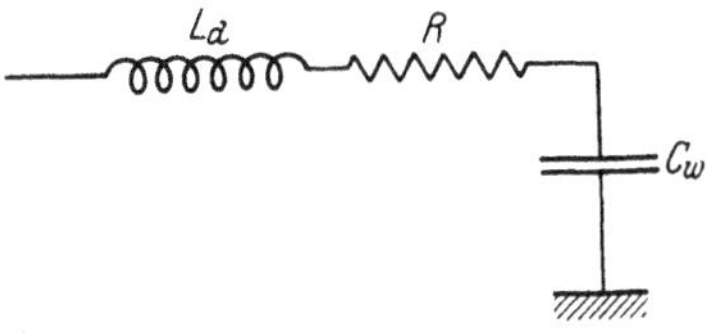

Abb. 111.

Jeder Schwingungskreis läßtsich bekanntlich durch Ohmsche Widerstände dämpfen. Auch hier kommt theoretisch das Einschalten eines Dämpfungswiderstandes in Reihe mit der Schutzinduktivität in Frage. Obwohl nun praktisch ein solcher, vom Betriebsstandpunkte gewiß unerwünschter Widerstand kaum in Betracht kommt, soll er doch zunächst untersucht werden.

Abb. 111 zeigt das idealisierte Schaltbild des gedämpften Schutzkreises. Auf die Reihenschaltung der Schutzinduktivität L_d, des Dämpfungswiderstandes R und der Klemmenkapazität C_w des Transformators drückt die Wanderwellenspannung, die im betrachteten Augenblick E Volt beträgt.

Es ist:

$$E = Ri + L_d \frac{d\,i}{d\,t} + \int \frac{i\,d\,t}{C_w},$$

wenn i Ampere im gleichen Augenblick den Schwingungskreis durchfließen. Die Gleichung gestattet die Berechnung der von der aufgedrückten Spannung E erzwungenen Schwingungen.

Die Eigenschwingung des Kreises ist natürlich durch die Gleichung:

$$Ri + L_d \frac{d\,i}{d\,t} + \int \frac{i\,d\,t}{C_w} = 0$$

gegeben, die man besser in die Form:

$$\frac{d^2 i}{d\,t^2} + \frac{R}{L_d}\frac{d\,i}{d\,t} + \frac{i}{L_d C_w} = 0$$

bringt.

Der Lösungsansatz

$$i = i_0 \varepsilon^{\alpha t}$$

liegt auf der Hand. Er gibt:

$$\frac{d\,i}{d\,t} = \alpha\, i_0\, \varepsilon^{\alpha t},$$

ferner:

$$\frac{d^2 i}{d t^2} = \alpha^2\, i_0\, \varepsilon^{\alpha t},$$

somit die Bestimmungsgleichung

$$\alpha^2 + \frac{R}{L_d}\alpha + \frac{1}{L_d \cdot C_w} = 0,$$

aus der sofort:

$$\alpha = -\frac{R}{2 L_d} \pm \sqrt{\left(\frac{R}{2 L_d}\right)^2 - \frac{1}{L_d \cdot C_w}}$$

folgt.

Die Eigenschwingung verläuft nur dann aperiodisch, wenn α reell ist, wenn also:

$$R > 2\sqrt{\frac{L_d}{C_w}}$$

ist.

Man kommt zu sehr hohen Werten des Dämpfungswiderstandes. Nach Abschnitt 65 ist L_d ungefähr 50mal kleiner als die Induktivität der Transformatorwicklung, während für C_w ungefähr die doppelte Kapazität zweier Phasenwicklungen des Transformators gegeneinander einzusetzen wäre. Der Dämpfungswiderstand müßte demnach größer als ein Fünftel des Wellenwiderstandes der Wicklung sein.

Diese Lösung ist ganz und gar unmöglich. Sie würde dem Betriebsstrom den Weg vollständig verlegen und außerdem unmögliche Energieverluste heraufbeschwören. Sie hat nur rein theoretisches Interesse und soll der weiteren Untersuchung lediglich den Weg ebnen.

Eine andere Möglichkeit ist das Einschalten eines Dämpfungswiderstandes r (Ohm) parallel zur Schutzinduktivität, so daß sich ein Schaltbild nach Abb. 112 ergibt. Man wird leicht erkennen, daß gegen diese neue Anordnung nichts einzuwenden ist. Der Betriebsstrom fließt ohne Schwierigkeit über die Schutzinduktivität, die von ihm nur einen kleinen, im Abschnitt 66 bereits überprüften Spannungsaufwand verlangt. Hochfrequenzströme dagegen — und die Wanderwellen bringen sie durchwegs — werden den Weg über den Dämpfungswiderstand nehmen. Ihre Energie wird nützlicherweise auf diesem Seitenwege aufgerieben.

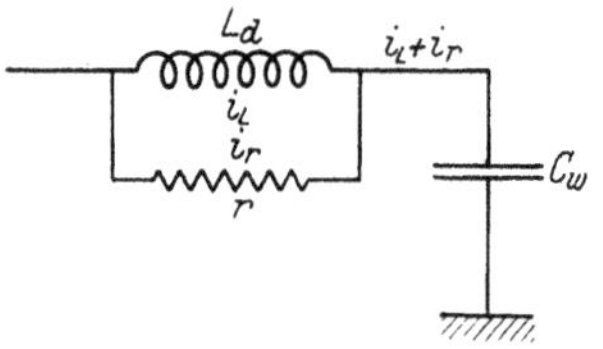

Abb. 112.

Das Schaltbild der Abb. 112 führt nun sofort zum Ansatz:

$$E = L_d \frac{d i_l}{dt} + \int \frac{(i_l + i_r)\, dt}{C_w}$$

für die von der Wellenspannung E erzwungene Schwingung, wobei natürlich

$$L_d \frac{d i_l}{dt} = i_r r.$$

Wenn wir uns wiederum der Eigenschwingung zuwenden, bekommen wir:

$$L_d \frac{d i_l}{dt} + \int \frac{(i_l + i_r)\, dt}{C_w} = 0,$$

$$L_d \frac{d i_l}{dt} = i_r \cdot r,$$

woraus sofort:

$$\frac{d^2 i_l}{dt^2} + \frac{1}{C_w \cdot r} \frac{d i_l}{dt} + \frac{i_e}{C_w \cdot L_d} = 0$$

folgt.

Vergleicht man die soeben gewonnene Gleichung mit dem Ansatz für die Reihenschaltung des Dämpfungswiderstandes, so wird man sofort finden, daß der Strom in der Schutzinduktivität diesmal nur dann aperiodisch verlaufen wird, wenn man den Faktor:

$$\frac{1}{C_w \cdot r}$$

genau so behandelt wie dort:

$$\frac{R}{L_d}$$

Setzt man also:

$$\frac{1}{C_w \cdot r} = \frac{R}{L_d},$$

so erhält man:

$$r = \frac{L_d}{C_w} \cdot \frac{1}{R},$$

und da

$$R > 2 \sqrt{\frac{L_d}{C_w}}$$

gemacht werden mußte, um periodische Vorgänge auszuschließen, wird man jetzt:

$$r < \frac{1}{2} \sqrt{\frac{L_d}{C_w}}$$

werden lassen müssen.

Der zur Schutzdrosselspule parallel geschaltete Ohmsche Widerstand muß kleiner sein als ungefähr 5 vH des Wellenwiderstandes der Transformatorwicklung, wenn er vollständig dämpfen soll.

Beispiel: Der 100 kVA-Transformator für 10000 Volt und 50 Perioden, der in den Abschnitten 65 und 66 untersucht wurde, braucht nach den dort erreichten Ergebnissen eine Schutzinduktivität von 10 Millihenry.

Für die Dämpfung des Schutzkreises würde er nun entweder einen Ohmschen Widerstand:

$$R \geqq \frac{1}{5} \cdot 40 \cdot 1440 = 11520 \text{ Ohm}$$

in Reihe mit der Drosselspule brauchen, da der Wellenwiderstand bei der vorausgesetzten Windungszahl 1440 einer Phasenwicklung:

$$40 \cdot 1440 \text{ Ohm}$$

beträgt, oder aber einen Widerstand

$$r \leqq 0{,}05 \cdot 40 \cdot 1440 = 2880 \text{ Ohm}$$

parallel zur Drosselspule.

Man sieht auf den ersten Blick, daß der Reihenwiderstand eine Ungeheuerlichkeit wäre. Den Parallelwiderstand kann man, um sicher zu gehen, auf etwa:

$$r = 2000 \text{ Ohm}$$

festlegen.

Im Beispiel des 66. Abschnittes wurde berechnet, daß die gewählte Schutzinduktivität für den Nennstrom 18 Volt verbraucht. Der Dämpfungswiderstand würde demnach im Betrieb mit normaler Vollast

$$\frac{18^2}{2000} = 0{,}162 \text{ Watt}$$

Stromwärme entwickeln. Man kann offenbar ohne Nachteil den Schutzwiderstand noch erheblich verkleinern.

Bemerkenswert ist ferner noch die Tatsache, daß im normalen Betrieb durch den Schutzwiderstand nur

$$\frac{18}{2000} = 0{,}09 \text{ Ampere}$$

fließen. Für diesen geringen Dauerstrom muß der Dämpfungswiderstand bemessen werden.

Er verursacht augenscheinlich ganz unbedeutende Kosten, die in keinem Verhältnis zu dem unschätzbaren Vorteil stehen, den er bringt. Schon dieser Umstand allein beweist klar, daß der Dämpfungswiderstand bei keiner Drosselspule zu fehlen braucht.

71. Überbrückte und nicht überbrückte Drosselspulen.

Der Dämpfungswiderstand in Parallelschaltung zur Schutzdrosselspule ist in die Praxis seit einigen Jahren eingeführt. Es ist ein Verdienst O. Böhms, seine Wirkungsweise im Zusammenhang mit den

Vorgängen beim Eindringen der Wanderwellen in Transformatorenwicklungen aufgehellt zu haben. Er hat aber leider auch einen Einfluß auf das Abschleifen der Wellenstirne. Es ist notwendig, auch noch über diese Frage volle Klarheit zu gewinnen.

Das Schaltbild der Abb. 113 muß der folgenden Untersuchung zugrunde gelegt werden, die sich nochmals mit dem einmaligen Eindringen der Wanderwelle, die aus der Fernleitung mit der Spannung E und mit schroffer Wellenstirne ankommt, beschäftigen muß.

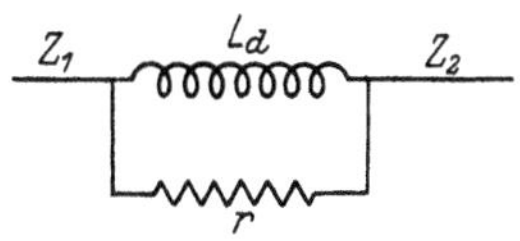

Abb. 113.

Die Welle wird natürlich an dem Verzweigungspunkt der Schutzinduktivität L_d und des Dämpfungswiderstandes zum Teil zurückgeworfen und in die Freileitung läuft dann eine Teilwelle mit der Spannung ΔE zurück. Die Gesamtspannung der gebrochenen Welle:

$$E + \Delta E$$

wird nun teils durch die Drosselspulenspannung, die einen Strom i_d durch die Induktivität treibt, teils durch die Spannung der in die Wicklung eindringenden Welle E_2 aufgebraucht:

$$E + \Delta E = L_d \frac{d\, i_d}{d\, t} + E_2 .$$

Aus der Fernleitung mit dem Wellenwiderstand Z_1 kommt der Wellenstrom:

$$\frac{E}{Z_1},$$

der zum Teil

$$\frac{\Delta E}{Z_1}$$

wieder zurückfließen muß, in die Transformatorwicklung gelangt der Wellenstrom:

$$\frac{E_2}{Z_2},$$

entsprechend dem Wellenwiderstand Z_2. Selbstverständlich fließt dieser Strom der Wicklung teils durch die Drosselspule — i_d —, teils durch den Dämpfungswiderstand — i_k — zu:

$$i_d + i_r = \frac{E_2}{Z_2} .$$

Es ist nun:

$$\frac{E}{Z_1} = \frac{\Delta E}{Z_1} + \frac{E_2}{Z_2},$$

oder

$$E - \Delta E = \frac{Z_1}{Z_2} E_2,$$

was im Verein mit der oben aufgestellten Spannungsgleichung zu:

$$2\,E = L_d \frac{d i_d}{d t} + E_2 \frac{Z_1 + Z_2}{Z_2}$$

führt.

Die Selbstinduktionsspannung der Drosselspule ist natürlich der Ohmschen Abfallspannung des Dämpfungswiderstandes gleich:

$$L_d \frac{d i_d}{d t} = i_r r\,.$$

So entsteht der Ansatz:

$$2\,E = (Z_1 + Z_2)\, i_d + L_d \cdot \left[1 + \frac{Z_1 + Z_2}{r}\right] \frac{d i_d}{d t}\,,$$

der mit:

$$\varrho = 1 + \frac{Z_1 + Z_2}{r}$$

auf:

$$2\,E = (Z_1 + Z_2)\, i_d + L_d \cdot \varrho \frac{d i_d}{d t}$$

vereinfacht werden kann.

Die Lösung ist bekannt. Es handelt sich um den Fall des Aufschaltens einer Gleichspannung $2E$ auf die Reihenschaltung des Ohmschen Widerstandes $Z_1 + Z_2$ und der Induktivität $L_d \cdot \varrho$. Sie lautet:

$$i_d = \frac{2\,E}{Z_1 + Z_2}\left[1 - \varepsilon^{-\frac{Z_1 + Z_2}{L_d \cdot \varrho} t}\right].$$

Um nun den in die Transformatorwicklung eindringenden Wellenstrom zu erhalten, müssen wir auch noch den zweiten Zweigstrom:

$$i_r = \frac{L_d}{r} \frac{d i_d}{d t}$$

berechnen:

$$i_r = \frac{2\,E}{r \cdot \varrho}\, \varepsilon^{-\frac{Z_1 + Z_2}{L_d \cdot \varrho} t}\,.$$

So bekommt man endlich:

$$\frac{E_2}{Z_2} = i_d + i_r = \frac{2\,E}{Z_1 + Z_2} - 2\,E\, \varepsilon^{-\frac{Z_1 + Z_2}{L_d \cdot \varrho} t} \left[\frac{1}{Z_1 + Z_2} - \frac{1}{r \varrho}\right]$$

bzw.

$$E_2 = \frac{2\,E\,Z_2}{Z_1 + Z_2}\left[1 - \frac{\varepsilon^{-\frac{Z_1 + Z_2}{L_d \cdot \varrho}}}{\varrho}\right]. \tag{38}$$

Fällt der Dämpfungswiderstand ganz weg, wird offenbar r unendlich groß. Es ist aber für

$$r = \infty\,, \quad \varrho = 1$$

und die Gl. (38) nimmt die bereits bekannte Form des Ergebnisses der Untersuchung des 70. Abschnittes an.

Gl. (38) täuscht auf den ersten Blick. Sie verspricht einen sanften Anstieg der Spannung in der Transformatorwicklung, einen weit sanfteren als die gleiche, jedoch nicht überbrückte Schutzinduktivität. Es ist:

$$\frac{dE_2}{dt_{t=0}} = \frac{1}{\varrho^2} \cdot \frac{2E \cdot Z_2}{L_d}$$

und ϱ immer größer als 1.

Aber der günstige Eindruck verschwindet sofort, wenn Gl. (38) in die Form:

$$E_2 = \frac{2\,E Z_2}{r + Z_1 + Z_2} + \frac{2\,E Z_2}{\varrho\,(Z_1 + Z_2)}\,[1 - \varepsilon^{-\frac{Z_1 + Z_2}{L_d \varrho}\,t}]$$

gebracht wird und wenn außerdem berücksichtigt wird, daß, wie oben festgestellt, r nur einige Hundertstel von Z_2 ausmachen darf, wenn vollständige Dämpfung erreicht werden soll. Die Spannung in der Wicklung hat offenbar sofort fast jene Höhe, wie wenn überhaupt keine Schutzinduktivität vorhanden wäre.

Es bewahrheitet sich somit die Annahme, daß die Wanderwellen den Weg über den Dämpfungswiderstand nehmen, während dem Betriebsstrom die Drosselspule einen bequemeren Weg gestattet. Aber die Hauptsache ist doch die bittere Erkenntnis, daß der Dämpfungswiderstand die Welle mit schroffer Stirne durchläßt.

Man kommt leicht zu dem Ergebnis, daß der dämpfende Überbrückungswiderstand geradezu sinnlos ist. Wozu baut man die Schutzinduktivität ein? Doch nur, um die Wellenstirne abzuschleifen. Warum entsteht vor der Transformatorwicklung ein Schwingungskreis, der gedämpft werden muß? Eben weil eine starke Induktivität eingebaut wurde. Der Betriebsingenieur, der dieses Bild klar sieht, muß zur Erkenntnis kommen, daß er spart, wenn er die Drosselspule samt Dämpfungswiderstand verwirft.

In der Tat wäre es beinahe Wahnsinn, einen Schwingungskreis zu dämpfen, wenn man ihn überhaupt vermeiden könnte. Sind aber tatsächlich Resonanzspannungen unmittelbar vor der Transformatorwicklung vermieden, wenn die Drosselspule entfernt wird?

Es gibt vor jeder Transformatorwicklung noch andere Induktivitäten, die man nicht vermeiden kann, vor allem die Induktivität der Stromwandlerwicklung. Die Resonazgefahr bleibt immer. Sie ist wahrscheinlich die ärgste Gefahr, mit der das Überspannungsproblem des Transformators zu tun hat.

Wäre dieses Problem nicht derart schwer, würden nicht immer wieder Durchschläge in beängstigender Anzahl in Transformatorenwicklungen vorkommen. Begreiflich scheint es, daß die Sicherheitsvorschriften Resonanzspannungen zwar nicht voll in Betracht ziehen, wohl aber wegen der schroffen Wellenstirne Sprungwellenproben dem Transformator auferlegen.

Muß man sich unbedingt damit abfinden, daß man nur die Wahl hat: abgeschliffene Wellenstirne oder gedämpfte Schwingungen an den Transformatorklemmen? Gibt es tatsächlich keine andere Lösung, die beide Sicherungsziele vereinigen würde?

Es gibt vor allem vielleicht einen mittleren Weg. Man braucht keine vollständige Dämpfung. Der Strom i_l im Schwingungskreise der überbrückten Schutzinduktivität und Klemmenkapazität der Transformatorwicklung folgt nach der Rechnung des letzten Abschnittes der Gleichung:

$$i_l = i_0 \varepsilon^{\alpha t},$$

wobei:

$$\alpha = -\frac{1}{2 r C_w} \pm \sqrt{\left(\frac{1}{2 r C_w}\right)^2 - \frac{1}{L_d \cdot C_w}}$$

gesetzt werden muß.

Es ist also:

$$i_l = i_0 \varepsilon^{-\frac{t}{2 r C_w}} \left[\varepsilon^{t\sqrt{\left(\frac{1}{2 r C_w}\right)^2 - \frac{1}{L_d \cdot C_w}}} + \varepsilon^{-t\sqrt{\left(\frac{1}{2 r C_w}\right)^2 - \frac{1}{L_d C_w}}}\right].$$

oder

$$i_l = 2\, i_0 \cos \omega t\, \varepsilon^{-\frac{t}{2 r C_w}},$$

wenn

$$\omega = \sqrt{\frac{1}{L_d \cdot C_w} - \left(\frac{1}{2 r C_w}\right)^2}$$

gesetzt wird.

Der Strom schwingt mit der Periodenzahl

$$\nu = \frac{\omega}{2\pi} = \frac{1}{2\pi}\sqrt{\frac{1}{L_d \cdot C_w} - \left(\frac{1}{2 r C_w}\right)^2},$$

sobald der Dämpfungswiderstand den kritischen Wert:

$$r_k = \tfrac{1}{2}\sqrt{\frac{L_d}{C_w}}$$

überschreitet.

Es ist auch:

$$\nu = \frac{1}{2\pi\sqrt{L_d \cdot C_w}} \cdot \sqrt{1 - \left(\frac{r_k}{r}\right)^2}.$$

Die kleinste Periodenzahl der Wanderwelle, die an der Drosselspule zurückgeworfen wird, hängt andererseits von der Länge der Leitung ab, die sie durcheilen muß, bis sie wieder an einen Punkt gelangt, wo sie zurückgeworfen wird. Nimmt man diese Länge, die den halben Weg einer Wanderwellenperiode kennzeichnet, zu l Kilometer an, so bekommt man die Periodendauer zu:

$$\frac{2\,l}{3\cdot 10^5}\ \text{Sekunden}$$

und die Periodenzahl zu:

$$\frac{3\cdot 10^5}{2\,l}.$$

Es muß nun:

$$\frac{1}{2\,\pi\sqrt{L_d\cdot C_w}}\cdot\sqrt{1-\left(\frac{r_k}{r}\right)^2}<\frac{3\cdot 10^5}{2\,l}$$

sein.

Setzt man nach Gl. (37)

$$L_d=0{,}2\left(\frac{w}{1000}\right)^2\cdot\frac{U}{3}\cdot 10^{-3}\ \text{Henry}$$

und nach Abschnitt 67:

$$C_w=2\,C=\frac{1}{2}\cdot\frac{\varepsilon\,l_s}{9\cdot 10^{11}}\cdot\frac{U}{8\,\pi\,\delta}$$

mit dem Schätzwert:

$$\frac{\varepsilon\,l_s}{\delta}\sim 10^2$$

ein, so erhält man mit

$$w\,U\cdot 10^{-5}=l_w\ \text{Kilometer}$$

die Bedingungsgleichung:

$$\sqrt{1-\left(\frac{r_k}{r}\right)^2}<1\cdot 15\,\frac{l_w}{l}$$

und endlich:

$$r<\frac{r_k}{\sqrt{1-\left(1\cdot 15\,\frac{l_w}{l}\right)^2}}. \qquad (39)$$

Beispiel: Der schon öfters untersuchte 100 kVA-Transformator für 10000 Volt braucht nach der Rechnung des letzten Beispieles zu seiner Schutzinduktivität einen Überbrückungswiderstand, der kleiner ist als 2880 Ohm. Er hat 1440 Windungen von 70 cm mittlerer Länge.

Der kritische Widerstand ist somit:

$$r_k=2880\ \text{Ohm},$$

die Länge des Wicklungsleiters:

$$1440\cdot 70\cdot 10^{-5}=1\ \text{km}.$$

Man sieht sofort, daß der kritische Widerstand nur unbedeutend überschritten werden kann. Vorsichtshalber kann man nämlich nicht anders rechnen als mit der ganzen Länge der Fernleitung.

Das Ergebnis ist nur scheinbar entmutigend. Aus der Gleichung (39) kann man nämlich ohne Schwierigkeit für den Betrieb sehr wichtige

Einzelheiten herauslesen, die hier nicht unerwähnt bleiben dürfen. Vor allem kann man nämlich eine einwandfreie Erklärung dafür bringen, daß sich sowohl unüberbrückte als auch überbrückte Schutzinduktivitäten praktisch bewährt haben, wenn sie nur ausreichend stark bemessen waren.

Es ist zunächst beachtenswert, daß Transformatoren, deren Wicklungsleiter länger sind als 87 vH der sie versorgenden Fernleitung. überhaupt nicht in Resonanzgefahr kommen. Sie brauchen keinen Dämpfungswiderstand. Für sie ist das Abschleifen der Wellenstirne die Hauptsache und die unüberbrückte Drosselspule wird sie ausgezeichnet schützen.

Kleine Transformatoren, die an Stichleitungen hängen, sind in dieser angenehmen Lage. Mit abnehmender Leistung und gegebener Spannung wächst die Windungszahl der Wicklung ebenso rasch wie die Quadratwurzel aus der Leistung abnimmt, während die mittlere Windungslänge nur der vierten Wurzel aus der Leistung folgt. Der Windungsleiter wird deshalb länger. Der Abzweigungspunkt der Stichleitung ist außerdem ein vorzüglicher Reflexionspunkt.

Transformatoren, vor denen sehr lange Leitungen liegen, haben andererseits einen Dämpfungswiderstand dringend nötig. Dafür genießen sie den Vorteil, daß jede Welle auf dem langen Weg, den sie in der Fernleitung zurücklegen muß, ausgiebig abgeschliffen wird. Für sie ist die Resonanzgefahr die Hauptsache. So ergibt sich die Regel:

Kleine Transformatoren hinter kurzen Zuleitungen (Stichleitungen) sichere man mit unüberbrückten, große Transformatoren hinter langen Fernleitungen mit überbrückten Drosselspulen.

Es versteht sich von selbst, daß man den Dämpfungswiderstand richtig bemessen oder aber ganz weglassen muß. Die Gl. (39) zeigt klar, daß die Resonanzgefahr entweder überhaupt wegfällt, oder aber, wenn vorhanden, nur geringe Abweichungen vom kritischen Wert des Dämpfungswiderstandes zuläßt. Man unterschreitet den kritischen Wert am besten erheblich, um sicher zu gehen. Für die Wellenstirne ist es ganz belanglos, ob der Widerstand 5 vH oder 2 vH des Wellenwiderstandes der Transformatorwicklung erreicht.

72. Reihenschaltung einer überbrückten und einer nicht überbrückten Drosselspule mit magnetischer Verkettung.

Für sehr viele Betriebsfälle ist nach den Feststellungen des vorangehenden Abschnittes entweder mit der überbrückten oder mit der unüberbrückten Drosselspule ein Überspannungsschutzapparat gefunden, der ausreichend die Hauptgefahr — entweder die Resonanzgefahr oder die Gefahr schroffer Wellen — vermeidet. Erschöpfend ist die Lösung keineswegs.

Es ist an dieser Stelle zulässig, nochmals darauf hinzuweisen, daß das Wichtigste in jedem Fall die richtige Bemessung der Schutzinduktivität ist. Sie muß auf jeden Fall der Wanderwelle den Weg verlegen, dabei aber dem normalen Betriebsstrom geringen Widerstand bieten.

Für die Betriebslehre bleibt immer noch die Frage offen, ob es nicht doch möglich ist, einen vollkommenen Schutz zu erreichen. Vielleicht läßt sich doch eine Anordnung finden, die jeder Resonanzgefahr aus dem Wege geht und doch die Welle außerdem noch energisch abschleift.

Unwillkürlich denkt man an die Reihenschaltung einer überbrückten und einer unüberbrückten Drosselspule. Die erste soll die Dämpfung, die zweite die Abschleifung bringen. Die Idee läßt sich zweifellos verwirklichen. Aber eine eingehende Untersuchung in der Richtung der Dämpfungsmöglichkeiten erscheint doch unbedingt nötig, während es auch ohne Untersuchung klar ist, daß die zweite Drosselspule die Welle genügend abschleifen wird, wenn sie nur nach den bereits ermittelten Grundsätzen bemessen wird.

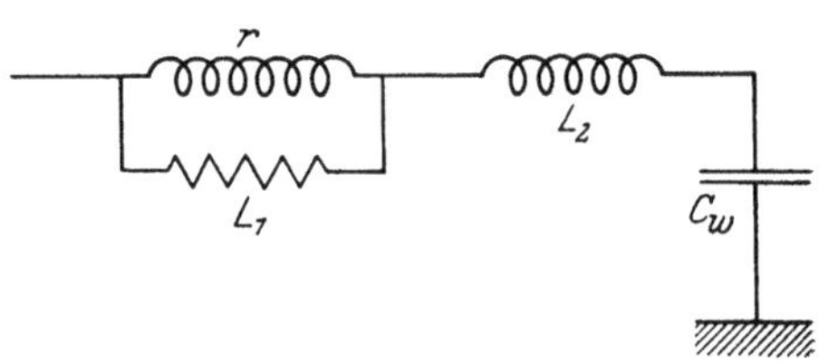

Abb. 114.

Eigentlich gibt es eine ganze Reihe von Ausführungsmöglichkeiten für die Verwendung von zwei Schutzinduktivitäten. Man braucht nur an die Tatsache zu denken, daß sich zwei Drosselspulen gegenseitig auch magnetisch beeinflussen können, um es einzusehen. In der Tat erscheint es sogar wünschenswert, den beiden Schutzspulen ein gemeinsames magnetisches Feld zu geben, damit die Anordnung billiger wird.

Wie die gegenseitige magnetische Unterstützung der Drosselspulen die angestrebte Schutzwirkung begünstigt und ob sie ihr nicht vielleicht schadet, muß erst die Untersuchung zeigen. Es empfiehlt sich offenbar, einen allgemeinen Fall zu untersuchen, der den Grad der magnetischen Abhängigkeit zunächst noch unbestimmt läßt.

Das Schaltbild der Abb. 114 gibt sofort die entscheidenden Größen an. Die Induktivität L_1 [Henry] ist durch den Ohmschen Widerstand r [Ohm] überbrückt, sie liegt in Reihe mit der nicht überbrückten Induktivität L_2 [Henry] und mit dem Schlußglied des Schwingungskreises C_w, der Eingangskapazität der Transformatorwicklung.

Im allgemeinen Falle der wechselseitigen magnetischen Beeinflussung der beiden Drosselspulen muß außerdem noch mit zwei gegenseitigen Induktivitäten gerechnet werden; mit M_{12} [Henry] wirkt die erste Drosselspule auf die zweite, mit M_{21} [Henry] die zweite auf die erste.

Die Spannungsgleichung der Eigenschwingungen lautet somit, wenn der Zweigstrom in der ersten Drosselspule zu i_1 Ampere, der Gesamtstrom in der unüberbrückten Drosselspule zu i Ampere angenommen wird:

$$\left(L_1 \frac{di_1}{dt} + M_{21} \frac{di}{dt}\right) + \left(L_2 \frac{di}{dt} + M_{12} \frac{di_1}{dt}\right) + \int \frac{i\,dt}{C_w} = 0\,,$$

wobei selbstverständlich der Strom im Dämpfungswiderstand i_r zu

$$i_r = i - i_1$$

bestimmt ist und außerdem:

$$L_1 \frac{di_1}{dt} + M_{21} \frac{di}{dt} = i_r \cdot r$$

sein muß.

Es empfiehlt sich nun zunächst, die beiden Differentialgleichungen in die Form

$$[L_1 + L_2 + M_{21} + M_{12}] \frac{di}{dt} + \int \frac{i\,dt}{C_w} - [L_1 + M_{12}] \frac{di_r}{dt} = 0\,,$$

$$[L_1 + M_{21}] \frac{di}{dt} = i_r r + L_1 \frac{di_2}{dt}$$

zu bringen, sodann aber die zweite Gleichung noch zweimal zu differenzieren, so daß sie endgültig:

$$[L_1 + M_{21}] \frac{d^3 i}{dt^3} = r \frac{d^2 i_r}{dt^2} + L_1 \frac{d^3 i_r}{dt^3}$$

lautet.

Das erste Glied rechts läßt sich nun aus der einmal, das zweite aus der zweimal differenzierten ersten Gleichung gewinnen und der Ansatz des Problems lautet dann:

$$[L_1 L_2 - M_{12} \cdot M_{21}] \frac{d^3 i}{dt^3} + r [L_1 + L_2 + M_{21} + M_{12}] \frac{d^2 i}{dt} + \frac{L_1}{C_w} \frac{di}{dt} + \frac{ri}{C_w} = 0\,.$$

Es ist außerdem, wie leicht ersichtlich:

$$M_{12} = M_{21} = M$$

und damit:

$$[L_1 L_2 - M^2] \frac{d^3 i}{dt^3} + r [L_1 + L_2 + 2M] \frac{d^2 i}{dt^2} + \frac{L_1}{C_w} \frac{di}{dt} + \frac{ri}{C_w} = 0\,.$$

Es ist vorerst nicht nötig, die allgemeine Lösung des Problems zu suchen. Einen sehr guten Einblick in die Schwierigkeiten des vollständigen Überspannungsschutzes gewährt schon ein besonderer Fall, nämlich der der vollständigen magnetischen Verkettung der beiden Drosselspulen.

Das vollständig gemeinsame Feld beider Drosselspulen hat einen gegebenen magnetischen Widerstand. Die Induktivität M_{12} ist dem Fluß, der von der ersten Drosselspule erzeugt wird, wenn sie ein Ampere durchfließt, multipliziert mit der Windungszahl der zweiten Drosselspule proportional. Ihr genau gleich ist natürlich M_{21}. Ihr Quadrat muß dem Produkt $L_1 \cdot L_2$ gleichkommen, denn L_1 entspricht dem Produkt des gleichen Flusses wie bei M_{12} und der Windungszahl der ersten Spule, L_2 dem entsprechenden anderen Produkt. Es ist also:

$$L_1 L_2 = M^2 .$$

Die Differentialgleichung des Schwingungsproblems lautet nun einfach:

$$r\left[L_1 + L_2 + 2\sqrt{L_1 L_2}\right]\frac{d^2 i}{dt^2} + \frac{L_1}{C_w}\frac{di}{dt} + \frac{ri}{C_w} = 0\,,$$

und sie kann durch den Ansatz:

$$i = i_0 \varepsilon^{\alpha t}$$

gelöst werden, der sofort zur Bedingungsgleichung:

$$\alpha^2 \cdot r\left[L_1 + L_2 + \sqrt{L_1 \cdot L_2}\right] + \frac{L_1}{C_w}\cdot\alpha + \frac{ri}{C_w} = 0\,,$$

die nur dann reelle Werte für α und damit einen aperiodischen Strom liefert, wenn die Bedingung erfüllt ist:

$$\left[\frac{L_1}{2rC_w}\cdot\frac{1}{L_1 + L_2 + 2\sqrt{L_1 \cdot L_2}}\right]^2 \geqq \frac{1}{C_w\,(L_1 + L_2 + 2\sqrt{L_1 \cdot L_2})}\,.$$

Sofort ergibt sich daraus der nötige Dämpfungswiderstand zu:

$$r \leqq \frac{1}{2}\cdot\sqrt{\frac{L_1}{C_w}}\cdot\frac{1}{1+\sqrt{\frac{L_2}{L_1}}}\,. \tag{40}$$

Das Ergebnis entspricht einer vollständigen gleichsinnigen Verkettung der beiden Drosselspulen. Es ist aber auch der Fall denkbar, daß der Wicklungssinn der beiden Spulen verkehrt ist, M daher negativ wird. Es ist klar, daß dann statt $L_1 + L_2 + 2\,M$ durchwegs $L_1 + L_2 - 2\,M$ zu setzen ist. Der Dämpfungswiderstand ergibt sich in diesem Falle zu:

$$r \leqq \frac{1}{2}\cdot\sqrt{\frac{L_1}{C_w}}\cdot\frac{1}{1-\sqrt{\frac{L_2}{L_1}}}\,. \tag{40a}$$

73. Praktische Anwendbarkeit der Reihenschaltung zweier verketteter Drosselspulen.

Es ist sehr leicht einzusehen, daß man die Lösung der Gl. (40a) praktisch nicht verwerten kann. Immer wird man eine Anordnung haben wollen, bei der

$$L_2 > L_1$$

ist und negative Dämpfungswiderstände sind undenkbar.

Die zweite Induktivität schleift die Wellenstirne ab. Sie muß eine bestimmte Größe haben, sie darf Unkosten verursachen, sie muß aber den normalen Betriebsstrom ohne zu großen Spannungsverbrauch durchlassen. Die erste Induktivität L_1 verlegt der Wanderwelle den Weg und schiebt sie auf den Dämpfungswiderstand. Wird sie größer als L_2, verursacht sie natürlich unangenehme zusätzliche Unkosten, außerdem aber bringt sie einen unangenehmen zusätzlichen Spannungsabfall im normalen Betrieb.

Die Überlegung gilt ganz allgemein für den Fall zweier Schutzdrosselspulen und zeigt damit schon den Weg an. Sie läßt auch schon fast alle Schwierigkeiten des verzwickten Problems gut überblicken. Sie macht es verständlich, daß eine praktisch brauchbare Lösung so lange auf sich warten läßt.

Nun gilt das Interesse der zweiten Möglichkeit den gleichsinnig vollständig verketteten Spulen. Gl. (40) zeigt den Weg. Er ist gangbar, denn er läßt ein beliebiges Verhältnis der beiden Schutzinduktivitäten zu.

Der Dämpfungswiderstand nähert sich bei abnehmendem

$$\frac{L_2}{L_1}$$

dem Grenzwert:

$$r \leqq \frac{1}{2}\sqrt{\frac{L_1}{C_w}}\,.$$

Aber mit L_1 wird er selbst sehr klein und kann unausführbar klein werden, denn die überbrückte Drosselspule hat selbst auch einen Ohmschen Widerstand, der ihrer Induktivität in Wirklichkeit schon parallel geschaltet ist.

Man kann aber ganz gut z. B.:

$$L_2 = 4\,L_1$$

wählen und bekommt dann:

$$r \leqq \frac{1}{2}\cdot\sqrt{\frac{L_2}{C_w}} = \frac{1}{12}\sqrt{\frac{L_2}{C_w}}\,,$$

was ganz gut ausführbar sein wird.

Damit scheint schon eine brauchbare Lösung gefunden zu sein. Aber sobald man wirklich darangeht, sie konstruktiv zu verwirklichen, stößt man auf gewaltige Schwierigkeiten, die ganz und gar unüberbrückbar erscheinen. Sie müssen unbedingt besprochen werden.

Kann man überhaupt eine vollständige magnetische Verkettung erreichen? Wohl kaum. Ein gemeinsamer Eisenkern wäre eine Lösung. Aber der Eisenkern nimmt der Drosselspule sofort den unschätzbaren Wert, den eine unveränderliche Induktivität für den Überspannungsschutz besitzt, den Wert nämlich, auf beliebig hohe Wellenspannungen immer gleich zu antworten.

Man kann, wenn man notgedrungen den Eisenkern verwirft, die Windungen der beiden Drosselspulen innig miteinander vermengen. Aber dann bringt man sehr verschiedene Potentiale nebeneinander, ermöglicht ganz gewaltige Durchschlagsgefahren und schafft eine neue Spannungsgefahr in der Anlage, die ärger werden kann als die bekämpfte.

Es ist ganz klar, daß der Betriebsingenieur nicht damit zufrieden sein kann, daß man ihm ganz einfach die gefürchteten Windungsdurchschläge aus dem Transformator zieht und vor dem Transformator in den Drosselspulen sammelt. Er zahlt gerne eine verläßliche Drosselspule, wenn es sein muß, zwei. Er wird sich aber energisch und mit Recht weigern, ein Lager von Drosselspulen zu errichten, die er ebenso immer wieder neu einsetzt, wie Schmelzsicherungen.

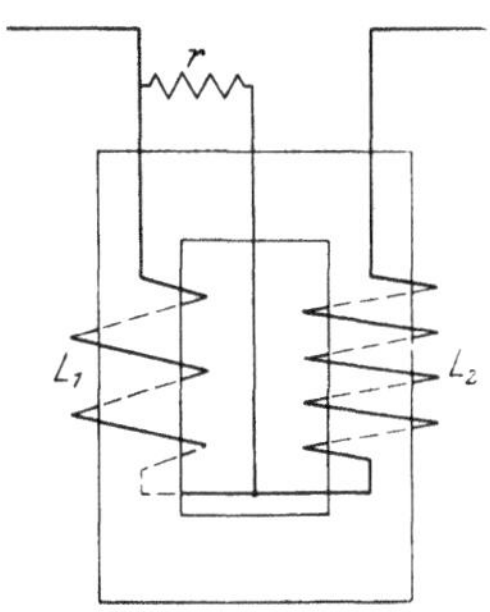

Abb. 115.

Es ist also nichts mit den vollständig verketteten Drosselspulen, so schön sie auch theoretisch zu wirken versprechen. Zumindestens geht es nicht ohne einen gemeinsamen Eisenkern, der wohl die neue Spannungsgefahr vermeiden würde, wenn er etwa nach Abb. 115 jede der beiden Spulen auf je eine Säule des Eisenkernes setzen würde.

Bevor man mit dieser schwierigen Möglichkeit weiterrechnet, muß man unbedingt noch nachsehen, ob es nicht mit zwei magnetisch ganz unabhängigen Drosselspulen geht. Ersichtlicherweise wäre dies praktisch die annehmbarste Lösung.

74. Reihenschaltung zweier magnetisch unabhängiger Drosselspulen.

Sobald die beiden Drosselspulen voneinander magnetisch ganz unabhängig werden, verschwindet auch die gegenseitige Induktivität. In den allgemeinen Ansatz des Problems muß dann:

$$M_{12} = M_{21} = M = 0$$

eingeführt werden, und es ergibt sich dann die besondere Gleichung:

$$L_1 \cdot L_2 \frac{d^3 i}{d t^3} + r(L_1 + L_2) \frac{d^2 i}{d t^2} + \frac{L_1}{C_w} \frac{d i}{d t} + \frac{r i}{C_w} = 0$$

für die Eigenschwingungen des Eingangsstromkreises des Transformators.

Wiederum kann die Lösung mit dem Ansatz:

$$i = i_0 \cdot \varepsilon^{a t}$$

mit Erfolg versucht werden. Er führt zur Bedingungsgleichung:

$$L_1 \cdot L_2 \alpha^3 + r(L_1 + L_2)\alpha^2 + \frac{L_1}{C_w} \cdot \alpha + \frac{r}{C_w} = 0 .$$

Diese kubische Gleichung gibt nur unter ganz besonderen Umständen drei reelle Werte für α und damit die Gewähr dafür, daß der Strom aperiodsch abklingt. Schreibt man sie in der Form:

$$\alpha^3 + r\frac{L_1 + L_2}{L_1 \cdot L_2}\alpha^2 + \frac{1}{L_2 \cdot C_w}\alpha + \frac{r}{L_1 \cdot L_2 \cdot C_w} = 0 ,$$

so kann man sie durch Einführung einer neuen Variablen β:

$$\alpha = \beta - \frac{1}{3} r \frac{L_1 + L_2}{L_1 \cdot L_2}$$

in bekannter Weise vom quadratischen Glied befreien:

$$\beta^3 + \left[\frac{1}{L_2 C_w} - \frac{1}{3}\left(r\frac{L_1 + L_2}{L_1 L_2}\right)^2\right]\beta + \left[\frac{2}{27}\left(r\frac{L_1 + L_2}{L_1 \cdot L_2}\right)^3 - \frac{1}{3 L_2 C_w}\frac{L_1 + L_2}{L_1 L_2} + \frac{r}{L_1 L_2 C_w}\right] = 0 .$$

Die Bedingung für drei reelle Wurzeln dieser Gleichung, die natürlich gleichzeitig auch drei reelle Werte von α verbürgt, lautet nun:

$$\left[\frac{1}{27}\left(r\frac{L_1 + L_2}{L_1 L_2}\right)^3 - \frac{1}{6}\frac{r}{L_2 C_w} \cdot \frac{L_1 + L_2}{L_1 L_2} + \frac{r}{2 L_1 L_2 C_w}\right]^2 + \left[\frac{1}{3 L_2 C_w} - \frac{1}{9}\left(r\frac{L_1 + L_2}{L_1 L_2}\right)^2\right]^3 \leqq 0$$

oder aufgelöst:

$$r \leqq \sqrt{\frac{L_1}{C_w}} \cdot \frac{\sqrt{\frac{1}{8} + \frac{5}{2}\left(\frac{L_2}{L_1}\right) - \left(\frac{L_2}{L_1}\right)^2 \pm \sqrt{\frac{1}{64}\left(1 - 8\frac{L_2}{L_1}\right)^3}}}{\sqrt{1 + \frac{L_2}{L_1}}} .$$

Das Ergebnis ist sehr entmutigend. Die Quadratwurzel:

$$\sqrt{\frac{1}{64}\left(1 - 8\frac{L_2}{L_1}\right)^3}$$

muß einen reellen Wert geben, wenn die theoretische Lösung ausführbar sein soll. Sie ist es offenbar nur, wenn

$$L_1 > 8 L_2$$

ist. Im vorangehenden Abschnitt haben wir bereits festgestellt, daß alles gegen die Möglichkeit spricht, die überbrückte Drosselspule größer zu machen als die unüberbrückte. Ein derartiges Mißverhältnis nun, wie es hier notwendig wird, muß unbedingt an dem Spannungsabfall im normalen Betrieb scheitern.

Die Übersicht über die verschiedenen Möglichkeiten des Zusammenwirkens zweier Drosselspulen, einer überbrückten und einer unüberbrückten, ist nun so ziemlich vollständig. Man sieht klar, daß an magnetisch voneinander unabhängige Spulen nicht zu denken ist, weil sie im normalen Betrieb stören, wenn sie halbwegs Wanderwellen abschleifen sollen. Man sieht auch, daß die vollständige Verkettung der beiden Spulen sehr gute Dienste verspricht, aber nur mit einem gemeinsamen Eisenkern verwirklichbar ist, womit die Unveränderlichkeit der Induktivitäten geopfert wird.

Einen mittleren Weg gibt es nicht. Je loser der magnetische Zusammenhang wird, um so schlechter wird das notwendige Verhältnis zwischen den Größen der beiden Induktivitäten. Außerdem ist eine halbwegs nennenswerte Verkettung praktisch schwer erreichbar, wenn nicht mit Eisen gearbeitet wird.

O. Böhm[1]), der sich mit den verschiedenen Dämpfungsmöglichkeiten beschäftigt hat, untersuchte auch noch andere Schaltungen, ohne weiteren Erfolg. Es scheint nach all dem, daß man in dem hier umrissenen Kreis einen Ausweg finden, oder aber den Standpunkt des 71. Abschnittes endgültig annehmen muß, die weitere Sorge dem Transformatorenkonstrukteur überlassend.

Es wäre ein unbefriedigender Abschluß des Überspannungsproblems. Gewiß gibt es kaum ganz schroffe Wellen in unseren Anlagen, die Fernleitung erwirkt selbst erhebliche Milderungen. Gewiß entfallen sehr oft Resonanzgefahren im Eingangskreis des Transformators. Aber der Schutz bleibt dürftig, wenn er sich nur gegen die eine oder nur gegen die andere Gefahr kehrt. Die moderne Technik arbeitet durchwegs mit ausreichender Sicherheit, sie kann nicht in einer so wichtigen Frage bescheiden werden.

In Wirklichkeit ist sie sehr bescheiden. Nur zu oft ist sie mehr als bescheiden, wenn die Sicherheit der Transformatorenstation in Frage kommt. Es ist eine erzwungene Bescheidenheit, und die erhebliche Verschärfung der Sicherheitsvorschriften der letzten Zeit beweist, daß der Betriebsingenieur unter einem drückenden Gefühl der Unsicherheit steht.

Durchschläge an Transformatoren sind leider ein sehr häufiges Betriebsereignis, eine Quelle großer Unkosten, eine empfindliche Verteuerung des Betriebes. Es muß eine Lösung gefunden werden und gerade, weil sie muß, wird sie gefunden werden. Die Unzufriedenheit im Kreise der Verbraucher großer Überlandnetze kann gefährlich werden, schon deshalb, weil sie berechtigt ist. Die Daseinsberechtigung großer Anlagen kann nicht an einem kleinen Schutzapparat scheitern.

75. Die Doppeldrosselspule mit Eisenkern.

Es ist nicht überflüssig, zu erwähnen, daß es gerade in letzter Zeit gelungen ist, mit Hilfe des sogenannten Kathodenoszillographen die

---

[1]) Arch. f. Elektrotechn. 1917, H. 12.

Richtigkeit der Ansichten zu bestätigen, die O. Böhm über die Resonanzgefahren im Eingangskreis des Transformators zuerst mitgeteilt hat und die in den vorangehenden Abschnitten ausgebaut worden sind. In der Zeitschrift „Elektrizitätswirtschaft" Nr. 413 vom Jahre 1926 berichtet D. Gàbor über wichtige diesbezügliche Aufnahmen. Die Theorie unseres Problems scheint demnach bereits derart fest verankert zu sein, daß es aussichtsreich ist, eine praktische Lösung zu wagen.

Zu einer solchen Lösung wird man eigentlich zwangsläufig gedrängt. Man braucht unbedingt zwei Drosselspulen, eine überbrückte für die Dämpfung des Eingangskreises, eine unüberbrückte für das Abschleifen der Wellenstirne. Mit Rücksicht auf die Kosten, vor allem aber auf den Spannungsabfall im normalen Betrieb, muß man die überbrückte Induktivität erheblich kleiner wählen als die unüberbrückte. Die beiden Drosselspulen müssen deshalb miteinander magnetisch möglichst vollständig verkettet sein. Damit sie nun nicht neue eigene Durchschlagsgefahren bringen, müssen sie auf einem gemeinsamen Eisenkern sitzen, so wie es Abb. 115 vorschlägt.

Der Eisenkern erscheint ganz unvermeidlich. Aber warum soll man ihm denn eigentlich ausweichen? Weil er die Unveränderlichkeit der Induktivitäten zerstört? Ist das wirklich so gefährlich, daß man deshalb um jeden Preis dem Eisen aus dem Wege geht?

Für die vollständige gleichsinnige Verkettung der beiden Induktivitäten fanden wir den notwendigen Dämpfungswiderstand zu

$$r \leqq \frac{1}{2}\sqrt{\frac{L_1}{C_w}} \cdot \frac{1}{1+\sqrt{\frac{L_2}{L_1}}}.$$

Der Eisenkern läßt Änderungen der Induktivitäten zu. Aber das Verhältnis $L_2 : L_1$ ändert sich bestimmt nicht. Die Sachlage ist schon nicht mehr so gefährlich, wie sie auf den ersten Blick aussieht.

Allerdings treten die beiden Induktivitäten auch selbständig in unserem Problem auf. Die Veränderlichkeit der überbrückten Induktivität L_1 hat die Veränderlichkeit des Dämpfungswiderstandes r zur Folge, mit L_2 ändert sich der Schutzwert, der Abbau der Wellenstirne.

Werden die Induktivitäten für eine gewisse Eisensättigung, d. h. für einen gewissen Wellenstrom berechnet, so wird bei einem größeren Wellenstrom, also bei höherer Wellenspannung, die Wellenstirne weniger abgeschliffen, während sie eigentlich stärker abgeschliffen werden sollte. Ebenso wird bei wachsendem Wellenstrom der Dämpfungswiderstand näher an die zulässige Grenze rücken. Er kann zu groß werden. Zu all dem kommt noch der Einfluß des normalen Betriebsstromes, der gewiß auch auf die Sättigung einwirkt und der in der kurzen Zeitspanne, die der Welle zur Verfügung steht, irgendeinen Augenblickswert haben kann.

Aber das Eisen ist doch auch nicht immer so unbeständig in seiner magnetischen Leitfähigkeit, wie es der an hohe Sättigungen gewöhnte Konstrukteur anzunehmen geneigt ist. Bei niedrigen Sättigungen scheint es sogar ziemlich beständig zu sein. Je niedriger man aber den Eisenkern der Drosselspulen sättigt, um so vollkommener wird man die beiden Drosselspulen verketten.

Eine Lösung schimmert durch die Überlegung bereits durch. Die beiden Drosselspulen sollten mit dem höchsten Wellenstrom, den man erwarten kann, vermehrt um den Höchstwert des normalen Betriebsstromes berechnet werden, und zwar so, daß sie dann noch immer mit der Eisenkernsättigung unterhalb des Knies der Eisenmagnetisierungskurve bleiben.

Wenn diese Lösung möglich ist, wenn sie nirgends gegen eine wichtige Betriebsrücksicht stößt, ist der gesuchte Ausweg gefunden. Die weitere Untersuchung hat sich demnach nur in der angedeuteten Richtung zu bewegen.

Der Eisenkern der beiden Drosselspulen muß einen gewissen Querschnitt F_e [cm^2] bekommen, er hat eine gewisse Eisenlänge l_e [cm]. Durch diese zwei Angaben ist er vollständig bestimmt. Er darf, der ersten Annahme gemäß, niemals über eine gewisse Sättigung $\mathfrak{B}_0$ kommen, die man, wie erwähnt, unterhalb des Knies der Magnetisierungskurve annehmen wird.

Wenn nun die eine Drosselspule w_1, die andere w_2 Windungen bekommt und damit das gewünschte Verhältnis der Induktivitäten:

$$\frac{L_2}{L_1} = \left(\frac{w_2}{w_1}\right)^2$$

gesichert ist, muß noch w_2 so bestimmt werden, daß die notwendige Induktivität L_2 entsteht. Offenbar ist:

$$L_2 = \frac{4\pi}{10} \cdot \frac{w_2^2 \cdot F_e \cdot \mu}{l_e} \cdot 10^{-8} \text{ Henry},$$

wenn μ die magnetische Leitfähigkeit des Eisenkernes im Bereich von Null bis $\mathfrak{B}_0$ Gauß ist. Es soll aber L_2 die durch Gl. (37) bestimmte Größe haben.

Nimmt man nun den Höchstwert des normalen Betriebsstromes, vermehrt um den erwarteten größten Wellenstrom zu J Ampere an und rechnet vorsichtshalber noch so, als ob der Dämpfungswiderstand den Wellenstrom gar nicht ablenken würde, so bekäme man die Bedingung:

$$\mathfrak{B}_0 \geqq \frac{4\pi}{10} \mu \cdot \frac{(w_1 + w_2)}{l_e} J.$$

Sofort ergibt sich:

$$F_e l_e \geqq \frac{4\pi}{10} \cdot L_2 \left(1 + \frac{L_1}{L_2}\right)^2 \cdot \frac{J^2 \cdot \mu}{\left(\frac{\mathfrak{B}}{1000}\right)^2} \cdot 10^2 \text{ Kubikzentimeter}.$$

Man sieht ganz klar, daß eine gewisse Mindestmenge von Eisen aufgewendet werden muß.

Beispiel: Der 100 kVA-Transformator für 10000 Volt unserer Rechnungsbeispiele braucht für das Abschleifen der Wellenstirne eine Schutzinduktivität von 10 Millihenry.

Der Wellenwiderstand der Wicklung wurde auf:

$$40 \cdot 1440 = 57\,600 \text{ Ohm}$$

geschätzt, er beschränkt die einfallenden Wellenströme auf Werte, die bestimmt kleiner sind als 1 Ampere.

Der Höchstwert des normalen Betriebsstromes wird:

$$\frac{100\,000}{\sqrt{3} \cdot 10\,000} \cdot \sqrt{2} = 8{,}5 \text{ Ampere}$$

betragen.

Vorsichtshalber muß man mit etwa

$$J = 10 \text{ Ampere}$$

rechnen. Nimmt man außerdem ein Verhältnis:

$$\frac{L_2}{L_1} = 5$$

an und beschränkt die Liniendichte auf:

$$\mathfrak{B} = 7000 \text{ Gauß},$$

wobei man bei Verwendung guten Blechs etwa:

$$\mu = 3000$$

erhält, so muß man:

$$\frac{4\pi}{10} \cdot 10 \cdot 10^{-3} \cdot (1 + 0{,}2)^2 \cdot \frac{10^2 \cdot 3000}{7^2} \cdot 10^2 = 11 \cdot 10^3 \text{ cm}^3,$$

d. h. ungefähr 80 kg Eisen aufwenden.

Die Lösung erscheint ausführbar, sie hat aber noch schwere Mängel.

Es genügt durchaus nicht, die Liniendichte unterhalb einer gewissen Grenze zu halten, denn das Beispiel zeigt klar, daß der Betriebsstrom sehr stark zur Geltung kommt. Wenn die Welle gerade beim Nulldurchgang des Betriebsstromes ankommt, wird die Sättigung im Eisen auf einen kleinen Bruchteil des Grenzwertes sinken, mit ihr aber auch die magnetische Leitfähigkeit, denn sie ändert sich bekanntlich gerade bei kleinen Sättigungen sehr stark. Sie steigt zuerst rasch an, um dann bei immer wachsenden Liniendichten langsam abzunehmen.

Wenn man diese Veränderlichkeit in Betracht zieht, wird man leicht finden, daß es mit dem Eisenkern doch nicht geht. Wenigstens nicht in der bisher angenommenen Form. Aber die Konstruktion läßt sich ganz wesentlich verbessern, wenn ein entsprechender Luftspalt in den Kraftlinienweg eingeschaltet wird, so daß etwa die Anordnung der Abb. 116 entsteht.

Beträgt nun der Luftspalt δ Zentimeter, so wird

$$L_2 = \frac{4\pi}{10} \cdot \frac{w_2^2 \cdot F_e}{\frac{l_e}{\mu} + \delta} \cdot 10^{-8} \text{ Henry}.$$

Die Veränderlichkeit der Induktivität bleibt jetzt im Rahmen der Veränderlichkeit des Ausdruckes:

$$\frac{l_e}{\mu} + \delta.$$

Es empfiehlt sich offenbar, dafür zu sorgen, daß

$$\frac{l_e}{\mu}$$

niemals zu groß wird im Vergleich zu δ, wobei die Luftstrecke wieder klein genug gehalten werden muß, damit die Verkettung der beiden Drosselspulen nicht leidet. Es ist aber wohl immer möglich, die Abmessungen so zu wählen, daß die Induktivität L_2 nicht um mehr schwanken kann als etwa um 100 vH, was den Forderungen des Betriebes genügen würde. Die Lösung verwirklicht man zweifellos um so leichter, je weniger der höchste Wellenstrom vom Höchstwert des normalen Betriebsstromes abweicht.

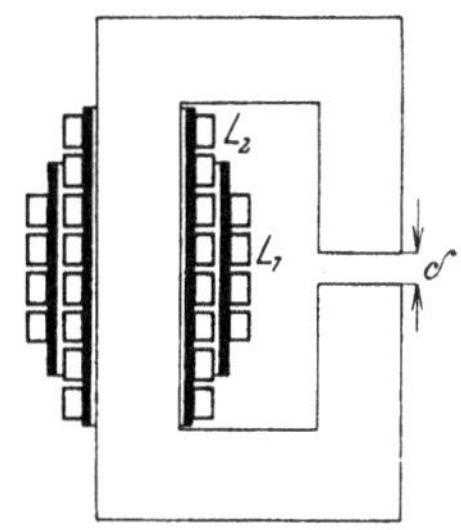

Abb. 116.

76. Überblick über die Überspannungsprobleme. Nullpunkterdung.

Es ist eine mühsame Lösung, die erreicht zu sein scheint, aber immerhin eine Lösung. Die Erfahrung muß zeigen, ob der angegebene Weg, den sich der Verfasser schützen hat lassen, zu einer vollständigen Erledigung des Überspannungsproblems führen kann oder nicht.

Die Transformatorwicklung selbst enthält noch weitere Spannungsgefahren, die nicht unerheblich sind. Sie sind eine ausschließliche Angelegenheit des Konstrukteurs. Er muß und wird Lösungen finden, nachdem die Betriebslehre die äußeren Gefahren erledigt hat und die Schutzeinrichtungen alles leisten, was sie leisten können.

Notwendig erscheint es, nochmals einen Gesamtüberblick über das Überspannungsproblem zu gewinnen, nachdem ein wichtiges Einzelproblem so viel Aufmerksamkeit auf sich gezogen hat. Bevor die Untersuchung der Überspannungsgefahren abgeschlossen wird, muß die Vollständigkeit, wenigstens in genügendem Ausmaße, gesichert werden.

Drei Gruppen von Überspannungen wurden in Betracht gezogen: die Überspannungen des Erdfeldes, die Einschalt- und die Ausschaltüberspannungen. Die Höhe der Erdfeldüberspannungen muß durch Ableiter begrenzt werden, die Ausschaltspannungen drückt der Ölschalter auf ein zulässiges Maß herunter, die Einschaltspannungen führen bis zur Verdoppelung der Betriebsspannung.

Wenn die Höhe der Spannung auf den doppelten Betriebswert beschränkt bleibt, was nun erreichbar erscheint, muß noch die örtliche Überspannungsgefahr einer steilen Wellenstirne erledigt werden. Die Drosselspule beseitigt sie, bringt aber die neue Schwierigkeit der Resonanzgefahr. Erst mit der zusammengesetzten Schutzeinrichtung zweier Drosselspulen hat man die Aussicht, auch noch über diese Schwierigkeit hinwegzukommen.

Es gibt aber noch eine bedeutende Überspannungsgefahr, die berücksichtigt werden muß, die eigentlich in alle drei oben angeführten Gruppen hineingehört, wegen ihrer Tücke gefürchtet ist und sich schwer unter die ordentlichen Überspannungen einreihen läßt. Sie wurde von Petersen entdeckt, erforscht und mit Erfolg bekämpft, die Überspannungsgefahr des aussetzenden Erdschlusses.

Überschläge zur Erde sind unvermeidlich. In ausgedehnten Netzen werden sie häufig auftreten. Sie sind eine Art wilder, unerwünschter Schaltvorgänge. Im Augenblick des Erdschlusses entsteht eine Schaltwelle, wie bei irgend einem anderen Einschaltakt. Aber die unerwünschte Schaltstelle ist ganz unsicher. Einmal tritt sie da, das nächste Mal dort auf. Der Erdschlußstrom wird ganz unordentlich eingeschaltet, noch unordentlicher wird er abgeschaltet — der Lichtbogen reißt ab, wenn die schwingende Betriebsspannung klein wird. Der Erdschlußstrom ist leider nicht in Phase mit der treibenden Spannung, die Überspannung der Lichtbogenunterbrechung muß gefährlich werden.

Es kommt zu Rückzündungen, wenn die Betriebsspannung wieder anwächst und später wieder zu Unterbrechungen. Ein fortwährendes Ein- und Ausschalten ist die Folge. Kein Ölschalter ist zur Stelle. Dazu kommt noch die von Petersen nachgewiesene Aufladung der Leitung. Kein Zweifel, eine ganz bedeutende Gefährdung der Anlage und damit der benachbarten Transformatorenstationen muß bei diesen Erdschlüssen angenommen werden.

Die von der Erdschlußstelle ausgehenden Gefahren ziehen sich bis in die Transformatorwicklung hinein, in die alle Ein- und Ausschaltwellen hineinlaufen. Auch die Aufladung der Leitung muß bis zu den Klemmen des Transformators, der an der Leitung hängt, fühlbar sein. In der Transformatorstation muß eine Einrichtung geschaffen werden, die einen Schutz gegen die Erdschlußgefahr bietet.

Ein ganz verläßliches Mittel scheint das Erden des Nullpunktes der Transformatorwicklung zu sein. Jeder Erdschluß wird auf diese Weise sofort zum Kurzschluß der betreffenden Phase und wird auch deshalb vom Ölschalter abgeschaltet. Aber zwei Schwierigkeiten hat die Verwirklichung dieser Idee: der Nullpunkt ist nicht immer zugänglich, die Dreieckschaltung verhindert offenbar die Lösung, und der Ölschalter macht dem Erdschluß nicht sofort ein Ende, sondern erst nach einer gewissen Auslösezeit. Schließlich wird auch noch der Betriebsingenieur dagegen sein, daß für jeden Erdschluß gleich ein Kurzschluß heraufbeschworen wird.

Die Dreieckschaltung ist nur scheinbar ein unübersteigbares Hindernis. Die eigentlichen Kraftübertragungstransformatoren werden nicht in Dreieck geschaltet. Es hätte keinen Sinn, an den Enden der Fernleitung in Dreieck geschaltete Transformatoren aufzustellen, da doch die Ungleichmäßigkeiten der Phasenbelastungen nur örtlich auftreten, im Gesamtbild der Anlage aber praktisch verschwinden. Kleine Lichttransformatoren hängen dagegen an Verteilungsnetzen neben Krafttransformatoren, und es genügt, daß ein Transformator den Erdschlußstrom auf sich zieht. Immerhin sieht man auf Grund dieser Überlegung einen Nachteil der Dreieckschaltung.

Weit ernster sind die beiden anderen Schwierigkeiten, die Auslösezeit des Selbstschalters und die Abneigung des Betriebsingenieurs gegen unnötige, zu häufige Kurzschlüsse. Sie führen wohl dazu, daß man die einfache Erdung des Nullpunktes der Transformatorwicklung fallen lassen wird.

Die Idee der Nullpunkterdung läßt sich indessen ausbauen. Man kann ganz gut den Wicklungsnullpunkt über einen nicht zu kleinen Widerstand erden. Zweierlei erreicht man auf diese Weise: der Erdschlußstrom wird doch vom Ölschalter bemerkt, ohne sich gerade zu einem Kurzschlußstrom auszuwachsen und die Phase des sonst fast rein kapazitiven Erdschlußstromes wird verbessert, was die Rückzündungsgefahr verkleinert. In der Tat haben sich Nullpunkterdungen über Ohmsche Widerstände bewährt.

Noch ausgiebiger erscheint aber dann die Erdung über eine Drosselspule — sogenannte Erdschlußspule — weil nicht nur die Erdschlußstromhöhe begrenzt, sondern auch die Stromphase ausgiebig verbessert wird. Diese Lösung soll deshalb eingehend untersucht werden.

77. Die Erdschlußspule.

Wenn in einer Drehstromfernleitung ein Erdschluß auftritt, fließt über den Widerstand R des Lichtbogens ein Strom zur Erde. Er hat alle Merkmale eines Wellenstromes, solange der Nullpunkt des benachbarten Transformators nicht irgendwie geerdet wird. Die Erdung über eine Induktivität L_e stellt einen ordentlichen Stromkreis her, in dem nun der Erdschlußstrom fließt.

Über die Erdungsinduktivität fließen noch andere Ströme. Jeder der drei Fernleiter hat eine Kapazität C_e gegen Erde. Die drei Kapazitätsströme benützen ebenfalls den Weg über die Induktivität zum Nullpunkt des Transformators und von dort über die drei Phasenwicklungen zu den drei Fernleitern.

Das Schaltbild der Abb. 117 entsteht. Es läßt sich berechnen. Allerdings scheint noch die Induktivität der Wicklung ebenfalls ausgiebig mitzuwirken. Die Vorfrage, wie diese Wicklungsinduktivität einzuschätzen ist, bedarf demnach zunächst einer Erledigung.

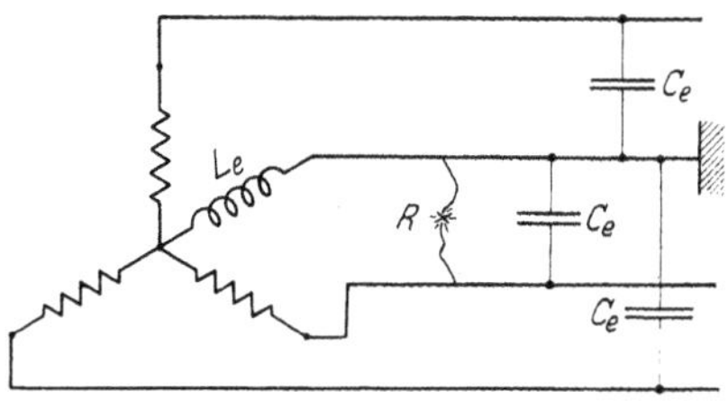

Abb. 117.

Es ist nicht schwer, zu dem etwas überraschenden Ergebnis zu gelangen, daß nur die Streuinduktivität der Wicklung in Betracht kommt. Der Hauptfluß des Transformators darf nicht gestört werden. Durch den Erdschluß wird das Spannungsdreieck, das dem Transformator aufgedrückt wird, nicht betroffen.

Die Streuinduktivität ist, wie sich zeigen wird, klein gegenüber der benötigten Induktivität der Erdschlußspule. Sie kann ohne Nachteil für die Richtigkeit der Rechnung unberücksichtigt bleiben. Man kann sie übrigens mit einem Drittel ihres Wertes zu der Erdungsinduktivität dazuschlagen.

Die kranke Phase führt, wie oben erwähnt, sowohl der Erdschlußstrom i_1', als auch den Kapazitätsstrom i_1''. Es ist natürlich:

$$i_1' R = \int \frac{i_1''}{C_e} dt$$

und der Gesamtstrom:

$$i_1 = i_1' + i_1'' .$$

In der verunglückten Phase wirke die Spannung:

$$E_1 = E \sin(\omega t + \alpha) .$$

Es ist dann:

$$L_e \frac{d(i_1 + i_2 + i_3)}{dt} + i_1' R = E \sin(\omega t + \alpha)$$

und für die beiden anderen Phasen:

$$L_e \frac{d(i_1 + i_2 + i_3)}{dt} + \int \frac{i_2}{C_e} dt = E \sin(\omega t + \alpha + 120)$$

bzw.:

$$L_e \frac{d(i_1+i_2+i_3)}{dt} + \int \frac{i_3}{C_e} dt = E \sin(\omega t + \alpha + 240)\,.$$

Die Summe der beiden letzten Gleichungen gibt nun:

$$2 L_e \frac{d(i_1+i_2+i_3)}{dt} + \int \frac{i_1+i_2+i_3}{C_e} dt = \int \frac{i_1 dt}{C_e} - E \sin(\omega t + \alpha)\,,$$

weil:

$$E \sin(\omega t + \alpha + 120) + E \sin(\omega t + \alpha + 240) = - E \sin(\omega t + \alpha)$$

ist.

Nun ist:

$$\int \frac{i_1 dt}{C_e} = \int \frac{i_1''}{C_e} dt + \int \frac{i_1'}{C_e} dt = i_1' R + \int \frac{i_1'}{C_e} dt\,,$$

so daß nach Einführung des Erdschlußspulenstromes:

$$i_1 + i_2 + i_3 = i\,,$$

zwei einfache Bestimmungsgleichungen:

$$2 L_e \frac{di}{dt} + \int \frac{i}{C_e} dt = i_1' R + \int \frac{i_1'}{C_e} dt - E \sin(\omega t + \alpha)$$

und

$$L_e \frac{di}{dt} \qquad = - i_1' R \qquad + E \sin(\omega t + \alpha)$$

bleiben.

Ihre Summe:

$$3 L_e \frac{di}{dt} + \int \frac{i}{C_e} dt = \int \frac{i_1'}{C_e} dt$$

geht nach einmaliger Differentiation in:

$$3 L_e \frac{d^2 i}{dt^2} + \frac{i}{C_e} = \frac{i_1'}{C_e}$$

über, und nun kann:

$$i_1' = \frac{E \sin(\omega t + \alpha)}{R} - \frac{L_e}{R} \frac{di}{dt} \tag{41}$$

eingesetzt werden, so daß sich:

$$3 L_e \frac{d^2 i}{dt^2} + \frac{L_e}{R C_e} \frac{di}{dt} + \frac{i}{C_e} = \frac{E \sin(\omega t + \alpha)}{R C_e}$$

ergibt.

Man kann statt dessen auch schreiben:

$$3 L_e \frac{d^2 i}{dt^2} + \frac{L_e}{R C_e} \frac{di}{dt} + \frac{i}{C_e} = \frac{d}{dt} \left[\frac{E}{R \omega C_e} \cos(\omega t + \pi + \alpha) \right],$$

um sofort einzusehen, daß der Erdschlußstrom aus einem Ersatzstromkreis, in dem eine Induktivität $3L_e$, ein Ohmscher Widerstand

$$\frac{L_e}{RC_e}$$

und eine Kapazität C_e in Reihe an die Spannung:

$$\frac{E}{R\omega C_e}\cos(\omega t+\pi+\alpha)=\frac{E}{R\omega C_e}\sin\left(\omega t+\alpha-\frac{\pi}{2}\right)$$

gelegt wurden, berechnet werden kann.

Der dauernde Strom in der Erdschlußspule ist damit sofort bestimmt:

$$i=\frac{E}{R\omega C_e\cdot\sqrt{\left(\frac{L_e}{RC_e}\right)^2+\left(3\,\omega L_e-\frac{1}{\omega C_e}\right)^2}}\sin\left(\omega t+\alpha-\frac{\pi}{2}-\varphi\right),$$

wobei:

$$\operatorname{tg}\varphi=\frac{3\,\omega L_e-\frac{1}{\omega C_e}}{\frac{L_e}{RC_e}}$$

ist.

Aber nicht der Strom in der Erdschlußspule ist das Ziel der Rechnung, sondern der Erdschlußstrom i_1'. Gl. (41) läßt ihn bestimmen:

$$i_1'=\frac{E\sin(\omega t+\alpha)}{R}-\frac{L_e\omega}{R}\cdot\frac{E\cos\left(\omega t+\alpha-\frac{\pi}{2}-\varphi\right)}{\sqrt{(\omega L_e)^2+R^2(3\,\omega^2 L_e C_e-1)^2}}$$

oder:

$$i_1'=\frac{E}{R}\left[\sin(\omega t+\alpha)-\frac{\cos\left(\omega t+\alpha-\frac{\pi}{2}-\varphi\right)}{\sqrt{1+\operatorname{tg}\varphi}}\right],$$

was sich zu:

$$i_1'=\frac{E\sin\varphi}{R}\cos(\omega t+\alpha-\varphi)$$

vereinfachen läßt.

Der Erdschlußstrom läßt sich ganz unterdrücken, wenn

$$\sin\varphi=0$$

gemacht wird, was an die Bedingung:

$$3\,\omega L_e=\frac{1}{\omega C_e}$$

geknüpft ist.

Eingeleitet wird natürlich die erzwungene Schwingung des Erdschlußspulenstromes mit einer Eigenschwingung, die durch die Gleichung:

$$3 L_e \frac{d^2 i}{d t^2} + \frac{L_e}{R C_e} \frac{di}{dt} + \frac{i}{C_e} = 0$$

bestimmt ist.

Sie ist durch den Ansatz

$$i = + i_0 \varepsilon^{\beta t}$$

lösbar, wenn i_0 der Anfangswert des Erdschlußspulenstromes ist, und ergibt so die Bestimmungsgleichung:

$$3 L_e \beta^2 + \frac{L_e}{R C_e} \beta + \frac{1}{C_e} = 0 ,$$

die sich für

$$3 \omega L_e = \frac{1}{\omega C_e}$$

zu

$$\beta^2 + \frac{L_e}{R} \omega^2 \beta + \omega^2 = 0$$

vereinfacht.

Es ist also:

$$\beta = \omega \left[- \frac{\omega L_e}{2 R} \pm \sqrt{\left(\frac{\omega L_e}{2 R}\right)^2 - 1} \right] .$$

Die Eigenschwingung ist zweifellos aperiodisch, weil der induktive Widerstand der Erdschlußdrosselspule den Lichtbogenwiderstand ganz bedeutend überwiegt. Natürlich klingt der Erdschlußstrom sehr rasch auf null ab. Er entladet nur die verunglückte Phase.

Greift man auf die Bestimmungsgleichung für den dauernden Erdschlußspulenstrom zurück, so findet man leicht den Höchstwert, mit dem dieser Strom überhaupt einsetzen kann, wenn die Induktivität der Erdschlußspule, wie oben festgestellt, richtig gewählt wurde, zu:

$$i = \frac{E}{\omega L_e} = 3 E \omega C .$$

Er ist dreimal so groß wie der kapazitive Höchststrom im normalen Betrieb zwischen einem Leiter und Erde, somit durchaus bescheiden.

78. Wirksamkeit der Erdschlußspule.

Die Erdschlußspule erweist sich nach der Untersuchung des vorangehenden Abschnittes als ein außerordentlich wirksamer Schutzapparat gegen die Gefahren des Erdschlusses, wenn sie richtig bemessen wird.

Ihr induktiver Widerstand soll den dreifachen kapazitiven Widerstand eines Phasenleiters gegen Erde erreichen. In außerordentlich kurzer Zeit ist dann der verunglückte Phasenleiter aperiodisch entladen und nimmt das Potential der Erde ein. Der Betrieb geht indessen ohne Störung weiter.

Natürlich muß nun der Erdschluß behoben werden und die Erdschlußanzeiger in den Transformatorenstationen müssen auf die Beschädigung aufmerksam machen. Die Wichtigkeit der Verwendung solcher Anzeiger leuchtet ohne weiteres ein.

Noch einen weiteren, nicht unwichtigen Vorteil bringt die Erdschlußspule. Wanderwellen, die atmosphärische Ladungen führen, benützen alle drei Phasenleiter als parallele Wege. Im Nullpunkt der Transformatorwicklung angekommen, müßten sie deshalb vollständig zurückgeworfen werden, wenn eine Verbindung mit der Erde nicht vorhanden wäre.

Das Zurückwerfen der atmosphärischen Wanderwellen im Wicklungsnullpunkt führt natürlich zur Verdoppelung der Spannung. Es ist zwar wahr, daß die Wellenstirne der Welle schon stark abgeschliffen ist, wenn endlich der Nullpunkt erreicht würde, aber ihr Anstieg wird sofort zweimal steiler.

Die Erdschlußspule schließt die Bahn der atmosphärischen Wanderwellen am Ende, das ist im Wicklungsnullpunkt, kurz, allerdings über die Induktivität L_e. Es ist nicht überflüssig, nachzusehen, welche Folgen das hat. Dabei empfiehlt es sich, den ärgsten Fall vorauszusetzen und anzunehmen, daß die drei parallel laufenden Wellenzweige mit steiler Stirne im Nullpunkt ankommen.

Ihre Spannung sei E, der Wellenwiderstand einer Wicklungsphase Z_2. Aus den drei Phasenwicklungen kommen dann drei gleiche Wellenströme zu je

$$\frac{E}{Z_2} \text{ Amper}$$

im Nullpunkt an.

In diesem Augenblick wird der Erdschlußspule die Spannung $2E$ aufgedrückt, die sich natürlich um $2\Delta E$ erhöht, da sowohl in der Wicklung als auch in der Erde die Welle gebrochen wird. In der konzentriert gedachten Erdschlußinduktivität fließt der doppelte gebrochene Wellenstrom i_2.

Es ist also:

$$2(E + \Delta E) = L_e \frac{d(2i_2)}{dt}$$

und

$$\frac{3E}{Z_2} = \frac{3\Delta E}{Z_2} + i_2 .$$

was sofort zu:

$$2\,E = L_e \frac{d i_2}{dt} + \frac{Z_2}{3}\, i_2$$

führt.

Die Lösung lautet:

$$i_2 = \frac{6\,E}{Z_2}\left[1 - \varepsilon^{-\frac{Z_2}{3\,L_e}\,t}\right]$$

und:

$$L_e \frac{d\,(2\,i_2)}{d\,t} = 4\,E\,\varepsilon^{-\frac{L_2}{3\,L_e}\,t}.$$

Die Wanderwelle wird über die Erdschlußspule langsam entladen, die Spannung des Nullpunktes gegen Erde klingt nach einem Exponentialgesetz ab. Wenn die Wanderwelle bereits stark abgeschliffen im Nullpunkt angekommen ist, wirkt natürlich die Erdschlußspule geradezu ideal.

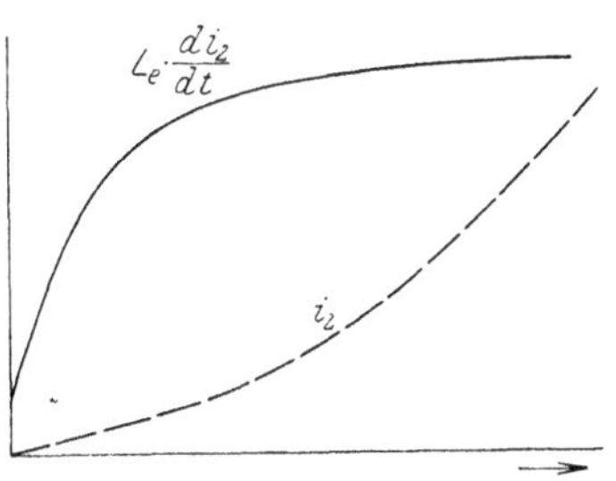

Abb. 118.

Davon überzeugt man sich leicht, wenn man z. B. einen geradlinigen Spannungsanstieg der Wellenstirne annimmt und deshalb mit einer Konstanten k:

$$E = k\,t$$

setzt. Es ist dann

$$2\,k\,t = L_2 \frac{d\,i_2}{dt} + \frac{Z_2}{3}\, i_2\,.$$

Die Lösung lautet:

$$i_2 = \frac{3\,k\,t}{Z_2} - \frac{9\,k\,L_e}{Z_2^2}\left[1 - \varepsilon^{-\frac{Z_2}{3\,L_e}\,t}\right],$$

sie entspricht dem Schaulinienbild der Abb. 118. Dabei ist

$$L_e \frac{d\,(2\,i_2)}{dt} = \frac{6\,k\,L_e}{Z_2}\left[1 - \varepsilon^{-\frac{Z_2}{3\,L_e}\,t}\right].$$

Spannung und Strom steigen in der Drosselspule langsam an (Abb. 118).

VII. Die Kühlung.

79. Kühlungsprobleme.

Die Sorge um die richtige Abführung der Betriebswärme des Transformators hat eigentlich lediglich der Konstrukteur zu tragen. Er muß seine Konstruktion so ausgestalten, daß bei der zugedachten Volllast nirgends, weder im Eisenkern, noch in der Wicklung, noch im Ölbad die von den Sicherheitsvorschriften festgelegten Temperaturgrenzen überschritten werden.

Leider wird das Problem der Kühlung noch immer auf diese einfache Weise abgetan, und der Betriebsingenieur nimmt es als selbstverständlich an, daß er mit diesem Problem so gut wie nichts zu tun hat. Er vergißt, daß der Konstrukteur damit rechnet, daß der Transformator immer in einem Raum arbeitet, in dem die Temperatur niemals über die von den Sicherheitsvorschriften ebenfalls gezogene Grenze steigt.

Die Sorge um die Raumtemperatur bleibt entschieden dem Betriebsingenieur, und die Betriebslehre muß ihn eindringlich daran erinnern. Aber wenn damit das Kühlungsproblem doch in den Kreis der Betriebsprobleme eintritt, ist es mit der Frage der Raumtemperatur der Transformatorstation nicht erschöpft. Es gibt noch eine ganze Reihe von Kühlungsproblemen, die sowohl den Konstrukteur als auch den Betriebsingenieur angehen und gemeinsam, d. h. einverständlich gelöst werden müssen.

Schon das Problem des Lichttransformators war zu einem nicht unwichtigen Teile ein Kühlungsproblem. Mit ihm verwandt sind Probleme vorübergehender Belastungen, die zweifellos von jedem Betriebsingenieur beherrscht werden müssen.

Aber in großen Zügen muß das gesamte Erwärmungsproblem des Transformators dem Betriebsingenieur bekannt sein. Immer wieder ergeben sich im Betrieb Schwierigkeiten, die verständnisvoll behandelt und beseitigt werden müssen.

Mit einer knappen Beschreibung der Abkühlungsvorgänge an Transformatoren muß der vorliegende Teil der Betriebslehre beginnen. Es muß festgestellt werden, was der Konstrukteur voraussetzt, was er voraussetzen muß. Im Betrieb darf nicht durch irgendeine ungeschickte Anordnung die Kühlung gedrosselt werden.

Von selbst entsteht schon daraus das Problem der Lüftung der Transformatorkammer, das offenbar ein ganz reines Betriebsproblem ist. So wichtig es ist, so vernachlässigt wird es noch immer. Immer wieder findet man ganz unzulänglich gekühlte Kammern.

Aus dem Problem der Transformatorkammer entwickelt sich ein weiteres sehr wichtiges und ebenfalls noch sehr wenig behandeltes Problem, nämlich das der Wahl der Kühlungsart der Großtransformatoren.

Wasserkühlung und natürliche Ölkühlung sind fast immer möglich, und der Betriebsingenieur muß sich für die eine oder für die andere entscheiden.

Man sieht, es gibt tatsächlich eine Reihe von Kühlungsfragen, die der Betriebslehre zur Erledigung zugewiesen werden müssen. Es wäre auch erstaunlich, wenn ein Problem, das in den letzten Jahrzehnten den Konstrukteur so stark in Anspruch genommen hat, den Betriebsingenieur ganz unbekümmert lassen würde.

Jeder Konstrukteur, der viel mit Betriebsschwierigkeiten zu tun Gelegenheit hatte, weiß, daß man sehr oft gegen vollständige Unverständnis der Betriebslehre zu kämpfen hat. In kleinen Betrieben ist noch immer die Hand des Wärters ein ebenso unangenehmer wie wertloser Temperaturmesser. In sehr vielen Betrieben wird noch immer zeitweilig den Transformatoren unglaubliches zugemutet. Das Lob der alten Zeiten, als die Transformatoren noch „alles" aushielten, verstummt nicht.

Es muß doch endlich auch vom Betriebsingenieur restlos zugegeben werden, daß es wirtschaftlich einzig richtig ist, die zulässige Dauerbelastung knapp an die Erwärmungsgrenze zu rücken. Wegen der Nachlässigkeit vieler Betriebsingenieure bei der Festlegung der Nennleistung des Transformators bei der Anschaffung kann nicht in unzähligen Betrieben wertvoller und teurer Baustoff schlecht ausgenützt arbeiten.

Wenn der Betriebsingenieur aus seinen Transformatoren herausholt, was möglich und zulässig ist, hat er vollständig recht. Dazu gehört aber volle Kenntnis der wichtigen Kühlungsfragen der Betriebslehre des Transformatorbaues.

Es ist in der Baulehre des Transformatorbaues endlich gelungen, das Kühlungsproblem auf wissenschaftliche Grundlagen zu stellen und die rohe ausschließliche Erfahrungstechnik beiseitezuschieben. Das Kühlungsproblem des Konstrukteurs ist beherrschbar. In seinem Werke „Die Transformatoren" (Berlin, 2. Auflage, Julius Springer, 1925) hat es der Verfasser für den Konstrukteur ausführlich behandelt. Es ist Zeit, daß auch der Betriebsingenieur eine einwandfreie Aufklärung über seine Kühlungsprobleme in die Hand bekommt.

Viele Unannehmlichkeiten können nur auf diese Weise dem Betrieb erspart werden, damit aber auch dem Konstrukteur, dem viel Unrecht geschieht. Für den richtigen Entwurf der Transformatorenstationen ist Klarheit über die Betriebskühlungsprobleme geradezu unentbehrlich. Ohne sie werden verfehlte Einrichtungen immer wieder unvermeidlich sein.

80. Die Wärmeabfuhr und ihre Erscheinungen.

Der arbeitende Transformator verbraucht in seinem Eisenkern und in seiner Wicklung dauernd Energie, die als Wärme wieder zum Vorschein kommt und die Temperatur der Baustoffe dauernd über die Temperatur der Umgebung hebt. Die Verlustenergie richtet sich zum Teil nach der Belastung. Die Verluste im Eisen bleiben praktisch immer gleich, weil sie von der Spannung allein abhängig sind, die Verluste im Kupfer sind dem Quadrat des Belastungsstromes proportional.

Die Rücksicht auf die empfindlichen Isolierstoffe, vor allem auf die Baumwolle, die zur Umspinnung der Wicklungsdrähte verwendet wird, legt sowohl dem Konstrukteur als auch dem Betriebsingenieur die Pflicht auf, darauf zu schauen, daß niemals, durch längere Zeit, die Temperatur irgendwo im Transformator über eine gewisse Grenze hinauswächst.

Im 3. Kapitel haben wir bereits gesehen, daß kurzzeitige Temperaturerhöhungen bei Kurzschlüssen über die zulässige Temperaturgrenze unvermeidlich sind. Es handelt sich dabei allerdings nur um Sekunden. Gewollte Überlasten dauern immer längere Zeit. Sie dürfen die Temperaturgrenze nicht überschreiten.

Der Konstrukteur muß mit dem ärgsten Fall rechnen und setzt deshalb dauernde Lasten voraus. Für diesen ärgsten Fall bestimmt er dann die gerade noch zulässige Belastung. So entsteht die Nennleistung und mit ihr die höchsten, dauernd zulässigen Verluste im Eisen und im Kupfer.

Wie bringt nun der Transformator dauernd diese Verluste weg? Es ist klar, daß er in jeder Zeiteinheit ebensoviel Wärme abgeben muß, wie er hervorbringt. Jede Aufspeicherung der Wärme würde unweigerlich durch eine Temperaturerhöhung bemerkbar werden. Ein Wärmestrom muß demnach entstehen, der seine Quellen überall im arbeitenden Eisen und Kupfer hat und der eigentlich praktisch an der Oberfläche des Eisenkernes und der Wicklung endet.

Aber dies ist nur ein Teil des ganzen Wärmestromes, der sogenannte innere Teil. Auf der bezeichneten Strecke fließt er offenbar als reiner Leitungsstrom. Immerhin gibt er der Oberfläche der Wicklung und des Eisenkernes eine gewisse Bedeutung, denn er befolgt als Leitungsstrom ebenso das Ohmsche Gesetz wie ein elektrischer Strom, er verbraucht eine um so größere Temperaturspannung, je länger seine Stromfäden sind und je kleiner sein Querschnitt ist.

An der Oberfläche der sich erwärmenden Körper angelangt, verzweigt sich der Wärmestrom. Einen Teil der zugeführten Wärme strahlt die heiße Oberfläche an kältere Oberflächen der den Transformator umgebenden fremden Körper, z. B. an die Wände der Transformatorkammer aus. Die übrige Wärme fließt noch zunächst in einem äußeren Leitungsstrom von der heißen Oberfläche in das kühlere Öl oder in die kühlere Luft, die den Transformator umgeben.

Sowohl die Luft als auch das Öl erwärmen sich. Sie leiten die Wärme schlecht, deshalb müssen sie sie aufspeichern. Sofort aber zeigt sich der

Auftrieb, der an der heißen Transformatoroberfläche warm gewordenen Öl- oder Luftschichte — es entsteht ein Kühlstrom, der die Wärme mit sich trägt. Die Wärmemitnahme wird auf diese Weise eine außerordentlich wichtige Erscheinung.

Beim Öltransformator kann nun der Betriebsingenieur noch weiter untätig zusehen. Der Konstrukteur hat noch zunächst die Pflicht, nachzusehen, wohin der Ölmitnahmestrom die Wärme trägt und ob er sie auch weitergibt. Er darf sie nicht behalten. Wenn nicht immer wieder an die Stelle der weggeflossenen erwärmten Ölteilchen frische, noch kalte zufließen können, ist die dauernde Kühlung unmöglich. Die Wärme muß auch aus dem Ölbad heraus.

Das warme Öl sammelt sich im Ölkessel oberhalb des Transformators. Dort kommt es mit den kühlen Kesselwänden in Berührung, leitet an sie Wärme ab, wird kälter, deshalb schwerer und sinkt. Der wärmemitnehmende Ölstrom an der Transformatoroberfläche und der wärmeabgebende Ölstrom an der inneren Kesselwand, der eine aufsteigend, der andere absteigend, bilden einen geschlossenen Ölstrom, der in seinem natürlichen Kreislauf die Betriebswärme fortlaufend von der Transformatoroberfläche auf die äußere Kesseloberfläche überträgt.

An der äußeren Kesseloberfläche kommt es nun endgültig zur Wärmeabgabe an die Umgebung, teils durch Strahlung, teils durch Mitnahme. Ein Luftstrom entsteht an der Kesselwand ebenso wie beim Trockentransformator an dessen Oberfläche, ebenso wie der Ölstrom an der Oberfläche des Öltransformators entstanden ist. Um diesen Luftstrom und um den Luftstrom des Trockentransformators kümmert sich der Konstrukteur nur so lange, als er mit der Oberfläche seiner Konstruktion in Berührung ist. Das Weitere überläßt er dem Betriebsingenieur. Er kann nicht anders. Er weiß doch nicht, wo sein Transformator aufgestellt wird.

Wohl liegt dem Betriebsingenieur die Idee nahe, daß die Transformatorkammer einfach ein Luftkessel ist, der an seinen Innenwänden ganz ebenso die Wärme vom kreisenden Luftstrom empfängt, um sie an seinen Außenwänden endgültig an das immer bewegte Luftmeer abzugeben. Aber die Ölkesselwand besteht aus dünnem Eisenblech, das die Wärme vorzüglich leitet, die Luftkesselwand ist dickes Mauerwerk, daß praktisch wärmeundurchlässig ist. Nur ein eisernes Transformatorhäuschen hält den Vergleich mit dem Ölkessel aus. Gemauerte Transformatorkammern sind offenbar ein schwieriges Betriebsproblem, das nicht vernachlässigt werden darf.

81. Der innere Wärmeleitungsstrom.

Der Leitungsstrom im Eisenkern oder in der Wicklung ist eine etwas verwickelte Erscheinung. Schon der Umstand, daß er auf seinem Wege fortlaufend neue Zuflüsse bekommt, denn die Wärme entsteht in jedem Raumelement des Kupfers oder des Eisens, gibt ihm eine eigenartige Gestalt. Dazu kommt noch die weitere Verwicklung, daß die Wärmeleitfähigkeit weder im Eisenkern noch im Wicklungskörper überall gleich ist. Der Wärmestrom muß im Eisenkern auch quer von Blech zu Blech fließen und trifft dabei abwechselnd gut leitendes Eisen und schlecht leitende Zwischenschichten. In der Wicklung fließt er quer von Windung zu Windung. Vorzüglich leitendes Kupfer und schlecht durchlässige Windungsisolation wechseln da ab.

Es ist zunächst am einfachsten, eine mittlere Wärmeleitfähigkeit vorauszusetzen und sich einen Wärmestromfaden anzusehen, der einen gleichbleibenden Querschnitt etwa eines Quadratdezimeters hat (Abb. 119). Auf der Strecke dx [dm], in der Entfernung x [dm] von seinem Anfang, wird er eine Temperaturspannung dt [^{0} C] verbrauchen, die dx proportional, seinem Querschnitt umgekehrt proportional, ebenso seiner Wärmeleitfähigkeit $\lambda_w \frac{^0\mathrm{C}\cdot\mathrm{dm}}{\mathrm{Watt}}$ umgekehrt und der Stromstärke [Watt] an dieser Stelle direkt proportional ist. Entsteht nun in der Raumeinheit [dm^3] die Verlustwärme w [Watt/dm^3], so ist:

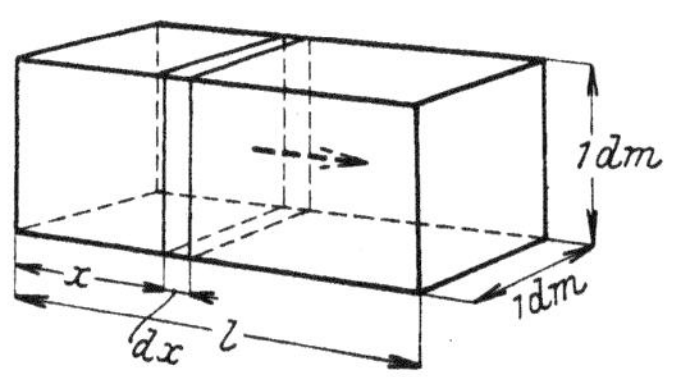

Abb. 119.

$$-dt = \frac{wx}{\lambda_w}\cdot dx\,,$$

auf der ganzen Stromfadenlänge l [dm] somit:

$$-\Delta t = \frac{w\cdot l^2}{2\,\lambda_w}\,.$$

Die innere Temperaturspannung wächst mit dem Quadrat der Entfernung des heißesten Punktes von der kühlenden Oberfläche. Daran ändert auch der Umstand nichts, daß sich der Querschnitt des inneren Wärmeleitungsstromes fast immer gegen die Oberfläche zu erweitert, was leicht nachzuweisen ist.

Es ist für den Betriebsingenieur sehr wichtig, zu wissen, daß der innere Teil des Wärmestromes diesem gefährlichen Gesetz folgt. Es ist zwar Sache des Konstrukteurs, wie er die gesamte, zur Verfügung stehende Temperaturspannung, die bei Öltransformatoren 70^0 C beträgt, aufteilt, wieviel davon er also für den inneren Teil des Wärmestromes opfert. Aber die innere Temperaturspannung zwischen dem heißesten Punkt und der Oberfläche des Transformators soll nicht zu groß werden. Man überzeugt sich leicht davon.

Die Sicherheitsvorschriften begrenzen die **mittlere** Kupferübertemperatur mit 70^0 C und nicht die höchste, weil man die mittlere

Kupferübertemperatur aus der Widerstandszunahme leicht bestimmen kann, während die höchste der Messung unzugänglich ist. Die Vorschriften begrenzen auch die Übertemperatur des heißen Öls und damit die Übertemperatur der Wicklungsoberfläche, und zwar mit 60 ° C. Nur scheinbar ist ein Transformator sehr in Ordnung, wenn er eine mittlere Kupfertemperatur von 69 ° C und eine Ölübertemperatur von 50° C zeigt. Je größer die Temperaturspannung zwischen Wicklungsoberfläche und Kühlungsmittel, um so größer die zusätzliche Temperaturspannung von der mittleren Kupfertemperatur bis zur höchsten, die allein für die Sicherheit der Baumwollumspinnung maßgebend ist.

Es gibt nur einen leicht erkennbaren Schutz gegen gefährliche innere Wärmeherde. Die Länge der inneren Wärmestromfäden muß klein gemacht werden, die Wicklung und der Eisenkern müssen möglichst unterteilt werden, so daß überall die kühlende Oberfläche gegen das Innere des arbeitenden Kupfers und Eisens vorrückt.

Die Kühlkanäle verbrauchen den teuren Wickelraum. Die Unterteilung des Eisenkernes und der Wicklung verteuert zweifellos die Konstruktion. Aber sie ist unbedingt notwendig. Schon im 5. Abschnitt wurde darauf hingewiesen. Der Betriebsingenieur muß gegen jede Konstruktion mißtrauisch sein, die zu sehr mit Raum spart.

Das ist noch nicht alles. Auch die mittlere Wärmeleitfähigkeit des Wicklungskörpers ist wichtig, auch sie muß aus den gleichen Gründen beaufsichtigt werden, wie die Länge der Wärmestromfäden. Es ist nicht einerlei, ob eine Spule aus Runddraht in den Windungszwischenräumen nur Luft, oder aber verhältnismäßig gut leitende Tränkmasse hat.

Rohe, ungetränkte Spulen sind nicht gut. Die Sicherheitsvorschriften befassen sich auch mit ihnen und ziehen ihnen die Temperaturgrenze tiefer. Aber gerade für den Betriebsingenieur hat die Frage eine ganz besondere Bedeutung, auf die hier ausdrücklich hingewiesen werden muß.

Neuzeitige Transformatoren haben wohl alle gut getränkte Spulen, die im Querschnitt keine leeren Stellen zeigen. Sie werden in eigenen Tränkanlagen behandelt. Solche Anlagen sind draußen im Betrieb nicht zur Verfügung. Der Betriebsingenieur, der sich selbst eine beschädigte Spule neu wickelt, baut eine rohe Spule in den Transformator ein.

Er muß daran denken, daß er damit für den ganzen Transformator die Erwärmungsgrenze heruntergedrückt hat, somit die zulässige Dauerleistung verkleinert hat. Viel zu wenig wird an diesen Umstand gedacht. Die Selbsthilfe ist nur scheinbar billig. Richtiger ist es, die rohe Spule sofort gegen die von der Fabrik bestellte getränkte Spule auszuwechseln. Als Notbehelf ist allerdings die rohe Spule ganz gut, weil sie die Fortführung des Betriebes ermöglicht.

82. Die Wärmestrahlung.

Der Wärmestrom als innerer Leitungsstrom landet an der Oberfläche des Eisenkernes und der Wicklung. Hier erscheint er in einer mehr oder weniger gleichmäßig verteilten Dichte, die selbstverständlich sowohl für die innere als auch für die äußere Temperaturspannung mitbestimmend ist.

Es ist indessen doch nicht einfach so, daß die Verlustwärme, aufgeteilt auf die vom kühlenden Medium bespülte Oberfläche, schon die allein maßgebende Stromdichte ergeben würde. Für die Wärmestrahlung liegen die Verhältnisse erheblich anders.

Die Wärmeabgabe durch Strahlung kommt bei Trockentransformatoren unmittelbar, bei Öltransformatoren erst auf der äußeren Oberfläche des Ölkessels zustande. Es ist nützlich, sich diesen äußeren Wärmestromzweig etwas eingehender anzusehen.

Die Wärmestrahlung ist mit der Lichtstrahlung wesensgleich. Von irgendeinem Außenpunkt sehe ich nicht die eigentliche Oberfläche des betrachteten Körpers, sondern nur die Projektion der Oberfläche. Der Schattenwurf läßt lediglich auf Unregelmäßigkeiten der Oberfläche schließen, er täuscht über den Umfang des eigentlichen Sehens. Eine Oberfläche strahlt, umgekehrt, nicht so wie sie ist, sondern nur mit ihrer Projektion auf die zur Hauptstrahlungsrichtung senkrechte Fläche. Der Transformator mit seiner durchgearbeiteten Wicklungsoberfläche strahlt nur mit der Zylinderfläche, die seine Wicklung umhüllt. Ein Ölkessel mit Wellen strahlt wie ein glatter Kessel. Der Eisenkern mit seiner rauhen Oberfläche strahlt, als wäre er nicht aus Blechen zusammengesetzt, sondern massiv.

Wir nehmen einen kleinen Trockentransformator mit einfacher Wicklungsanordnung, V_k Watt Verlusten im Kupfer und einer gewissen kühlenden Wicklungsoberfläche. Vergrößern wir nun alle Abmessungen x-mal und ändern seine geometrische Form in keiner Weise, so werden wir bei gleicher Stromdichte im Kupfer und gleicher Liniendichte im Eisen die Leistung x^4-mal erhalten. Die Verluste im Kupfer sind $V_k \cdot x^3$, die kühlende Oberfläche ist x^2-mal vorhanden. Kein Zweifel, die Wärmestromdichte an der Wicklungsoberfläche hat sich ver-x-facht.

Man sieht sofort die ganze Schwierigkeit des Abkühlungsproblems. Man versteht es sofort, daß mit wachsender Leistung die kühlende Oberfläche durch immer weitergehende Unterteilung der Wicklung ausgestaltet werden muß. Großtransformatoren erhalten trotz der künstlichen Kühlung eine Unmenge kleiner Spulen.

Aber die Projektionsfläche der Wicklungsoberfläche, die für die Strahlung ausschließlich in Frage kommt, läßt sich mit keinem Mittel dem Wachstumsgesetz entziehen. Die Wicklung strahlt immer gleich, gleichgültig, ob sie aus einer oder aus 10 Spulen besteht.

Klar erscheint es demnach, daß mit wachsender Leistung die Wärmeabgabe durch Strahlung immer mehr und mehr hinter der Wärmemitnahme zurückbleiben muß. Bei halbwegs größeren Transformatoren — bei Öltransformatoren wiederholt sich das Bild bei der Oberfläche des Kessels — sinkt die Wärmeausstrahlung auf wenige Hundertstel der gesamten Wärmeabgabe zurück.

Immerhin ist der strahlende Stromzweig des äußeren Wärmestromes nicht ganz zu vernachlässigen und gewiß nicht bei kleinen Transformatoren. Wenn aber das feststeht, so ist es klar, daß der Betriebsingenieur doch ein wenig achtgeben muß. Der Konstrukteur setzt voraus, daß sein Transformator ganz frei ausstrahlen kann, daß er also überall von kühleren Oberflächen umgeben ist, deren Temperatur mit der Lufttemperatur übereinstimmt. Die Voraussetzung muß im Betrieb gesichert werden.

Stellt man nun im Betrieb zwei kleine Transformatoren knapp nebeneinander, so nimmt man ihnen einen erheblichen Teil der Strahlung weg. Sie kehren einander große Flächen gleicher Temperatur zu, zwischen denen kein Wärmeaustausch stattfinden kann.

Das Bild verbessert sich sofort erheblich, wenn zwischen die beiden Transformatoren eine kühle Zellenwand eingeschoben wird. Je größer allerdings die Leistungen werden, um so weniger gefährlich wird die gegenseitige Wärmedrosselung. Ganz unangenehm kann aber der Fall werden, wenn ein kleiner Transformator neben einen großen gestellt wird.

Die Strahlung läßt sich mit genügender Genauigkeit der Temperaturspannung zwischen der strahlenden und der bestrahlten Oberfläche proportional setzen. Bei kleinen Trockentransformatoren sind deshalb die einander zugekehrten Spulenseitenflächen erheblich weniger wirksam als die freien Außenflächen, weil sie auf die Wärmemitnahme fast allein angewiesen sind, während die Außenflächen voll strahlen.

Auf diesen Unterschied geht der etwas verschwommene Begriff der ,,wirksamen" Oberfläche des Trockentransformators zurück. Deshalb mißt man auch die Oberflächentemperatur in den Spulenzwischenräumen, wenn man gefährliche Stellen sucht.

Eisenkern und Wicklung können sich durch Strahlung bedrohen. Wenn der Eisenkern nur durch die Joche seine Wärme abgeben kann, bekommt er einen langen, inneren Leitungsstrom bis etwa zur Säulenmitte und damit eine hohe Temperatur an einer wenig beobachtbaren Stelle. Dort kann die Wicklung in schwere Gefahr kommen. Der Kühlkanal zwischen Wicklung und Eisenkern darf nicht verlegt werden. Sehr oft wird darauf nicht Rücksicht genommen.

83. Die Wärmemitnahme durch bewegte kühlende Flüssigkeiten.

Die Hauptsache für eine ordentliche Kühlung ist die Wärmemitnahme durch den kühlenden Luft- oder Ölstrom. Überall muß die Luft oder das Öl genügenden Zutritt zu der warmen Oberfläche haben, außerdem muß aber der kühlende Flüssigkeitsstrom tatsächlich nicht nur zufließen, sondern auch abfließen können.

Die Anordnung der Kühlkanäle, der Zwischenräume zwischen den einzelnen Spulen, zwischen Wicklung und Eisenkern, ist ausschließlich Sache des Konstrukteurs. Dem Betriebsingenieur obliegt dagegen die Überwachung und Instandhaltung des Kühlapparates.

Das Wesen der Wärmemitnahme ist bereits oben kurz beschrieben worden. Aus der warmen Oberfläche tritt der Wärmestrom als Leitungsstrom in die kühlende Flüssigkeit. Zunächst ist somit die Wärmeleitfähigkeit dieser kühlenden Flüssigkeit von großer Bedeutung.

Die zu kühlende Oberfläche darf nicht verschmutzen. Staub und Zerfallprodukte des Öls sind arge Feinde der Kühlung. Sie dürfen sich nicht zwischen die arbeitende Oberfläche und die Luft bzw. das Öl schieben.

Man kann nicht einfach jahrelang den Transformator sich selbst überlassen. Erstklassige Öle verunreinigen sich zwar wenig. Aber die Zeit arbeitet. Großtransformatoren mit innerer Wasserkühlung neigen sehr zur Verschmutzung der fein gegliederten Kühlkörper sowohl auf der Öl- als auch auf der Wasserseite.

Gutgebaute Transformatoren verwenden geschickt die kühlende Flüssigkeit gleichzeitig auch als isolierendes Mittel. Für die Durchschlagssicherheit sind Staub und Ölzerfallprodukte womöglich noch gefährlicher als für die Abkühlungssicherheit. Sauberkeit verlängert erheblich die Lebensdauer des Transformators.

Für die Wärmemitnahme ist weiter die Wärmeaufnahmefähigkeit der kühlenden Flüssigkeit wichtig. Je mehr Wärme man bei gleicher Temperaturzunahme in der Raumeinheit der Flüssigkeit aufspeichern kann, um so kürzer kann der Leitungsstrom aus der warmen Oberfläche in die Flüssigkeitsschichten hinein werden. Die Länge dieses Leitungsstromes ist aber wieder mitbestimmend für die notwendige Temperaturspannung an der Oberfläche.

Das Öl leitet die Wärme erheblich besser als die Luft, es hat auch eine erheblich größere Wärmeaufnahmefähigkeit je Gewichtseinheit, was wegen des großen Unterschiedes der spezifischen Gewichte zu gewaltiger Überlegenheit des Öls bei der Wärmemitnahme führt.

Die Einführung der Ölkühlung in den Transformatorenbau bedeutete deshalb eine sehr ausgiebige Lösung des Kühlproblems, gleichzeitig allerdings auch des Isolierproblems. Die Schwierigkeiten an der Wicklungsoberfläche, die sich mit wachsender Leistung auftürmen, werden vom Öl einfach weggewischt. Sie tauchen allerdings an der Ölkesseloberfläche wieder auf.

Aber die Ölkesseloberfläche kann ziemlich frei ausgestaltet werden. Man kann sie durch Oberflächenwellen theoretisch beliebig vergrößern. Das Ölbad läßt demnach den Transformator nicht nur aufatmen, sondern erlaubt sofort eine merkliche Erhöhung der Stromdichte im Kupfer gegenüber der Trockentype.

Die Projektionsfläche der Kastenoberfläche ist, wie bereits erwähnt, an das strenge Wachstumsgesetz gekettet. Mit wachsender Leistung muß daher die wirkliche Kesseloberfläche ein immer größeres Vielfaches der Projektionsfläche ausmachen — die Wellen werden tiefer und tiefer. Bei 2000 kVA wird man z. B. mit 300 mm tiefen Wellen schon schwer auskommen.

Die Kesselwellen verbrauchen Öl. Die natürliche Ölkühlung verursacht immer größere Unkosten. Das Wachstumsgesetz des Kühlproblems drückt unerbittlich. Schließlich kommt man zu einer Leistung, die abermals eine ausgiebigere Kühlung aus wirtschaftlichen Gründen notwendig erscheinen läßt.

Die Wärmemitnahme durch den natürlichen, sich selbst treibenden Flüssigkeitsstrom ist noch an einen Faktor sehr gebunden — an die Geschwindigkeit, mit der sich die erwärmten Flüssigkeitsteilchen fortbewegen. Der Luftstrom ist viel beweglicher als der Ölstrom. Er macht einige Dezimeter in der Sekunde, der Ölstrom nur einige Millimeter. Trotzdem ist natürlich die Überlegenheit des Öls noch gewaltig.

Die Strömungswiderstände hängen sehr von der inneren Reibung in der Flüssigkeit ab. Für die Luft sind indessen diese Widerstände so ziemlich fest gegeben. Anders für das Öl. Je wärmer das Öl wird, um so leichter beweglich ist es, um so besser kühlt es. Wenn man näherungsweise die Wärmemitnahme im Luftbad der Temperaturspannung an der Oberfläche proportional setzen kann, bekommt man im Ölbad fast ein Wachsen mit dem Quadrat der Temperaturspannung.

Das Öl paßt sich besser der Belastung an. Es hilft bei vorübergehenden Überlastungen. Es ist aber auch auf eine genügende Viskosität angewiesen, die vom Betriebsingenieur bei Ölbestellungen nicht übersehen werden darf. Die Sicherheitsvorschriften befassen sich begreiflicherweise mit der Ölviskosität. Aus mehr als einem Grunde ist das Öl ein sorgfältig zu behandelnder Betriebsstoff, bei dem man nicht falsch sparen darf.

84. Die Wichtigkeit ausreichender Lüftung der Transformatorkammer.

Die Wärmemitnahme an der Oberfläche des Transformators berechnet der Konstrukteur so, daß er lediglich das kurze Stück des kühlenden Flüssigkeitsstromes hydraulisch überwacht, das mit der warmen Oberfläche in Berührung ist. Für dieses Stromstück kennt er die treibende Kraft und die Strömungswiderstände.

Steht der Transformator in einem sehr großen Raum, so ist in der Tat die weitere Sorge um den kühlenden Luftstrom überflüssig. Er kann sich ausbreiten, er hat nur noch mit der inneren Luftreibung zu kämpfen, nachdem die beträchtliche Reibung an der gekühlten Oberfläche weggefallen ist, er gibt auch durch Leitung an die übrige Luft seine Wärme ab.

Der Prüfraum großer Erzeugungsstätten ist immer ein reichlich bemessener Raum. Der Transformator zeigt deshalb bei der Prüfung keine Abkühlungsschwierigkeiten, wenn er nach den bezeichneten Grundsätzen bemessen wurde. Aber er geht dann hinaus in den Betrieb, wird in eine kleine Kammer gestellt, trifft sehr oft ganz andere Verhältnisse, sein Wärmemitnahmestrom hat es nicht mehr so leicht. Die Folge ist nur zu leicht ein Versagen der sonst tadellosen Konstruktion und schwierige Auseinandersetzungen zwischen dem Betriebsingenieur und dem Konstrukteur.

Der Konstrukteur kann nicht anders vorgehen. Er weiß nicht, für welche Verhältnisse er konstruiert und auch, wenn er es wüßte, könnte er den Standpunkt nicht annehmen, daß er sich den Schwierigkeiten jedes einzelnen Falles anpassen muß. Diesen schweren wirtschaftlichen Fehler darf er nicht machen. Er muß vielmehr verlangen, daß in der Transformatorkammer dem Wärmemitnahmestrom die ungehinderte Entwicklung verbürgt wird.

Auf diese Weise entsteht das wichtigste Kühlproblem der Betriebslehre. So wichtig es ist, so arg wird es nur zu oft vernachlässigt. Es scheint sehr schwierig zu sein, weil es eigentlich ein Luftströmungsproblem ist. Aber nur scheinbar ist es sehr unübersichtlich. In Wirklichkeit lassen sich leicht verläßliche Anhaltspunkte gewinnen, und die praktische Lösung des Problems ist bei gutem Willen immer in zufriedenstellender Form erreichbar.

Vor allem muß beachtet werden, daß durch gemauerte Wände der Transformatorkammer die Betriebswärme nicht abgeführt werden kann. In der Kammer selbst kann sie andererseits nicht bleiben. Es ist wichtig, daß sich der Betriebsingenieur durch eine einfache Rechnung davon überzeugt.

Der Transformator entwickelt bei Vollast V Watt Verluste. Wenn die Verlustwärme im Luftbad der Transformatorkammer, die Q Raummeter Luft enthält, aufgespeichert werden müßte, würde sie sehr rasch die Raumtemperatur ganz unzulässig erhöhen. Jeder Raummeter Luft wiegt ungefähr 1,25 kg, und ein Kilogramm Luft braucht eine Kilowattsekunde, um sich um 1^0 C zu erwärmen. Nach je einer Stunde Vollast würde die Lufttemperatur nach all dem um:

$$\frac{3600 \cdot V \cdot 10^{-3}}{1{,}25 \cdot Q} \, {}^0\text{C}$$

steigen.

Beispiel: Ein 100kVA-Transformator mit 3000 Watt Verlusten bei Vollast stehe in einer abgeschlossenen Kammer, die 25 Raummeter Luft enthält. Die stündliche Temperaturzunahme in der Luft würde:

$$\frac{3600 \cdot 3000 \cdot 10^{-3}}{1{,}25 \cdot 25} = 345^0\,\text{C}$$

betragen.

Die Ziffern sehen ganz unglaubwürdig aus und scheinen mit den Erfahrungstatsachen gar nicht übereinzustimmen. Sie sind nichtsdestoweniger richtig und zeigen die Gefahr einer unzureichenden Kammer in grellem Lichte. Warum verbrennt der Transformator nicht sofort, wenn er in einen engen, abgeschlossenen Raum gestellt wird? Weil die Natur selbst energisch eingreift. Durch jeden Spalt im Mauerwerk, besonders bei der Tür und beim Fenster, entweicht die warme Luft, und frische Luft strömt nach. Außerdem leitet auch die Wand im Notfall einen Teil der Wärme nach außen.

Jedenfalls ist es ganz klar, daß auch die beste Konstruktion in einer unzureichenden Kammer versagen muß. Es bleibt kein anderer Weg, als für ausreichende Lüftung zu sorgen. Die warme Luft muß ständig abgeführt, frische, kalte Luft muß ständig zugeführt werden. Wie dringend notwendig die Lüftung ist, zeigt gerade das obige Rechnungsbeispiel.

In größeren Städten findet man sehr häufig ganz kleine Transformatorhäuschen mit so kleinen Räumen, daß zuweilen die Außenabmessungen der Transformatoren sogar vorgeschrieben werden. Was man von solchen Einrichtungen zu halten hat, liegt auf der Hand. Nirgends hat vielleicht die Betriebslehre so viel Anlaß einzugreifen, wie gerade bei der Transformatorkammer.

Die Kammer muß gelüftet werden. Der durch die Kammer ständig ziehende Luftstrom erwärmt sich natürlich um einige Grad Celsius, allgemein um $\varDelta t$ ^{0}C. Hat er die Stärke von Q Raummeter in der Sekunde, so muß die Gleichung

$$\varDelta t = \frac{V \cdot 10^{-3}}{1{,}25 \cdot Q} \, {}^0\text{C}$$

erfüllt sein.

Beispiel: Läßt man in der Kammer des Transformators des letzten Beispieles eine Lufterwärmung von 10⁰ C beim Durchgang durch die Kammer zu, so braucht man einen Luftstrom von:

$$Q = \frac{3000 \cdot 10^{-3}}{1{,}25 \cdot 10} = 0{,}24 \text{ m}^3/\text{sek.}$$

Plötzlich erscheint das Problem sehr leicht. Die Lüftung erweist sich als außerordentlich wirksam. Gleichzeitig aber wird es unverständlich, daß trotz der Möglichkeit leichter Abhilfe immer noch viele Transformatoren schwer leiden müssen. Das Problem der Lüftung der Transformatorkammer hat indessen noch seine Feinheiten, die manches verständlich machen. Das jetzt gewonnene Bild ist noch ganz roh und muß erst gründlich durchgearbeitet werden. Das Wesen des Kühlproblems zeigt es indessen bereits deutlich, in voller Klarheit.

85. Der Lüftungsstrom der Transformatorkammer.

Die Lüftung der Transformatorkammer ist theoretisch leicht, praktisch muß sie mit einigen Schwierigkeiten rechnen, die eigentlich alle aus der Forderung des Betriebsingenieurs entstehen, daß der Lüftungsstrom ohne künstliche Triebmittel, d. h. ohne besondere Lüftungsmaschinen erreicht werden muß.

Die Forderung ist selbstverständlich und sehr berechtigt. Die natürliche Luft- oder Ölkühlung des Transformators wäre sofort nicht mehr vorhanden, wenn eine besondere Lüftungsmaschine eingreifen würde. Der Betriebsingenieur muß den natürlichen Wärmemitnahmestrom am Transformator ermöglichen, nicht mehr. Ein besonderer Lüfter würde Energie verbrauchen, die mit vollem Recht zur Verlustenergie des Transformators hinzugezählt werden müßte. Mehr als das. Jede maschinelle Lüftung würde Aufsicht verlangen, die bei wirklich natürlicher Kühlung und Lüftung entfällt. Der Lüfter kann versagen und dadurch den Transformator in schwerste Gefahr bringen, der natürliche, sich selbst treibende Lüftungsstrom versagt nie.

Es ist denkbar, daß es Fälle gibt, in denen der Betriebsingenieur doch zum Lüfter greift. Aber nicht ihm allein wird er unangenehm sein. Die künstliche Kühlung schafft ein unaufrichtiges Verhältnis zwischen dem Konstrukteur und dem Betriebsingenieur.

Beide wissen genau, daß die Wärmemitnahme am Transformator von der Geschwindigkeit des Mitnahmestromes stark abhängig ist. Beiden ist es klar, daß ein künstlich erzeugter Lüftungsstrom auch die Geschwindigkeit des Mitnahmestromes vergrößern kann und unter Umständen auch tatsächlich vergrößert. Der Lüfter ist ein versteckter Tadel der Konstruktion.

Der Schwerpunkt des Lüftungsproblems liegt in der Natürlichkeit des Lüftungsstromes und damit in seiner Anspruchslosigkeit. Das Bedienungspersonal ist teuer, die Verläßlichkeit natürlicher Kühlströme über alle Zweifel erhaben. Es ist nach all dem wichtig und einzig richtig, wenn verlangt wird, daß die Transformatorkammer nur durch natürlichen Zug gelüftet wird.

Die Schwierigkeiten, die sich daraus ergeben, sind leicht erkennbar.

Die Stärke des Lüftungsstromes ist gegeben. Sie muß durch den notwendigen Querschnitt des Luftzufluß- und Luftabflußkanals bei der erreichbaren Luftgeschwindigkeit gesichert werden. Die Luftgeschwindigkeit hängt nun vom Höhenunterschied des Zu- und Abflußendquerschnittes ab. Kanalquerschnitte und Höhenunterschiede bestimmen die baulichen Schwierigkeiten der Kammer. Wie diese Schwierigkeiten erledigt werden, muß eine genauere Untersuchung zeigen, jedenfalls aber ist die Lüftungsstromstärke ein gutes Maß für sie.

Aus der Untersuchung des vorangehenden Abschnittes geht nun unzweifelhaft hervor, daß die Lüftungsstromstärke vor allem von der Temperaturspannung abhängig ist, die sich zwischen der zuströmenden frischen und der abströmenden warmen Luft einstellt. Die Auseinandersetzung zwischen dem Konstrukteur und dem Betriebsingenieur wird sich demnach in erster Linie um diese wichtige Frage drehen.

Ganz klar ist es, daß die Luft in der Transformatorkammer nirgends wärmer sein kann als unmittelbar an der warmen Transformatoroberfläche. Es wäre demnach ein schwerer Fehler, wenn man dem Lüftungsstrom eine größere Temperaturspannung bewilligen würde als der Wärmemitnahme am Transformator. Daran denkt auch niemand. Für die Wärmemitnahme stehen sowohl an der Wicklungsoberfläche des Transformators, als auch an der äußeren Oberfläche des Ölkessels ungefähr 40^0 C zur Verfügung.

Die zulässige Temperaturspannung des Lüftungsstromes muß weit unter diesem Werte angenommen werden. Zunächst folgt das sofort schon aus der Temperaturverteilung im Mitnahmestrom. Die Wärme dringt, wie bereits bekannt, in einem Leitungsstrom aus der warmen Oberfläche in die kühlende Luft. In der Luftschichte an der gekühlten Oberfläche fällt die Temperatur nach außen ab. Infolge der sehr geringen Wärmeleitfähigkeit ist die Temperaturspannung von ungefähr 40^0 C schon auf einer kurzen Strecke von einigen Millimetern voll verbraucht. Die Luft des Mitnahmestromes hat demnach im Mittel nur eine Temperatur von 20^0 C über der sie umgebenden, ruhenden Luft.

Sobald der Mitnahmestrom die warme Oberfläche verläßt, geht natürlich die Temperaturverteilung, wie er sie vorher hatte, verloren, er nimmt bald seine mittlere Übertemperatur an. Für den Lüftungsstrom bleiben als Grenzwert der Temperaturspannung nur diese 20^0 C. Aber auch so weit darf man nicht gehen. Oberhalb des Transformators ist die Erwärmung weiterer Luftmengen unvermeidlich und erwünscht. Mit ihr eng verbunden ist die Ermäßigung der Temperatur.

Es steht somit fest, daß man den Lüftungsstrom mit weniger als 20^0 C berechnen muß. Dem Konstrukteur sind niedere Werte für die Temperaturspannung der Lüftung angenehm, dem Betriebsingenieur verteuern sie die Kammer. Beide aber müssen schließlich eine verläßliche

Lösung anstreben. Sie werden sich auf 15° C einigen, wenn sie gerade der Pflicht nachkommen wollen, sie werden 10° C annehmen, wenn sie auch noch eine Reserve schaffen wollen.

Mit der Festlegung der Temperaturspannung des Lüftungsstromes auf 15° C, was der natürlichen Kühlung vollständig entsprechen dürfte, ist dem Lüftungsproblem eine verläßliche Grundlage gegeben. Die richtige Bemessung des Zu- und Abflußkanals und des Höhenunterschiedes des Zu- und Abflußquerschnittes wird nun ein einfaches konstruktives Problem. Allerdings muß sich dieses konstruktive Problem noch auf die Untersuchung der Strömungsverhältnisse des Lüftungsstromes stützen, die im Folgenden durchgeführt werden soll.

86. Berechnung der Transformatorkammer.

Zwischen der Austritts- und der Eintrittsöffnung als dem Anfangs- und Endquerschnitt des Lüftungsstromes, stehen zwei Luftsäulen, die eine außen in freier Luft, die andere innen in der Kammer. Sie sind H Meter hoch. Sie sind nicht gleich schwer. In der Kammer erwärmt sich die durchziehende Luft um 15° C, allgemein um Δt^0 C, sie hat, roh gerechnet, im Mittel um $\frac{\Delta t}{2}$ °C mehr als die Außenluft. Ihr spezifisches Gewicht, mit einem Ausdehnungskoeffizienten α gerechnet, ist demnach:

$$\frac{1}{1+\frac{\alpha\cdot\Delta t}{2}}\text{ mal}$$

kleiner als außen. Auf einem Quadratmeter der Eintrittsöffnung lasten demnach:

$$H\left(1-\frac{1}{1+\frac{\alpha\cdot\Delta t}{2}}\right)\cdot\gamma\text{ Kilogramm}$$

als treibender Druck. Dabei ist natürlich γ das spezifische Gewicht der kalten, äußeren Luft in kg/m³.

Der Ansatz ist nicht genauer als die übrige Rechnung. Eigentlich müßte man nämlich beiderseits das Luftgewicht auf 0° C beziehen. Es hätte indessen wenig Sinn, gerade hier genau zu sein, da es sich doch nur um ungefähre Werte handelt.

Der treibende Druck muß die Strömungswiderstände überwinden. Bekanntlich sind diese Strömungswiderstände der sogenannten Geschwindigkeitshöhe

$$\frac{v^2}{2g}$$

proportional. Es ist natürlich:

v die Luftgeschwindigkeit in m/sek,
g die Beschleunigung der Schwere in m/sek².

Für die Strömungswiderstände wäre mit einem Widerstandsfaktor ξ zu setzen:

$$\xi \cdot \frac{v^2}{2g} .$$

Die Endgleichung lautet dann:

$$H \cdot \frac{\alpha \cdot \varDelta t}{1 + \frac{\alpha \varDelta t}{2}} \cdot \frac{\gamma}{2} = \xi \cdot \frac{v^2}{2g} \cdot \gamma .$$

Rechts wurde die Widerstandshöhe mit dem spezifischen Gewicht multipliziert, damit die Strömungswiderstände in kg/m² statt in Metern Luftsäule eingesetzt werden konnten.

Es ist nun:

$$V = Q \cdot \gamma \cdot \varDelta t \cdot 10^3 \,\text{Watt}$$

oder:

$$V = F \cdot v \cdot \gamma \cdot \varDelta t \cdot 10^3 \,\text{Watt} ,$$

wenn der Zufluß- und der Abflußkanal einen Querschnitt von F Quadratmeter haben.

Mit den Werten:

$$\gamma = 1{,}25 \,\text{kg/m}^3 ,$$

$$\alpha = \frac{1}{273} \,{}^0\text{C}^{-1} ,$$

$$g = 9{,}81 \,\text{m/sek}^{-2}$$

erhält man dann endlich die Bemessungsgleichung:

$$F = 4{,}25 \cdot V \cdot 10^{-3} \sqrt{\frac{\xi}{H \cdot \varDelta t^3}} . \qquad (42)$$

Die ganze Rechnung ist ziemlich roh. Sie ist auf der Geschwindigkeit der Luft im Zufluß- und im Abflußkanal aufgebaut, setzt somit deren Gleichheit voraus. In der Kammer selbst strömt selbstverständlich die Luft erheblich langsamer.

Es ist indessen gar nicht schwer, die Strömungswiderstände auch bei wechselnder Geschwindigkeit des Luftstromes auf eine Geschwindigkeit zu beziehen, z. B. auf die Geschwindigkeit des Abflußkanals. Es muß lediglich ermittelt werden, wie oftmal die Abflußgeschwindigkeitshöhe im Lüftungsstrom verbraucht wird. Damit ist ξ gegeben. Gl. (42) gibt dann selbstverständlich die notwendige Größe des Austrittsquerschnittes an.

Die Bestimmung von ξ ist folgendermaßen möglich. Im Zuflußkanal muß zunächst die volle Geschwindigkeitshöhe aufgebracht werden, damit die Luft überhaupt fließt. Der Teilbetrag für ξ ist eins, wenn der Zufluß- und der Abflußkanal gleichen Querschnitt haben und wenn die Rechnung, wie oben angedeutet, auf den Austrittsquerschnitt zu steuert.

Er ist

$$\frac{1}{k^2},$$

wenn die Zuflußgeschwindigkeit k-mal kleiner ist als die Abflußgeschwindigkeit.

Jedes Knie in den Kanälen verbraucht ungefähr die 1,5fache Geschwindigkeitshöhe, jedes Gitter, das den Kanal gegen Fremdkörper absperrt, die Luft dagegen durchläßt, rund die einfache. Voraussetzung dabei ist, daß beiderseits des Knies oder des Gitters die gleiche Geschwindigkeit besteht.

Aus dem Zuflußkanal kommt die Luft in die Kammer, wo die Geschwindigkeit auf einen kleinen Wert heruntersinkt. Der Abflußkanal muß demnach nochmals die volle Geschwindigkeitshöhe bekommen.

Setzt man sowohl im Zufluß- als auch im Abflußkanal je ein Gitter und je ein Knie voraus und rechnet mit dem Austrittsquerschnitt, so wird:

$$\xi = \frac{1 + 1{,}5 + 1}{k^2} + 1 + 1{,}5 + 1 = 3{,}5\left(1 + \frac{1}{k^2}\right),$$

bei gleichen Querschnitten somit

$$\xi = 7\,.$$

Gl. (42) gibt jedenfalls die notwendige Größe des Austrittsquerschnittes. Der Eintrittsquerschnitt ist dann k-mal größer. Für praktische Berechnungen ist damit die notwendige Grundlage gegeben. Wichtiger als das ist aber für die Betriebslehre der Überblick über das Lüftungsproblem bei verschiedenen Leistungen.

87. Großtransformatoren mit natürlicher Ölkühlung.

Bei kleinen und mittleren Leistungen ergeben sich fast gar keine Schwierigkeiten. In der Wand der gemauerten Kammer wird ganz unten und ganz oben je eine einfache Öffnung vorgesehen, die vergittert wird. Von einem eigenen Zufluß- und Abflußkanal ist gar nicht die Rede. Wohl ergibt sich ein Knie für den Luftstrom sowohl beim Eintritt als auch beim Austritt. Aber der Strömungswiderstand ist hier nicht mit der 1,5fachen Geschwindigkeitshöhe anzusetzen, weil nur einseitig die volle Geschwindigkeit vorhanden ist. Bei gleichen Lüftungsquerschnitten wird ξ kaum 5 gleichzusetzen sein.

Ein 100 kVA-Transformator mit 3000 Watt Verlusten bei Vollast wird bei einer Temperaturspannung von 15^0 C im Lüftungsstrom nur einen Lüftungsquerschnitt:

$$F = 4{,}25 \cdot 3{,}0 \cdot \sqrt{\frac{5}{5 \cdot 15^3}} = 0{,}22\ \text{m}^2$$

brauchen, wenn ihm eine Zughöhe

$$H = 5\ \text{m}$$

zur Verfügung steht.

Mit wachsender Leistung werden indessen die Verhältnisse zusehends schlechter. Die Zughöhe nimmt nur langsam zu, wenn nicht künstlich, etwa durch Aufsetzen eines Kamins, nachgeholfen wird. Eigene Kanäle für den Zufluß und für den Abfluß vergrößern die Strömungswiderstände. Die Verlustwärme wächst indessen rasch.

Bei einigen 1000 kVA Leitung ergeben sich bereits gewaltige Lüftungsquerschnitte. Roh gerechnet, sind sie der Verlustwärme proportional. Die Kammer fängt an, erhebliche Baukosten zu verursachen. Zuweilen bleibt kein anderer Ausweg mehr als nur noch maschinelle Lüftung.

Bei großen Transformatoren mit natürlicher Kühlung gehört unbedingt bereits zum Angebot auch die Übersicht über die Kosten der Lüftung. Die Forderung erscheint ganz selbstverständlich. Aber so selbstverständlich sie in der Tat ist, so wenig wird sie nur zu oft beachtet.

Der Betriebsingenieur hält nicht selten den Raum schon bereit, in den er den Transformator hineinkauft. Ein Zufall wäre es, wenn in solchen Fällen keine Verwicklungen entstehen würden. Er denkt nicht an die Schwierigkeiten der Lüftung, der Konstrukteur, dem versichert wurde, daß Raumfragen bereits geordnet sind, noch weniger. So kommt es unvermeidlicherweise zu schweren Auseinandersetzungen, sobald der Transformator versagt.

Es ist nicht einfach so, daß eben nachher die notwendigen baulichen Änderungen durchgeführt werden müssen. Sie sind vor allem nicht immer möglich. Sie verlangen außerdem eine Unterbrechung des kaum begonnenen, oft schwer erwarteten Betriebes. Sie bringen endlich Kosten, mit denen nicht gerechnet wurde und die zuweilen den ganzen wirtschaftlichen Entwurf umwerfen.

Das ist es gerade, was am schwersten wiegt. Bei großen Leistungen entschließt sich der Betriebsingenieur für die natürliche Kühlung nur auf Grund seiner wirtschaftlichen Berechnung. Er weiß, daß mit künstlicher Kühlung der Transformator billiger wird. Er weiß aber, daß die Wasserbeschaffung für die künstliche Kühlung auch Geld kostet. Dazu muß er den Wärter einrechnen, den er bei natürlicher Kühlung nicht braucht. Bei Grenzleistungen steht die Rechnung oft scharf. Plötzlich kommt nun unerwarteterweise der Bauaufwand.

Die Schuld trifft eigentlich den Betriebsingenieur ganz allein. Er hat alle Angaben in der Hand, so daß er die Lüftung selbst berechnen kann. Er muß nur daran denken, er muß dieses wichtige Kühlproblem kennen.

Das Grenzgebiet zwischen natürlicher und künstlicher Kühlung wird heute noch ganz mangelhaft behandelt. In Europa hielt man lange Zeit eine Leistung von ungefähr 2000 kVA als Grenzleistung und erledigte höhere Leistungen fast durchwegs mit der Wasserkühlun g

In der Tat werden bei höheren Leistungen die gewellten Ölkessel schon sehr schwerfällig und deshalb die Belastungen im Kupfer und Eisen bescheiden.

Aber nicht der Ölkessel entscheidet die Frage. In Amerika baut man Selbstkühler bis 10000 kVA. Röhrenkessel und Kessel mit angebauten Strahlkörpern helfen über die erheblichen Schwierigkeiten der Wärmeabfuhr hinweg. Die eigentliche Schwierigkeit bringt die Lüftungsfrage.

Freiluftstationen kennen überhaupt keine Lüftungsfrage. In Europa sind sie wohl noch verhältnismäßig selten. Sie täuschen über die Schwierigkeiten des Kühlungsproblems hinweg. Etwas ganz anderes ist der Selbstkühler in der Freiluftstation als der gleiche Selbstkühler in der gemauerten Kammer.

Die ganze Lüftungsfrage ist so einfach und liegt so klar, daß sie immer wieder überrascht, wenn sie unangenehm wird. Sie drängt uns in letzter Linie bei größeren Leistungen zur Wasserkühlung. Die natürliche Kühlung hat sonst den unschätzbaren Vorteil vollständiger Verläßlichkeit und großer Anspruchslosigkeit. Nur schwer gibt man solche Vorteile auf, ganz besonders dann, wenn auch noch die geringeren Betriebsverluste dem Transformator mit natürlicher Kühlung den Vorzug geben.

88. Großtransformatoren mit Wasserkühlung.

Beim Übergang von der Luft- zur Ölkühlung verbessert sich die Wärmemitnahme an der Wicklungsoberfläche derart, daß die Schwierigkeiten des Kühlproblems alle an die äußere Oberfläche des Ölkessels übersiedeln. Die warme Transformatoroberfläche verbraucht nur noch einige wenige Grade Celsius.

Das Wachstumsgesetz, das unerbittlich die Wärmestromdichte überall mit der vierten Wurzel aus der Leistung zunehmen läßt, arbeitet indessen weiter. Mit steigender Leistung stellen sich nach und nach wieder Schwierigkeiten ein. Endlich wird bei großen Leistungen sowohl die Wärmemitnahme des Ölstromes als auch außen die Wärmemitnahme des Luftstromes unzureichend.

Wir kennen keine andere Flüssigkeit als das Öl, die ausgiebiger kühlen und gleichzeitig nicht schlechter isolieren würde. Denkbar wäre die Verwendung der Luft oder anderer Gase unter hohem Druck. Die praktische Verwendungsmöglichkeit dieser Idee ist vorderhand noch gering.

Aber es gibt eine Möglichkeit, der äußeren Kesselwand die ganze Wärmelast abzunehmen. Das Öl kann ausgiebiger durch Wasser gekühlt werden, wobei allerdings streng darauf gesehen werden muß, daß auch nicht in Spuren das Wasser ins Öl eindringen kann. Es ist nämlich bekannt, daß sehr geringe Mengen Wasser auch das beste Öl sofort verderben. Sie verkleinern die Durchschlagsfestigkeit in ganz überraschender Weise.

Das Wasser fließt entweder in Rohrschlangen, die ins heiße Öl oberhalb des Transformators gelegt werden, oder es umgibt in einem gemauerten Wasserkanal die Rohrschlangen, die aus dem Kessel warmes Öl zuführen und kaltes Öl wieder in den Kessel zurückleiten. In beiden Fällen bewährt sich das Wasser mit seiner großen Wärmeaufnahmefähigkeit, mit seiner erheblichen Wärmeleitfähigkeit, kurz mit seiner großen Wärmemitnahmefähigkeit.

Der eine große Vorteil der Wasserkühlung liegt sofort klar: die äußere Kesselwand braucht nicht mehr zu kühlen, der Luftstrom ist überflüssig geworden, das Lüftungsproblem gegenstandslos. Der Transformator mit Wasserkühlung beansprucht nur noch einen kleinen anspruchslosen Raum.

Die Wasserkühlung bringt mehr. Die energische Kühlung des Öls belebt den inneren Ölstrom an der heißen Transformatoroberfläche. Die Pumpe treibt unmittelbar das Wasser durch die Kühlschlangen bei innerer Wasserkühlung, sie treibt aber gleichzeitig mittelbar auch den Mitnahmestrom des Ölbades. Nur durch Erhöhung der Ölgeschwindigkeit aber läßt sich die Wärmemitnahme des Öls verbessern, sie steigt mit der Quadratwurzel der Geschwindigkeit.

Ganz besonders wirksam ist deshalb die äußere Wasserkühlung, bei der öldurchflossene Kühlschlangen im Wasserkanal liegen. Die Pumpe treibt hier direkt das Öl. Sie treibt es durch die Schlangen, sie erzwingt aber damit auch unmittelbar eine gewisse entsprechende Ölgeschwindigkeit im Kessel selbst.

Die Wasserkühlung ist so ausgiebig, daß Großtransformatoren, vorläufig wenigstens, noch keine Wärmenot kennen. Sie bleiben im Betrieb fast kalt. Kalt natürlich mit unserem Erfahrungsmaßstab gemessen. Sie vertragen dauernd erhebliche Überlasten, oft bis 100 vH. Daß man sie normal nicht so weit ausnützt, liegt lediglich daran, daß man zu großen Betriebsverlusten ausweichen will.

Selbstverständlich hat die Wasserkühlung auch noch den Vorteil, daß sie dem Konstrukteur gestattet, die Beanspruchungen im Kupfer und im Eisen weit höher zu treiben, als dies bei natürlicher Ölkühlung möglich ist. Bis 5 A/mm^2 kommt man im Kupfer, bis 15000 Gauß im Eisen.

Der Großtransformator mit Wasserkühlung ist erheblich billiger als der Großtransformator ohne Wasserkühlung. Er braucht allerdings eine eigene Wasser- oder Ölpumpe, er braucht aber dafür keinen teuren Kessel. Der Fortfall des Lüftungsproblems spricht ebenfalls für ihn.

Auf der anderen Seite hat die Wasserkühlung auch ihre Nachteile. Fließendes Wasser muß vor allem zur Verfügung sein. Sehr oft scheitert am Wassermangel die Wasserkühlung. Die erheblichen Beanspruchungen im Kupfer, aber auch im Eisen, bringen höhere Energieverluste.

Schließlich braucht der wassergekühlte Transformator Wartung. Die Pumpe muß beaufsichtigt werden.

So wertvoll aber auf der einen Seite die unbedingte Verläßlichkeit der natürlichen Kühlung für den Betrieb ist, so wertvoll kann die Regelbarkeit der künstlichen Kühlung werden. Die Pumpe der Kühleinrichtung kann sich der Belastung anpassen, sie kann den Wasserstrom oder den Ölstrom schneller oder langsamer durch die Kühlschlangen treiben, ganz nach Bedarf.

Wenn in großen Anlagen mehrere Großtransformatoren parallel arbeiten, kann beim Versagen eines Transformators die Last doch durchgezogen werden, wenn Wasserkühlung vorhanden ist. Selbstkühler sind an ihre fest bestimmte Belastbarkeit gebunden. Die Frage der Betriebsreserve kann bei Wasserkühlung viel billiger gelöst werden als bei natürlicher Kühlung.

Die Kühlpumpe ist bei der Wasserkühlung ein so wichtiges Organ, daß es ein schwerer Betriebsfehler wäre, allzusehr auf die Anschaffungskosten zu sehen. Man kann mehrere Transformatoren mit einer Kühlpumpe betreiben und auf diese Weise sparen. Aber zu weit darf man nicht gehen. Die Pumpe kann versagen. Ohne Kühlpumpe ist der Riese hilflos. Die Kühlpumpe braucht demnach bei der Wasserkühlung eine Reserve, nicht der Transformator selbst.

In der Tat ist es letzten Endes die Pumpe, die die Betriebswärme endgültig wegschafft. Sie vertritt, wenigstens bei der Innenkühlung, die Lüftungsanlage des Transformators mit natürlicher Kühlung. Künstliche Lüftung würde ebenfalls eine Regelbarkeit der Kühlung bringen. Aber eine weit schwächere. Wenn man sich schon für künstliche Kühlung entscheidet, wähle man eine durchgreifende Lösung. Halbe Maßregeln sind auch in diesem Falle teuer und schlecht.

89. Innere und äußere Wasserkühlung.

Der Betriebsingenieur muß den Unterschied zwischen der inneren und der äußeren Wasserkühlung genau kennen, damit er im Bedarfsfalle richtig wählen kann. Es ist deshalb nicht unwichtig, die Vor- und Nachteile der beiden Kühlarten nebeneinander zu stellen.

Bei der Innenkühlung kann man die vom Wasser durchflossenen Schlangen unmittelbar in das wärmste Öl legen, das sich oberhalb des Transformators im Kessel ansammelt. Dies ist zweifellos ein großer Vorteil. Die größte Temperaturspannung zwischen Öl und Wasser wird auf diese Weise voll ausgenützt.

Auch die Ölschlange, die bei der Außenkühlung in den Wasserkanal gelegt wird, kann im heißen Öl schöpfen und ganz unten gekühltes Öl wieder in den Kessel zurückführen. Sie schöpft aber nicht in so breiter Front und zieht im Kessel keinen so breiten Ölstrom wie die Wasserschlange oberhalb des Transformators.

Für die Innenkühlung spricht auch der Umstand, daß die Wärmemitnahme des Wassers lebhafter ist als die Wärmemitnahme des Öls. Zweifellos läßt sich aber die äußere Kühlschlangenoberfläche leichter ausgestalten, z. B. durch das Aufsetzen von Kühlrippen, als die innere. Sie ist schon von allem Anfang an größer. Sie sollte daher dem Öl, die innere dem Wasser zugewiesen werden.

Für die innere Kühlung spricht ferner der geringere Raumbedarf. Die Ölschlange muß in einen eigens gebauten Wasserkanal gelegt werden. Allerdings erhöht die in den Kessel eingebaute Wasserschlange den Kesselrauminhalt und damit den Ölbedarf.

Ein sehr wichtiger Umstand spricht allerdings ausgiebig für die Außenkühlung. Der von der Kühlpumpe getriebene Kühlstrom steht unter Druck. Immer ergibt sich ein Überdruck der Schlange, der nach außen gerichtet ist. Er sucht bei undichten Stellen den Kühlschlangeninhalt ins Schlangenbad hinaustreiben. Der Übertritt des Wassers ins Öl wäre nun verhängnisvoll. Der Übertritt des Öls ins Wasser ungefährlich.

Es ist zweifellos ein ganz erheblicher Vorzug der Außenkühlung, daß sie dem Wasser keinen Zutritt ins Ölbad gestattet. Praktisch ist allerdings dieser Vorzug geringer als man glaubt. Die autogene Schweißung ermöglicht den Bau verläßlich wasserdichter Kühlschlangen. Trotzdem ist natürlich die Sicherheit der Außenkühlung von großer Bedeutung.

Ein weiterer, sehr bedeutsamer Nachteil der Innenkühlung ist die Gefahr der Korrosion der Wasserschlangen. Die Gefahr der Wasserablagerungen an den Innenwänden der Wasserschlangen, die den Wärmedurchgang durch die Rohrwand sehr erschweren können, ist ernst. Die Kühlschlangen lassen sich innen sehr schwer reinigen. Wenn man demnach innen Öl und außen Wasser hat, ist die Instandhaltung ganz unvergleichlich leichter und Schäden viel schneller sichtbar.

Der beschriebene Vorteil muß aber auch voll ausgenützt werden. Die Ölschlangen müssen im Wasserkanal so angeordnet werden, daß sie jederzeit leicht zugänglich sind. Die Mehrkosten, die sich daraus ergeben, machen sich bestimmt bezahlt.

Die Rücksicht auf die Sicherheit des Betriebes ist derart mächtig, daß zusehends die Außenkühlung die Innenkühlung verdrängt. Zu Beginn des zweiten Jahrzehnts dieses Jahrhunderts führte sich der Großtransformator mit innerer Wasserkühlung ein. Außenkühlung wurde schon früher ebenfalls angewendet, aber erst die vollständige Durchbildung der eigentlichen Transformatorkonstruktion, mit der starken Unterteilung der Wicklung, führte die Wasserkühlung zum Erfolg. Von da an drängt sich die Außenkühlung immer mehr vor.

Die Außenkühlung ist überhaupt im doppelten Sinne künstlich. Der Ölstrom in den Kühlschlangen wird künstlich getrieben, der Wasserstrom im Kühlkanal wird ebenfalls nicht von der Betriebswärme bewegt. Es gibt zahlreiche Transformatoren mit Außenkühlung, die auch noch eigene Wasserpumpen für die Kühlung der Ölschlangen haben. Der Kühlapparat selbst kann dann knapp gebaut werden.

Bei solchen Konstruktionen kann der Betriebsingenieur von zwei Seiten eingreifen, über die Wasserpumpe und über die Ölpumpe. Die Wasserpumpe besorgt die endgültige Abfuhr der Betriebswärme aus dem Transformatorraum, die Ölpumpe belebt die Wärmemitnahme an der heißen Transformatoroberfläche unmittelbar.

Diese Möglichkeit unmittelbarer Verbesserung der Wärmemitnahme an der Wicklungsoberfläche ist von großer Bedeutung für den Betrieb. Aber sie ist nicht immer vorhanden. Die von der Ölpumpe erzwungene Ölgeschwindigkeit im Kessel steht, roh gerechnet, zur Ölgeschwindigkeit in der Kühlschlange in dem Verhältnis des Kühlschlangenquerschnittes zum freien wagrechten Kesselquerschnitt. Dieses Verhältnis kann bei knapp bemessenen Kühlschlangen so groß werden, daß der Wärmemitnahmestrom an der Transformatoroberfläche bei seiner natürlichen Geschwindigkeit bleibt.

Gerade bei doppelt künstlicher Wasserkühlung, beim Vorhandensein einer Wasserpumpe neben der Ölpumpe, ergeben sich meist so knapp bemessene Ölkühlschlangen, daß die Ölpumpe in den Kessel selbst nicht vordringen kann. Es wird in der Tat vielzuwenig auf das Verhältnis des Kühlschlangenquerschnittes zum Kesselquerschnitt geachtet.

Die Kühlschlange braucht eine gewisse Oberfläche, damit sie die Betriebswärme bei der zur Verfügung stehenden Temperaturspannung vom Öl ins Wasser drücken kann. Sie darf keinen großen Querschnitt haben, sonst wird der warme Ölstrom nicht durchgekühlt. Sie wird deshalb lang.

Es ist nun viel besser, die nötige Kühlschlangenlänge durch mehrere parallel geschaltete, verhältnismäßig kurze Schlangen anzustreben, als durch eine einzige lange. Der Gesamtquerschnitt der parallel geschalteten Schlangen bestimmt dann die Ölgeschwindigkeit im Kessel. Außerdem ist die Öltemperatur in der Kühlschlange viel gleichmäßiger.

Viel hängt nach all dem von der richtigen Anordnung der Kühlschlangen ab. Der Betriebsingenieur muß klar sehen, daß er mit der künstlichen Erhöhung der Ölgeschwindigkeit im Kessel die Wärmemitnahme erheblich verbessert. Sie wächst ungefähr mit der Quadratwurzel aus der Ölgeschwindigkeit. Er muß sich diese Eingriffsmöglichkeit sichern, er muß deshalb schon beim Angebot achtgeben. Er wird zu knapp bemessene, vom Wasser künstlich stark gekühlte Ölschlangen ablehnen, wenn sie ihm nur Raumersparnis bringen.

90. Überwachung der Kühlung.

Die Betriebslehre braucht nicht in die Feinheiten der Kühlung einzudringen, sie hat nur die Pflichten des Betriebsingenieurs bei der Sorge um die geregelte Wärmeabfuhr festzulegen. Die Feinheiten gehören dem Konstrukteur.

Die Sorge um die Lüftung der Transformatorkammer und die Sorge um das ungestörte Arbeiten der Wasserkühlung ist eins. Strenge Aufsicht erscheint notwendig. Sie ist leichter durchführbar als man anzunehmen geneigt wäre.

Man kann nicht die höchste Temperatur im Kupfer messen, man kann auch nicht immer wieder durch Widerstandsmessungen die mittlere Kupferübertemperatur beaufsichtigen, aber die Temperatur des warmen Öls ist leicht zugänglich und läßt verläßlich genug die Kühlung übersehen.

Ein Öltransformator ohne Thermometer, das jederzeit die höchste Öltemperatur ablesen läßt, ist eigentlich unzulässig, unzulässig auch dann, wenn die Höhe der jeweiligen Belastung des Transformators gut bekannt ist. Das Öl kann verschmutzen und deshalb schlechter kühlen. Die Lüftung der Kammer kann durch irgendeine Ungeschicklichkeit mangelhaft werden. Das Ölthermometer verrät es.

Bei künstlicher Kühlung sind die Gefahren größer. Die Kühleinrichtung kann plötzlich versagen. Das Ölthermomter muß schneller auf Unzukömmlichkeiten aufmerksam machen. Deshalb ist es sehr empfehlenswert, das Thermometer so einzurichten, daß es bei einer gewissen Höchsttemperatur einen Signalstromkreis schließt oder aber sogar den Selbstschalter zum Ausschalten veranlaßt.

Bei künstlich gekühlten Transformatoren muß sich der Betriebsingenieur von allem Anfang an den vollständigen Überblick über die Leistungsfähigkeit der Kühleinrichtung sichern. Praktische Belastungsversuche sind weit nützlicher, als einfache Angaben des Erbauers. Der künstlich gekühlte Transformator ist eine Maschine, die man ganz beherrschen muß, wenn man aus ihr alles herausholen will.

Leider wird in vielen Betrieben die Abkühlungsfrage arg vernachlässigt. Die meisten Transformatoren gehen ohne Erwärmungsversuch in den Betrieb. Sehr viele Transformatoren laufen anfänglich mit geringer Belastung, bleiben deshalb kühl. Wenn später die Last stark angewachsen ist, ist die Garantiezeit meist schon abgelaufen.

Der Transformator müßte ordentlich abgenommen werden, d. h. auch auf Erwärmung geprüft werden. Nicht nur das. Wenn er auf dem Prüfstand in Ordnung war, müßte er auch noch in seiner Kammer nochmals geprüft werden, damit gleich die Lüftung beurteilt werden kann.

Das geschieht sehr selten. Solange es aber so ist, solange werden unangenehme Auseinandersetzungen zwischen Konstrukteur und Betriebsingenieur immer wieder vorkommen. Dazu kommt noch der Umstand, daß sehr oft an die Stelle eines zu klein gewordenen Transformators ein größerer gestellt wird. Vorher mag die Lüftung in Ordnung gewesen sein, nachher ist sie zu schwach.

Die ganze Erwärmungsfrage leidet auch darunter, daß der Betriebsingenieur nicht genug an die Empfindlichkeit der Baumwolle, mit der die Wicklungsdrähte des Transformators umsponnen sind, denkt. Er nimmt die Versicherung zu wenig ernst, daß bei dauernder Temperatur über 110° C Baumwolle schnell zugrunde geht. Er glaubt nicht recht daran, weil er es nicht sieht. Der Zerfall vollzieht sich unsichtbar, und das Ende ist der Durchschlag von Windung zu Windung, der einzige Unfall, gegen den es keinen Schutz gibt.

Es ist gerecht, daß gerade in diesem Falle der Überstromschutz die ganze Wicklung dem Verderben preisgibt. Jeder innere Kurzschluß ist fast auf einen Fehler des Betriebsingenieurs zurückzuführen. Fabrikationsfehler sind selten und die Übernahmsprobe deckt sie auf. Der Überstrom- und der Überspannungsschutz besorgen das Übrige. Mit der Vervollkommnung des Betriebsschutzes wird der Kreis immer enger, der sich um den nachlässigen Betriebsingenieur zieht. Auch das ist natürlich sein Fehler, wenn er den Transformator mangelhaft schützt.

Vielleicht sind auch die Sicherheitsvorschriften gerade in der Erwärmungsfrage zu wenig streng. Nicht etwa deshalb, daß sie zu hohe Betriebsübertemperaturen gestatten. Auch nicht deswegen, daß sie nicht die höchste, sondern die mittlere Kupferübertemperatur begrenzen. Damit, daß auch die Ölübertemperatur unter Aufsicht ist, ist die Sicherheit, die der Betrieb braucht, gegeben. Sie achten aber zuwenig auf die Lüftung.

Die Sicherheitsvorschriften begrenzen die Lufttemperatur im Betriebsraum auf 35° C und schreiben vor, daß Thermometer in 1 und 2 m Abstand vom Transformator nicht mehr zeigen dürfen. Dabei sollen die Thermometer jeder Luftbewegung entzogen sein.

In jeder Transformatorkammer gibt es auch in den angegebenen Entfernungen vom Transformator merkliche Luftbewegungen. Die Lüftung ist sonst undenkbar. Wohl sind die Luftgeschwindigkeiten gering. Sie werden kaum über einen oder zwei Sekundendezimeter reichen. Aber sie sind vorhanden.

Es ist ganz klar, daß die Vorschrift auf die Erwärmungsprobe auf dem Prüfstand zugeschnitten ist. Gerade deshalb aber berücksichtigt sie die Notwendigkeiten des wirklichen Betriebes zuwenig. Allerdings ist es nicht ganz einfach, eine Verbesserung zu finden, es sei denn, daß man sich entschließt, die Erwärmungsprobe in der Kammer selbst vor der Aufnahme des Betriebes vorzuschreiben.

Die Erzeuger könnten wohl zur Selbsthilfe greifen und diese Erwärmungsprobe selbst verlangen. Sie würde sich manche Unannehmlichkeiten ersparen. Sie müßten sich dann allerdings auch um die Transformatorkammer selbst kümmern. Die schwierige Frage muß früher oder später gründlich gelöst werden.

91. Aussetzende Betriebe.

Das Abkühlungsproblem hat noch Feinheiten, mit denen sich die vorangehenden Untersuchungen nicht befassen, weil sie ausschließlich die volle Belastung des Transformators voraussetzen. Es ist begreiflich, daß man sich immer zunächst mit der schlimmsten Möglichkeit befaßt. Für die Betriebslehre sind aber doch andere Fälle ebenfalls wichtig.

Allerdings sieht es so aus, als ob mit der Erledigung des schlimmsten Falles auch schon alle anderen Fälle erledigt wären. Wenn die Kühleinrichtung bei dauernder Vollast ausreicht, wird sie auch bei schwächeren Belastungen ihren Dienst tun.

Das ist zweifellos richtig. Aber schon die Untersuchungen des 2. Kapitels zeigen, daß es noch andere betriebswichtige Fälle gibt, die untersucht werden müssen. Alle aussetzenden Belastungen gehören hierher, darunter natürlich auch die bereits erledigte Lichtbelastung.

Zuweilen kommt es vor, daß ein Transformator zeitabschnittsweise belastet und entlastet wird. Er hat während der Entlastungszeit die Möglichkeit, Wärme abzuführen. Er kühlt sich somit dauernd ab, während er nur mit Unterbrechungen belastet wird. Er kann deshalb zweifellos mehr leisten als normal.

Die Theorie des aussetzenden Betriebes ist alt. Sie hat sich mit den eigentümlichen Erwärmungsverhältnissen beschäftigt. Aber sie stützt sich auf die Annahme, daß der Transformator ein homogener Körper ist, was bestimmt nicht der Fall ist. Ganz im Gegenteil. Schon die Untersuchung des Lichtbetriebes im 2. Kapitel hat gezeigt, daß die Wicklung und das Ölbad ganz erheblich verschiedenen Zeitgesetzen folgen.

Es ist in der Tat nicht unangebracht, bei der Untersuchung aussetzender Transformatorenbetriebe genauer vorzugehen und die großen Unterschiede, die die Erwärmung der Wicklung und des Ölbades zeigen, zu berücksichtigen. Wichtige Ergebnisse können auf diese Weise gesichert werden. Gerade für den Betriebsingenieur ist es wichtig, daß er weiß, was er aus dem Transformator herausholen kann.

Die künstlich gekühlten Transformatoren bilden eine Gruppe für sich, die bereits besprochen wurde. Wenn schon eine maschinelle Kühleinrichtung angewendet wird, so muß sie regelbar sein. Damit ist das Problem schon gelöst.

Ein Öltransformator mit natürlicher Kühlung zeigt nun bei wechselnder Belastung folgendes Bild. Die Temperatur des Ölbades schwankt nur wenig, sie folgt ganz langsam der Belastung. Unverhältnismäßig rascher ändert sich die Temperaturspannung zwischen warmem Öl und warmem Kupfer.

Es ist nützlich, sich einige Zahlen zu Hilfe zu nehmen. An der äußeren Kesseloberfläche steht dem kühlenden Luftstrom und der Strahlung eine Temperaturspannung von etwa 45 bis 50° C zur Verfügung. An der inneren Kesselwand verbraucht das sich abkühlende Öl einige wenige Grad Celsius. Das warme Öl oberhalb des Transformators hat daher bei der Vollast etwa 60° C über Luft.

Das ist in Wirklichkeit nicht die höchste Ölübertemperatur. An der heißen Transformatoroberfläche fällt die Temperatur ins Öl hinein ab. Die Wärmemitnahme des Öls beansprucht eine Oberflächenspannung von 10 bis 15° C. Der kühlende Ölstrom erwärmt sich im Mittel nur um die Hälfte, um 5 bis 7,5° C, das Öl ist unmittelbar an der Transformatoroberfläche um die andere Hälfte, also um 5 bis 7,5° C wärmer als oben, unter dem Kesseldeckel, wo der Ausgleich der Temperaturen schon erreicht ist.

Wenn die Wicklungsoberfläche auf diese Weise 5 bis 7,5° C wärmer ist als das warme Öl oberhalb des Transformators, dann stehen dem inneren Leitungsstrom in den Spulen nur noch einige wenige Grad Celsius zur Verfügung, 5 bis 2,5° C. Allerdings ist in Wirklichkeit die doppelte Temperaturspannung zulässig, denn die mittlere Kupferübertemperatur ist mit 70° C begrenzt, nicht die höchste.

Für das Problem des aussetzenden Betriebes ergibt sich demnach ein schwieriger Ansatz, selbst wenn die Öltemperatur als unbeweglich angenommen wird. Die innere Temperaturspannung in der Wicklung ändert sich mit dem Quadrat der Leistung. Die Temperaturspannung an der Oberfläche der Wicklung ist der Leistung ungefähr proportional. Die Wärmemitnahme im Öl ist, wie bereits erwähnt, von der Viskosität des Öls sehr abhängig. Die Zeitkonstante der Wicklung ist so klein, daß mit der Aufspeicherung der Wärme in der Wicklung gar nicht gerechnet werden kann.

Nimmt man, um rechnen zu können, einfach an, daß die Öltemperatur unbeweglich ist, ferner die normale Leistung als Einheit, so wird man mit:

$\Delta\tau_ö$ als Ölübertemperatur (° C),

$\Delta\tau_o$ als halber Temperaturspannung der Wärmemitnahme an der Wicklungsoberfläche (° C),

$\Delta\tau_i$ als halbem innerem Temperaturanstieg in der Wicklung (° C),

ferner bei:

t_1 Sekunden dauernder x-facher Normalbelastung und

t_2 Sekunden dauernder Entlastung

den Ansatz:

$$\Delta\tau_ö + \Delta\tau_o \cdot x + \Delta\tau_i \cdot x^2 \leqq 70$$

bekommen, unter der Bedingung natürlich, daß das Öl während der Entlastungszeit immer wieder auf seine ursprüngliche Temperatur kommen kann.

Man sieht klar, daß man bei aussetzenden Überlastungen jedenfalls mit einer niedrigeren durchschnittlichen Ölübertemperatur arbeiten wird müssen. Wenn z. B.

$$\Delta \tau_{ö} = 50^{0}\ \mathrm{C}$$

und:

$$\Delta \tau_{o} = \Delta \tau_{i} = 6^{0}\ \mathrm{C}$$

angenommen wird, so erhält man:

$$x^2 + x = 5\,,$$

d. h.

$$x = 1{,}8\,.$$

Zur Abfuhr der Betriebswärme hat das Öl $t_1 + t_2$ Sekunden Zeit, dafür aber die von 60 auf 50^{0} C verringerte Temperaturspannung. Es muß somit:

$$\frac{t_1 x^2}{t_1 + t_2} = \frac{50}{60}$$

sein. Dabei wurde der Umstand nicht berücksichtigt, daß die Eisenwärme unverändert bleibt, und außerdem wurde einfach die Wärmeabfuhr der Öltemperatur proportional angenommen. Nur:

$$\frac{t_2}{t_1} = 2{,}88$$

wäre zulässig.

Das Beispiel zeigt, daß immerhin erhebliche aussetzende Überlasten möglich sind. Die Rechnung ist verhältnismäßig einfach. Sie ist natürlich ziemlich roh. Sie soll auch dem Betriebsingenieur nur einen Überblick geben. Die genaue Rechnung wird ihm jederzeit der Konstrukteur durchführen, der alle notwendigen Unterlagen zur Hand hat.

VIII. Verschiedene Betriebsprobleme.

92. Das Problem der Parallelschaltung von Transformatoren.

Es gibt eine ganze Reihe von kleineren und größeren Betriebsfragen, die auch für den Konstrukteur wichtig sind, die demnach in der Betriebslehre ihren Platz haben, die sich indessen nicht gut einteilen lassen. So verschieden sie sind, müssen sie doch in eine allgemeine Gruppe zusammengefaßt werden, weil sie meist zuwenig umfangreich sind, um selbständig auftreten zu können. Sie sollen hier in bunter Reihenfolge besprochen werden.

Die wichtigste darunter ist wohl die Frage des Parallelbetriebes von Transformatoren. Sie ist schon lange gelöst. Sie hat indessen ihre Feinheiten, die immer wieder zu Auseinandersetzungen zwischen Konstrukteur und Betriebsingenieur führen, die deshalb behandelt zu werden verdienen.

Das Parallelschalten zweier Transformatoren bringt nur eine Schwierigkeit, die klar erkannt werden muß. Die beiden parallel geschalteten Wicklungen bilden mit dem ihre Klemmen verbindenden Leitungsstück primär und sekundär einen geschlossenen Stromkreis (Abb. 120). In diesem Stromkreis darf kein Strom fließen, wenn der Betriebsingenieur zufrieden sein soll, denn dieser innere Strom leistet im Netz nichts und heizt nur unnötig die Wicklung.

Das ist das ganze Problem. Es läßt sich nur so lösen, daß alle Spannungen dieses Stromkreises zusammen null ergeben. Das allerdings sieht einfacher aus als es ist. Wenn es nur die vom Hauptkraftfluß induzierten Wicklungsspannungen wären, die sich das Gleichgewicht halten müßten, wäre das Parallelschaltungsproblem einfach. Es ist auch im Leerlauf einfach. Die Übersetzungsverhältnisse beider Transformatoren lassen sich verläßlich gleich machen. Aber bei der Belastung kommen die Spannungsabfälle hinzu. Der Unterschied der Gesamtspannungsabfälle ist eine Spannung, die sich im geschlossenen Wicklungsstromkreis auswirken kann.

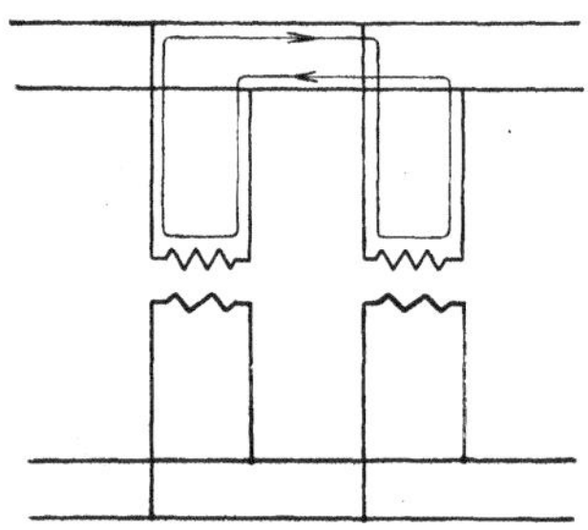

Abb. 120.

Das Problem läßt sich vonvornherein vereinfachen, wenn die vermeidlichen Schwierigkeiten sofort aus der Untersuchung entfernt werden. Wenn es feststeht, daß die vom Hauptkraftfluß erzeugten Wicklungsspannungen immer verläßlich gleich gemacht werden können, braucht man sie weiter nicht mehr zu berücksichtigen. Es bleibt dann nur noch die Sorge um die Gleichheit der Spannungsabfälle in den parallel geschalteten Wicklungen.

Für den Betriebsingenieur ist immerhin die Frage nicht ganz so einfach. Er kennt nur die Angaben des Leistungsschildes und nach diesen Angaben des bereits vorhandenen Transformators bestellt er dann den neuen, den er parallel zuschalten will. Es ist notwendig, ihn auf eine Gefahr, die das Leistungsschild enthält, aufmerksam zu machen.

Das Leistungsschild gibt nach den neuesten Sicherheitsvorschriften des VDE die Nenn-Sekundärspannung so an, daß sie zur Nenn-Primärspannung genau im Übersetzungsverhältnis der Windungszahlen steht. Es ist dies offenbar die Sekundärspannung bei Leerlauf. Ältere Transformatoren geben auf ihren Leistungsschildern vielfach die sekundäre Gebrauchsspannung an, d. h. die Sekundärspannung bei Vollast mit einer üblichen Phasenverschiebung, etwa einem cos φ 0,7 oder 0,8.

Irrtümliche Bestellungsangaben sind demnach möglich. Sie können bei notwendiger Aufmerksamkeit vermieden werden.

Die Untersuchung des Parallelschaltungsproblems läßt sich noch weiter vereinfachen. Es ist gar nicht notwendig, primär und sekundär den in sich geschlossenen Kreis der beiden parallel geschalteten Wicklungen zu untersuchen. Es genügt vollkommen, sich alle Spannungsabfälle nur auf der Sekundärseite zu denken, denn die primären Abfälle werden in der Tat mittransformiert. Die Forderung für den tadellosen Parallelbetrieb lautet nach all dem einfach: Gleichheit der Gesamtspannungsabfälle der beiden parallel geschalteten Transformatoren bei beiderseitiger Nennleistung.

Nur scheinbar deckt sich diese Forderung mit der Konstruktionsbedingung gleicher Kurzschlußspannungen. Bekanntlich versteht man unter der Kurzschlußspannung jene Spannung, die gerade notwendig ist für das Hindurchtreiben des Nennstromes durch die Transformatorwicklung. Sie beträgt einige Hundertstel der Betriebsspannung und wird auch in dieser Form auf dem Leistungsschild des Transformators angegeben.

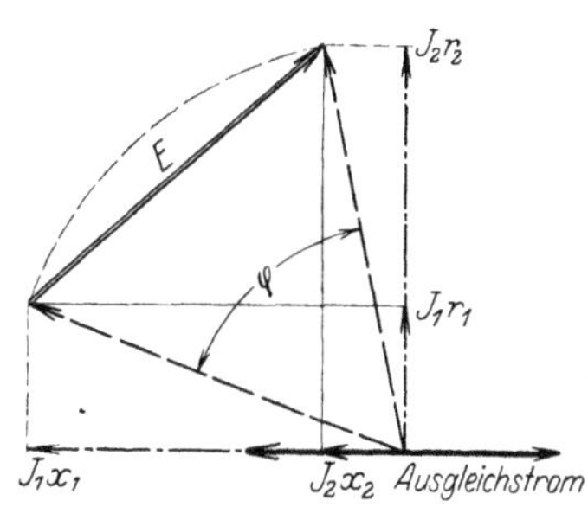

Abb. 121.

Gleich große Kurzschlußspannungen können einen tadellosen Parallelbetrieb verbürgen, aber sie müssen es nicht tun. Sie haben nämlich außer ihrer Größe auch noch ihre Phase. Von einem tadellosen Parallelbetrieb erwartet man phasengleiche Belastungsströme in beiden Transformatoren. Wenn nun diese Belastungsströme zwar gleich große, aber phasenverschiedene Gesamtspannungsabfälle in den Wicklungen verursachen, so ergibt sich doch eine Spannung im geschlossenen Wicklungskreis, wie es Abb. 121 ohne Schwierigkeit, mit den Bezeichnungen von S. 281 erkennen läßt.

Begreiflich erscheint es nun, daß die ältere Theorie des Parallelbetriebes neben gleichen Kurzschlußspannungen auch noch gleiche Ohmsche Spannungsabfälle verlangt hat, womit natürlich gleichzeitig auch die Gleichheit der induktiven Spannungsabfälle mitverlangt wird. An dieser Stelle muß die Betriebslehre unbedingt eingreifen.

93. Zulässige und überflüssige Parallelbetriebe.

Es ist ganz leicht, sich von der Annahme gleich großer Transformatoren frei zu machen und das Parallelschaltungsproblem ganz allgemein zu fassen, so daß die beiderseitige Leistung keine Rolle mehr spielt. Die Größe der Belastungsströme ist für den geschlossenen Wicklungskreis nicht maßgebend, nur ihre Spannungsabfälle kommen in

Betracht. Wenn diese Abfälle in Hundertsteln der Betriebsspannung bei der gewünschten Lastaufteilung, die natürlich den beiden Nennleistungen entsprechen muß, gleich sind, ist alles in Ordnung.

Von diesem allgemeinen Standpunkt aus betrachtet, ist die Forderung der älteren Parallelschaltungstheorie, wie sie im vorangehenden Abschnitte angegeben wurde, für den Konstrukteur ganz unannehmbar. Er kann nicht einen großen Transformator mit dem gleichen bezogenen Ohmschen Spannungsabfall bauen, wie einen kleinen. Aus dem 6. Abschnitt ist es bereits bekannt, daß die auf die Leistung bezogenen Verluste im Kupfer mit der vierten Wurzel aus der Leistung innerhalb einer Typenreihe abnehmen. Dem Betriebsingenieur, der sich auf die alten Forderungen der Theorie beruft, muß diese Tatsache klar sein.

Der Konstrukteur kann andererseits vom Betriebsingenieur nicht verlangen, daß er nur gleich große Transformatoren parallel schaltet. Er müßte eigentlich noch mehr fordern. Auch gleich große Transformatoren verschiedener Herkunft haben gewöhnlich etwas verschiedene Verluste im Kupfer.

Aber das ist noch nicht alles. Gleich große Transformatoren gleicher Herkunft werden wohl gleiche Ohmsche Spannungsabfälle haben. Das nimmt jeder Konstrukteur auf sich. Werden sie aber mit gleicher Bestimmtheit auch gleiche induktive Spannungsabfälle aufweisen? Kein ehrlicher Konstrukteur kann diese Frage bejahen. Er wird bestimmt zugeben müssen, daß es ihm unmöglich ist, die Kurzschlußspannung genauer als auf etwa 15 vH vorauszuberechnen.

Bei dieser Sachlage muß die Betriebslehre feststellen, daß es einen wirklich tadellosen Parallelbetrieb überhaupt nicht gibt, und es ist wichtig, daß sich der Betriebsingenieur endlich mit dieser Tatsache abfindet. Es ist ganz zwecklos, immer wieder dem Konstrukteur Vorwürfe zu machen, wenn sich ungenaue Lastaufteilungen im Parallelbetrieb ergeben.

Die Sicherheitsvorschriften des VDE haben die Wirklichkeit voll berücksichtigen müssen. Sie bezeichnen den Parallelbetrieb als einwandfrei, wenn die Kurzschlußspannungen der beiden parallel arbeitenden Transformatoren nicht mehr als $\pm$ 10 vH von ihrem Mittelwert abweichen. Damit lassen sie 20 vH Unterschied zu.

Die Sicherheitsvorschriften empfehlen, vom Dauerparallelbetrieb von Transformatoren abzusehen, wenn deren Nennleistungsverhältnis größer als 3 : 1 ist. Sie machen damit den Betriebsingenieur darauf aufmerksam, daß es ganz unmöglich ist, verschieden große Transformatoren mit gleichem bezogenen Ohmschen Spannungsabfall zu bauen.

Wenn auf diese Weise gleichsam gesetzlich der mangelhafte Parallelbetrieb zugelassen wird, weil er zugelassen werden muß, entsteht der Betriebslehre die weitere sehr wichtige Aufgabe, dem Betriebsingenieur klar zu machen, mit was für Abweichungen vom Ideal er zu rechnen hat.

Sehr oft werden Parallelbetriebe ganz überflüssigerweise eingerichtet. Zuweilen will man durch einen Parallelbetrieb die Frage der Betriebsreserve umgehen. Man zerlegt die benötigte Leistung auf zwei oder drei Teilleistungen, mit denen zwei oder drei Transformatoren parallel arbeiten sollen und sichert sich ohne weitere Reserve auf diese Weise die Möglichkeit, auch bei einer Beschädigung eines Transformators, mit dem Rest den Betrieb teilweise weiterzuführen.

Solche Parallelbetriebe sind nicht ganz gerechtfertigt. Anders steht die Sache, wenn die Leistung schwankt, wenn man also eine Weile nur mit einem Transformator auskommen kann, bei steigender Belastung aber den zweiten dazuschaltet. Hier ist es die Rücksicht auf die Leerlaufsverluste, die zu einer Leistungszerlegung drängt.

In beiden beschriebenen Fällen ist es schließlich Sache der Kostenberechnung, die Frage zu entscheiden. Diese Kostenberechnung kann nur dann ganz richtig sein, wenn auch die Unannehmlichkeiten des Parallelbetriebes, die erwartet werden müssen, mitberücksichtigt werden.

Zwei Transformatoren sind an und für sich teurer als ein einziger mit der Summenleistung. Aus dem 3. Abschnitt ist es bekannt, daß der auf die Leistung bezogene Preis innerhalb einer Typenreihe ungefähr mit der vierten Wurzel aus der Leistung sinkt. Dazu kommen die größeren Verluste. Sie folgen dem gleichen Wachstumsgesetz wie der Anschaffungspreis. Dazu kommt ferner der größere Raumbedarf, die doppelte Apparatur.

Es ist sehr die Frage, ob nicht bei einwandfreier Rechnung sehr viele Parallelbetriebe knapp nebeneinander stehender Transformatoren verschwinden, bzw. vermieden würden. Dem Konstrukteur würden auf diese Weise viele Unannehmlichkeiten erspart bleiben, dem Betriebsingenieur übrigens auch.

Es ist ganz zweifellos, daß immer noch die Transformatorenstationen ziemlich gedankenlos angelegt werden. Man entwirft sie im Betrieb einfach nach dem Gefühl. Man rechnet leider zu wenig. Es ist wahr, daß sich viele Stationen auch erst langsam auswachsen. Sie bringen dann erst im Laufe der Zeit knapp nebeneinanderstehende, parallel geschaltete Transformatoren.

94. Knapp nebeneinander parallel arbeitende Transformatoren.

Nur solche knapp nebeneinander parallel arbeitende Transformatoren aber machen das Parallelschaltungsproblem so schwer und so unangenehm. Es ist, als wollte die Natur selbst immer wieder auf Fehler der Anlage aufmerksam machen, als wollte sie richtige, geradlinige Lösungen erzwingen. Parallel geschaltete Transformatoren, die durch längere Stücke des Netzes, das sie an mehreren Stellen speisen, voneinander getrennt sind, laufen sehr schön. Sie sind eben eine Betriebsnotwendigkeit.

Was verursacht diesen bedeutenden, zunächst überraschenden Unterschied? Es ist nicht schwer, ihn aufzuklären. Das Leitungsstück, das zwischen den Klemmen der Transformatoren liegt, ist auch ein Stück des in sich geschlossenen Wicklungsstromkreises. Es hat auch einen Widerstand. Es kann auch eine Abfallspannung hervorbringen. Je länger es ist, um so wirksamer greift es ein, um so leichter kann es den Unterschied der Kurzschlußspannungen der beiden Transformatorenwicklungen ausgleichen.

Wenn zwei Transformatoren im Parallelbetrieb an zwei voneinander ziemlich entfernten Stellen das gemeinsame Netz speisen, so werden sie sich die Versorgung des zwischen ihnen liegenden Netzteiles so aufteilen, daß der geschlossene Wicklungsstromkreis stromlos bleibt. Mehr verlangt man von ihnen nicht. Allerdings erwartet man, daß beide möglichst gleichmäßig arbeiten.

Wenn eine größere Anzahl von Transformatoren auf das gleiche Netz arbeitet, ist der Betrieb noch angenehmer. Die Lastaufteilung ist dann eine gemeinsame Angelegenheit und die Arbeitsgebiete sind ständig im Fluß, wenn Transformatoren zu- und abgeschaltet werden.

Nur wenn zwei Transformatoren knapp nebeneinander arbeiten, liegt zwischen ihnen keine Last, die aufzuteilen wäre. Nur in diesem Falle steht das Parallelschaltungsproblem in voller Größe da. Es muß, so wie es leider sein kann, eingehend untersucht werden.

Wenn man zunächst versucht, eine allgemeine Lösung des soeben gestellten Parallelschaltungsproblems, unter Ausschaltung des Einflusses des die Transformatoren verbindenden Leitungsstückes, zu erreichen, überzeugt man sich leicht, daß sich bedeutende Schwierigkeiten ergeben müssen. Immerhin ist es wertvoll, wenigstens einen Überblick zu gewinnen.

Am besten setzt man zunächst voraus, daß die beiden Transformatoren richtig, d. h. je mit ihrem Vollaststrom belastet sind. Natürlich muß man auch voraussetzen, daß die beiden Belastungsströme in Phase sind, was ein tadelloser Parallelbetrieb immer zeigen muß.

Die sich bei der angenommenen tadellosen Lastaufteilung ergebenden Spannungsabfälle der Wicklungen sind nun im allgemeinen Falle ungleich. Es gilt, die treibende Spannung im geschlossenen Wicklungskreis zu bestimmen und mit ihr den inneren Ausgleichstrom, der, zu den ursprünglich angenommenen Belastungsströmen addiert, die endgültigen Belastungen des unvollkommenen Parallelbetriebes bestimmt.

In der Abb. 122 fallen die Belastungsströme der idealen Lastaufteilung

J_1 und J_2 in die Richtung der Ordinatenachse. Die Ohmschen Spannungsabfälle $J_1 r_1$ bzw. $J_2 r_2$ haben dieselbe Richtung. Senkrecht dazu müssen die induktiven Abfälle $J_1 x_1$ und $J_2 x_2$ angenommen werden. Die treibende Spannung E des geschlossenen Wicklungsstromkreises ergibt sich leicht.

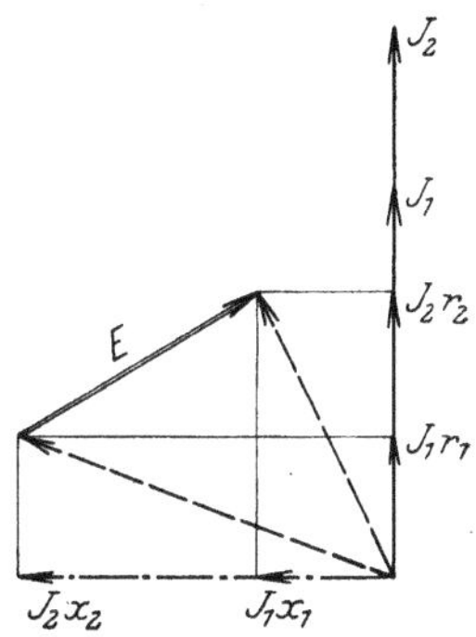

Abb. 122.

Es ist nützlich, sofort auch die mittlere Gesamtabfallspannung

$$\frac{J_1 r_1 + J_2 r_2}{2} \mathrel{\hat{+}} \frac{J_1 x_1 + J_2 x_2}{2}$$

anzusehen, denn nach den Sicherheitsvorschriften ist sie ein Maß für die zulässigen Abweichungen der beiden Kurzschlußspannungen, oder, was dasselbe ist, der Gesamtabfallspannungen der beiden Transformatoren voneinander, (Abb. 122).

Der Ausgleichstrom im geschlossenen Wicklungsstromkreis ist natürlich der Spannung E proportional. Er fließt über den Gesamtwiderstand:

$$\sqrt{(r_1 + r_2)^2 + (x_1 + x_2)^2}.$$

Die Bestimmung der Phase des Ausgleichstromes erfordert somit noch eine eigene Konstruktion und läßt sich im Vektorenbild der Abb. 122 nicht ohne weiteres durchführen. Darin liegt auch der Großteil der Schwierigkeiten des allgemein gestellten Problems zweier knapp nebeneinander parallel arbeitenden Transformatoren.

Für die Betriebslehre ist die allgemeine Lösung des Problems indessen gar nicht notwendig. Eigentlich auch nicht für die Konstruktionslehre. Sowohl den Konstrukteur als auch den Betriebsingenieur interessiert nur der schlimmste Fall.

Zweierlei kennzeichnet den schlimmsten Fall. In erster Linie natürlich die größte mögliche treibende Spannung im geschlossenen Wicklungsstromkreis. Sodann aber ist scheinbar die Phasengleichheit des Ausgleichstromes mit einem der beiden Belastungsströme die größte Gefahr. Der Ausgleichstrom addiert sich dann unmittelbar zu dem einen Belastungsstrom, den er um seine volle Größe erhöht, während er gleichzeitig den zweiten Belastungsstrom in demselben Ausmaße verkleinert.

Die größte treibende Spannung im geschlossenen Wicklungsstromkreis hat man zu erwarten, wenn die Abweichungen der beiden Kurzschlußspannungen den vollen, von den Sicherheitsvorschriften eingeräumten Spielraum ausnützen. Der Ausgleichstrom ist andererseits dann in Phase bzw. in Gegenphase mit den Belastungsströmen des idealen Parallelbetriebes, wenn die Gesamtspannungsabfälle der beiden

Transformatoren phasengleich sind. Es ist in der Tat:

$$\frac{J_1 r_1 + J_2 r_2}{J_1 x_1 + J_2 x_2} = \frac{r_1 + r_2}{x_1 + x_2},$$

wenn:

$$\frac{r_1}{x_1} = \frac{r_2}{x_2}$$

ist.

95. Der eine Grenzfall knapp nebeneinander stehender Transformatoren.

Die Kennzeichnung des schlimmsten Falles des gerade noch nach den Sicherheitsvorschriften zulässigen Parallelbetriebes führt zu einer unangenehmen Schwierigkeit, wenn sie wortgetreu den Sicherheitsvorschriften folgt. Die größte treibende Spannung im geschlossenen Wicklungsstromkreis erhält man nämlich nicht dann, wenn die beiden Gesamtspannungsabfälle phasengleich sind und um 10 vH von ihrem Mittelwert in entgegengesetztem Sinne abweichen, sondern dann, wenn sie in Gegenphase sind.

Natürlich ist dieser Fall praktisch ausgeschlossen. Die Gesamtspannungsabfälle werden phasenungleich sein. Der Phasenunterschied wird sich indessen sicherlich immer in bescheidenen Grenzen halten. Immerhin scheint die Fassung der Vorschrift nicht genügend zu sein.

Wenn man sich trotzdem entschließt, die Parallelbetriebsvorschrift so zu nehmen wie sie ist, wird die Untersuchung sofort erheblich schwieriger. Der schlimmste Fall ist nicht einheitlich gekennzeichnet, er läßt sich deshalb auch nicht unmittelbar erledigen.

Trotzdem bleibt noch der Weg offen, zunächst den Fall phasengleicher Gesamtspannungsabfälle zu untersuchen und seine Folgen in erster Linie zu bestimmen. Wenn nachher ein großer Phasenunterschied der Gesamtspannungsabfälle angenommen wird, so natürlich, daß er die von der Wirklichkeit gezogenen Grenzen nicht überschreitet, kann ein zweiter Grenzfall klargestellt werden.

Im ersten Fall ist die den Ausgleichstrom treibende Spannung klein, der Ausgleichstrom dafür mit dem idealen Belastungsstrom phasengleich, bzw. in Gegenphase mit ihm. Im zweiten Falle wird der Ausgleichstrom erheblich größer, dafür bekommt er eine Phasenverschiebung. Die Höhe des sich schließlich ergebenden Gesamtstromes aber ist maßgebend für die Güte des Parallelbetriebes. Sie bestimmt die Ausnützbarkeit der beiden parallel laufenden Transformatoren.

So einfach nun der erste Grenzfall aussieht, so hat er doch auch seine Feinheiten. Wenn die beiden Gesamtspannungsabfälle phasengleich sind und von ihrem Mittelwert nach oben und nach unten um je 10 vH abweichen, entsteht eine treibende Spannung im geschlossenen Wicklungsstromkreis, die 20 vH des Mittelwertes der Kurzschlußspannungen erreicht (Abb. 123). Nur für zwei gleich große Transformatoren kann man aber daraus schließen, daß der Ausgleichstrom 10 vH des Volllaststromes erreichen wird. Nur in diesem Falle hat er nämlich einfach den doppelten Gesamtwiderstand eines Transformators auf seiner Bahn zu überwinden.

Der besondere Fall ist von praktischer Bedeutung. Es ist nicht überflüssig, sich ihn genauer anzusehen. Er führt offenbar zu dem Ergebnis, daß der eine Transformator 45 vH der Gesamtlast übernimmt, der zweite 55 vH.

Sofort folgt daraus, daß in diesem nach den Sicherheitsvorschriften zulässigen Sonderfall die Transformatorengruppe nicht voll ausgenützt werden kann. Man darf den einen Transformator nicht überlasten. Hat man z. B. 200 kVA auf zwei parallel geschaltete, knapp nebeneinander arbeitende Transformatoren zu legen, so darf man, wenn sie gleich groß sein sollen, nicht einfach zwei 100 kVA-Transformatoren nehmen. Der eine könnte 110, der andere 90 kVA übernehmen, was gewiß unzulässig wäre. Mit zwei 110 kVA-Transformatoren ist erst der Betrieb in Ordnung.

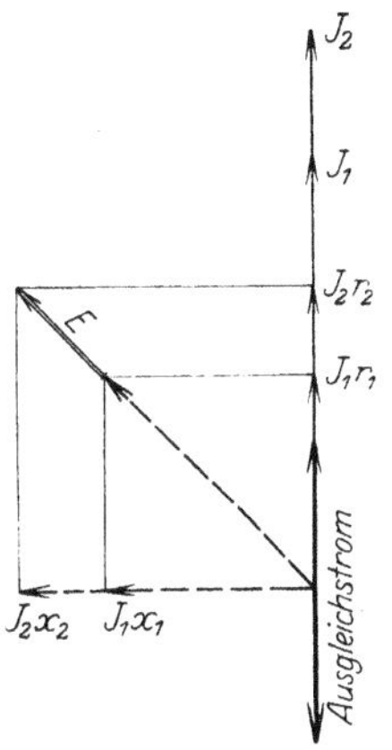

Abb. 123.

Man sieht, daß die Schwierigkeiten solcher Zwillingstransformatoren ganz erheblich sein können und daß sie den Betriebsingenieur in Unruhe zu bringen geeignet sind. Glücklicherweise ist gerade bei zwei gleich großen Transformatoren die Wahrscheinlichkeit sehr groß, daß sie nur in den induktiven Spannungsabfällen voneinander abweichen. Immerhin ist der Fall sehr wertvoll. Er wird gewiß dazu beitragen, daß unnötige Parallelbetriebe seltener werden.

Wenn nun die beiden Transformatoren nicht gleich groß, die Gesamtspannungsabfälle phasengleich und um $+$ 10 bzw. $-$ 10 vH vom Mittelwert abweichend sind, ergibt sich ein noch verwickelteres Bild. Wohl ist die treibende Spannung noch immer ein Fünftel der mittleren Kurzschlußspannung. Sie hat aber jetzt zwei verschieden große, in Reihe geschaltete Gesamtwiderstände im geschlossenen Wicklungsstromkreis zu überwinden.

Der eine Transformater habe einen Vollaststrom J. Der zweite, dessen Leistung x-mal größer sein soll, hat natürlich einen Vollaststrom $x \cdot J$. Sieht man nun der Einfachheit halber vom Größenunterschied der beiden, angenommenermaßen phasengleichen Kurzschlußspannungen ab, so muß man beim kleineren Transformator einen x-mal größeren Gesamtwiderstand annehmen als beim kleineren.

Der Ausgleichstrom ist für den kleineren Transformator

$$\frac{2}{1+\frac{1}{x}}\text{ mal}$$

größer als in dem Falle, daß ihm ein gleich großer Transformator zur Seite stünde, für den größeren Transformator ist er

$$\frac{2}{1+x}\text{ mal}$$

kleiner. Er beträgt, wie oben berechnet, 10 vH des Vollaststromes für zwei gleich große Transformatoren, so daß er jetzt für den kleineren Transformator:

$$\frac{20}{1+\frac{1}{x}}\text{ vH},$$

für den größeren

$$\frac{20}{1+x}\text{ vH}$$

betragen wird. Bei einem Größenverhältnis 3 : 1 gibt das 15 vH bzw. 5 vH.

Der kleinere Transformator ist immer theoretisch im Nachteil. Für ihn ist der Ausgleichstrom relativ sovielmal größer, wievielmal seine Leistung kleiner ist als die seines Mitarbeiters. Das ist selbstverständlich, da im geschlossenen Wicklungskreis ein gemeinsamer Strom fließt.

Verständlich ist es, daß die Sicherheitsvorschriften Parallelbetriebe von Transformatoren, deren Nennleistungsverhältnis größer ist als 3 : 1, zu vermeiden empfehlen. Aber andererseits zeigt sich doch auch ein Vorteil darin, daß der große Transformator nur um 5 vH größer sein muß als bei tadellosem Parallelbetrieb, vorausgesetzt natürlich, daß er die kleinere Kurzschlußspannung hat. Ganz ungünstig wird das Belastungsbild, wenn der kleinere Transformator die Zusatzlast bekommt, wenn er somit die kleinere Kurzschlußspannung hat. Deshalb empfehlen die Sicherheitsvorschriften bei voneinander abweichenden Kurzschlußspannungen die größere für den kleineren Transformator.

Der Grenzfall phasengleicher Kurzschlußspannungen gibt bereits einen guten Überblick über die Schwierigkeiten des Parallelbetriebes zweier knapp nebeneinanderstehender Transformatoren. Sie sind zweifellos bedeutend und für den Betrieb sehr unangenehm. Es hilft dem Betriebsingenieur wenig, wenn ihm versichert wird, daß die beschriebenen Fälle unwahrscheinlich sind. Nach den Sicherheitsvorschriften sind sie zulässig und deshalb auch möglich.

Wenn tatsächlich im gegebenen Falle zwei Transformatoren an Stelle eines einzigen gestellt werden müssen, bleibt kein anderer Ausweg, als die Folgen von allem Anfange an zu berücksichtigen und die Gesamtlast vorsichtig zu beschränken. Sonst verurteilt man den einen Transformator zu dauernder Überlastung und damit zum unabwendbaren Untergang. Es sei denn, daß man zu künstlichen Verbesserungen des Parallelbetriebes entschlossen ist, von denen weiter unten die Rede sein soll.

96. Der zweite Grenzfall knapp nebeneinander stehender Transformatoren.

Der zweite Grenzfall eines zulässigen Parallelbetriebes zweier nebeneinander stehenden Transformatoren entspricht großen Phasenunterschieden der beiden Kurzschlußspannungen, die natürlich außerdem noch nach den Sicherheitsvorschriften Größenunterschiede von $+10$ bzw. -10 vH gegenüber ihrer mittleren Größe zeigen können.

Abb. 121 entspricht nicht ganz diesem Grenzfall. Er kann aber zulässigerweise erheblich vereinfacht werden, wenn der Größenunterschied der Kurzschlußspannungen überhaupt vernachlässigt wird. Er kann dann einfach nach Abb. 121 beurteilt werden, obwohl das vereinfachte Vektorenbild ungenau ist.

Dem Phasenwinkel φ der beiden Kurzschlußspannungen entspricht eine treibende Spannung im geschlossenen Wicklungsstromkreis, die

$$2 \sin \frac{\varphi}{2} \text{ mal}$$

größer ist als die mittlere Kurzschlußspannung. Sie ist in Wirklichkeit bei halbwegs größeren Werten von φ nur unbedeutend größer.

Man sieht sofort, daß starke Ausgleichströme entstehen können, wenn die beiden Kurzschlußspannungen sehr verschieden aufgebaut sind. Sie entstehen offenbar auch dann, wenn überhaupt die Kurzschlußspannungen gleich groß sind, den Sicherheitsvorschriften gemäß somit ein sehr guter Parallelbetrieb erwartet werden müßte. Das ist eben die Begründung der scharfen Vorschriften der älteren Parallelschaltungstheorie.

Aus der Abb. 121 ergibt sich die Phase des Ausgleichstromes sofort. Er zeigt gegen die eigentlichen Belastungsströme 90^0 Phasenverschiebung. Er wird natürlich in dem einen Transformator dem Belastungsstrom nacheilen, in dem anderen voreilen.

Sieht man sich wieder zuerst den Sonderfall zweier gleich großen Transformatoren an, so hat man offenbar mit einem Ausgleichstrom zu rechnen, der:

$$\sin \frac{\varphi}{2} \text{ mal}$$

größer ist als der eigentliche Belastungsstrom. Der Gesamtstrom ist daher in beiden Transformatoren:

$$\sqrt{1 + \sin^2 \frac{\varphi}{2}} \text{ mal}$$

größer als bei idealem Parallelbetrieb.

Es ergibt sich wiederum eine unangenehme Verschlechterung des Betriebes. Bei einem Phasenunterschied von 60° der beiden Kurzschlußspannungen werden beide Transformatoren um rund 12 vH überlastet. So große Phasenunterschiede sind zwar nicht wahrscheinlich, ganz besonders nicht bei gleich großen Transformatoren, die doch ungefähr gleiche Verluste im Kupfer erwarten lassen. Aber denkbar sind sie. Die Leistungen können gleich groß sein, die Bauart kann sehr verschieden sein. Die Verluste im Kupfer werden nach der Leistungsfähigkeit der Kühleinrichtung bemessen. Ein Öltransformator verträgt bei gleicher Leistung ganz erheblich höhere Verluste im Kupfer als ein Trockentransformator. Dieser wird wiederum mit seinen größeren Wicklungs- und Spulenabständen zu größeren Streuspannungen neigen. Parallelbetriebe von Transformatoren mit verschiedenartigen Kühlungen und außerdem stark verschiedenen Alters sind immer verdächtig.

Verschiedene Leistungen der beiden Transformatoren bringen in das Problem nichts wesentlich neues. Der Ausgleichstrom wird immer dem kleineren Transformator eine sovielmal größere Last sein als die Leistung seines Mitarbeiters größer ist. Aus diesem Grunde ist auch diesmal der kleinere Transformator im Nachteil. Er ist diesmal sogar viel mehr im Nachteil, weil beide Transformatoren vom Ausgleichstrom überlastet werden und nicht mehr, wie im ersten Grenzfall, die Möglichkeit besteht, daß der kleine Transformator vom großen entlastet wird.

Ein kleiner Vorteil kann allerdings für den Transformator, in dem der Ausgleichstrom dem eigentlichen Belastungsstrom voreilt, festgestellt werden. Der Magnetisierungsstrom kommt ihm scheinbar vom Mitarbeiter. Der Vorteil ist allerdings so geringfügig, daß er praktisch kaum ausgewertet werden kann.

Die Ergebnisse der Untersuchung der beiden zulässigen Grenzfälle des Parallelbetriebes zweier knapp nebeneinander stehender Transformatoren zeigen ein wenig befriedigendes Bild. Dabei wurde durchwegs vorausgesetzt, daß die Übersetzungsverhältnisse vollständig gleich sind.

Natürlich muß man an dieser erfüllbaren Bedingung um jeden Preis festhalten. In Notfällen mag es allerdings vorkommen, daß auch Transformatoren nebeneinander eingestellt werden, die in den Übersetzungsverhältnissen abweichen. Deshalb verdient dieser unzulässige Fall doch erwähnt zu werden.

Eigentlich bringt ein Unterschied der Sekundärspannungen im Leerlauf nichts wesentlich neues. Er wirkt sich genau so aus, wie der Unterschied der Gesamtspannungsabfälle. Daß er deshalb nur sehr klein sein darf, liegt auf der Hand.

Dem Transformator mit der kleineren Sekundärspannung wird vom Mitarbeiter Strom aufgedrückt. Die Phasenverschiebung bestimmt ihm der gemeinsame gesamte Wicklungswiderstand. Er wird einen voreilenden Belastungsstrom darstellen. Für den Transformator mit der größeren Sekundärspannung ist der Ausgleichstrom ein nacheilender Belastungsstrom.

Dieser Ausgleichstrom ist von der Höhe der Belastung ziemlich unabhängig. Er ist immer da. Wenn außerdem die Kurzschlußspannungen der beiden Transformatoren ungleich sind, setzt er sich mit dem eigentlichen Ausgleichstrom des Parallelbetriebes zu einem Gesamtzusatzstrom zusammen.

Eigentlich braucht ein ungenaues Übersetzungsverhältnis gar nicht schädlich zu sein. Die beiden Ausgleichströme, die den Gesamtzusatzstrom bilden, können einzeln größer sein als der Gesamtzusatzstrom. Allerdings gibt es eine Schwierigkeit. Der Ausgleichstrom, der von ungleichen Kurzschlußspannungen herrührt, ist der Höhe der Belastung proportional, der andere ist von der Belastung unabhängig.

Parallel geschaltete Transformatoren, die bei wechselnder Gesamtlast wechselnde Aufteilungsverhältnisse zeigen, verraten ungleiche Übersetzungsverhältnisse. Nur wenn der Transformator mit dem kleineren Übersetzungsverhältnis die größere Kurzschlußspannung hat, kann bei Vollast ein befriedigender Parallelbetrieb erreicht werden.

Dem Betriebsingenieur steht nach all dem ein bequemer Ausweg zur Verfügung, wenn ihm der Parallelbetrieb zweier knapp nebeneinander stehender Transformatoren mit gleichem Übersetzungsverhältnis zu große Unannehmlichkeiten macht. Allerdings nicht immer. Aber meist haben die Transformatoren Anzapfungen. Die Anzapfungen gestatten eine Änderung des Übersetzungsverhältnisses des einen Transformators. Wenn z. B. Anzapfungen für $\pm$ 4 vH vorhanden sind, kann eine Ausgleichspannung von 4 vH der Betriebsspannung im geschlossenen Wicklungsstromkreis erreichbar werden. Wenn diese Spannung dem Unterschied der Gesamtspannungsabfälle entgegenwirkt, was besonders dann leicht möglich ist, wenn die beiden Kurzschlußspannungen stark phasenverschoben sind, wird der Parallelbetrieb erheblich verbessert.

Allerdings nur bei Vollast. Das Mittel ist nur im beschränkten Maße anwendbar. Es hat deshalb keinen Anspruch auf Anerkennung als ordentlicher Betriebskunstgriff. Es ist auch nicht ganz ungefährlich und deshalb nur der kundigen Hand des klar sehenden Betriebsingenieurs gestattet.

Immerhin macht es auf den Umstand aufmerksam, daß es Mittel gibt, die unbefriedigende Parallelbetriebe verbessern. Es macht gleichzeitig auf die Gefahren aufmerksam, die dem Parallelbetrieb aus vorhandenen Anzapfungen entstehen können.

97. Verbesserung des Parallelbetriebes durch Drosselspulen.

Es gibt andere Verbesserungsmittel für nicht zufriedenstellende Parallelbetriebe, die nicht den Nachteil haben, daß sie bei verschiedenen

Leistungen verschieden wirken. Sie verfolgen natürlich alle das Ziel, den Ausgleichstrom des Parallelbetriebes zu verkleinern.

Die treibende Spannung im geschlossenen Wicklungsstromkreis der beiden Transformatoren ist bei gleichem Übersetzungsverhältnis durch den Größen- oder durch den Phasenunterschied der beiden Kurzschlußspannungen gegeben. Man kann die Konstruktion der Transformatoren nicht nachträglich ändern. An der Größe der Ausgleichspannung läßt sich daher nichts ändern.

Der Ausgleichstrom ist indessen nicht nur von der Ausgleichspannung, sondern auch vom Gesamtwiderstand des Ausgleichstromkreises abhängig. Dieser Widerstand läßt sich mit einfachen Mitteln ändern. Gerade bei zwei knapp nebeneinander stehenden Transformatoren ist das Leitungsstück, das sie verbindet, von untergeordneter Bedeutung für den Betrieb. Dieses Verbindungsstück kann einen zusätzlichen Widerstand enthalten, der den unangenehmen Ausgleichstrom herunterdrückt.

Es kommen ebensogut Ohmsche Widerstände in Betracht wie induktive. Aber ausgiebiger und besser ist wohl ein induktiver Widerstand. Im Ausgleichstromkreis ist fast durchwegs, wenigstens bei größeren Leistungen, der induktive Wicklungswiderstand vorwiegend. Der Gesamtwiderstand läßt sich daher leichter erhöhen, wenn noch ein induktiver Zusatzwiderstand dazukommt.

Der Ohmsche Widerstand verursacht außerdem Energieverluste, die beim induktiven Widerstand fast vollständig entfallen. Es ist aber von großer Wichtigkeit, Zusatzverluste zu vermeiden.

Der Zusatzwiderstand hat eigentlich die Aufgabe, die Kurzschlußspannungen beider Transformatoren gleich groß zu machen. Er wird auf diese Weise ein Teil jener Wicklung, die die kleinere Kurzschlußspannung hat. Es ist, von diesem Standpunkt aus betrachtet, nicht schwer, ihn richtig zu bemessen.

Eine Schwierigkeit entsteht allerdings sofort, wenn man sich entschließt, einen induktiven Ausgleichwiderstand, eine Drosselspule, einzubauen. Die Drosselspule wird man mit einem Eisenkern ausstatten, sonst wird sie zu teuer. Das Eisen bringt nun mit seiner veränderlichen Permeabilität eine unerwünschte Veränderlichkeit des induktiven Zusatzwiderstandes.

Die Drosselspule mit Eisenkern muß einen kräftigen Luftspalt bekommen, der ihre Kennlinie geradestreckt. Mit Vorteil wird man diesen Luftspalt verstellbar einrichten, damit im Betrieb die beste Lastaufteilung eingestellt werden kann.

Solche Drosselspulen haben sich in Parallelbetrieben sehr gut bewährt. Sie verursachen weder große Kosten, noch verbrauchen sie nennenswerte Energiemengen in ihrem unvermeidlichen Ohmschen

Widerstand. Sie sind eine gute Lösung für unangenehme Parallelbetriebe.

Einen Nachteil hat indessen auch die richtig konstruierte Drosselspule. Sie kann die Kurzschlußspannungen gleich groß machen, sie kann aber nicht restlos Phasenverschiebungen, die zwischen den beiden Kurzschlußspannungen bestehen, zum Verschwinden bringen. Das ist nur mit gleichzeitigem Einbau eines Ohmschen Zusatzwiderstandes möglich.

So weit gehen allerdings die Forderungen des Betriebes nicht. Gewöhnlich liegt die Hauptschwierigkeit in der Verschiedenheit der induktiven Spannungsabfälle der beiden parallel geschalteten Transformatoren. Gerade deshalb ist die Drosselspule das beste und meist auch vollständig ausreichende Mittel.

Der nun mögliche vollständige Überblick über den Parallelbetrieb zweier knapp neben einander stehenden Transformatoren bestätigt die Schlüsse, die schon auf Grund von Teilergebnissen gezogen wurden. Der Betriebsingenieur soll solchen, sehr oft überflüssigen Parallelbetrieben möglichst aus dem Wege gehen. Entschließt er sich trotzdem für ihn, so rechne er rechtzeitig mit den Folgen. Ob er eine Leistungsverminderung oder eine Drosselspule in den Kauf nimmt, immer zahlt er für eine Einrichtung, die unvermeidliche Mängel beseitigen muß.

Leicht ist es nun auch, einzusehen, daß der Parallelbetrieb viel einwandfreier ist, wenn ein größeres Stück des gemeinsam gespeisten Netzes zwischen den beiden Transformatoren liegt. Der Widerstand der Leitung übernimmt von selbst die Rolle des Ausgleichwiderstandes, ohne mit seinen Energieverlusten, die auch sonst vorhanden wären, unangenehm zu werden und ohne zusätzliche Kosten zu verursachen.

Noch mehr. An dem Verbindungsstück der Leitung zwischen den beiden parallel laufenden Transformatoren hängen auch noch Verbrauchsapparate. Die Last in dem gemeinsamen Leitungsstück können sich die Transformatoren ganz nach Bedarf aufteilen. Sie werden natürlich immer den Grenzpunkt so verschieben, daß sie bis zu ihm gleiche Abfallspannungen verbrauchen.

Wohl ist das helfende Leitungsstück hauptsächlich mit einem Ohmschen Widerstand ausgestattet und deshalb nicht sehr geeignet, auch die Phasenverschiebungen der Kurzschlußspannungen vollständig auszubessern. Aber die Untersuchung der beiden Grenzfälle des Parallelbetriebs zweier knapp nebeneinander liegenden Transformatoren zeigt, daß es nur gilt, Unterschiede auszugleichen, die ungefähr 10 vH der Leistung eines Transformators ausmachen.

Diese Unterschiede werden bei halbwegs größerer Entfernung der beiden Transformatoren vom Verbindungsstück der Leitung so gründlich verwischt, daß auch der Betriebsingenieur vollständig zufriedengestellt wird. Auf diese Weise verliert der notwendige Parallelbetrieb jede unangenehme Eigenschaft. Natürlich nur unter der Bedingung, daß die Parallelschaltungsvorschriften vollständig eingehalten werden.

98. Schaltungen im Parallelbetrieb.

Die rein praktischen Fragen des Parallelbetriebes sind verhältnismäßig einfach. Sie verlangen vom Betriebsingenieur einige Aufmerksamkeit, insbesondere schon bei der Bestellung des Transformators. Wohl können sich auch noch während des Betriebes Schwierigkeiten ergeben, auf die der Betriebsingenieur gefaßt sein muß.

Neben der Gleichheit der Kurzschlußspannungen und des Übersetzungsverhältnisses hat der Betriebsingenieur auch noch die Schaltung

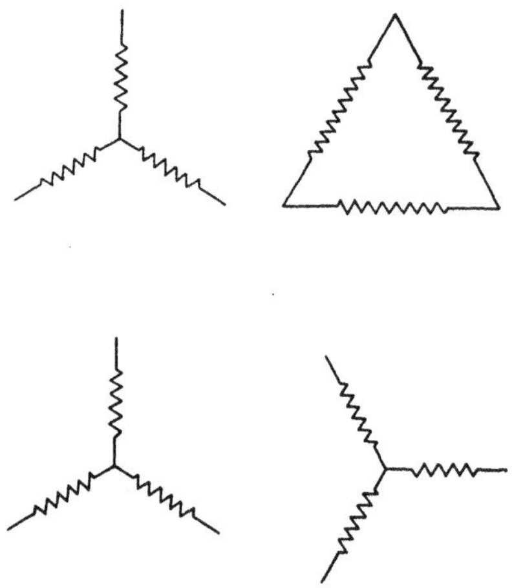

Abb. 124.

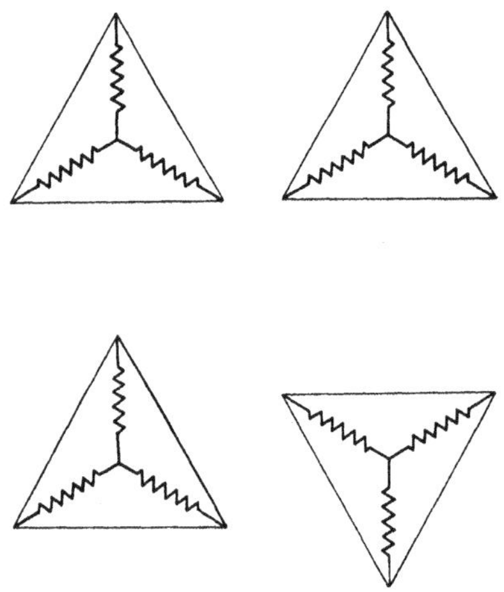

Abb. 125.

zu berücksichtigen. Die Sicherheitsvorschriften helfen ihm dabei verläßlich. Sie geben die verschiedenen Schaltgruppen an, die für den Parallelbetrieb überhaupt in Frage kommen.

Es ist selbstverständlich, daß die Gleichheit der Kurzschlußspannungen und des Übersetzungsverhältnisses nichts hilft, wenn die Sekundärphasenspannungen der beiden Transformatoren gegeneinander phasenverschoben sind. Wenn z. B. der eine Transformator in Stern-Stern, der andere in Dreieck-Stern geschaltet ist, kann an einen Parallelbetrieb gar nicht gedacht werden. Abb. 124 zeigt deutlich, daß das primär aufgedrückte Spannungsdreieck sekundär, transformiert, für beide Transformatoren nicht mehr gleich ist.

Auch zwei beiderseits in Stern geschaltete Transformatoren können im Parallelbetrieb versagen, wenn die Wicklungen nicht mit dem gleichen Verhältnis des Wicklungssinnes ausgestattet sind. Die Schwierigkeit, die aus der Abb. 125 klar erkennbar ist, kann übrigens leicht überwunden werden. Es brauchen lediglich die Phasenwicklungsenden bei einem Transformator, primär oder sekundär, vertauscht zu werden.

Die wichtigste Schaltungsgruppe des Parallelbetriebes ist die Dreieck-Stern-Schaltung auf der einen und die Stern-Zick-Zack-Schaltung auf der anderen Seite. Wichtig ist sie deshalb, weil der Betriebsingenieur erfahrungsgemäß ein Mißtrauen gegen sie hat, obwohl sie als durchaus zulässig und einwandfrei gilt.

Abb. 126 zeigt, daß in der Tat das den beiden Transformatoren aufgedrückte Spannungsdreieck durch diese Schaltungsgruppe richtig sekundär wiedergegeben wird. Die Frage ist lediglich, ob das Mißtrauen des Betriebsingenieurs nicht doch irgendwie begründet ist.

Solange die beiden parallel geschalteten Transformatoren mit dieser bemerkenswerten Schaltungsgruppe unter symmetrischer Vollast arbeiten, ist tatsächlich alles in Ordnung, vorausgesetzt natürlich, daß alle übrigen, bekannten Parallelschaltungsbedingungen erfüllt sind.

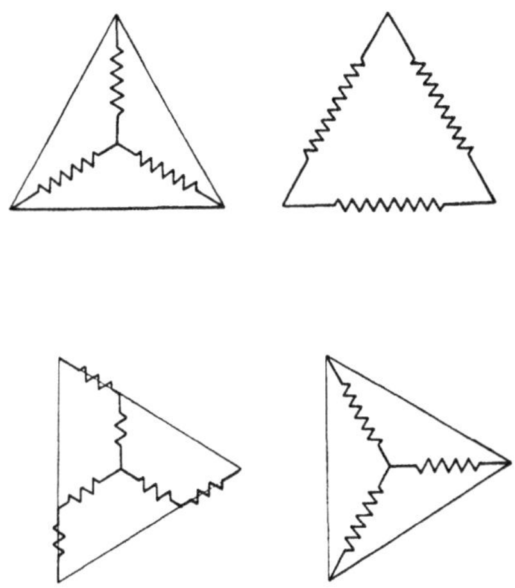

Abb. 126.

Aber gerade die Dreieck-Stern-Schaltung und ebenso die Stern-Zick-Zack-Schaltung ist doch in erster Reihe für einseitige Belastungen des Lichtbetriebes bestimmt. Sie muß mit Belastungsunsymmetrien rechnen. Die Frage ist deshalb wirklich von Bedeutung, ob nicht deshalb Bedenken gegen diese Parallelschaltungsgruppe berechtigt sind.

Die Dreieck-Stern-Schaltung ist eine normale Schaltung, die keine Verwicklungen bringt. Die Zick-Zack-Schaltung ist schwerer zu meistern. Im 29. Abschnitt wurde nachgewiesen, daß bei einseitigen Belastungen die Zick-Zack-Schaltung einen zusätzlichen Spannungsabfall zeigt, der bei symmetrischen Belastungen verschwindet.

Daraus folgt sofort, daß die Bedenken des Betriebsingenieurs tatsächlich berechtigt sind. Wenn die Schaltungsgruppe bei symmetrischer Vollast gut arbeitet, wird sie bei einseitigen Belastungen Schwierigkeiten machen. Es kann ganz gut vorkommen, daß der Parallelbetrieb überhaupt unzulässig schlecht wird.

Der Betriebslehre erwächst die Pflicht, von der Anwendung der sonst einwandfreien Schaltungsgruppe gerade mit Rücksicht auf einseitige Belastungen abzuraten. Der einzelne Betrieb muß sich von vornherein entscheiden. Entweder wählt er für alle Lichttransformatoren die Dreieck-Stern-Schaltung oder er legt sich ein für allemal auf die Stern-Zick-Zack-Schaltung fest. Die Vor- und Nachteile der beiden Schaltungen sind aus den Untersuchungen des 3. Kapitels bekannt.

Neben diesen Schaltungsfragen, die beantwortet werden mußten, gibt es im Betrieb wohl kaum eine weitere Schwierigkeit. Höchstens noch eine interessante Aufgabe ist erwähnenswert, die auch noch in den Rahmen des Parallelbetriebsproblems fällt, nämlich das Transformieren hochgespannten Stromes zweier verschiedener Netze auf ein gemeinsames Sekundärnetz.

In diesem Falle kann es primär verschiedene Spannungen geben, und die Gleichheit der Übersetzungsverhältnisse ist nicht mehr möglich. Wohl aber muß die vom Hauptfluß induzierte Sekundärspannung beider Transformatoren gleich sein.

In solchen außergewöhnlichen Parallelbetrieben gibt es einen neuen Störungsfaktor, die Periodenzahl. Aber nur scheinbar. Natürlich gehört zur Gleichheit der Sekundärspannungen auch die Gleichheit der Periodenzahlen. Diese Gleichheit besorgen natürlich die beiderseitigen Stromerzeuger, die über die Transformatoren parallel geschaltet werden. Ausgleichströme des Parallelbetriebes beider Stromerzeuger belasten selbstverständlich auch die Transformatoren.

Das Parallelschaltungsproblem des Transformators trägt alle Merkmale des allgemeinen Parallelschaltungsproblems der Elektrotechnik. Es hat seine Nachteile, die immer auf Ungleichheiten der Parallelzweige zurückgeführt werden können. Überall in der Elektrotechnik weicht der Konstrukteur Parallelschaltungen aus, wenn er kann. Wenn sich auch der Betriebsingenieur zur Befolgung dieses Grundsatzes entschließt, geht er den besten Weg. Er wird dann auch im Parallelbetrieb von Transformatoren wenig Schwierigkeiten haben.

99. Das Problem der Anzapfungen.

Eine sehr wichtige Betriebsfrage des Transformatorenbaues ist die Frage der Anzapfungen. Sie sieht viel harmloser aus als sie ist und wird wenig sorgfältig behandelt. Man verlangt und baut Anzapfungen ziemlich gedankenlos. Konstrukteur und Betriebsingenieur sind in gleicher Weise daran interessiert, daß auch diese Frage einmal geklärt wird.

Die Anzapfungen haben die Aufgabe, eine Änderung des Übersetzungsverhältnisses zu ermöglichen. Sehr oft erfüllen sie deshalb einen dringenden Wunsch des Betriebsingenieurs. Sehr oft ermöglichen sie erst eine unbedingt notwendige Verbesserung des Betriebes. Sie geben auch dem einzelnen Transformator eines ausgedehnten Netzes eine Beweglichkeit, die ihn erst voll ausnützbar macht, so daß er nicht mehr an seine ursprüngliche Verwendungsstelle angekettet ist.

Ein Elektrizitätswerk, das in den Betrieb eintritt, ist gewöhnlich noch wenig belastet. Der Spannungsabfall am Ende der Fernleitung ist noch gering. Die Verteilungsspannung muß gleichwohl richtig sein. Der Transformator am Ende der Fernleitung arbeitet von einer verhältnismäßig hohen Fernleitungsspannung auf die vorgeschriebene Verteilungsspannung herunter.

Allmählich verschieben sich die Verhältnisse. Die Last steigt. Neue Anschlüsse legen sich auf das Netz. Der Spannungsabfall in der Fernleitung wird größer und größer. Mit ihm tritt gleichzeitig im Verteilungsnetz ein Spannungsabfall auf.

Natürlich kann man in der Zentrale die Spannung des Stromerzeugers erhöhen, um den Spannungsabfall in der Fernleitung wieder wettzumachen. Aber der Generator selbst hat seinen eigenen inneren Spannungsabfall, der ihn beschwert. Mit ihm muß er in erster Linie fertig werden.

Auf diese Weise entsteht der Wunsch des Betriebsingenieurs, am Ende der Fernleitung selbst die Spannung auffrischen zu können. Das ist wohl möglich, wenn man den Transformator so einrichtet, daß er eben auch bei der verkleinerten Primärspannung doch die richtige Verteilungsspannung geben kann. Er muß für verschiedene, wenig voneinander abweichende Übersetzungsverhältnisse eingerichtet werden.

Von diesem Standpunkte aus betrachtet, ist die Anzapfung eine Sicherung der Verwendbarkeit des Transformators auf lange Sicht. Sie hat bei neuen Elektrizitätswerken, die mit einem Anwachsen der Belastung in kurzer Zeit rechnen, ihre Daseinsberechtigung. Weniger daseinsberechtigt ist sie bei älteren Werken, die schon ihren Abnehmerkreis haben, wenn sonst keine Gründe für sie sprechen.

Der Spannungsabfall in Fernleitungen schafft an verschiedenen Stellen der Fernleitung verschiedene Primärspannungen. Es ist wohl berechtigt, daß sich der Betriebsingenieur die Verwendbarkeit des Transformators für einen größeren Teil der Anlage sichern will. Auch von diesem Standpunkt aus ist die Anzapfung nützlich.

Ganz besonders interessant kann das Problem der Anzapfung für Betriebe werden, die mit einer starken Lichtlast zu rechnen haben. Innerhalb von 24 Stunden ergibt sich dann die Notwendigkeit, das Übersetzungsverhältnis zu ändern.

Der große Einfluß der Zeit auf das Übersetzungsverhältnis rollt eine ganz neue Frage auf. Wenn schon daran gedacht wird, daß zu Beginn der Lichtperiode ein kleineres Übersetzungsverhältnis durch Verwendung einer Anzapfung eingestellt wird, so kommt man um die Frage nicht herum, ob eine Anzapfung überhaupt einen Wert hat, wenn sie nicht ohne Unterbrechung des Betriebes verwendet werden kann.

Es ist nicht leicht, noch andere stichhaltige Gründe für die Notwendigkeit der Anzapfungen vorzubringen. Alles andere ist nur das unklare Gefühl des Betriebsingenieurs, daß er einmal, bei irgendeinem noch unbekannten Anlaß, die Anzapfung doch brauchen könnte. Tatsache ist jedenfalls, daß immer wieder Anzapfungen bestellt werden, ohne daß eine wirkliche Betriebsnotwendigkeit vorliegt.

Es wäre wenig gegen überflüssige Anzapfungen einzuwenden, wenn sie nicht Nachteile mitbringen würden, die dann eben auch überflüssig sind und selbstverständlich vermieden werden müssen. Man befreundet sich mit Nachteilen, wenn sie durch Vorteile aufgewogen werden. Die Erklärung für das gedankenlose Anbringen und Bestellen von Anzapfungen liegt einfach darin, daß dem Betriebsingenieur wohl die Vorteile der Anzapfungen bekannt sind, die Nachteile dagegen nicht, wenigstens nicht alle. Die Lücke auszufüllen ist eine wichtige Aufgabe der Betriebslehre.

Ein Nachteil der Anzapfungen ist wohl jedem Betriebsingenieur gut bekannt: die Verteuerung des Transformators. Ohne Anzapfungen ist immer begreiflicherweise der Transformator billiger. Aber der Mehrpreis für die Anzapfungen erreicht nur einige wenige Hundertstel des Gesamtpreises des Transformators und dieser geringe Mehrpreis wird meist willig bezahlt, weil sonst nur die oben beschriebenen Vorteile berücksichtigt werden.

Aber leider stört die Anzapfung nicht allein mit den Mehrkosten, die sie verursacht. Sie verschlechtert entschieden in mehrfacher Hinsicht den Transformator, wie aus den unten folgenden Darlegungen hervorgeht. Am unangenehmsten ist wohl die Tatsache, daß eine Änderung der Windungszahl nur für jene Wicklung in Betracht kommt, die viele Windungen hat, d. h. nur für die Hochspannungswicklung. Man kann niederspannungsseitig nur ausnahmsweise genau vorgeschriebene Teile der Wicklung abzapfen, die einzelne Windung spielt dort eine zu große Rolle.

Der Eingriff in die Hochspannungswicklung rollt aber sofort eine Reihe von konstruktiven Fragen auf, die durch die hohe Spannung beschwert sind. Schwierigkeiten gibt es auch sonst. Manchmal bereitet das Anzapfungsproblem sogar viel Kopfzerbrechen.

100. Konstruktive Durchbildung der Anzapfung.

Die Anzapfung wird gewöhnlich nur selten benützt. Die Betriebsverhältnisse müssen sich für den Transformator gründlich ändern, damit er in die Lage kommt, die Einrichtung für die Änderung des Übersetzungsverhältnisses in Anspruch zu nehmen. Es ist deshalb wohl immer genügend Zeit zur Verfügung für die nötige Umschaltung.

Das ist der Grund, daß in früheren Zeiten die Anzapfung kaum mehr war als ein blindes Wicklungsende, das sorgfältig eingewickelt wurde, um keine Spannungsgefahren heraufzubeschwören. Es mußte erst freigemacht werden, bevor es an die Klemmen angeschlossen werden konnte, und das früher benutzte Wicklungsende wurde nun seinerseits eingewickelt und gesichert.

Beim Aufkommen der Ölkühlung wurde dem Betriebsingenieur diese einfache Ausführungsweise zu unbequem. Sie beanspruchte zuviel Zeit. Der Transformator mußte aus dem Ölbad herausgehoben werden, gründlich abtropfen und stand erst dann für die notwendige Umschaltung zur Verfügung. Deshalb kam es sehr bald dazu, daß auch die Anzapfungen leicht zugänglich gemacht wurden.

Das eigentliche Wicklungsende und die Anzapfungen wurden nun zu einem Klemmbrett geführt, das oberhalb des eigentlichen Transformators unter dem Kesseldeckel im Ölbade lag. Dort war die Umschaltung leicht durchführbar. Diese Einrichtung vermied auch Gefahren, die ein blindes Wicklungsende in der nächsten Nähe der Wicklung selbst immer bringt.

Auch das war dem Betriebsingenieur zuwenig. Er wollte überhaupt nicht im Kesselinneren zu tun haben. Er verlangte die Anzapfungen außerhalb des Kessels. Er verlangte sie gleichsam als Klemmen, die er jederzeit sofort zur Verfügung hat.

Zwei Wege führten zur Erfüllung dieses Wunsches. Die eine Möglichkeit ist die Beibehaltung des Klemmbrettes unter dem Kesseldeckel und die Betätigung des Klemmbrettumschalters von außen. Es entstand eine ganze Reihe von Konstruktionen, die diese Aufgabe in zufriedenstellender Weise lösten. Die zweite Möglichkeit ist das Herausführen der Anzapfungen durch den Kesseldeckel, sei es in eigenen Durchführungsisolatoren oder aber in Mehrfachdurchführungen.

Die Anzapfungen und das zu ihnen gehörende Wicklungsende haben geringe Spannungen gegeneinander. Es ist deshalb sehr wohl denkbar und auch tatsächlich möglich, in einer einzigen Deckeldurchführung alle Enden einer Phase gemeinsam herauszuführen und außen auf demselben Isolator mehrere Klemmen anzuordnen.

Alle diese Konstruktionen sind für den Betriebsingenieur sehr bequem, aber nach und nach wurden sie teuer. Die Mehrkosten waren nicht mehr gerechtfertigt. Gleichwohl würde diese Lösung des Anzapfungsproblems zu einer dauernden Einrichtung geworden sein. Aber unterdessen stieg die Spannung. Mehr und mehr machte sich der Umstand geltend, daß nur hochspannungsseitig angezapft werden kann. Konstruktionen, die für mäßige Spannungen noch gut und nicht allzu teuer waren, wurden bei höheren Spannungen langsam unmöglich.

Mehrfachdurchführungen fielen zuerst. Sie wurden unzuverlässig. Sie sind in der Tat eine schwierige Konstruktion. Sie krankten außerdem an demselben Übel, das auch das Klemmbrett langsam untergräbt.

Hohe Spannungen geben nämlich dem Konstrukteur schon mit der Herausführung der eigentlichen Wicklungsenden zu schaffen.

Man denke daran, daß das Wicklungsende mit einer Leitung mit der Klemme verbunden werden muß, die dem Joch, dem Gestell und den Klemmenverbindungen der anderen Phasen ausweichen muß, ohne der Kesselwand zu nahe kommen zu dürfen. Die Schwierigkeiten dieser unscheinbaren Aufgabe werden bei höheren Spannungen bedeutend. Wenn nun auch noch die Anzapfungen ihren Weg zum Kesseldeckel suchen, reicht die Mehrfachdurchführung eigentlich schon bis zur Wicklung selbst.

Alle diese Schwierigkeiten bestehen allerdings nur dann, wenn die Anzapfungen an den Eingangswindungen angebracht werden, wofür mancherlei Gründe angeführt werden können. Vor allem lassen sich die Schwierigkeiten des Anzapfens mit der Verstärkung der Isolation der Eingangswindungen gleichzeitig erledigen. Eingangsspulen, nachdem sie schon einmal besonders behandelt werden müssen, lassen sich auch so einteilen, daß man die Anzapfungen als Spulenenden erhält.

Weit weniger unangenehm ist indessen die Anzapfung, wenn sie an den Nullpunkt gerückt wird. Es ist einerlei, wo man Windungen wegnimmt oder zugibt. Tut man es in der Nähe des Nullpunktes, der doch gegen den Eisenkern keine Spannung hat, entledigt man sich sofort all der Unannehmlichkeiten, die oben beschrieben wurden.

Der Ausweg ist derart wirksam, daß er wohl immer benützt werden wird. Es ist nicht schwer, die Verlegung des Nullpunktes entsprechend den verschiedenen Anzapfungen auf einem Klemmbrett unter dem Kastendeckel zu erledigen. Auch die Bedienung von außen läßt sich durchführen.

Sowohl die Anzapfungen am Wicklungseingang, als auch die Anzapfungen am Wicklungsende haben indessen einen gemeinsamen Nachteil, daß sie nämlich bei konzentrischer Anordnung die Hochspannungswicklung gleichsam in der Richtung der Säulenachse verschieben. Je nachdem, welche Anzapfung benützt wird, kommt die Hochspannungswicklung in eine andere Lage gegenüber der Niederspannungswicklung.

Das Streufeld ist für so entstehende Unsymmetrien empfindlich. Ganz besonders aber sind diese Unsymmetrien für die Kurzschlußstromkraft von unangenehmer Bedeutung. Bei großen Transformatoren entstehen im Kurzschluß axiale Kräfte, die den Transformator schwer bedrohen.

Es ist deshalb erklärlich, daß man vielfach die Anzapfungen in der Wicklungsmitte findet. Natürlich entstehen auf diese Weise wieder Spannungsgefahren, die sich in der Mitte zwischen den Gefahren der Eingangs- und der Nullpunktanzapfungen bewegen.

Dieser Überblick über die Schwierigkeiten der konstruktiven Erledigung des Anzapfungsproblems muß den Betriebsingenieur überzeugen, daß es ratsam ist, überflüssige Anzapfungen zu vermeiden. Ganz besonders gilt das für Anzapfungen, die erhebliche Änderungen des Übersetzungsverhältnisses bringen sollen. Sie werden nicht allzu selten gefordert. Je größer die Änderung, um so teurer die Anzapfung, um so nachteiliger ihre elektrischen Folgen.

Der Potentialregler ermöglicht weit bessere Spannungsverbesserungen und, was sehr wichtig ist, während des Betriebes. Gewiß ist er auch weitaus teurer als die Anzapfung. Aber in sehr vielen Fällen ist das Geld im Drehtransformator viel besser angelegt als in der Anzapfung, ganz bestimmt dann, wenn es sich um erhebliche Spannungsänderungen handelt. Mehr als $\pm$ 5 vH soll man überhaupt nicht anzapfen.

101. Der Ölkonservator.

Eine Betriebsfrage, die wohl unbedingt besprochen werden muß, ist die Frage des sogenannten Ölkonservators. Sie ist innig verquickt mit einer Reihe von anderen Problemen, die eigentlich alle das Ölbad des Transformators betreffen.

Der Ölkonservator ist aus der Erkenntnis heraus entstanden, daß das Ölbad wegen seiner Empfindlichkeit äußeren Einflüssen entrückt werden muß. In der Tat ist das Öl in einem gewöhnlichen Kessel ohne Konservator wenig geschützt. Der Kessel schließt es nur scheinbar ab. Die Luft mit ihrer Feuchtigkeit hat doch Zutritt.

Der Öltransformator atmet. Unter Vollast erwärmt sich das Öl erheblich und dehnt sich deshalb merklich aus. Entlastet kühlt es sich wieder ab und nimmt wieder den ursprünglichen Rauminhalt ein. Es ist ganz klar, daß der kalte Transformator ohne Konservator überhaupt nicht den Kessel mit Öl gefüllt haben darf. Das sich ausdehnende Öl würde im Betrieb unfehlbar austreten, unter Umständen sogar den Kessel sprengen.

Füllt man nun den Kessel nicht voll, so hat man schon vonvornherein Luft im Kessel und immer ist die Luft feucht. Noch mehr. Nach jeder Arbeitsperiode wird das Luftpolster erneuert. Es kommt immer wieder frisches Wasser ins Öl. Kein Wunder, daß nach jahrelangem Betrieb vernachlässigte Öltransformatoren oft tief im Wasser stehen, das sich als schwerere Flüssigkeit unten ansammelt.

Der Ablaßhahn muß mit der tiefsten Stelle des Kessels in Verbindung stehen, damit er in erster Linie das ganze angesammelte Wasser entnehmen läßt. Er muß aber auch benützt werden. Leider wird das Ölbad sehr oft stark vernachlässigt.

Das Öl ist für Feuchtigkeit schrecklich empfindlich. Tobey hat durch Versuche nachgewiesen, daß schon bei weniger als einem Tausendstel Wassergehalt die Durchschlagsfestigkeit des Öls um mehr als ein Drittel sinkt. Die Sicherheit des Betriebes hängt somit stark von der Trockenhaltung des Ölbades ab.

Es ist selbstverständlich, daß den Gefahren der Luftfeuchtigkeit vor allem jene Transformatoren ausgesetzt sind, die oft entlastet werden. Kleine Licht- und Krafttransformatoren fallen in diese Gruppe. Große Transformatoren, die weite Netze versorgen, haben eine mehr ausgeglichene Belastung, sie atmen weniger.

Es ist übrigens nicht das Wasser allein, das beim Eindringen der Luft in den Kessel das Öl gefährdet. Der Sauerstoff ermöglicht Verbrennungen im Öl und damit Zerfallprodukte, die zum Verschmutzen der Kühlflächen und zur Verkleinerung der Durchschlagsfestigkeit führen.

Begreiflich und wünschenswert erscheint es nach all dem, den eigentlichen Ölkessel immer ölgefüllt zu halten und die Atmung in ein besonderes Ölgefäß zu verlegen, in dem die Lufteinflüsse zum Großteil aufgefangen werden. Daß der eigentliche Ölkessel mit dem zusätzlichen Ölgefäß in Verbindung stehen muß, so daß das Öl hin und her fließen kann, ist klar. Dieses zusätzliche Ölgefäß ist der Ölkonservator.

Es ist noch eine offene Frage, ob der Konservator jedem Öltransformator beigegeben werden soll. Er hat nämlich auch seine Nachteile, die weiter unten besprochen werden sollen. Außerdem schützt er das Öl gewiß nicht vollständig. Solange das Öl zwischen Kessel und Konservator hin und her fließt, sind immer Verunreinigungen möglich.

Wichtiger als die Verwendung eines Konservators ist jedenfalls die Verwendung erstklassigen Öls. Es gibt gute Ölsorten, die fast überhaupt nicht verschmutzen. Russische Öle waren vorzüglich. Auch amerikanische Öle sind gut. Galizische und rumänische Transformatorenöle haben sich indessen weniger bewährt.

Es kann nicht genug empfohlen werden, nur erstklassige Öle für Transformatorenbetriebe zu verwenden. Die Mehrausgabe macht sich immer reichlich bezahlt. Der Konstrukteur hat ein Recht darauf, zu verlangen, daß seine Konstruktion nicht im Betrieb verdorben wird. Er muß mit gutem Öl konstruieren, weil er auf diese Weise billigere Transformatoren herausbringt.

Aus dieser Erkenntnis kann man sich die Tatsache leicht erklären, daß große Firmen darauf bestehen, die Transformatoren nur ölgefüllt zu verkaufen. Es ist nicht einfach der Geschäftsgewinn, den sie beim Mitverkauf des Öls erzielen, den sie suchen. Sie wollen und müssen etwas ganzes liefern. Sie wollen dem Betriebsingenieur sagen, was für Öl verwendet werden soll, was für Ölsorte der Konstruktion zugrunde gelegt wurde.

Mit der Lieferung des gefüllten Transformators ist aber eigentlich die Frage des Ölbades zwischen Konstrukteur und Betriebsingenieur nur halb erledigt. Das mitgelieferte Ölbad genügt für die einjährige

Garantiezeit. Darüber hinaus reicht die Sorge des Konstrukteurs nicht. Diesen Umstand muß die Betriebslehre ausdrücklich hervorheben. Auf den Betriebsingenieur fällt dann die weitere Pflicht, für die notwendige Erneuerung des Ölbades zu sorgen.

Der Konservator wird bei richtiger Behandlung der Ölfrage bedeutend an Wert verlieren. So wie es heute mit der Ölfrage steht, bedeutet der Konservator eine psychologische Gefahr. Er verleitet den Betriebsingenieur zur Verwendung billiger und deshalb schlechter Öle. Der Gedanke liegt nahe, vom Konservator die Verwendbarmachung minderwertiger Öle zu erwarten. Daß er verfehlt ist, liegt auf der Hand.

102. Bemessung des Ölkonservators.

Der Raumausdehnungskoeffizient des Transformatorenöls beträgt ungefähr $0{,}0007^0\ C^{-1}$. Er täuscht mit seiner Geringfügigkeit über den Raumbedarf bei der Atmung des Transformators. Dies läßt sich durch eine überschlägige Rechnung leicht nachweisen.

Das Öl erreicht nach Verlassen der heißen Oberfläche des Transformators eine Übertemperatur bis 60 ^{0} C. Diese volle Temperaturspannung kommt allerdings für die Bemessung des Luftpolsters bzw. des Konservators zunächst nicht in Betracht. Das an den Kasteninnenwänden abgekühlte Öl ist um die halbe Temperaturspannung an der arbeitenden Transformatoroberfläche kälter als ob unter dem Kastendeckel. Es genügt daher, mit etwa 50 bis 55 ^{0} C Ölübertemperatur zu rechnen.

Andererseits allerdings darf nicht vergessen werden, daß auch die Lufttemperatur im Laufe des Jahres erheblich schwankt. Die niedrigste Öltemperatur im Winter und die höchste Ölemperatur im Sommer werden eine Spannung aufweisen, die gewiß nicht niedriger angenommen werden darf als etwa zu 80 ^{0} C.

So entsteht ein Raumbedarf für die Atmung von 5,6 vH. Natürlich kommt man bei der Bemessung des Konservators damit nicht aus. Es ist unbedingt notwendig, daß im Konservator immer, auch bei der niedrigsten Temperatur, noch Öl vorhanden ist. Sonst hat die Luft doch unmittelbaren Zutritt zum Kesselinneren.

Noch mehr. Im Kurzschluß, der im Betrieb immer möglich ist, erreicht das Öl weit höhere Temperaturen. Im 35. Abschnitt wurde nachgewiesen, daß man auf annehmbare Auslösezeiten für die Selbstschalter nur dann kommt, wenn man vorübergehend bis an die äußerste Grenze, bis zur Entflammungstemperatur des Öls geht.

Mit 10 vH des Rauminhaltes des kalten Ölbades ist demnach der Konservator knapp bemessen. So weit geht man übrigens bei den neuzeitigen Konstruktionen durchwegs. Aber dies genügt nur dann, wenn bei der niedrigsten Öltemperatur im Konservator nur eine ganz kleine Ölmenge verbleibt. Es ist empfehlenswert, mit Rücksicht auf Kurzschlüsse mehr als 10 vH des Rauminhaltes des kalten Öls als Fassungsvermögen des Konservators anzunehmen.

Der Kurzschluß bringt noch eine weitere ganz erhebliche Gefahr. Die Ausdehnung des Öls im Kurzschluß vollzieht sich in einigen wenigen Sekunden. In dieser kurzen Zeit muß das erwärmte Öl aus dem Kessel in den Transformator strömen. Ein knappes Verbindungsrohr erzwingt erhebliche Ölgeschwindigkeiten und damit einen nicht zu unterschätzenden Überdruck im Kessel.

Wenn z. B. ein 100 kVA-Transformator bei normaler Vollast 500 l Öl im vollgefüllten Kessel hat, so wird er im Kurzschluß einen Temperaturzuwachs von etwa 50° C erreichen können. Das Öl muß sich um 3,5 vH ausdehnen, und in den Konservator müssen:

$$0{,}035 \cdot 500 = 17{,}5\ \mathrm{l}$$

Öl abfließen. Dazu stehen z. B. 2 Sekunden zur Verfügung.

Hat nun das Verbindungsrohr einen lichten Durchmesser von nur 20 mm, so entsteht eine Ölgeschwindigkeit im Rohr von:

$$\frac{17{,}5 \cdot 4}{2 \cdot 0{,}2^2 \cdot \pi} = 280\ \mathrm{dm/sek} = 28{,}0\ \mathrm{m/sek}\,.$$

Dieser Geschwindigkeit entspricht ein treibender Druck von:

$$\frac{28{,}0^2}{2 \cdot 9{,}81} = 40\ \text{Meter Ölsäule}\,,$$

was ungefähr einem Überdruck von 3,5 Atmosphären entspricht.

Die Gefahr ist sehr erheblich, und Ausbauchungen des Kessels, wie sie nur zu oft als Folge von Kurzschlüssen beobachtet werden, finden auf diese Weise leicht ihre Erklärung. Dieselbe Gefahr, wie ein zu knappes Verbindungsrohr zwischen Ölkessel und Konservator, bringt natürlich auch ein zu knapp bemessener Konservator oder das zu starke Anfüllen des Konservators mit Öl.

Die Verhältnisse sind in Wirklichkeit womöglich noch schlimmer. Verengt man den Querschnitt des Verbindungsrohrs mit einem Ölsieb, so steigert man sofort die Ölgeschwindigkeit. Es ist reichliche Vorsicht sehr geboten. Vielzuwenig wird auf diese, nicht unerhebliche Kurzschlußgefahr geachtet.

Mit der Anbringung des Konservators werden außerdem die Schwierigkeiten des Dichthaltens des Kessels erhöht. Schon der einfache Ölkessel mit einem Luftpolster unter dem Deckel neigt zum Undichtwerden. Das Öl dringt durch den kleinsten Spalt. Autogene Schweißstellen halten dicht, wenn sie verläßlich ausgeführt sind. Wenn nun der Konservator aufgesetzt wird, steigt zunächst im Kessel der Druck merklich, außerdem müssen nun auch die Durchführungen und der Deckel selbst abgedichtet werden. Es ist oft schwierig, diese Aufgabe zu lösen, jedenfalls muß der Deckel nun stärker gehalten werden.

Der Kessel ohne Konservator darf gar nicht einen öldichten Deckel haben. Er wird deshalb merklich billiger werden. Die Gefahr besteht natürlich auch für ihn, daß er zu stark mit Öl gefüllt und deshalb im Kurzschluß ausgebaucht wird.

Es ist eine sehr interessante Frage, ob man die Ausbauchung der Kesselwände konstruktiv unmöglich machen soll, nachdem eine große Möglichkeit vorhanden ist, daß sie sich als Folge eines Kurzschlusses einstellt. Der Betriebsingenieur wird sehr dafür sein. In der Tat findet man oft Ölkessel, die durch „Rettungsgürtel" verstärkt sind, weil der Besteller sie wünscht.

Ein Kessel, dessen Wände die Überdrücke des Kurzschlusses elastisch auffangen sollen, ist eine bedenkliche Konstruktion, wenn nicht verläßlich dafür gesorgt wird, daß das sich ausdehnende Öl abfließen kann. Das gilt ebenso für Kessel ohne, wie für Kessel mit Konservator. Das Öl muß sich ausdehnen. Es wird im schlimmsten Falle den Deckel abreißen.

Man kann die Kesselwände gar nicht so widerstandsfähig bauen, daß man einfach das Ölbad einschließen könnte. Wenn der Kessel ohne Konservator nicht ein Sicherheitsventil auf dem Deckel hat, oder wenn der Konservator nicht mit einem genügend weiten Verbindungsrohr an den Kessel angeschlossen ist, ist das Unglück unvermeidlich.

Das sind heute die zu fürchtenden Kurzschlußexplosionen. Sie werden vermieden, wenn sich der Kessel ausbauchen kann. Die beste Lösung bleibt tatsächlich ein Kessel, der gerade standhält, wenn er oder sein Konservator richtig gefüllt ist. Der unachtsame Betriebsingenieur, der zuviel Öl verwendet, verdient die Strafe, daß ihm der Kessel unbrauchbar wird. Allerdings muß er vorher gewarnt werden und diese Aufgabe hat die Betriebslehre zu erfüllen, für die offenbar das Problem des Konservators nicht unwichtig ist. Besonders in Verbindung mit dem weiteren Problem der Atmung des Transformators.

103. Betriebsaufsicht und Messungen.

Der Überblick über die Betriebslehre des Transformators zeigt eindringlich, daß der Transformator doch weit mehr ist als ein einfaches elektrisches Zahnradvorgelege. Seit er vor einigen Jahrzehnten in den geschlossenen Ölkessel versenkt wurde, war er der Mehrzahl der Betriebsingenieure nicht viel mehr. Wo eine Spannungsänderung notwendig wurde, stellte man einfach den einfachen Kessel hin und kümmerte sich weiter wenig um ihn, solange er sich nicht selbst meldete.

Die aus der Bequemlichkeit entspringenden Ansprüche des Betriebsingenieurs wuchsen im Laufe der Zeit. Sie wurden vom Konstrukteur nach Möglichkeit erfüllt. Unerfüllbare Forderungen führten deshalb zu unerquicklichen Auseinandersetzungen. Die Sicherheitsvorschriften wurden unter dem Drucke der Betriebsingenieure verschärft.

Sie sind heute bereits über das Ziel hinaus. Es nützt nichts, dem Betriebsingenieur muß die Erkenntnis kommen, daß er eine Maschine vor sich hat. Er muß sie wie jede andere Maschine genauer kennenlernen. Das Übersetzungsverhältnis ist nicht alles. Auch den Transformator muß man steuern, beobachten, bedienen. Auch den Transformator muß man pflegen. Auch aus dem Transformator kann man viel herausholen, wenn man mit ihm umzugehen versteht.

Entscheidend ist für den notwendigen Umschwung in Theorie und Praxis die Wirtschaftlichkeit der Transformation. Bequemlichkeit kostet Geld, Nachlässigkeit vernichtet Werte. Berücksichtigt man die unleugbare Tatsache, daß der Transformator sehr anspruchslos ist, daß er bei der Anschaffung wohl große Aufmerksamkeit verlangt, im Betrieb aber nur von Zeit zu Zeit nachgesehen werden muß, so wird man kaum noch zweifeln. Der Betriebsingenieur muß die Betriebsprobleme des Transformators wirklich beherrschen und er muß den Transformator wirklich beaufsichtigen.

Die Beaufsichtigung ist mit Messungen untrennbar verbunden. Sie beginnt eigentlich schon mit der Übernahme des Transformators. Allerdings sind die Übernahmsmessungen insofern für den Betriebsingenieur eine Gruppe für sich, weil sie noch auf dem Prüfstand des Konstrukteurs durchgeführt werden können, wo alle möglichen Hilfsmittel zur Verfügung stehen.

Im Betrieb selbst sind indessen alle Messungen ebensogut möglich, außerdem aber notwendig. Die Übernahmsmessungen werden zur Entlastung des Konstrukteurs durchgeführt, die Messungen im Betrieb gehören zur Betriebsüberwachung. Mit diesen Betriebsmessungen muß sich die Betriebslehre unbedingt beschäftigen.

Wohl die wichtigsten Messungen sind die des leerlaufenden und des kurzgeschlossenen Transformators, denn sie gestatten einen vollständigen Überblick über die Eigenschaften des Transformators. Sie werden nicht allein bei der Übernahme durchzuführen sein. Betriebsstillstände sollten vom Betriebsingenieur zu Wiederholungen der Leerlaufs- und der Kurzschlußmessung ausgenützt werden, damit Änderungen der Haupteigenschaften rechtzeitig aufgedeckt werden.

Es bereitet nicht die geringste Schwierigkeit, in der Transformatorenkammer selbst mit den einfachsten Mitteln die Leerlaufs- und die Kurzschlußmessung zu wiederholen. Für die Leerlaufsmessung ist die volle Betriebsspannung nötig, die in der Kammer selbst immer zur Verfügung ist. Vorteilhaft ist es dabei, den Transformator niederspannungsseitig anzuschließen, damit einfach ein Voltmeter, ein Wattmeter samt Umschalter und ein Ampermeter genügen. Die Kurzschlußmessung kann mit einem beliebigen Kurzschlußstrom erledigt werden. Selbstverständlich wird man mit kleinen Strömen messen. Die Kurzschlußspannung ist dem Kurzschlußstrom proportional, die Verluste im Kupfer dem Quadrat des Kurzschlußstromes.

Schließt man den Transformator niederspannungsseitig kurz und schaltet man ihn mit seiner Hochspannungswicklung an das Niederspannungsnetz, so wird man immer einen genügend kleinen Kurzschlußstrom bekommen, um messen zu können. Wieder genügen drei Instrumente, wie bei der Leerlaufsmessung.

Wozu soll man nun die Leerlaufs- und die Kurzschlußmessung wiederholen? Was kann sich im Laufe der Zeit ändern? Wie schließt man aus Änderungen der Meßwerte auf Änderungen der Eigenschaften der Baustoffe oder der Konstruktion?

Die Leerlaufsmessung gibt die Leerlaufsverluste, die praktisch den Verlusten im Eisen gleich sind und den Magnetisierungsstrom. Die Verluste im Eisen können sich nun tatsächlich ändern, sie werden zuweilen größer. Zweierlei kann die Ursache sein, Alterungserscheinungen des Eisens oder ein ernster Fehler im Aufbau des Eisenkernes.

Das Altern der Kernbleche wird vor allem darauf zurückgeführt, daß beim Ausglühen unrichtige Temperaturen verwendet wurden. Die Hysteresisverluste werden vor allem erhöht. Der Siliziumgehalt der jetzt verwendeten hochlegierten Bleche ist ein wirksamer Schutz gegen das Altern. Jedenfalls fällt die Schuld auf den Konstrukteur, der schlechte Bleche verwendet. Innerhalb der einjährigen Garantiezeit muß sich die Vergrößerung der Leerlaufsverluste jedenfalls zeigen, wenn sie überhaupt erwartet werden muß. Schon deshalb sind Nachmessungen wichtig.

Schwerer wiegen Eisenkrankheiten. Verschraubte Eisenkerne verfallen ihnen zuweilen. Bei dem Aufbau des Eisenkernes erweisen sich die Schraubenlöcher im Blechkörper hie und da als zu knapp, besonders wenn die Bleche nicht genau aufeinander passen. Der Monteur greift dann leicht zur Reibahle, mit der er verläßlich die Blechlagen untereinander elektrisch verbindet, indem er mit den Eisenspänen die Fugen verschmiert. Die entstehenden Kurzschlußströme verschmelzen dann allmählich immer größere Eisenkernteile zu einem massiven Klumpen. Die Verluste im Eisen steigen ebenso allmählich an. Die Messung muß das Übel rechtzeitig aufdecken.

Die Kurzschlußmessung zeigt hauptsächlich mögliche Veränderungen des Streufeldes an. Nach heftigen Kurzschlüssen können dauernde Formänderungen des Wicklungskörpers bleiben. Die Kurzschlußmessung erscheint deshalb sehr angebracht.

Fast sollte man jedem Betriebsingenieur raten, mutwillig einen tüchtigen Kurzschluß herbeizuführen, um sich zu überzeugen, daß die Konstruktion tatsächlich in Ordnung ist. Die Probe sollte sogar bei der

Übernahme gemacht werden, jedenfalls aber im Beisein des Konstrukteurs und innerhalb der einjährigen Garantiezeit.

Die Verluste im Kupfer werden bei der Kurzschlußmessung ziemlich genau erhalten. Allerdings hat der Betriebsingenieur den Umstand zu berücksichtigen, daß sie von der Temperatur abhängig sind. Bei der Übernahme hat zweckmäßigerweise die Kurzschlußmessung der Erwärmungsprobe unmittelbar zu folgen.

Die kalten Verluste im Kupfer gestatten nicht ohne weiteres den Schluß auf die Höhe der warmen. Es ist nämlich zu beachten, daß neben den reinen Stromwärmeverlusten immer auch, besonders bei größeren Transformatoren, zusätzliche Verluste vorhanden sind und zwar wegen der Hautwirkung in den Leitern mit größeren Querschnitten. Diese zusätzlichen Wirbelstromverluste fallen bei erhöhter Temperatur in genau dem gleichen Verhältnis, in dem die eigentlichen Stromwärmeverluste steigen. Die zweifache Kurzschlußmessung, einmal am kalten, das andere Mal am betriebswarmen Transformator ausgeführt, läßt deshalb einen Einblick in die Aufteilung der Gesamtverluste im Kupfer zu. Allerdings ist für den Betriebsingenieur diese Aufteilung von geringer Bedeutung.

104. Feinheiten der Leerlaufs- und der Kurzschlußmessung.

Es gibt Transformatoren, für die sowohl die Leerlaufs- als auch die Kurzschlußmessung bei der Übernahme eine erhöhte Bedeutung dadurch bekommt, daß die hauptsächlichen elektromagnetischen Eigenschaften bei der Bestellung des Transformators unter Garantie gestellt werden mußten.

Wärmekraftanlagen müssen sehr oft die Verluste des Transformators streng überwachen. Sie lassen sich deshalb sowohl die Verluste im Eisen, als auch die Verluste im Kupfer garantieren. Zuweilen setzen sie auch Prämien für Unterschreitungen der vorgeschriebenen Verlustzahlen aus. Kommt noch in stark belasteten Netzen die Notwendigkeit hinzu, den Leerlaufstrom ebenfalls unter Garantie zu stellen und schreibt man außerdem auch noch die Kurzschlußspannung vor, so kann die Übernahmsmessung des Leerlaufes und des Kurzschlusses eine sehr wichtige und sowohl für den Konstrukteur als auch für den Betriebsingenieur peinliche Angelegenheit werden.

Die Betriebslehre muß unbedingt Übertreibungen verhüten. Der Käufer muß genau wissen, was er verlangen darf. Er muß allerdings auch genau wissen, wie er sich verläßlich durch Messungen überzeugen kann, daß der Betriebsingenieur seinen Verbindlichkeiten nachgekommen ist.

Ohne Spielraum lassen sich die Verlustzahlen nicht vorschreiben. Natürlich geht es auch ohne Spielraum einfach so, daß der Konstrukteur kleinere Verlustzahlen seinem Entwurf zugrunde legt und sich einen

Spielraum selbst verschafft, wissend, daß ihm Unterschreitungen immer verziehen werden.

Die Verluste im Kupfer lassen sich sehr verläßlich vorausberechnen. Das Wicklungskupfer hat eine sehr wenig schwankende Leitfähigkeit, so daß die reinen Stromwärmeverluste genau vorausbestimmt werden können. Aber auch die Wirbelstromverluste, die sich wegen der Hautwirkung in starken Leitern einstellen, sind bei Transformatoren der Rechnung vollständig zugänglich.

Trotzdem zeigen sich bei Übernahmsmessungen Abweichungen, die durch die Ungenauigkeiten der Rechnung allein nicht erklärt werden können. Eine genaue Rechnung muß die Verluste im Kupfer auf 2 bis 3 Hundertstel treffen. In Wirklichkeit kommt man oft mit einem Spielraum von 10 vH nicht aus.

Der Fehler liegt wohl ausnahmslos in ungenauen Parallelschaltungen der Wicklungen. Hauptsächlich niederspannungsseitig kommen parallel geschaltete Spulen sehr häufig vor. Kleine Ungleichheiten der Streufelder der einzelnen Spulen ergeben sofort merkliche innere Ausgleichströme.

Überraschend viel machen die Verluste in den Schaltleitungen der Niederspannungswicklung aus, wenn es sich um sehr niedrige Spannungen handelt. Das muß natürlich der Konstrukteur wissen. Aber auch der Betriebsingenieur muß es wissen, damit er bei Übernahmsmessungen den Fehler gerecht einschätzen kann.

Mit 10 vH Spielraum für die Verluste im Kupfer muß der Konstrukteur auskommen. Mehr braucht ihm nicht zugestanden zu werden, denn im Notfall wird er auch mit weniger Bewegungsfreiheit bei genügender Sorgfalt arbeiten können.

Mit dieser Feststellung ist aber die Frage der Verluste im Kupfer noch keineswegs erledigt. Schon im vorigen Abschnitt wurde darauf hingewiesen, daß die Kurzschlußmessung am betriebswarmen Transformator durchgeführt werden muß. Die Forderung läßt sich noch stärker begründen. Der Transformator ist eigentlich bei der Kurzschlußmessung nie kalt. Je größer er ist, um so schneller wird die Wicklung eine Übertemperatur gegenüber dem Ölbad annehmen. Bei Großtransformatoren genügen einige wenige Minuten für die Erreichung der vollen Betriebstemperatur des Kupfers über Öl.

Natürlich geschieht dem Konstrukteur unrecht, wenn ihm nach der Kurzschlußmessung am „kalten" Transformator der volle Temperaturzuschlag angerechnet wird. Bei Garantiemessungen wird man deshalb diese Verwicklung berücksichtigen müssen.

Der Betriebsingenieur wird dagegen den Konstrukteur immer sehr bereit finden, die Verluste im Kupfer unmittelbar nach der Erwärmungsprobe, die den Transformator auf die volle Betriebstemperatur gebracht hat, zu überprüfen. Diese Bereitwilligkeit hat denselben Ursprung, wie der Widerstand gegen die kalte Kurzschlußprobe.

Stellt man nämlich die Vollast ab, nachdem der Transformator betriebswarm geworden ist, um nun den Kurzschluß zu messen, so braucht man, auch wenn man schon alles vorbereitet hat, immer mehrere Minuten, um auf Kurzschluß zu schalten. Inzwischen ist die Kupfertemperatur gesunken, bei großen Transformatoren besteht überhaupt keine Übertemperatur von Kupfer zu Öl mehr. Das Ergebnis sind erheblich niedrigere Verluste im Kupfer als bei wirklicher Vollast im Dauerbetrieb.

Sowohl bei der kalten als auch bei der warmen Kurzschlußmessung bringt bei Großtransformatoren die ungemein bewegliche Temperaturspannung zwischen Kupfer und Öl Fehler bis 10 vH, und zwar das eine Mal zuungunsten, das andere Mal zugunsten des Konstrukteurs, denn die störende Temperaturspannung kann 25° C betragen. Je kleiner der Transformator ist, um so weniger macht sich der Fehler bemerkbar.

Führt man beide Kurzschlußmessungen durch, so gleicht man den Fehler wohl ziemlich aus. Aber die zusätzlichen Verluste der Hautwirkung stören. Sie fallen bei steigender Temperatur, wie bereits erwähnt, im gleichen Verhältnis, wie die reinen Stromwärmeverluste steigen.

Wie die Dinge liegen, bleibt nichts anderes übrig, als bei der betriebswarmen Kurzschlußmessung zu bleiben und den nötigen Temperaturzuschlag zu machen. Dazu gehört aber dann auch noch die wiederholte Messung der warmen Widerstände in kurzen Zeitabständen unmittelbar nach dem Abstellen der Vollast.

Aus der zeitlichen Widerstandsabnahme wird man die zeitliche Temperaturabnahme von Minute zu Minute berechnen können. Auf diese Weise lassen sich einige Punkte der Exponentialkurve bestimmen, nach der die Temperaturspannung zwischen Öl und Kupfer abklingt, und der Anfangswert berechnen.

Die Kurzschlußmessung ist nach all dem schwieriger als sie aussieht. Sie wird nützlicherweise durch Widerstandsmessungen ergänzt. Diese Widerstandsmessungen sind bei der Erwärmungsprobe ohnehin notwendig. Sie haben der Vollast unmittelbar zu folgen, dann erst kommt die Kurzschlußmessung an die Reihe.

Die Verluste im Eisen lassen sich bei weitem nicht so genau vorausberechnen wie die Verluste im Kupfer. Das Blech hat an und für sich weit unbeständigere Eigenschaften als das Wicklungskupfer. Dazu kommen die zusätzlichen Verluste, die die Blechbearbeitung immer bringt.

Wenn ein Spielraum von 10 vH für die Verluste im Kupfer reichlich bemessen erscheint, ist ein Spielraum von 15 vH für die Verluste im

Eisen knapp. Überraschungen sind immer möglich und leider nicht sehr unwahrscheinlich. Es wäre unklug, den Konstrukteur noch mehr einzuengen. Er muß sich dann den Spielraum selbst schaffen, was die Konstruktion immer verteuert.

Auch die Messung der Leerlaufsverluste ist weniger einfach als sie aussieht. Es ist nämlich nicht ohne weiteres klar, mit welcher Spannung gemessen werden soll. Natürlich mit der vollen Betriebsspannung. Aber was ist die Betriebsspannung, die Spannung, die sich im Leerlauf an den Sekundärklemmen zeigt, oder die Spannung an den Sekundärklemmen bei Vollast? Zwischen den beiden liegen einige Hundertstel, die sich in den Verlusten verdoppeln.

Der Konstrukteur denkt an die Vollast. Der primäre Spannungsabfall verkleinert dann die Liniendichte und damit die Verluste im Eisen. Er wird bei der Leerlaufsmessung der Sekundärwicklung die Spannung des belasteten Sekundärnetzes aufdrücken wollen.

Der Betriebsingenieur denkt an die Verluste des wirklich leerlaufenden Transformators. Er wird von der Berücksichtigung des Spannungsabfalles nichts wissen wollen. Auf diese Weise müssen unangenehme Auseinandersetzungen entstehen, die natürlich vermieden werden können, wenn man sich schon bei der Bestellung des Transformators einigt.

Die Sicherheitsvorschriften des VDE setzen fest, daß unter Leerlaufsverlust die Aufnahme bei der Nennspannung, Nennfrequenz und offener zweiter Wicklung zu verstehen ist. Damit ist die Frage gegen den Konstrukteur entschieden, der allerdings darauf hinweisen kann, daß der belastete Transformator kleinere Verluste im Eisen haben wird.

Wenn der Leerlaufstrom unter Garantie steht, sollte man einen erheblichen Spielraum erwarten, denn die rein magnetischen Eigenschaften der Eisenbleche sind besonders unzuverlässig. Abweichungen bis 30 vH sind jedenfalls leicht möglich.

Solange nun der Konstrukteur mit der Gleichstrommagnetisierungskurve rechnet, hat er den großen Spielraum schon stillschweigend bekommen. Er braucht dann einen weiteren Spielraum eigentlich nicht mehr. Der Magnetisierungsstrom hat immer Oberwellen, und der Effektivwert ist deshalb viel kleiner als ihn der Höchstwert der Magnetisierungskurve erwarten läßt.

Gerade die Messung des Leerlaufsstromes würde die unangenehmsten Überraschungen erwarten lassen, während sie in Wirklichkeit klaglos verläuft. Es ist dies ein neuer Beweis, daß der Schein fast immer trügt. Man muß sich die Dinge genau ansehen. Der Betriebsingenieur kommt um diese Notwendigkeit ebensowenig herum, wie der Konstrukteur.

105. Die übrigen Betriebsmessungen.

Im Betrieb selbst kommen Überspannungsproben nicht in Betracht, die besorgt der lebendige Betrieb dauernd selbst. Bei der Übernahme sind sie vorgeschrieben und werden auch in voller Strenge nach den Sicherheitsvorschriften des VDE durchgeführt.

Die letzten Vorschriften sind unter dem Druck des Betriebsingenieurs entstanden, der jeden Glauben an den Überspannungsschutz verloren hat und deshalb vom Transformatorenkonstrukteur alles erwartet. Sie setzen stillschweigend voraus, daß jede Schutzdrosselspule höchstens noch wünschenswert — vielleicht nicht einmal das —, aber durchaus nicht mehr notwendig ist.

Die Jahre des Weltkrieges sind vielleicht mit Schuld an der unhaltbaren Verschärfung der Vorschriften. Sie brachten Konstruktionen mit Ersatzbaustoffen, die bald versagen mußten. Die Einwendungen des Konstrukteurs verschwanden in einem Meer von Klagen.

Wir bauen jetzt teuere Transformatoren, ohne die geforderte Überspannungssicherheit erreichen zu können. Je kleiner der Transformator, um so schonungsloser ist er den Überspannungen preisgegeben. Der größere Aufwand an Isolationsmaterial hilft ihm wenig.

Der Konstrukteur muß ehrlich erklären, daß er bei kleinen Leistungen, auch bei mittleren, den Überspannungsschutz im Transformator selbst nicht unterbringen kann. Er sieht der erzwungenen Sprungwellenprobe mit schlechtem Gewissen zu. Er weiß, daß sie nicht gerade ein Unglück herbeiführen wird, er sieht aber deutlich die Stiche vor sich, die von Windung zu Windung entstehen.

Die Spulen sind gut eingewickelt, deshalb sieht der Betriebsingenieur nicht, daß er schon mit der Sprungwellenprobe die Zerstörung selbst eingeleitet hat. Aber die Betriebslehre muß eingreifen und auch diesen Messungen den Platz zuweisen, der ihnen gebührt.

Es steht außer Frage, daß jeder Transformator Eingangsspulen mit verstärkter Windungs- und Lagenisolation braucht und haben muß. Ebenso unzweifelhaft ist es, daß diese Eingangswindungen und Eingangsspulen den Überspannungswellen nicht unmittelbar ausgesetzt werden dürfen. Der Überspannungsschutz ist ein selbständiger Teil der Anlage, ebenso wie der Überstromschutz. Er gehört vor den Transformator, nicht in den Transformator.

Wenn nach all dem die Spannungsprobe vorderhand nach den jetzigen Vorschriften durchgeführt werden muß, so genügt es vollkommen, sie einmal, bei der Übernahme, zu machen. Verständige Betriebsingenieure werden die Sprungwellenprobe unterlassen. Aufgabe der Betriebslehre ist es, den wirklichen Überspannungsschutz wieder zu Ehren zu bringen.

Die Erwärmungsmessung soll, wie schon im 90. Abschnitt hervorgehoben wurde, wiederholt werden, sobald der Transformator in seiner Kammer steht, damit die Lüftung der Kammer mit überprüft werden kann. Gerade die Erwärmungsprobe läßt sich nirgends so gut durchführen, wie in der Transformatorkammer, wo man die wirkliche Last auflegen kann.

Die Schwierigkeiten der Kurzschlußmessung tauchen in unveränderter Form auch bei der Erwärmungsmessung auf, die unbedingt die Temperaturspannung zwischen Öl und Kupfer feststellen muß. Es bleibt auch hier kein anderer Ausweg, als rasch aufeinanderfolgende Widerstandsmessungen, die schwieriger sind als sie aussehen.

Jede Erwärmungsprobe kann man wesentlich abkürzen, wenn man auf den kalten Transformator eine Überlast legt. Seine Temperatur steigt dann steil an. Natürlich muß man achtgeben, daß man rechtzeitig in die normale Belastung umlenkt, damit unzulässige Erwärmungen vermieden werden. Die normale Belastung muß dann noch einige Zeit beobachtet werden. Erst mit der Beruhigung der Übertemperatur ist die Erwärmungsprobe beendet.

Eine außerordentlich wichtige Messung ist die Prüfung der Durchschlagsfestigkeit des Öls. Sie sollte in regelmäßigen Zeitabständen wiederholt werden. Die dem arbeitenden Transformator von Zeit zu Zeit entnommenen Ölproben werden rechtzeitig auf Gefahren aufmerksam machen, die das empfindliche Öl immer enthält.

Das Öl muß gepflegt werden. Es ist unzulässig, jahrelang den Transformator sich selbst zu überlassen. Schließlich kommt doch der Augenblick, wo das Öl erneuert werden muß. Ein Durchschlag, ein Windungsschluß erzwingt leider sehr oft die Erneuerung, die billiger durchgeführt werden konnte.

Besonders große Transformatoren dürfen nicht schonungslos der Gefahr ausgesetzt werden, daß sie durch schlecht gewordene Öle beschädigt werden. Zuviel steht bei großen Einheiten auf dem Spiele. Deshalb werden sie oft mit eigenen Rohranschlüssen ausgestattet, die jederzeit, auch während des Betriebes, die Ölreinigungszentrifuge eingreifen lassen.

Es ist bekannt, daß jede Ölreinigung eine mühsame Arbeit ist. Sie wird gerade deshalb nur in Notfällen durchgeführt. Besser ist die Einrichtung eines ordentlichen Öldienstes in größeren Anlagen, der für regelmäßige Ölmessungen, Ölerneuerungen und Ölreinigungen sorgt.

Sehr viele Durchschläge werden dem Konstrukteur angelastet oder dem Überspannungsschutz vorgeworfen, die in Wirklichkeit doch nur auf verdorbenes Öl zurückzuführen sind. Daß nach der Beschädigung das Öl unbrauchbar ist, gibt der Betriebsingenieur zu. Er steht aber auf dem Standpunkt, daß es bei der Beschädigung unbrauchbar geworden ist.

Es ist leider so, daß gerade im Transformatorenbau nach dem Unglück die wirkliche Ursache schwer nachzuweisen ist. Es gibt zu viele Gefahren, die überall drohen. Deshalb ist es aussichtslos, eine rasche Besserung zu erwarten. Jede nicht nachweisbare Schuld wird hin und her geschoben.

Aber die Betriebslehre kann ausgiebig helfen. Sie klärt den Betriebsingenieur auf. Er wird glücklicherweise für jede Beschädigung des Transformators bestraft, denn er muß die Ausbesserung bezahlen. Gerade die fortwährenden unangenehmen Ausgaben werden ihn nachdenklich machen und gewiß werden sie ihn veranlassen, den Ratschlägen der Theorie zu folgen.

Dies ist der einzige Weg, der zur Beseitigung des Unrechtes führen kann und muß, das dem Konstrukteur geschieht. Drakonische Vorschriften nützen doch nichts. Jeder muß seine Pflicht erfüllen, der den Transformator erbaut hat ebenso, wie der ihn zur Arbeit führt.

Unliebsame Auseinandersetzungen des Betriebsingenieurs und des Konstrukteurs sind nutzlos, solange sie sich nicht verstehen. Der Kaufmann, der zwischen ihnen vermittelt, bringt vielleicht einen Ausgleich zustande, aber die Lösung eines Streitfalles, die in Mark und Pfennig ausgedrückt ist, ist keine Lösung des Problems. Sie muß immer wieder von neuem gesucht werden und gilt immer nur für den einzelnen Fall. Sie läßt aber den Stachel des Mißtrauens zurück und das unangenehme Gefühl, daß unsere technischen Einrichtungen noch sehr unvollkommen sind.

Die Betriebsprobleme müssen eben gelöst werden.

Die Transformatoren

Von

Dr. techn. Milan Vidmar

ordentl. Professor an der jugoslawischen Universität Ljubljana

Zweite, verbesserte und vermehrte Auflage

Mit 320 Abbildungen im Text und auf einer Tafel. XVIII, 752 Seiten

1925. Gebunden RM 36.—

Aus den zahlreichen Besprechungen:

... Dies Werk fand bereits bei seinem ersten Erscheinen wohlverdiente Anerkennung. Sein Verfasser ist seit langem als hervorragender Fachmann auf dem Gebiete des Transformatorenbaues tätig und legt hier seine reichen Erfahrungen rückhaltlos vor den Leser hin. Das Buch selbst zeigt, was der Verfasser auch in seinem Vorworte ausspricht, daß er seinen Beruf mit großer Hingabe und Begeisterung ausgeübt hat. Jedes Problem, das sich ihm bietet, hat er in gründlicher und geistreicher Weise durchgearbeitet und geklärt. Vidmar versteht es in bemerkenswertem Maße, den Kernpunkt einer von ihm behandelten Frage zu erkennen und auf einem oft überraschend geraden und einfachen Wege die Lösung zu finden. Mathematische Entwicklungen nehmen daher nur einen wohltuend geringen Raum ein. Das Werk zeigt uns, daß es recht wohl möglich ist, technisch inhaltsreich und dabei doch anregend und spannend zu schreiben ...

„Elektrotechnische Zeitschrift."

... Mit außergewöhnlicher Klarheit und Anschaulichkeit führt uns Vidmar, scheinbar spielend, von Problem zu Problem; an Stellen, wo es zweckmäßig erscheint, das Gesagte durch kurze Beispiele nochmals erläuternd. Jede Schwierigkeit, die sich beim Bau von Transformatoren bietet, wird besonders gründlich untersucht, und nie wird die wirtschaftliche Seite neben den rein technischen Fragen außer Acht gelassen. Die ersten Kapitel behandeln den allgemeinen Aufbau der Transformatoren, dann kommt eine eingehende Abhandlung über das besonders schwierige Problem der Erwärmung. Weitere Kapitel erläutern den Zusammenhang zwischen Preis und Wirkungsgrad, die Verschiedenheit der Typen, bedingt durch die Verschiedenheit der Kühlung, Parallelschaltung und Messungen. Zum Schluß wird noch auf die Wichtigkeit der genügenden Lüftung der Transformatorenkammern hingewiesen, einen Punkt, dem vielfach nicht die genügende Beachtung geschenkt wird. Es ist eine Freude und ein Genuß, das Buch zu lesen und durchzuarbeiten. Dem Studierenden bietet es die Möglichkeit, sich mit allen Einzelheiten und besonders auch den schwierigsten Punkten des Transformatorenbaues vertraut zu machen; dem spez. Fachmann auf dem Gebiete wird es manche Anregung geben und jedem Ingenieur, der überhaupt mit Transformatoren zu tun hat, gewährt es Einblick in Erscheinungen und Zusammenhänge, die ihm von Nutzen sein werden ... *„Das technische Blatt der Frankfurter Zeitung."*

Der wirtschaftliche Aufbau der elektrischen Maschine

Von

Prof. Dr. techn. Milan Vidmar

Mit 7 Textabbildungen. V, 113 Seiten. 1918. RM 5.60

GPSR Compliance

The European Union's (EU) General Product Safety Regulation (GPSR) is a set of rules that requires consumer products to be safe and our obligations to ensure this.

If you have any concerns about our products, you can contact us on ProductSafety@springernature.com

In case Publisher is established outside the EU, the EU authorized representative is:

Springer Nature Customer Service Center GmbH
Europaplatz 3
69115 Heidelberg, Germany

Batch number: 10682323

Printed by Printforce, the Netherlands